U0366445

下一代广播电视网（NGB）技术与工程实践

（第2版）

温怀疆 主编

郑新源 史惠 周锋 陈华锋 陆忠强 副主编

清华大学出版社

北京

内 容 简 介

本书将下一代广播电视网(NGB)以及广电行业"云、管、端"网络建设发展理念贯穿始终,全书依托行业发展最新动态,书中大量图表比较新,有些概念在同类书中首次出现。全书共分 10 章,主要包括现代有线电视网络的发展及技术演进、系统组成概念、发展趋势;有线电视网络中模拟系统和数字系统相关基础知识、系统噪声、非线性失真和线性失真、数字电视的信道编码及调制技术、数字有线电视系统的技术指标、数字电视视频信号受损类型;NGB数字广播电视平台(含模拟有线电视平台)、数字电视前端软件平台、NGB云平台等技术;有线网络拓扑、光传输网络、接入分配网等技术;NGB交互信道数据骨干网建设、NGB广电数据骨干网、市县级城域网、NGB宽带数据传输技术简介等内容;EPON技术、EOC、DOCSIS 等双向化改造技术;IPQAM和IPTV原理、规划、配置、部署与扩容等;BOSS系统、IPCC系统等内容;有线电视网络的规划原则和依据,主要内容涉及文件编写准备、前端和机房的设计、骨干网络设计、接入网络设计、设计案例分析、工程经验与技术创新等。作为新形态教材,本书还配了一些二维码视频、习题资料、实验指导书等。

本书可供高等学校电子技术专业、通信专业、广播电视专业、有线电视工程专业等教学使用,也可作为电子工程师继续教育及电视台技术人员岗位培训的教材,还可供广播电视、有线电视网络建设和网络维护从业人员阅读参考。

图书在版编目(CIP)数据

下一代广播电视网(NGB)技术与工程实践/温怀疆主编. —2 版. —北京:清华大学出版社,2020.6
(2025.2重印)
　　ISBN 978-7-302-53079-4

　　Ⅰ. ①下… Ⅱ. ①温… Ⅲ. ①广播电视网 Ⅳ. ①TN949.292

中国版本图书馆 CIP 数据核字(2019)第 099419 号

责任编辑:赵　凯
封面设计:傅瑞学
责任校对:焦丽丽
责任印制:沈　露

出版发行:清华大学出版社
　　　　网　　　址:https://www.tup.com.cn, https://www.wqxuetang.com
　　　　地　　　址:北京清华大学学研大厦 A 座　　　　　　邮　　编:100084
　　　　社 总 机:010-83470000　　　　　　　　　　　　　邮　　购:010-62786544
　　　　投稿与读者服务:010-62776969, c-service@tup.tsinghua.edu.cn
　　　　质量反馈:010-62772015, zhiliang@tup.tsinghua.edu.cn
　　　　课件下载:https://www.tup.com.cn,010-83470236
印 装 者:三河市君旺印务有限公司
经　　销:全国新华书店
开　　本:185mm×260mm　　　印　　张:26.25　　　　字　　数:636 千字
版　　次:2015 年 1 月第 1 版　　2020 年 7 月第 2 版　　印　　次:2025 年 2 月第 3 次印刷
定　　价:79.00 元

产品编号:082176-01

前　言

　　本书在 2015 年 1 月出版后,先后被多所高校选为广电类教材,也被一些行业企业选为培训读物,得到了一定程度的好评,2017 年 9 月被列入浙江省十三五新形态教材建设项目。由于技术的进步和编著者水平及认识的局限性,书中也存在一些错误和不足之处,借此新形态教材建设的契机,我们决定进行改版,第 2 版重新修订了第 1 版中的错误,调整了部分内容的归属,删除了第 1 版中的第 8 章,重点补充了第 1、3、6、7、10 章,并增加了二维码扫码获取视频、课件及补充材料等内容。

　　本书的第 1 章由史惠编写;第 2、4、7、8、9 章由温怀疆编写;第 3 章由温怀疆、陈华锋编写;第 5 章由周锋编写;第 6 章由郑新源编写;第 10 章由温怀疆、林成前和徐迎春编写。本书中思考题由史惠审校,所有英文缩写由周锋审校。温怀疆担任主编,负责全书统稿;陆忠强参与全书审稿。

　　本书在编写过程中参考了百度文库内的一些文献及一些网络论坛中未留名高手的手记,在此一并表示感谢。

　　由于编者水平所限,不妥及错误之处在所难免,恳切希望读者给予批评指正。

编　　者

2020 年 5 月于浙江传媒学院

近十年,下一代广播电视网络(NGB)一直向着数字化、网络化、交互化、高清化和多业务化方向发展,特别是"三网融合"和"宽带中国"发展战略对原有的有线广播电视系统带来了极大的冲击和挑战。本书作者有着十多年在广播电视行业从事基层工作的实践经验,但在近年的广电工程技术教学工作中还是深深感到有线广播电视技术的进步和变革十分迅猛,原来的知识体系已经不能适应新的技术环境的要求。为了适应新的信息时代的要求,我们在课堂教学中对原来的教材体系做了较大幅度的改动和补充。2013年编者在浙江华数集团实践学习半年,受到浙江华数集团总裁助理陆忠强的精心指点和大力帮助,2013年5月我在帮他整理修改用于内部员工培训的《有线电视》PPT的过程中萌发了编写本书的愿望,经与陆总助商量,并经他多次指导和帮助,终于完成了全书基本结构和目录的编制,几经异稿于2013年9月完成一稿,在我校广电工程专业进行试用,经过试用对发现的问题进行修改和完善,并再次征求陆总助意见,在综合大家意见的基础上,做了较大幅度的调整和改进,于2014年5月完成二稿。

本书按下一代广播电视网络(NGB)及广电行业比较新的"云"平台、传输"管"道、用户终"端"的建设理念体系进行分章节阐述,全书共分11章,第1章介绍现代有线电视网络的发展及技术演进,系统组成概念、发展趋势,下一代广播电视网的建设,"云、管、端"的发展战略等;第2章介绍有线电视网络中模拟系统和数字系统相关相关基础知识、系统噪声、非线性失真和线性失真、数字电视的信道编码及调制技术、数字有线电视系统的技术指标、数字电视视频信号受损类型;第3章介绍DVB广播平台(含模拟有线电视平台)、数字电视前端软件平台、NGB云平台等技术;第4章介绍有线网络拓扑、光传输网络、接入分配网等技术;第5章介绍下一代广播电视网(NGB)交互信道数据骨干网建设、广电数据骨干网、市县级城域网、宽带数据传输技术简介(OTN、SDH、ATM)等内容;第6章介绍广播电视网络双向化、EPON技术、EOC、DOCSIS等双向化技术;第7章介绍IPQAM概述及原理、技术要求及测试方法、IPQAM规划、配置、部署与扩容等;第8章介绍NGB网络机顶盒、网元、家庭网关以及智能网关等内容;第9章介绍NGB网络支撑与管理系统——BOSS系统、IPCC系统、网管系统和网络综合资源管理系统等内容;第10章介绍有线电视网络的规划,主要内容有设计文件编写准备、前端和机房的设计、骨干网络设计、接入网络设计;第11章介绍NGB网络设计案例分析及编者亲历的工程经验与创新等。

本书的第1、2、4、6、7、9、10章由温怀疆编写;第3章由温怀疆、陈华锋和潘忠栋共同编写;第5章由史惠、陈仁布和叶怀璇编写;第8章由史惠编写;第11章由温怀疆、林成前和徐迎春编写；全书结构内容编排与策划由陆忠强完成。本书第 1、3、4、6、7、8、9、10 章中的 CAD 图由 12 中广班林秀丽同学绘制，第 2 章中的 CAD 图由 12 广电张晋、12 中广班袁佳思同学绘制。全书配套 PPT 由 12 信息傅晓敏同学负责制作整理。温怀疆担任主编，负责全书统稿；陆忠强参与全书审稿。

本书在编写的过程中还得到了中国广播电视协会技术委员会领导和专家的支持和帮助，在此深表谢意。

本书材料部分来自作者的教学教案、行业公司的技术方案和汇报 PPT、部分已经出版发行的书刊杂志，本书还参考了百度文库内的一些文献及一些网络论坛中未留名高手的手记，在此一并表示感谢。

由于编者水平所限，不妥及错误之处在所难免，恳切希望读者给予批评指正。

编　者

2014 年 8 月于浙江传媒学院

目 录

第1章

绪　　论

学习要求

通过本章学习,建立对下一代广播电视网的基本认识,并深刻认识学习本课程的重要性。要求掌握三网的概念及三网融合的实质,掌握有线电视系统的基本组成、分类,熟悉 NGB 的发展和构架,了解 NGB"云、管、端"的概念,了解 NGB 技术平台体系,了解基本 NGB 的新业务类型,掌握斜体部分的术语缩写。

NGB（***Next Generation Broadcasting Network***，**下一代广播电视网**）是三网融合中的一重要平台。

1.1　三网的概念

通俗地讲,三网就是广播电视网、电信网和(宽带)互联网,它们都是现代信息网络的重要组成部分。

1.1.1　广播电视网

广播电视网络经历了传统的共用天线模式、单向广播模式,双向互动数据互交模式,从模拟到数字,从单向到双向,以及从固定接收到移动接收的几次蜕变过程。

1-1　广播电视网的演进

1. 技术演进

1) 共用天线系统(初始阶段)

世界上第一套 ***MATV***（***Master Antenna Television***，**共用天线系统**）于 1948 年在美国宾夕法尼亚州建立。它使用一副天线,接收电信号经天线放大器放大,再经分配器、分支器分配后送达电视机,其结构如图 1-1 所示。MATV 规模小,能提供的电视信号较少,信号质量不高(可能还有多径波干扰),功能单一。

图 1-1　共用天线系统的结构示意图

2）单向模拟有线电视系统（成长阶段）

CATV（**CAble Television，有线电视系统**），也称电缆电视系统，在 20 世纪 60—70 年代得到发展。电缆电视采用了邻频传输技术，提高了频带利用率，系统规模变大，用户变多，节目套数变多，覆盖范围越来越广。

3）双向数字有线电视网（成熟阶段）

双向数字有线电视网是集广播、交互为一体的多功能业务网，能实现全国联网，双向高速宽带数字传输，可承载多功能的业务，可管可控，终端有多样化、智能化、融合化趋势。

4）HDTV 和"三网融合"的综合宽带信息网（未来发展）

HDTV（**High Definition Television，高清电视**）：我国和世界各国都制定了 HDTV 发展战略，逐步淘汰模拟电视。

2．业务演进

1）单业务到全业务

有线电视从原有的较单一的视频节目的直播，逐步丰富和发展，目前不仅包括视频的点播业务、时移业务、通信业务、监控业务，还涉及数据的广播、双向传输业务及数据的云服务等。

2）家庭用户到个人用户再到集团用户

随着全业务的开发与建设，当前有线电视网络的服务对象已经不再局限于家庭用户，而是逐步扩散到个人用户（如互联网移动接入），进一步发展还会有大量的集团用户购买相关服务。

3. 我国有线电视网络的发展

1）发展现状

我国于 1964 年率先开始了共用天线电视系统的研究和应用,1974 年在北京饭店建立第一个共用天线系统,1989 年在湖北沙市建立第一个城市有线电视网。

以 1990 年 11 月 2 日颁布的《有线电视管理暂行办法》为标志,中国有线电视进入了高速、规范、法制的管理轨道。

1-2　我国有线电视网络的发展

截至 2016 年年底,我国有线广播电视传输干线网达到 477.6 万千米,拥有 2000 多个县级网、1000 多个企业网、3500 多个社区网,有线电视用户达到 2.283 亿,数字用户达 2.0157 亿,有线电视用户占家庭总用户的比例达到 52.8%。

2）向联网发展

《有线电视管理暂行办法》规定,"有线电视站要进行联网"。随着地市、县有线电视台的建立,有线电视网络逐渐实现了局部联网及区域联网。1993 年,全国各地开始建设广播电视光缆干线网。

3）网台分离

根据国务院办公厅《关于加强广播电视有线网络建设管理意见》(国办发〔1999〕82 号文件)要求,我国广播电视业新一轮改革序幕全面拉开,广播电视传输网络与电视台进行分营,电视与广播、有线与无线两台合并,停止四级办台,组建省、自治区、直辖市的广播电视集团。

4）网络整合

2001 年广电总局提出了广播电视网络整合的基本思路:要采用经济、技术、业务、行政等手段,加快全国广播电视网络的有效整合,建立以资本为纽带、以现有网络资产为基础、以节目为龙头、以科技创新为动力,全国联网、上下贯通的广播电视网络运营新格局,形成统一管理、统一运营、统一业务、统一标准的集团化管理新体制。

5）三网融合

2010 年 1 月 13 日,温家宝总理主持召开国务院常务会议,决定加快推进三网融合。三网融合是指广播电视网、电信网、互联网在向宽带通信网、数字电视网、下一代互联网演进过程中,通过技术改造,使技术功能趋于一致,业务范围趋于相同,网络互联互通、资源共享,能为用户提供语音、数据和广播电视等多种服务。三网融合是业务应用的融合,不是物理整合。三网融合广泛应用于智能交通、环境保护、政府工作、公共安全、平安家居等多个领域。受益于融合云技术,三网融合使终端从胖终端向瘦终端过渡。

6）宽带中国战略

2013 年 8 月 17 日国务院颁布了《"宽带中国"战略及实施方案》,要求统筹接入网、城域网和骨干网建设,综合利用有线技术和无线技术,结合基于互联网协议 IPv6 的下一代互联网规模商用部署要求,分阶段系统推进宽带网络发展。

7）中国广播电视网络有限公司挂牌成立

2014 年 5 月 28 日,中国广播电视网络有限公司在国家新闻出版广电总局西门正式挂牌。这标志着全国几百家有线电视网络分散的体系有望成为统一的市场主体,并赋予其宽带网络运营等业务资质,成为继移动、电信、联通后的"第四网络运营商"。2019 年 6 月 6 日中国广电网络有限公司获得 5G 运营牌照。

1.1.2 电信网

1-3 电信网和互联网

广义地说,电信网就是利用有线、无线或二者结合的电磁、光电系统,传递文字、语音、数据、图像或其他任何媒体信息的网络;狭义上,电信网可以理解为电话网、公用电报网、用户电报网、数据通信网等组成的网络的总称。图 1-2 为某地公用电话交换网结构图。

图 1-2 某地公用电话交换网结构图

电信网由终端设备、传输链路和交换节点三要素构成,运行时还应辅之以信令系统、通信协议及相应的运行支撑系统。

1) 终端设备

终端设备的作用是将语音、文字、数据和图像(静止的或活动的)信息转变为电信号或电磁信号发送出去,并将接收到的电信号或电磁信号复原为原来的语音、文字、数据和图像信息,常见的终端设备如(移动)电话机、计算机、传真机或一个局部的或小型的电信系统等。

2) 传输设备

传输设备是将电信号、电磁信号或光信号从一个地点传送到另一个地点的设备。它构成电信网中的传输链路,包括无线和有线传输设备。装在上述系统中的调制解调设备、中继附属设备、监控设备等也属于传输设备。

3) 交换节点

交换节点是实现一个呼叫终端(用户)和它所要求的另一个或多个终端(用户)之间的接

续,或非连接传输选路的设备和系统,是构成电信网中节点的主要设备,包括各种电话交换机、数据交换机等。

4）网络技术

网络技术是电信网宏观上的软件部分。它包括网络的拓扑结构、网内信令、协议和接口,以及网络的技术体制、标准等,是业务网实现电信服务和运行支撑的重要组成部分。

1.1.3　互联网

互联网（Internet）的基本含义是由一些使用公用语言互相通信的计算机连接而成的网络,即广域网、局域网及单机按照一定的通信协议组成的计算机网络。

互联网要实现网络的计算机之间传输数据,必须要保证数据传输目的地址和数据迅速可靠传输,互联网使用一种专门的计算机协议 **TCP/IP（Transmission Control Protocol/Internet Protocol,传输控制协议/网间协议）**,以保证数据安全、可靠地到达指定的目的地,这两个独立的协议可以自己联合使用,也可以与其他协议联合使用,它们在数据传输过程中主要完成以下功能:

（1）首先由 TCP 协议把数据分成若干数据包,给每个数据包标上序号,以便接收端把数据还原成原来的格式。

（2）IP 协议给每个数据包标记发送主机和接收主机的地址,一旦标记源地址和目的地址,数据包就可以在物理网上实现传送。IP 协议还具有利用路由算法进行路由选择的功能。

（3）这些数据包可以通过不同的传输途径/路由进行传输,由于路径不同等其他原因,可能出现数据顺序颠倒、丢失、失真等现象。这些问题由 TCP 协议处理,必要时还可以请求重发。简言之,IP 协议负责数据的传输,而 TCP 协议负责数据的可靠性。

目前,电信网基本是按照互联网的网络结构和业务发展设计和敷设的,多数业务经过一些简单的接入设备就可以在电信网上直接运行。

1.2　下一代广播电视网络

NGB 是传输音视频直播、宽带数据、音视频通信的基础网络,可实现全媒体互动电视、多媒体通信、多网融合业务以及物联网业务等许多新业态模式。

1.2.1　有线电视系统的基本组成

有线电视系统从功能上来说由信号源、前端、传输系统、用户分配网组成,如图 1-3 所示。

图 1-3 中,信号源负责提供系统所需各类优质信号;前端是整个系统的信号处理中心,它将信号源输出的信号进行处理和变换,并最终形成传输系统可传输的射频信号;传输系统将前端产生的射频信号进行稳定的远程传输;用户分配网负责将信号高效地分配传送到用户。

1-4　有线电视系统的基本组成

图 1-3　有线电视系统的物理模型

1.2.2　有线电视系统的分类

由于有线电视系统的综合性、复杂性及系统的相互关联性很强,因此这个系统有多种分类方法。

(1) 按是否数字调制可分为模拟有线电视系统和数字有线电视系统。

(2) 按网络规模大小可分为 A、B、C 三类。其划分标准参考表 1-1 规定。

表 1-1　网络规模分类

网络规模类别	网络中的用户数
A	60 万以上(含 60 万)
B	10 万以上(含 10 万)、60 万以下
C	10 万以下

(3) 按干线传输方式可分为光缆与电缆混合系统、全电缆系统、微波与电缆混合系统、卫星电视分配系统等,其中"光进铜退"是大势所趋。

(4) 按传输带宽和是否邻频传输可分为非邻频和邻频;VHF 系统、UHF 系统和全频道系统;550MHz、750MHz、860MHz 和 1000MHz 系统等。

(5) 按数据传输方向可分为单向系统与双向系统。

1.2.3　传统有线电视系统

传统有线电视系统是指只传送模拟电视节目的单向有线电视系统。图 1-4 是传统有线电视网络组成框图。

1. 前端

前端是位于信号源和干线传输系统之间的设备组合。其任务是对信号源送来的信号进行滤波、变频、放大、调制、混合等,使其适合在有线传输系统中传输。

1-5　传统有线电视系统

大型有线电视系统的前端可能有一个本地前端和多个远地前端及中心前端。

2. 干线传输系统

干线传输系统的任务是把前端输出的射频电视信号优质稳定地传输给用户分配网,其传输方式主要有光纤、同轴电缆和微波三种。

3. 用户分配网

用户分配网的任务是把有线电视信号高效、合理地分送到户,由分配放大器、延长放大器、分配器、分支器、用户终端盒及连接它们的分支线、用户线等组成。

图 1-4 传统有线电视网络组成框图

4. 用户终端

传统有线电视网络主要传输模拟单向的信号,因此用户终端较为单一和简单,主要包括电视机和收音机。现代有线电视网络由于已经实现了双向互交,因此用户终端还包括智能网关、家庭网关、网元设备、机顶盒、计算机、云终端甚至手机等。

1.2.4　NGB 的发展和架构

NGB 以有线数字电视网和移动多媒体广播网络为基础,以高性能宽带信息网核心技术为支撑,将有线与无线相结合,实现全程全网的广播电视网络,不仅可以为用户提供高清晰的电视、数字音频节目、

1-6　NGB 的发展和架构

高速数据接入和语音等三网融合业务,也可为科教、文化、商务等行业搭建信息服务平台,使信息服务更加快捷方便。根据《“宽带中国”战略及实施方案》要求,按照高速接入、广泛覆盖、多种手段、因地制宜的思路,推进接入网建设;按照高速传送、综合承载、智能感知、安全可控的思路,推进城域网建设;按照优化架构、提升容量、智能调度、高效可靠的思路,推进骨干网建设。

有线广播电视网络双向化、信号数字化、业务多样化和管理智能化是 NGB 的发展方向。

NGB 由技术平台、传输网络、用户终端和运营支撑系统组成。

(1) 技术平台是整个有线广播电视网络业务承载核心,负责与业务市场进行无缝对接,直接承载具体的业务,由 **DVB**(***Digital Video Broadcasting*,数字视频广播**)广播平台、IP 数据平台和融合通信平台等组成。

(2) 传输网络是整个 NGB 的物理信道,负责将技术平台上的内容数据进行交换和分发,由骨干传输网络、城域传输网络以及用户接入网络组成。

(3) 用户终端是有线电视业务产品的直接使用者,随技术的发展,其外延会不断发生变化。按目前的认识可以把它归纳成双模高清数字电视云终端、全业务数字电视云终端、窄带高清数字电视云终端、基础数字电视云终端、云计算机一体机、云伴侣和移动智能终端软终端等几种。

(4) 运营支撑系统是保证业务安全、可靠、稳定并灵活运营,充分利用网络资源的关键,它从开始产生到逐步稳定成型经历了多年的实践和改进,在 NGB 中可以大体将它划分为两大类——**BOSS**(***Business Operations Support System*,业务运营支撑系统**)和 **IPCC**(***IP Call Center*,IP 呼叫中心**)。

NGB 集电视、电信和计算机网络功能为一体,网络中除了传送广播电视节目外,还传输以数据信号为主的其他业务,以适应信息技术的不断发展和网络业务的需求。NGB 正向着宽带综合业务网发展,真正成为“信息高速公路”的重要组成部分,如图 1-5 所示。

系统网络通过数字光纤骨干环网与其他系统联网,传输各种数字广播电视、**VOD**(***Video on Demand*,视频点播**)数字视频信号,以及通过与公共电信网实现互联、互通以传送数字电话下行信号和数据。系统中数字电视信号源主要是数字卫星电视、数字电视广播、视频服务器等,数据信号源则由电信网、计算机网提供。

系统的前端是一个多媒体平台,由卫星信号分配器、DVB 复用器、扰码器、QAM 调制器、DVB-S 接收转发器、MPEG-2/H.264/H.265 编码器、混合器以及管理数据的服务器、路

图 1-5 NGB 有线电视网络的基本结构

由器、交换机等设备组成。

在 NGB 干线传输系统中,利用 **OTN** (**Optical Transport Network**,**光传输网**)**/SDH** (**Synchronous Digital Hierarchy**,**同步数字体系**)技术建设长距离数据传输骨干网,传输光缆干线结构逐步向环形双向化发展,拓展网络的传输带宽以进一步提高网络的传输容量和网络运行的可靠性。

在接入网系统中,光节点覆盖范围进一步缩小,结合 **PON** (**Passive Optical Network**,**无源光网络**)技术,逐步实现光纤到路边(FTTC)和无源同轴网络(FTTA),大大提高双向通信的接通率,进一步提高网络的可靠性,降低信号的回传噪声。

在交互接入系统中,NGB 系统网络在 **HFC** (**Hybrid Fiber Coax**,**光纤同轴混合网**)基础上,利用有线、无线接入的多种优势提供广播电视和交互的接入业务,实现互联网接入、视频点播、可视电话、会议电视、远程教育、远程医疗等业务。

最后 NGB 具有复杂和完善的网络管理控制系统,并且已经逐步从人工管理向智能化管理过渡。

1.2.5　NGB 的两个信道

1-7　NGB 的
两个信道

为适应三网融合的需求,NGB 不再是只传输电视的广播网,而是能够承载包括视频、语音、数据在内的多种业务的、可管理、可运营的网络。但它与电信城域网又不完全相同。NGB 是由广播、交互两个信道组成的用射频电缆、光缆、微波、数据电缆或其组合来传输、分配和交换图像、声音及数据信号的城域宽带、多业务有线广播电视网络,**简称 MAN(*Metropolitan Area Network*,城域网)**。

BC(*Broadcast Channel*,广播信道) 是一个单方向传输宽带广播式信号(包括视频、音频及数据)的传输信道。利用广播信道构建的传输和分配网络总称为广播平台,其接入网可由传输层和分配层构成。

IC(*Interactive Channel*,交互信道) 是一个双向传输交互式信号、建立在业务提供商和用户之间、为用户提供业务的传输信道。利用交互信道构建的传输、分配和交换平台总称为交互平台,其城域网可由核心层、汇聚层和接入层构成。

这两个平台共同构成 NGB 网络,如图 1-6 所示。每个平台的承载网均可由骨干网、城域网和接入网构成,如图 1-7 所示。

图 1-6　NGB 有线电视网络的两个平台

图 1-7 NGB 有线电视网络层次结构

1. 广播信道的基本结构模型

广播信道基本结构模型通常由一个总前端、若干分前端、一级和二级光链路干线、用户分配网等组成。一级光链路采用"路由走向环形、物理连接星形"拓扑结构；二级光链路一般采用星形拓扑结构，按需也可组成环形拓扑结构。大型城域网中可能存在三级光链路。其结构模型如图 1-8 所示。

图 1-8 广电城域网广播信道基本结构模型

HE—总前端；SH—分前端；ON—光节点

2. 交互信道的基本结构模型

1）交互信道的类型

交互信道的基本结构类型有公用电信网、宽带 IP 网及广电城域网等。

（1）公用电信网的基本结构主要包括长途网、中继网和接入网。

（2）宽带 IP 网的基本结构主要包括骨干层、汇聚层和接入层。

（3）广电城域网基本结构主要包括骨干网和接入网。

　　骨干网是指有线电视城域网交互信道中由主中心和多个分中心组成的完成核心层加汇聚层功能构件的集合。

　　接入网是指有线电视城域网交互信道中从分中心至用户数据终端之间完成接入层功能构件的集合。

　　构筑有线电视城域网交互信道的目的在于发挥有线电视城域网传输介质的宽带优势，开展双向交互性的扩展和增值业务。

　　2）交互信道结构模型

　　骨干网通常采用环形拓扑结构，接入网采用星形拓扑结构。目前的接入方式主要有主要面向集团用户光纤接入、面向公众用户的 HFC 接入、以太网接入及无线接入。其结构模型如图 1-9 所示。

图 1-9　城域网交互信道结构模型

MC—主中心；SC—分中心；CM—线缆调制解调器；OU—光接收单元

3.　两个信道的关系

　　1）有机统一和相对分隔

　　广播信道和交互信道既有机统一又相对分隔，广播平台的一级光链路干线和交互信道骨干网光纤通过"同缆不同芯"的空间分隔方式组合在一起。广播信道的二级光链路干线和同轴电缆用户分配部分与交互信道接入网通过"各自占用不同的频段"的频分复用/时分复用方式加以区分。

　　2）两个信道的路由一致性

　　城域网中的两个信道尽量做到同一路由，同一光缆分纤，分前端和分中心原则上应使用同一机房。

1.2.6　NGB 的"云、管、端"技术

　　国内一些重量级的广电网络运营商把技术平台、传输网络、客户终端和运营支撑系统综

合称为"云、管、端",并提出了"通过打造媒体云(电视云)、宽带云、通信云"建设覆盖区域高速骨干网络,实现业务快速部署运营、节省投资、降低运营成本、盘活存量资产,满足多种终端使用的业务需求的技术战略。图 1-10 为 NGB"云、管、端"技术构架。

1-8 NGB 的"云、管、端"技术

"云、管、端"技术中通常把技术平台和运营支撑系统称"云",包括媒体云(电视云)、宽带云、通信云(以上三个属于技术平台范畴,运营支撑系统属于服务云范畴)和服务云;"管"包括各级各类传输接入网络,如国家高速骨干网、有线无线接入网、家庭覆盖网及政企专网等;"端"包括各种各样的终端接收设备,如机顶盒、个人计算机、云伴侣及智能移动终端等。

图 1-10 "云、管、端"技术构架

1.2.7 NGB 技术平台及系统

面向三网融合的 NGB 网络总体技术框架如图 1-11 所示,由三大体系、四大平台和两个系统组成:

(1)网络与业务承载技术体系。

(2)运营支撑技术体系。

(3)监管技术体系。

(4)数字电视直播平台。

(5)互动电视点播平台。

(6)融合增值业务平台。

(7)融合通信业务平台(含视频会议、视频监控)。

(8)运营支撑系统。

(9)监管系统。

图 1-11 面向三网融合的 NGB 总体技术框架

1.3 基于 NGB 的新业务简介

以双向、互动、跨域、互通、多业务、可信、可管和可控为特征的 NGB,不断创新广电的发展业态,为国家打造全新的传播体系;以直播交互融合、网台实时互动、跨屏幕移转、跨网络递送为代表的新型数字电视服务,不断丰富广电的业务模式,用以满足人民群众对美好文化生活的需求;以文字、图片、音频、视频等数据信息和家庭及城市感知信息的传输、交换为基础的 NGB 多媒体通信系统,不断开辟广电发展的新空间,为用户提供全面的三网融合服务。

1.3.1 DVB+OTT 融合电视业务

OTT（***Over The Top***,**过顶传球——篮球术语**）是指基于开放互联网的视频、语音等服务,终端可以是电视机机顶盒、PC、PAD、智能手机等,其业务涵盖的范围很广,包括各种门户网站、网络游戏、网上购物、网上银行、VoIP、即时通信等。DVB+OTT 是将广电直播业务 DVB 与互联网业务 OTT 无缝衔接起来,是广电行业真正意义上的三网融合。直播电视在新闻、体育、综艺等方面有优势,点播和互动又是 OTT 的强项,因此将 DVB 与 OTT 结合起来可以充分发挥它们各自的优势和强项,使广电行业能更稳健地发展。严格意义上来说融合电视业务不属于技术模式创新,而仅仅是商业模式层面的创新,其终端的实现方式仅仅是一个很小的技术环节。

1. DVB+OTT 业务类型

1）直播数字电视

原有直播业务目前主要采取 DVB 和模拟混合播出两种方式,新的直播电视采取 DVB+OTT 融合技术,实现了直播状态下的互动业务模式。

2）高清和极清(4K)电视

依据国际电信联盟(ITU)标准,普通高清的分辨率为 1920×1080 像素,**UHD**（***Ultra High Definition***,**超高清分辨率**）为 3840×2160 像素,为前者的 4 倍,业内将此技术通称为极清(4K)。高清和极清电视由于传输码率较高,因此更适合通过直播平台传输。即使采用 HEVC(H.265)编码,"4K"电视的传输码率也达 30～40Mbps。

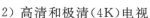

1-9 DVB+OTT 融合电视业务

3）数字音频广播

数字广播电台提供了更清晰的广播音频,可通过电视终端收听不同的广播频道。通过对广播频道的分类,用户可以更方便地查询到自己喜爱的广播内容。

4）视频点播

VOD（***Video On Demand***,**视频点播**）对于每一个点播请求,服务器都要输出一个对应的视频流,可以通过广播电视台前端的 IPQAM 发送,DVB 机顶盒接收。直接采取 OTT 方式,有利于提高效率,降低成本,而且这是 OTT 业务的强项,目前有许多视频节目网站已经做得很好了,如优酷、土豆、爱奇艺等。

NVOD（**Near Video On Demand**，**准视频点播**）可支持任意多用户的点播请求，可以解决带宽的矛盾，但每个用户可能需要等待较长的时间。

5）时移电视业务

时移电视业务是指观看电视时，可以随时对当前播放的电视节目进行快退、暂停、快进操作，回去观看几分钟甚至数十小时前的电视节目，变"人等节目"为"节目由人"模式，用户可随时观看过去的节目，能让时光"倒流"。

2. OTT 与 IPTV 的区别

1）内容提供商的区别

IPTV 的提供商通常是广电部门管辖的公司，是需要执照的；而 OTT 的内容提供商很多，有广电部门管辖的，也有互联网企业自营的。

2）传输方式的区别

IPTV 是基于 H.264 流媒体协议的；OTT 是基于 https 的，强调的是接入的无关性，同时支持各类平板、电视、手机等。IPTV 走运营商 IP 专网；OTT 可以走运营商专网，也可以走公网，甚至走企业自己搭建的网络。

3）机顶盒的区别

码流不同，机顶盒也就不同，支持的终端也不一样，OTT 全是点播，而且格式混乱，需要机顶盒具有很强的处理和转码能力；IPTV 有直播和点播，格式比较统一。

1.3.2　全媒体互动增值业务

全媒体互动电视业务包括音视频会议、电视支付、电视财经及信息化服务等。

1. 农村音视频会议

利用视频会议系统对关系村民日常民生话题的会议实时收看，可以实现村务、政务公开，发挥村民的监督作用；同时，利用视频会议可以更方便地实现"文化下乡"、开展党先进性教育学习等，给镇和村之间提供了信息互动平台，如图 1-12 所示。

图 1-12　农村音视频会议

音频广播可以根据会议发起者的需要，针对党员、基干民兵、全体村民分别召开。参会人员在家中通过机顶盒就可以参与会议，会议发起人通过固定电话或手机就可以组织会议。

2. 电视游戏

电视游戏以轻薄短小的精致游戏类型为主,上手快,耗时少,因此成为许多用户乐意接受的休闲娱乐方式。此外,电视游戏还包括联网棋牌游戏、3D动感游戏等。

3. 电视支付

数字电视支付可实现缴纳养路费、燃气费、数字电视费、华数宽带费、红十字爱心捐赠、订阅报刊、在线订票、电费、行政执法费用等。

4. 电视商场

在数字电视上可以实现用户的购物需求,任何人都可以通过数字电视访问虚拟商店,不受空间限制。电视商城不但可以完成普通商店可以进行的所有交易,同时它还可以通过多媒体技术为用户提供更加全面的商品信息。

5. 电视财经

财经直通车让股民在家就可以查看股市行情、查询个股资讯,已开通网上交易权限的股民都可以通过电视进行股票交易。

6. 阳光政务

阳光政务是市民与政府沟通的桥梁,发布最新的各种文件法规、公告、各项议案提案及办事指南。

7. 行业视窗

用户通过门户服务的业务导航和服务信息,可以快速地找到自己关注的栏目,使用运营商提供的服务,如图1-13所示。

图1-13 行业视窗

8. 电视卫生医疗服务

通过数字电视机顶盒终端平台,及时发布医疗健康的卫生服务信息,便于电视用户及时了解本地或异地医疗机构提供的医疗卫生服务。

1.3.3 新业态互动电视业务

新业态互动电视业务包括直播频道应急信息发布、互动电视检索和关联推荐、定向推送、投票交互电视、OC频道和互动电视检索等。

1．应急信息发布

应急信息发布可用于重要公共信息的发布，方便用户查询市政紧急信息公告、运营商新产品上线公告、网络维护等信息，示例如图 1-14 所示。

图 1-14　应急信息发布

2．电视拉帘

电视拉帘业务实现了频道预览，增强了用户体验，并通过订购信息的发布，方便了用户订购，极大地推动了付费频道的发展。电视拉帘如图 1-15 所示。

3．个性气象站

用户在看电视的同时，可以方便地查询世界各地的气象信息。随着业务发展，将提供晨练、穿衣指数等全方位的气象信息服务，示例如图 1-16 所示。

图 1-15　电视拉帘　　　　　　　　　　图 1-16　个性气象站

4．收视率调查

在用户收看电视过程中，将用户各项行为进行记录并反馈给管理中心，对用户消费行为进行汇总分析，获得用户基本消费行为数据，包括栏目收视率调查，产品及服务使用率调查，以便运营商及时了解用户需求，提供更适合用户的产品和服务，并通过运营决策分析，挖掘潜在的市场。

5．定向推送

定向推送是指运营商通过分析用户消费行为，跟踪和分析不同用户群或不同时间段用户所关注和感兴趣的内容,整理用户使用习惯,以此为依据向用户推送其关注和感兴趣的内容,提高运营商提供服务的使用效率。

6. 互动电视检索

互动电视检索能根据关键字词、日期进行智能检索,让用户更迅速地找到喜爱的节目。

7. 互动实时投票

在直播状态下,电视观众通过遥控器操作可实现与电视直播节目的实时互动。

8. OC 频道

音乐频道 OC Streaming 技术,将音乐在电视上完美呈现。OC Streaming 改变了原来数据广播只有图文和简单背景音乐的枯燥表现方式,在视觉和听觉上给人以多角度、强有力的震撼效果。

1.3.4　多网融合新业务

多网融合新业务包括电视信息定制、电视信息搜索、电视短信等。

1. 电视信息定制

将自己感兴趣的话题或者主题加以订阅,形成自己的个性化页面门户,直接访问感兴趣的内容。

2. 电视信息搜索

以搜索引擎的模式,实现人们在电视上搜索的模式,把互联网的信息用整合和分享等方式,搭建视频、音频、图像、文字四位一体的互联网时代全媒体。

3. 电视短信

电视短信开创了数字电视新的沟通方式。对于使用手机、PC 不多的老人,在享受丰富多彩的数字电视节目的同时,还可以通过电视机接收到儿女们发来的短信祝福。

4. 电视通讯录

电视通讯录可以方便用户之间的交流沟通,可管理好友联系方式,利用电视的家庭共享性,方便在家庭内部及家庭之间共享通讯录信息,而无须用户记忆大量联系方式。

1.3.5　基于NGB的多媒体通信业务

基于 NGB 的多媒体通信业务包括电视机与手机之间的通信业务、PC 到电视机之间的通信业务、电视机之间的通信业务、商务 TV 业务等。

1. 跨屏电视短信/彩信

跨屏电视短信/彩信利用了电视的便利性和更好的视觉感受,实现了电视、手机和 PC 之间信息互联互通,示例如图 1-17 所示。

2. 影视分享

影视分享可以实现电视与手机之间,电视与 PC 之间的跨网络的通信融合、用户融合,基于跨网络运营的内容平台,及跨网络运营的赠送平台,实现电视终端与手机、PC 等终端

图 1-17　跨屏电视短信/彩信

之间的影视赠送。

3. 电视邮箱

电视邮箱可提供全方位的消息阅读和管理功能,用户可通过电视终端方便、及时地收发和管理消息。

4. 视频游戏

进入数字电视在线游戏后启用机顶盒伴侣可视通信功能,可以在玩游戏的同时相互通话并看到对方的视频,游戏画面和视频通话画面可以是画中画也可以单独显示,使游戏更加生动和丰富。

1.3.6　基于 NGB 的物联网业务

NGB 将成为未来我国物联网的基础承载网络和最重要的接入网络,通过资源和应用的整合,以数字电视服务为基础,逐步实现智能家庭和智能城市,最终实现感知中国,达到广电网络和广电业务泛在化的目标,如图 1-18 所示。

智能家庭
(感知/控制)

智能楼宇

家庭医疗

农产品溯源

图 1-18　基于 NGB 的物联网业务

思考题

1. 三网融合的概念是什么？三网融合的实质是什么？为何需要实现三网融合？
2. NGB 有线网络系统的基本组成有哪些？简述每部分的功能。
3. 简述有线电视系统分类。
4. NGB 网络的基本构架是什么？
5. NGB 网络业务类型主要有哪些？基于 NGB 平台可以开展哪些业务？
6. 为什么说 NGB 网络不是只传输电视的广播网？
7. 什么是广播信道和交互信道？两个信道有何区别和联系？
8. 什么是 NGB"云、管、端"技术构架？
9. NGB"云"平台组成有哪些？"管"有哪些？"端"有哪些？

阅读延伸　　　　常用术语　　　　本章测试

第2章

有线广电网络基础

学习要求

    通过本章学习,建立对有线广电网络基本技术指标的认识。要求掌握分贝、电平基本概念,掌握电平单位的换算关系;了解噪声对信号产生的影响,掌握噪声系数、信噪比、载噪比的基本概念以及计算方法;了解线性失真和非线性失真的主要类型,掌握组合二次、三次差拍比的主要特点及影响要素;掌握信道编码的作用及主要方式;掌握数字调制的主要类型和特点;掌握数字电平的概念,了解数字电视主要指标及测量意义;了解有线电视频道配置规律,掌握增补频道的概念;掌握斜体部分的术语缩写。

    由于有线广电网络与电信网络有所不同,有其一定的特殊性。掌握广播信道的电平、电压叠加、系统噪声、线性和非线性失真以及数字电视的信道编码、测量指标等概念对于后面的章节的学习起到一定的铺垫作用。

2.1 相对电量

2.1.1 分贝比

2-1 分贝和电平

    在有线电视系统和卫星接收系统中各点的电压和功率相差很大。例如,从电视接收天线上得到功率的数量级可小到 $10^{-2}\mu W$ 而高输出放大器的输出功率却能达到 $10^{4}\mu W$,两者相差 100 万倍,计算起来相当不方便。

    例如设某四端口网络的输入功率为 P_1,输入电压为 U_1,输入阻抗为 Z_1,输出功率为 P_2,输出电压为 U_2,输出阻抗为 Z_2,如图 2-1 所示。

    当输出、输入功率比 P_2/P_1 可能是一个很大的数,如 10^6,电压比也很大,使用起来很不方便。若将这个功率比取对数,变为 $\lg(P_2/P_1)$,则为一个较小的数 6。人们定义这个对数的单位为贝尔,于是可以说该四端口网络的功率增益为 6 贝尔。但在实际中发现,贝尔这个单位太大,把

图 2-1 四端网络示意图

贝尔的 1/10 作为一个新的实用单位,称为分贝(用 dB 来表示),人们经常采用这个分贝比来表示系统的两个功率(或电压)大小的区别。

两个功率 P_2 和 P_1 分贝比定义为:

$$(P_2/P_1)_{dB} = 10\lg(P_2/P_1) \tag{2-1}$$

其单位用分贝(dB)来表示。利用分贝比可以表示有线电视系统的增益、衰减、交调比、载噪比等。例如功率放大倍数为 10 000 的放大器的增益,用分贝比来表示为

$$10\lg P_2/P_1 = 10\lg 10\ 000 = 40dB$$

将一个功率 P 均分成两份的理想分配器,则每一路输出功率为 $P_1/2$,用分贝比来表示该分配器的衰减为

$$10\lg[P_1/(P_1/2)] = 3dB$$

因为有线电视系统的输入、输出阻抗都为 75Ω,则 $Z_2 = Z_1$,利用公式

$$P = U^2/Z \tag{2-2}$$

则电压比可用分贝比来表示

$$10\lg P_2/P_1 = 10\lg[(U_2^2/Z)/(U_1^2/Z)] = 20\lg U_2/U_1 \tag{2-3}$$

这时要注意,功率比表示为分贝比时,前边乘的系数为 10;而电压比表示为分贝比时,前边乘的系数为 20。

2.1.2 电平

当需要表示系统中的一个功率(或电压)时,不能用分贝比,可利用电平来表示。

系统中某一点的电平是指该点的功率(或电压)对某一基准功率(或基准电压)的分贝比:

$$10\lg(P/P_0) = 20\lg(U/U_0) \tag{2-4}$$

显然,基准功率(即 $P = P_0$)的电平为零。对同一个功率,选用不同基准功率 P_0(或基准电压 U_0)所得电平数值不同,后面要加上不同的单位。

若以 1W 为基准功率,功率为 P 时,对应的电平为 $10\lg(P/1W)$,单位记为分贝瓦(dBW)。例如功率为 1W 时,电平为 0dBW;功率为 100W 时,电平为 20dBW;功率为 100mW 时,对应的电平为

$$10\lg(100mW/1W) = 10\lg(0.1W/1W) = -10dBW$$

已知系统中某点的电压,也可用 dBW 来表示该点的电平。例如某输入端的电压为 200mV,系统的输入阻抗为 75Ω,则其输入功率

$$P = U^2/Z = 0.2^2/75 = 5.2 \times 10^{-4}\,W$$

对应的电平为

$$10\lg(5.2 \times 10^{-4}/1) = -32.75dBW$$

若以 1mW 为基准功率,则功率为 P 时对应的电平为 $10\lg(P/1mW)$,单位记为分贝毫瓦(dBm)。例如功率为 1W 时,电平为 30dBm;功率为 1mW 时,电平为 0dBm;功率为 $1\mu W$ 时,电平为 $-30dBm$;电压为 1mV 时,对应的功率

$$P = U^2/Z = 0.001^2/75 = 1.3 \times 10^{-8}\,W = 1.3 \times 10^{-5}\,mW$$

对应的电平为

$$10\lg(1.3 \times 10^{-5}\,mW/1mW) = -48.75dBm$$

若以 1mV 作为基准电压,则电压为 U 时对应的电平为 $20\lg(U/1\text{mV})$,单位记为分贝毫伏(dBmV)。例如电压为 1V 时,对应的电平为 60dBmV;电压为 $1\mu\text{V}$ 时,对应的电平为 -60dBmV;功率为 1mW 时,电压

$$U = (PZ)^{0.5} = (10^{-3} \times 75)^{0.5} = 274\text{mV}$$

对应的电平为(基准电压为 $1\mu\text{V}$)

$$20\lg(2.74 \times 10^5/1) = 108.75\text{dB}\mu\text{V}$$

电平的四个单位 dBW、dBm、dBmV、dBμV 之间有一定的换算关系。表 2-1 所示为左边的原单位变换为上边的新单位时需要增加的数值。

表 2-1　电平单位换算表(系统阻抗为 75Ω)

原单位	新单位			
	dBW(新单位)	dBm(新单位)	dBmV(新单位)	dBμV(新单位)
dBW(原单位)	0	30	78.75	138.75
dBm(原单位)	-30	0	48.75	108.75
dBmV(原单位)	-78.75	-48.75	0	60
dBμV(原单位)	-138.75	-108.75	-60	0

利用表 2-1 可以方便地把电平由一种单位转换为另一种单位。例如要把 115dBμV 转换为其他单位表示,可利用表中最后一行:转换为 dBW 时用第一列数 -138.75,即用原来的数加 -138.75 得 -23.75,说明 115dBμV 相当于 -23.75dBW;类似地,115dBμV 相当于 $115 - 108.75 = 6.25\text{dBm}$;相当于 $115 - 60 = 55\text{dBmV}$。若把 dBmV 转换为其他单位,则应用第三行;若把 dBm 转换为其他单位,则应用第二行;若把 dBW 转换为其他单位,则应用第一行,以此类推。

2.1.3　电压的叠加

2-2　电压叠加

在有线电视系统分析中,常常需要求出两个或多个交流电压的和。设

$$u_1 = U_1\cos(\omega t + \phi_1)$$
$$u_2 = U_2\cos(\omega t + \phi_2)$$

式中:U_1、U_2 分别为两个电压的振幅;ω 是其角频率;ϕ_1、ϕ_2 分别是两个电压的初相。可以证明,这两个交流电压 u_1 和 u_2 之和 u 也可用一个余弦函数 $u = U\cos(\omega t + \phi)$ 来表示,其中 U 是总电压的振幅,ϕ 是总电压的初相。总电压的振幅 U 并不等于两个分电压振幅之和,即 $U \neq U_1 + U_2$,U 的大小还与两个分电压的相位差 $\phi_2 - \phi_1$ 有关。

在计算总电压时,常常用矢量法比较方便。我们知道,交流电压 $u = U\cos(\omega t + \phi)$ 可以用图 2-2 所示的一个沿逆时针方向匀角速旋转的矢量的运动来表示。这个矢量的长度即为该交流电压的振幅 U,这个矢量的旋转角速度即为该 U 交流电压的圆频率 ω,这个矢量与 x 轴的夹角,即为该交流电压的相位 $\omega t + \phi$。两个交流电压相加,可以通过求这两个旋转矢量的矢量和来得到。

图 2-3 中,$u_1 = U_1\cos(\omega t + \phi)$ 和 $u_2 = \boldsymbol{U}_2\cos(\omega t + \phi)$ 的两个旋转矢量 $\boldsymbol{U}_1$ 和 $\boldsymbol{U}_2$,其矢量和

U 的模长 U 代表 u_1 与 u_2 之和 u 的振幅，U 与 x 轴的夹角 $\omega t + \phi$ 代表 u 的相位。

图 2-2　旋转矢量示意图

图 2-3　旋转矢量的矢量和

显然，U 的模长 U（即 $U = U_1 + U_2$ 的振幅）不仅同 U_1 和 U_2 的模长 $\|u_1\|$ 和 $\|u_2\|$ 有关，而且同 U_1 与 U_2 之间的夹角 $(\omega t + \phi_2) - (\omega t + \phi_1) = \phi_2 - \phi_1$ 有关。也就是说，两个电压 u_1、u_2 的和不仅决定于 u_1 与 u_2 的电压大小，而且同 u_1 与 u_2 的相位差 $\phi_2 - \phi_1$ 有关。根据余弦定理可以求出

$$U^2 = U_1^2 + U_2^2 + 2U_1U_2\cos(\phi_2 - \phi_1) \tag{2-5}$$

当 $\phi_2 - \phi_1 = 2k\pi$ 时，$U = U_1 + U_2$，总电压的振幅等于两个分电压的振幅之算术和，这种叠加称为算术叠加。

当 $\phi_2 - \phi_1 = (2k+1)\pi$ 时，$U = |U_1 - U_2|$，总电压的振幅等于两个分电压的振幅之差。若 $U_1 = U_2$，则 $U = 0$，两个分电压互相抵消，总电压为零。

当 $\phi_2 - \phi_1 = k\pi + \pi/2$ 时，$U^2 = U_1^2 + U_2^2$，即 $U = \sqrt{(U_1^2 + U_2^2)}$，总电压振幅为分电压振幅平方和的平方根，这种叠加称为均方根叠加。因为电压平方与功率成正比，故这种叠加又常称为功率叠加。

当 $k\pi < \phi_2 - \phi_1 < k\pi + \pi/2$ 时，$\sqrt{(U_1^2 + U_2^2)} < U < U_1 + U_2$，总电压的振幅介于算术叠加与均方根叠加所得的结果之间，称为减算的算术叠加，减算的算术叠加常常可以用式 $U = \alpha \cdot (U_1 + U_2)$ 表示，其中 $0 < \alpha < 1$。

算术叠加时，因为 $U = U_1 + U_2$，则总电平

$$U_{\text{dB}} = 20\lg U/1 = 20\lg(U_1 + U_2)/1 = 20\lg(U_1 + U_2)$$
$$= 20\lg(10^{U_{1\text{dB}}/20} + 10^{U_{2\text{dB}}/20}) \tag{2-6}$$

式中：$U_1 = 10^{U_{1\text{dB}}/20}$、$U_2 = 10^{U_{2\text{dB}}/20}$，是将 $U_{1\text{dB}} = 20\lg U_1$、$U_{2\text{dB}} = 20\lg U_2$ 两边同除以 20 后再取以 10 为底的指数所得的结果，将式（2-6）推广到有 n 个电压 U_1、U_2、U_3、$\cdots$、U_n 进行算术叠加的情形，这时总电压的振幅

$$U = U_1 + U_2 + U_3 + \cdots + U_n$$

总电平

$$U_{\text{dB}} = 20\lg(10^{U_{1\text{dB}}/20} + 10^{U_{2\text{dB}}/20} + \cdots + 10^{U_{n\text{dB}}/20}) \tag{2-7}$$

特别地，若 $U_1 = U_2 = \cdots = U_n$，即 n 个电平都相同时

$$U_{\text{dB}} = 20\lg(n \cdot 10^{U_{1\text{dB}}/20}) = U_{1\text{dB}} + 20\lg n \tag{2-8}$$

当多个电压进行均方根叠加（或功率叠加）时，因为 $U^2 = U_1^2 + U_2^2 + \cdots\cdots + U_n^2$，则总电平：

$$U_{\text{dB}} = 10\lg(10^{U_{1\text{dB}}/10} + 10^{U_{2\text{dB}}/10} + \cdots + 10^{U_{n\text{dB}}/10}) \tag{2-9}$$

特别地，若 $U_1 = U_2 = \cdots = U_n$，即 n 个电平都相同时

$$U_{\text{dB}} = 10\lg(n \cdot 10^{U_{1\text{dB}}/10}) = U_{1\text{dB}} + 10\lg n \tag{2-10}$$

当多个电压进行减算的算术叠加时,因为 $U^2 = U_1^2 + U_2^2 + \cdots + U_n^2$,则总电平介于功率叠加电平和算术叠加电平之间,应把式(2-7)中的常数 20 或式(2-9)中的常数 10 改为 10 与 20 之间的某一个数,一般可以取为 15,即

$$U_{dB} = 15\lg(10^{U_{1dB}/15} + 10^{U_{2dB}/15} + \cdots + 10^{U_{ndB}/15}) \tag{2-11}$$

特别地,若 $U_1 = U_2 = \cdots = U_n$,即 n 个电平都相同时

$$U_{dB} = 15\lg(n \cdot 10^{U_{1dB}/15}) = U_{1dB} + 15\lg n \tag{2-12}$$

在有线电视系统中,对不同的技术指标,相应电压之间的相位差不同,它们叠加后所得的电压大小也不同,故对不同的技术指标,其叠加规律不同。

2.2　系统噪声

2-3　热噪声

2.2.1　系统噪声的产生和分类

噪声是指能使图像遭受损伤的与传输信号本身无关的各种形式寄生干扰的总称,它是一种紊乱、断续、随机的电磁振动,在电视屏幕上的主观视觉效果表现为杂乱无章的"雪花"状干扰。

噪声按产生来源分为系统外部噪声和内部噪声。外部噪声是由系统外部的各种电磁干扰入侵造成,如空间中各种电磁发射、宇宙噪声、火花放电等,可以通过加强系统屏蔽来消除。内部噪声是指系统内部设备和部件产生的,又可分为两种:一种是可以消除的非固有内部噪声,如电路自激、电源交流声等;另一种则是不可能被消除的,称为固有内部噪声。

2.2.2　热噪声

热噪声主要是由导电体(包括电阻等无源器件)内部自由电子无规则的热运动所产生的,自由电子在一定温度下的热运动类似于分子的布朗运动,是杂乱无章的,这种随机的热运动随着温度的升高而加剧。电子的无规则运动便形成了电路的热噪声。任何一个无源网络,不管多么复杂,也不管什么结构,都会产生一个恒定的热噪声功率,它是固定存在的,和外部信号没有关系,称它为基础热噪声功率。基础热噪声功率由下式决定:

$$P_{n0} = \frac{h \cdot f \cdot \Delta f}{e^{hf/kT} - 1} \tag{2-13}$$

式中:P_{n0} 为热噪声功率,W;h 为普朗克常数,$h = 6.62 \times 10^{-34}$ J·s;f 为工作中心频率,Hz;k 为玻尔兹曼常数,$k = 1.38 \times 10^{-23}$ J/K;T 为绝对温度,常温 20℃时为 293K;Δf 为等效噪声带宽,Hz。

等效噪声带宽的定义为:噪声功率分布曲线下的总面积除以其最大功率值,如图 2-4 所示。

根据我国电视制式 PAL-D 标准,图像调制方式采取 **VSB-SAM**(*Vestigial Side-Band Amplitude Modulation*,**残留边带调幅**),接收机图像信道为奈氏滤波器幅频特性,可计算得到等效噪声带宽为 5.75MHz。

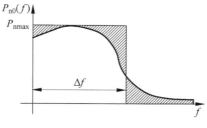

图 2-4　等效噪声带宽示意图

按有线电视系统的频率使用范围(5MHz～1GHz),在式(2-13)中,满足 $hf \ll kT$,则 $e^{hf/kT} \approx 1 + hf/kT$,代入式(2-13),可得

$$P_{n0} = kT\Delta f$$

式中:k 是玻尔兹曼常数;T 是绝对温度,为 293K;Δf 是噪声的频带宽度,取 5.75MHz。

根据我国的电视制式,$P_{n0} = 2.32 \times 10^{-14}$ W,如果阻抗为 75Ω,则可求得热噪声电压为 $U_{n0} = 1.32\mu V$,用分贝表示时,室温下热噪声电平为

$$(U_{n0})_{dB} = 20\lg U_{n0} = 2.4 dB\mu V$$

这是一个在工程计算时非常有用的数值。同样的方法,可以计算出 NTSC 制的等效噪声带宽 $\Delta f = 3.95$MHz,对应的基础热噪声电平为 $0.8 dB\mu V$。

2.2.3　噪声系数

有源器件内部产生的噪声不仅有基础热噪声,还有晶体管等所产生的散弹噪声、分配噪声和闪烁噪声等。下面研究的有源器件的噪声是指它的总噪声。有源设备的总噪声比较复杂,不能像无源器件的热噪声那样直接计算出功率大小,而且有源设备产生的噪声大小因设备而异。因此,需要引入噪声系数的概念,来衡量有源设备的噪声对信号的影响程度。

2-4　噪声系数

系统有源器件产生的噪声大小与设备复杂程度有关,通常用噪声系数(F)表示设备输出端相对于输入端载噪比变坏的程度,大小跟设备性能有关,所以有线电视系统中每个设备都给出了噪声系数(F)大小。

噪声系数的准确定义:网络输出总噪声功率谱密度 $S_0(f)$(亦即单位频带内的总噪声功率)对仅有信号源内阻产生在输出端的噪声功率 $S_{i0}(f)$(亦即单位频带内仅有信号源内阻产生在输出端的噪声功率)的比值,表示为

$$F(f) = S_0(f)/S_{i0}(f) \tag{2-14}$$

上式称为点噪声系数 ,它是频率的函数。实际中,为了测量和工程应用的方便,噪声系数的定义有所简化。

设有一台有噪声的有源设备,功率放大量为 G 倍,噪声系数为 F,设输入信号功率仅有基础热噪声功率 P_{n0}(譬如天线上来的信号其伴随着的噪声功率就是 P_{n0}),若放大器不产生噪声,信号经过放大后,在设备的输出应该得到的噪声功率将为 GP_{n0}。由于设备本身有噪声功率产生,输出的噪声功率并不是 GP_{n0},而变成为 GFP_{n0},即噪声功率变大了 F 倍,此 F 即为设备的噪声系数。该设备自身产生的噪声功率在输出端为 $G(F-1)P_{n0}$,如折算到输入端为 $(F-1)P_{n0}$(此时该设备可视为理想无噪声设备),如图 2-5 所示。

(a) 有噪声设备　　　　　　　　(b) 等效的无噪声设备

图 2-5　设备噪声系数

如果输入噪声功率不是 P_{n0},而是更普通的噪声功率 P_n,则在输出端噪声功率为 $GP_n + G(F-1)P_{n0}$,折算到输入端为 $P_n + (F-1)P_{n0}$,故某有源设备自身产生的噪声功率大小与

该设备输入端输入的噪声大小无关,而由设备本身参数 F 确定,因此,设备所产生的等效输入噪声功率不会随外来噪声功率而变,它永远等于在输入噪声功率上增加 $(F-1)P_{n0}$ 的噪声功率。某设备的 F 越小,其产生的噪声功率越小,性能越好,$F=1$ 的放大器是一个无噪声的理想放大器,实际上 F 的值总是大于 1,这样 F 便有了确定的物理意义。

实际中常常用分贝来表示噪声系数

$$F_{dB} = 10\lg F \tag{2-15}$$

在噪声系数较小时,常用噪声温度来表示放大器的噪声系数。因为放大器产生的噪声功率

$$P_n = (F-1)P_{n0} \tag{2-16}$$

可以用噪声温度表示为

$$P_n = kT\Delta f \tag{2-17}$$

则与噪声系数对应的噪声温度

$$T = (F-1)P_{n0}/(k\Delta f)$$
$$= 293(F-1)k\Delta f/(k\Delta f) = 293(F-1) \tag{2-18}$$

当噪声系数用分贝来表示时

$$T = 293(10^{F_{dB}/10} - 1) \tag{2-19}$$

反过来,已知噪声温度,也可求噪声系数

$$F_{dB} = 10\lg(1 + T/293) \tag{2-20}$$

如噪声温度为 20K 时,相应的噪声系数为 0.29dB,噪声系数为 5dB 时,相应的噪声温度为 630K。

2.2.4　SNR 和 CNR

SNR(*Signal Noise Ratio*,信噪比)与 *CNR*(*Carrier Noise Ratio*,载噪比)均是衡量系统噪声对信号影响程度的重要参数,它们分别应用于不同的场合。工程上更习惯于用 S/N 和 C/N 分别表示信噪比和载噪比。

2-5　SNR 和 CNR

1. 信噪比(SNR、S/N)

有线电视系统的好坏,最终要在图像质量上检验,而图像质量则取决于视频输出级的信噪比。

信噪比定义为高频信号解调后所得的视频信号功率与噪声功率之比,即 $S/N=P_s/P_n$ 若用分贝来表示,则上式变为

$$(S/N)_{dB} = 10\lg(P_s/P_n) = P_{sdB} - P_{ndB} \tag{2-21}$$

即信噪比的分贝值为信号电平与噪声电平之差。

信噪比指标的大小对图像声音质量起决定性的作用,它直接反映了图像和声音质量的好坏。世界各国对电视图像质量的主观评价多采用五级记分法,由主观评价的观看员(不少于 15 人)对图像质量进行评价与分析(记分),图像主观等级要达到 4 级,其分级标准参看 GB/T 7401—1987 对图像质量主观评价的 5 级损伤制标准,如表 2-2 所示。

表 2-2　图像质量主管评价 5 级标准

图 像 等 级	主 观 评 价	干扰杂波造成的影响	信　噪　比
5	优	觉察不到杂波和干扰	45.5
4	良	可觉察到但不讨厌	36.6
3	中	有点讨厌	30
2	差	讨厌	25
1	劣	无法收看	22

经过大量的实验、分析和统计发现信噪比与图像质量之间有如下关系：

$$(S/N)_{dB} = 23 - Q + 1.1Q^2 \tag{2-22}$$

式中：Q 为图像质量等级。利用式(2-22)可以由图像等级 Q 计算出相应的信噪比，反过来也可由信噪比算出可以达到的图像等级。例如，为了达到 4 级图像，将 $Q=4$ 代入式(2-22)求出相应的信噪比要达到 36.6dB。

声音质量主观评价方法应符合 GB/T 16463—1996 规定的 5 级评分制，质量等级应不低于 4 分。

2. 载噪比(CNR、C/N)

尽管信噪比直接确定了有线电视系统信号质量，但有线电视系统除前端摄录像机输出信号为视频信号以外，其余部分传输的信号都是高频载波信号(射频信号)，故在有线电视系统中常使用载噪比这一概念。它定义为载波功率和噪声功率之比。在有线电视系统中，所有设备的连接阻抗都是 75Ω，因此，也可以认为是载波电压和噪声电压之比：

$$C/N = P_c/P_n \tag{2-23}$$

用分贝表示为

$$(C/N)_{dB} = 10\lg(P_c/P_n) = 20\lg(U_c/U_n) \tag{2-24}$$

载噪比和信噪比都能用来衡量系统的噪声性能，它们之间存在着一定的内在联系。载噪比是解调前高频载波电平与噪声电平之差；信噪比则是解调后的视频信号电和噪声电平之差。对于有线电视采用的残留边带调幅方式，当调制度为 87.5% 时，信噪比与载噪比之间满足如下关系

$$S/N = (C/N) \times 0.1924(\Delta f_1 + \Delta f)/(\Delta f - \Delta f_1/3) \tag{2-25}$$

式中：Δf_1 是残留边带带宽；Δf 是视频等效噪声带宽。对我国电视制式，取 Δf 为 5.75MHz，Δf_1 为 0.75MHz，代入式(2-25)得

$$S/N = (C/N) \times 0.2274$$

取对数得

$$(S/N)_{dB} = (C/N)_{dB} - 6.4(dB) \tag{2-26}$$

即载噪比分贝比高于信噪比分贝比 6.4dB。

如果给用户提供图像质量主观评价不低于 4 分，系统终端信号的信噪比大于 36.6dB，故系统的载噪比大于 43dB，也就是功率比大于 20 000 倍，或电压比大于 141 倍。图 2-6 是几种典型的载噪比下的图像效果。

对于数字电视信号(DVB-C)而言

$$(S/N)_{dB} = (C/N)_{dB} + 0.441(dB) \tag{2-27}$$

即对数字电视信号而言,则两者大致相当,即 S/N 相当于 C/N。

45dB C/N 35dB C/N 25dB C/N 20dB C/N

图 2-6　几种典型的载噪比下的图像效果

2.2.5　载噪比计算

2-6　载噪比计算

1. 单个设备的载噪比

如果设备前面是无源电路,例如天线时,单个设备的载噪比将为

$$C/N = \frac{P_c}{EP_{n0}} = \frac{1}{F}\frac{U_a^2/R_o}{U_a^2/R_o} = \frac{1}{F}\left(\frac{U_a}{U_{n0}}\right)^2 \tag{2-28}$$

式中：U_a 为输入信号的电压。等式两边取对数可得出

$$10\lg C/N = C/N(\text{dB}) = 20\lg\frac{U_a}{U_{n0}} - 10\lg F$$

$$C/N(\text{dB}) = 20\lg U_a - 10\lg F - 20\lg U_{n0} \tag{2-29}$$

$$C/N(\text{dB}) = S_a - F(\text{dB}) - 2.4\text{dB}\mu\text{V} \tag{2-30}$$

式中：$S_a = (S_o - G)$,为输入信号的电压电平,单位为 dBμV；F 为设备的噪声系数,单位为 dB；2.4dBμV 则为基础热噪声。这是一个非常有用的公式,以后经常要用到。从式中可以看出提高设备工作电平 S_a 和选择噪声系数 F 小的设备提高载噪比指标,消除图像雪花干扰。

例 2-1　一个放大器增益为 20dB,输出电平为 110dB,噪声系数为 10dB,求 C/N。

解：输入电平

$$U_i(\text{dB}) = 110 - 20 = 90(\text{dB})$$

$$C/N = 90 - 10 - 2.4 = 77.6(\text{dB})$$

由式(2-23)可知,放大器的输入电平和输出电平越高,其载噪比就越高,反之亦然。提高一个放大器载噪比的办法是尽量提高其输入电平。

2. 多个设备串接时的载噪比

当多个有噪声的设备串接在一起时,多个设备的噪声各起多少作用,又如何计算,下面进行讨论。

若两个设备串接在一起,如图 2-7 所示。

假设第一个设备的功率放大量为 G_1,噪声系数为 F_1；第二个设备的功率放大量为 G_2,噪声系数为 F_2。输入信号功率为 P_c,输入噪声功率为 P_{n0},这里的 G 和 F 都是倍数。

图 2-7　两个设备串接

据前所述,第一个设备的噪声等效折合到其输入的噪声功率为 $(F_1-1)P_{n0}$；第二个设备的噪声等效折合到其输入则为 $(F_2-1)P_{n0}$。如果把第二个设备的噪声也折合到第一个设备的输入,则 $(F_2-1)P_{n0}$ 要除以 G_1。因为第二个设备的输入就是第一个设备的输出,输出

为 $(F_2-1)P_{n0}$ 时,当然就是输入为 $(F_2-1)P_{n0}/G_1$ 放大 G_1 倍后的情况。这样第二个设备的噪声等效折合到第一个设备的输入为 $(F_2-1)P_{n0}/G_1$。结果,总的输入功率为

$$P_n + (F_1-1)P_{n0} + \frac{F_2-1}{G_1}P_{n0} = P_n + \left(F_1 - 1 + \frac{F_2-1}{G_1}\right)P_{n0} \tag{2-31}$$

式中:第一项是外来的噪声功率;第二项是第一个设备的噪声功率;第三项是第二个设备的噪声功率。因此,输出载噪比为

$$C/N = \frac{P_c}{P_n + \left(F_1 - 1 + \dfrac{F_2-1}{G_1}\right)P_{n0}} \tag{2-32}$$

由式(2-32)可得出以下推论:

(1) 如果输入噪声功率相当大,即 P_n 比 $[F_1-1+(F_2-1)/G_1]P_{n0}$ 大得多,则设备的噪声将不起主要作用。

(2) 当 G_1 比较大,$(F_2-1)P_{n0}/G_1$ 项可以忽略。也就是此时第二个设备的噪声不起主要作用。

(3) 载噪比和第二个设备的功率放大量 G_2 无关。

(4) 如果输入噪声比较小,G_1 又比较大,则主要的噪声来自第一个设备。

这几个推论十分重要,在系统设计时很有用。

对于载噪比,还可以用另一种方法来计算,可以先设法求出两个设备合成的噪声系数 F,然后当作一个设备来计算载噪比。求合成的噪声系数 F 时,如果一个设备具有噪声系数 F 时的等效折合到输入的噪声功率为 $(F-1)P_{n0}$,它应该和两个设备的噪声总和相等,即

$$(F-1)P_{n0} = \left(F_1 - 1 + \frac{F_2-1}{G_1}\right)P_{n0} \tag{2-33}$$

所以

$$F = F_1 + \frac{F_2-1}{G_1} \tag{2-34}$$

这就是两个设备的合成噪声系数计算公式。由此式可见,当 G_1 比较大时,$F \approx F_1$,即主要是第一个设备的噪声。

对于由 n 个设备串接起来的系统,整个系统产生的噪声等效折合到输入的噪声功率总和为

$$\sum_{n=1}^{n} P_{nn} = \left(F_1 - 1 + \frac{F_2-1}{G_1} + \frac{F_3-1}{G_1 \cdot G_2} + \cdots + \frac{F_n-1}{G_1 \cdot G_2 \cdots G_{n-1}}\right)P_{n0} \tag{2-35}$$

式中:$\dfrac{F_n-1}{G_1 \cdot G_2 \cdots G_{n-1}}P_{n0}$ 为第 n 个设备等效折合到输入的噪声。

同样系统的合成噪声系数 F 为

$$F = F_1 + \frac{F_2-1}{G_1} + \frac{F_3-1}{G_1 \cdot G_2} + \cdots + \frac{F_n-1}{G_1 \cdot G_2 \cdots G_{n-1}} \tag{2-36}$$

如果输入噪声为基础热噪声,就可以很方便地计算全系统的载噪比,公式如下:

$$C/N(\text{dB}) = 10\lg P_c - F(\text{dB}) - 2.4 \tag{2-37}$$

或

$$C/N(\text{dB}) = S_a - F(\text{dB}) - 2.4 \tag{2-38}$$

F 为总的噪声系数,S_a 为第一级输入电平。该公式工程计算太复杂,必要时可考虑用

指标叠加法。

3. 指标叠加法

有线电视系统由几个部分构成,每部分又由多个设备构成,如已知系统中每个部分(设备)的载噪比指标,可以通过指标叠加法计算出总载噪比指标。

$$C/N(\text{dB}) = -10\lg\left[10^{-\frac{C/N_1(\text{dB})}{10}} + 10^{-\frac{C/N_2(\text{dB})}{10}} + \cdots + 10^{-\frac{C/N_k(\text{dB})}{10}}\right] \quad (2\text{-}39)$$

特例:n 个工作状态相同的放大器串接时

$$(C/N)_{\text{dB}} = C/N_{1\text{dB}} - 10\lg n \quad (2\text{-}40)$$

指标叠加是越叠加越小,即总指标比每个部分的分指标都小。

4. n 个两种工作状态不同的放大器串接的载噪比

两种工作状态不同的设备串接是很常见的实际工程问题,要计算串接之后的系统指标可采用查找曲线的方法或查表的方法,下面介绍查表的计算方法。

设有 A、B 两个放大器,A 放大器在前,B 放大器在后,它们的载噪比分别用 C/N_A、C/N_B 表示。串接后的载噪比为

$$C/N = \begin{cases} C/N_A - Y, & C/N_A \leqslant C/N_B \\ C/N_B - Y, & C/N_A > C/N_B \end{cases} \quad (2\text{-}41)$$

式中:Y 称为载噪比的修正量,它与 $|C/N_A - C/N_B|$ 有关。

故两个工作状态不同的放大器串接,哪个载噪比低,就在哪个载噪比中减去修正量,便可得到串接后的载噪比。这种算法的物理概念十分清楚,放大器串接之后使得载噪比下降,并且串接后的载噪比要比两个放大器中任意一个的载噪比还要低。

令 $X = |C/N_A - C/N_B|$,则修正量 Y 的计算为 $Y = 10\lg\left(1 + 10^{-\frac{X}{10}}\right)$。

为了便于计算,将 Y 的计算结果列成表 2-3,供工程设计时使用。

表 2-3　载噪比的修正量

X/dB	0	1	2	3	4	5	6	7	8	9	10
Y/dB	3.0	2.5	2.1	1.8	1.5	1.2	0.97	0.79	0.64	0.51	0.41
X/dB	11	12	13	14	15	16	17	18	19	20	21
Y/dB	0.33	0.27	0.21	0.17	0.14	0.11	0.09	0.07	0.05	0.04	0.03

例 2-2　某分配网由 2 级放大器组成,每个放大器增益为 30dB,输出电平为 110dB,噪声系数为 10dB,求整个干线 C/N。

解:每级放大器

$$C/N_1 = S_a - F - 2.4 = S_o - G - F - 2.4 = 110 - 30 - 10 - 2.4 = 67.6(\text{dB})$$

由于每级放大器的指标相同,则

$$C/N_{\text{总}} = C/N_1 - 10\lg 2 = 64.6(\text{dB})$$

例 2-3　两个放大器串接,$(C/N)_A = 60\text{dB}$,$(C/N)_B = 70\text{dB}$,求串接后的系统指标。

解:

$$X = 70 - 60 = 10, \quad Y = 0.4(\text{查表})$$

则

$$(C/N)_{总} = 60 - 0.4 = 59.6(\text{dB})$$

例 2-4　有一个有线电视系统,由前端、干线传输、分配网络三个子系统串接而成,其载噪比依次为前端 $C/N=55\text{dB}$、干线传输 $C/N=60\text{dB}$、分配网络 $C/N=70\text{dB}$,求整个系统的载噪比指标。

解:先将干线和分配网络串接。

$$X = 70 - 60 = 10, \quad Y = 0.4(\text{查表})$$

则

$$(C/N)_{干.分} = 60 - 0.4 = 59.6(\text{dB})$$

然后与前端串接

$$X = 59.6 - 55 = 4.6, \quad Y = 1.3(\text{查表})$$

则

$$(C/N)_{总} = 55 - 1.3 = 53.7(\text{dB})$$

2.3　系统非线性失真

2.3.1　非线性失真产物形成原因

有线电视系统由众多设备和部件组成。一般来说,有源设备中由 2-7　系统非线性失真于包含非线性器件或电路,必定会不同程度地呈现出非线性特性,这些设备包括信号处理设备、调制器和各类放大器等。因此,有线电视系统中存在非线性失真是不可避免的,它们对信号的传输质量有着很大的影响。

通常情况下,有线电视系统中非线性失真最严重、对信号质量影响最大的设备是放大器,下面重点研究放大器的非线性失真特性。

任何一个具有非线性失真的放大器 A,在正常使用情况下,它的输出电压和输入电压的关系可以用下式来近似地表示:

$$u_o = k_1 u_i + k_2 u_i^2 + k_3 u_i^3 \tag{2-42}$$

式中:u_o 为输出电压;u_i 为输入电压;k_1 为放大器 A 对基波的放大倍数;k_2 为放大器 A 对二次谐波的放大倍数;k_3 为放大器 A 对三次谐波的放大倍数。u_i 四次方以上的各项忽略不计,并且放大器工作电平越高,k_1、k_2、k_3 系数越大,失真越严重。

现在假使有两个信号 A 和 B 同时输入,输入信号 u_i 就可以用下式表示:

$$u_i = A\cos\omega_a t + B\cos\omega_b t \tag{2-43}$$

由于电视图像信号是调幅波,所以信号 A 的幅度就随着 A 频道电视信号改变;同样信号 B 的幅度就随着 B 频道电视信号改变。ω_a 和 ω_b 分别为 A、B 两频道的图像载频。当 u_i 输入放大器后,输出电压 u_o 为

$$
\begin{aligned}
u_o &= k_1(A\cos\omega_a t + B\cos\omega_b t) + k_2(A\cos\omega_a t + B\cos\omega_b t)^2 + k_3(A\cos\omega_a t + B\cos\omega_b t)^3 \\
&= k_1(A\cos\omega_a t + B\cos\omega_b t) + k_2(A^2\cos^2\omega_a t + B^2\cos^2\omega_b t + 2AB\cos\omega_a t\cos\omega_b t) + \\
&\quad k_3(A^3\cos^3\omega_a t + B^3\cos^3\omega_b t + 3AB^2\cos\omega_a t\cos^2\omega_b t + 3A^2 B\cos^2\omega_a t\cos\omega_b t)
\end{aligned}
$$

式中:k_1 各项是所需要的输出信号,比输入信号放大了 k_1 倍;k_2 各项所产生的产物都称为二阶产物,就是二次失真所产生的产物;k_3 各项所产生的产物都称为三阶产物,就是三次失

真所产生的产物。

现在先分析二阶产物的内容。将上面的二次失真展开：

$$k_2\left[A^2\cos^2\omega_a t + B^2\cos^2\omega_b t + 2AB\cos\omega_a t\cos\omega_b t\right]$$

$$= k_2\left[\frac{A^2}{2}(1+\cos2\omega_a t) + \frac{B^2}{2}(1+\cos2\omega_b t) + AB\cos(\omega_a+\omega_b)t + AB\cos(\omega_a-\omega_b)t\right]$$

$$= k_2\left[\frac{A^2}{2} + \frac{B^2}{2} + \frac{A^2}{2}\cos2\omega_a t + \frac{B^2}{2}\cos2\omega_b t + AB\cos(\omega_a+\omega_b)t + AB\cos(\omega_a-\omega_b)t\right]$$

由此可见，二阶产物有 6 项。第 1、2 项是直流项，通过设备中的隔直电容器就不再出现了，所以它不起作用。第 3、4 项是二次谐波项，按我国电视频道频率看，除第 5 频道的二次谐波会落入 DS6、DS7 频道内以外，其他频道的二次谐波都不会落在正常的频道内(但是有线电视系统中如果使用了 A 和 B 波段的各个增补频道后，二次谐波就有许多能落入工作频道之内，造成干扰)。第 5、6 项是和、差频率项，称为二次互调项，它们可能落入正常使用频道内，且幅度最大，影响最严重。这些二次互调项分量还有集聚性，往往都集中在图像载波频率 0.25MHz 的频带内，形成簇，产生组合干扰，把这种组合干扰称为组合二次差拍 CSO，干扰现象为电视画面上无规则的网纹或斜纹。例如 DS1($f_v = 49.75$MHz)，DS6($f_v = 168.25$MHz)，则和频为 218MHz，刚好落在 DS12 内(215～223MHz)，与 216.25MHz 载波差频产生 1.75MHz 的网纹干扰，在二次失真产物中主要考虑 CSO 的干扰。

下面分析三阶产物的内容，将前面的三次项展开：

$$k_3\left[A^3\cos^3\omega_a t + B^3\cos^3\omega_b t + 3AB^2\cos\omega_a t\cos^2\omega_b t + 3A^2B\cos^2\omega_a t\cos\omega_b t\right]$$

$$= k_3\left[\frac{A^3}{4}(\cos3\omega_a t + 3\cos\omega_a t) + \frac{B^3}{4}(\cos3\omega_b t + 3\cos\omega_b t) + 3AB^2\frac{1+\cos2\omega_b t}{2}\cos\omega_a t + 3A^2B\frac{1+\cos2\omega_a t}{2}\cos\omega_b t\right]$$

$$= k_3\left[\frac{3}{4}A^3\cos\omega_a t + \frac{3}{4}B^3\cos\omega_b t + \frac{A^3}{4}\cos3\omega_a t + \frac{B^3}{4}\cos3\omega_b t + \frac{3}{4}A^2B\cos(2\omega_a+\omega_b)t + \right.$$
$$\frac{3}{4}A_2B\cos(2\omega_a-\omega_b)t + \frac{3}{4}AB^2\cos(2\omega_b+\omega_a)t + \frac{3}{4}AB^2\cos(2\omega_b-\omega_a)t +$$
$$\left.\frac{3}{2}AB^2\cos\omega_a t + \frac{3}{2}A^2B\cos\omega_b t\right]$$

由此可见三阶产物共有 10 项。第 1、2 项还是基本频率项，只是在幅度上增加了一些，如 $3/4k_3A^3$ 那样的失真；第 3、4 项是三次谐波项；第 5～8 项都是和差频率项。因此，从第 3 项到第 8 项都有可能落入正常频道内形成互调干扰。值得注意的是，如果有多个信号输入，将会产生大量的互调干扰，除上面的($2\omega_a+\omega_b$)形式外，还有($\omega_a\pm\omega_b\pm\omega_c$)形式的干扰，且幅度最大，数量最多，这些差拍分量还有集聚性，往往都集中在图像载波频率或频道内某个频率附近±15kHz 的频带内，形成簇，产生组合干扰，把这种组合干扰称为组合三次差拍(CTB)，干扰现象为电视画面上无规则的网纹或斜纹，最后，第 9、10 两项有些特殊，它们的频率仍然是基本频率，而不是新产生的频率，所以不属于互调。但是它们在幅度上不但有本频道的电视图像信号，而且有其他频道的电视图像信号。

例如，$3/2k_3AB^2\cos\omega_a t$ 项，它是 A 频道的基本频率 ω_a，所以在收看 A 频道时肯定能收到这一项的产物。但是它的幅度上存在有 B^2 幅度，因此将出现 B 频道的电视图像信号。

结果在屏幕上观看 A 频道信号时,同时出现了 B 频道信号,造成两个图像同时出现在屏幕上的串像现象(黑白反转的负像),不严重时为移动的竖条纹(雨刷现象),这两项被称为交扰调制干扰,或简称交调干扰(雨刷+负像)。如果输入信号为多频道,则每两个频道之间都会产生交调干扰,所以对某一频道来说,其他频道的信号都会串入。

2.3.2 载波组合二次差拍比

1. 定义和物理意义

(1) 定义:图像载波电平与在带内成簇聚集的二次差拍(C/CSO)产物的复合电平之比,以 dB 表示。即:

$$C/CSO = 20\lg \frac{图像载波电平}{聚集在载波频率图像载波附近复合二次差拍产物峰值电平} \quad (2\text{-}44)$$

(2) 物理意义:该指标是图像载波电平与有线电视系统非线性失真引起的二次互调失真的总和之比。在一般使用的线性范围内,系统输出电平每降低 1dB,载波复合二次差拍比改善 1dB。

2. 指标

行业标准 GY/T 106—1999 规定,C/CSO≥54dB。

3. 对图像质量的影响

载波复合二次差拍比使电视接收机屏幕上产生网纹干扰,如图 2-8 所示。

4. 指标劣化的原因和减少影响的办法

有线电视系统的放大器一般采用推挽电路,推挽电路能抑制偶次谐波,故放大器对 C/CSO 指标影响不大。

HFC 光传输链路中,由于光纤色散会产生新的光谱分量,从而增加了光链路的载波复合二次差拍比。因此,在 HFC 中,选光纤时要注意色散问题。

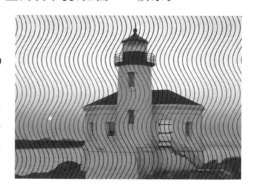

图 2-8 载波复合二次差拍比产生的网纹干扰

5. 指标计算

C/CSO 与放大器串接数 n 的关系如下:

$$C/CSO = C/CSO_1 - 15\lg n = C/CSO_0 + (S_{0t} - S_0) - 15\lg n \quad (2\text{-}45)$$

C/CSO_0(dB)为设备在测试电平 S_{0t}(dBμV)的值;C/CSO_1 为单设备在实际工作电平 S_0(dBμV)的值。

C/CSO 与所传输的频道数是 $10\lg(M/m)$ 的关系(其中 M 是系统传送的最大频道数,m 是实际传送的频道数),即传输的频道数越少 C/CSO 指标越高。

2.3.3 载波组合三次差拍比

1. 定义和物理意义

载波复合三次差拍比(C/CTB)是指某个图像载波电平与聚集在该频道的图像载频附

近形成簇的复合三次差拍产物之比,用 dB 表示。即:

$$C/CTB = 20lg \frac{图像载波电平}{聚集在载波频率图像载波附近复合三次差拍产物峰值电平} \qquad (2\text{-}46)$$

该指标是有线电视系统非线性失真引起的三次互调失真的总和。在一般使用的线性范围内,系统输出电平每降低 1dB,载波复合三次差拍比改善 2dB。

2. 指标

行业标准 GY/T 121—1995 和 GY/T 106—1999 规定,载波复合三次差拍比≥54dB。单纯数字电视时,C/CTB≥44dB。

3. 对图像质量的影响

多次实验的结果表明,一般情况下,复合三次差拍均表现为在电视接收机屏幕上出现横向差拍噪波,这是一种水平水波纹状的噪波干扰,像是噪波叠加在水波纹上的干扰,是一种具有一定随机性的低频组合差拍干扰,如图 2-9 所示。

图 2-9　载波复合三次差拍比产生的
水平横纹干扰

4. 指标劣化的原因和减少影响的办法

载波复合三次差拍比较低的原因有:①放大器本身非线性指标未达标;②放大器输出电平过高。

5. 指标计算

C/CTB 与放大器串接数 n 的关系如下:

$$C/CTB = C/CTB_1 - 20lgn$$
$$= C/CTB_0 + 2(S_{0t} - S_0) - 20lgn \qquad (2\text{-}47)$$

C/CTB_0(dB)为设备在测试电平 S_{0t}(dBμV)的值;C/CTB_1 为单设备在实际工作电平 S_0(dBμV)的值;

C/CTB 与所传输的频道数是 $20lg(M/m)$ 的关系(其中 M 是系统传送的最大频道数,m 是实际传送的频道数),即传输的频道数越少 C/CTB 指标越高。

2.3.4　交流声调制比

交流声调制是在图像电压上出现 50Hz 电源交流声及其谐波干扰电压,在图像上表现为滚道。

1. 定义和物理意义

(1)定义:交流声调制比(HM)是指标准图像调制电压的峰峰值与在 1kHz 以内,50Hz电源的交流声及其谐波干扰电压峰峰值的比值。用 dB 表示。即:

$$HM = 20lg \frac{标准图像调制电压峰峰值}{交流声调制电压峰峰值} \qquad (2\text{-}48)$$

(2)物理意义:在有线电视系统中,50Hz 及其谐波较大,在电视图像上出现滚道。

2. 指标

行标规定 HM≥46dB。

3. 对图像质量的影响

交流声调制使电视接收机屏幕上出现上、下滚动的水平黑道或白道。交流声调制干扰严重时会影响同步，使图像垂直方向产生扭动；最严重时会破坏同步，使图像画而混乱，如图 2-10 所示。

4. 指标劣化的原因和减少影响的办法

（1）交流声调制劣化的原因：①交流电网供电电压过低；②直流稳压电源滤波不好；③有线电视系统地线不好或接地电阻过大。

（2）减少影响的办法：①直流稳压电源要达标，电源纹波小，以减少 50Hz 交流分量；②有线电视系统地线要用宽铜带连接起来，连接处焊接良好，接地电阻要小；③信号线（特别是视频信号线）不能与主电源供应线长距离并行在一起，以免 50Hz 交流声串进去。

2.3.5 交扰调制比

交扰调制是指两个电视频道或多个电视频道之间信号的互相串扰。

1. 定义和物理意义

（1）定义：交扰调制比（CM）是指在被测频道需要的调制包络峰峰值与被测载波上转移调制包络峰峰值之比，用 dB 表示。

$$CM = 20lg（指定频道上有用调制信号的峰峰值 / 交扰调制成分峰峰值）\qquad (2-49)$$

（2）物理意义：交扰调制就是串台，其他频道电视节目的图像串到本频道上。

2. 指标

我国行业标准 GY/T106—1999《有线电视广播系统技术规范》规定

$$CM \geqslant CM_1 - 10lg(N-1) \qquad (2-50)$$

式中：N 为频道数；CM_1 是任意频道对测试频道的交扰调制比，$CM \geqslant 46dB$。

3. 对图像质量的影响

当串扰信号不失真且与被串信号基本同步时，在一个画面上将看到另一个节目的弱信号，如图 2-11 所示；当两个信号不同步时，串入图像将产生漂动，其影响更大；当串入信号有失真时，画面上会出现杂乱无章的麻点，或不规则移动的花纹。

图 2-10 信号交流声比产生的
水平黑道或白道干扰

图 2-11 交扰调制产生的垂直竖纹干扰

4.指标劣化的原因和减少影响的办法

(1)交扰调制产生的原因是有线电视系统中产生了非线性失真。

(2)减少交扰调制的办法:选择质量较好的、非线性失真达标的、输出电平不能过高的放大器。在有线电视系统中,频道安排要适当,尽量不用个别容易被串扰的频道。

2.3.6　微分增益失真

微分增益失真(DG)使图像在不同亮度处彩色饱和度发生变化。

1.定义和物理意义

(1)定义:微分增益是不同亮度电平下的色度信号幅度的变化,用百分数表示。

(2)物理意义:小幅度的等幅彩色副载波在由黑到白不同亮度电平(亮度五阶梯)上,由于系统的非线性所引起的彩色副载波幅度的变化。

2.指标

微分增益不大于10%。

3.对图像质量的影响

微分增益失真使在不同亮度处饱和度不一样,如在电视画面上,演员从暗处走到亮处,肤色和服饰的饱和度不一样,给人很不自然的感觉。

4.产生的原因和减少影响的办法

(1)产生的原因:产生微分增益失真的器件是调制器,原因是调制特性曲线的非线性或其前边视频放大器的非线性引起失真。

(2)减少影响的办法:采用质量较好的调制器;系统工作一段时间后,发现微分增益失真应先检查调制器是否出了问题。

2.3.7　微分相位失真

微分相位应理解为微分相位失真,它使图像在不同亮度处颜色发生变化。

1.定义和物理意义

(1)定义:微分相位是在不同亮度电平上彩色副载波相位的变化,用度表示。

(2)物理意义:等幅的小幅度彩色副载波,在由黑到白的不同亮度电平上,由于系统的非线性所引起的彩色副载波相位的变化。

2.指标

微分相位≤10°。

3.对图像质量的影响

微分相位失真(DP)使图像在不同亮度处颜色发生变化。例如,一个演员由暗处走到亮处,红色服装会由红色变为酱紫色,给人很不协调的感觉。

4.产生的原因和减少影响的办法

(1)产生的原因:在有线电视系统中,产生微分相位的主要是调制器,因为调制器具有非线性的相位特性,从而造成相位失真。

(2)减少影响的办法:采用质量较好的调制器;系统工作一段时间后发现微分相位失真时,应先检查调制器是否出了问题。

2.4 系统线性失真

2-8 系统线性失真

2.4.1 频道内频响

频道内频响是指从图像载频到图像载频加 6MHz 范围内的射频的幅频特性。

1. 定义和物理意义

(1)定义:频道内频响指系统输出口的电视频道内的幅频特性,以 dB 表示。

(2)物理意义:频道内频响是指从图像载频到图像载频加 6MHz 范围内的幅率特性,即频道内的平坦度。

2. 指标

我国行业标准规定,在 8MHz 的范围内,对有线模拟/数字电视系统,其带内的频响为+2dB;对 HFC 数据传输系统,其下行的带内频响应为 2.5dB(其上行的频响要求为 5~65MHz,任意 2MHz 带内 2.5dB)。

在 HFC 数据传输系统中,考虑系统幅频特性对数据信号传输质量的影响,规定在整个下行频带(85~862MHz)内,其信号电平的斜率不大于 12dB;在整个上行频带(5~65MHz)内,其信号电平的斜率也不大于 12dB,即要求系统任意点的指定信号之间或信号群之间的电平差均不大于 12dB。

3. 对图像质量的影响

幅频特性下降过多,使高频分量幅度变小,图像清晰度下降。而幅频特性抬升过高,高频分量增加,使图像变得比较生硬(类似勾边电路产生的现象)。

4. 产生的原因和减少影响的办法

(1)产生的原因:在有线电视系统中,频道内频响不好主要是调制器幅频特性欠佳引起的。

(2)减少影响的办法:采用质量较好的调制器。系统工作一段时间后,发现某个频道幅频特性不好应检查该频道调制器的幅频特性。

2.4.2 色度/亮度时延差

色度/亮度时延差使图像中色度信号与亮度信号不重合而产生彩色镶边。

1. 定义和物理意义

(1)定义:电视信号中色度和亮度分量通过有线电视系统后,它们的延时不同称为色度/亮度时延差,用 ns 表示。

(2)物理意义:色度/亮度时延差是把色度分量和亮度分量的调制包络作比较,如果两个波形相应部分在时间关系上输出端与输入端不同,则称为色度/亮度时延差。

2. 指标

色度/亮度时延差≤100ns。

3. 对图像质量的影响

当色度信号和亮度信号传输时间不一致时,产生时延差。它使图像在水平方向上产生彩色镶边,严重时使彩色和黑白轮廓分家,类似画报中出现的套色不准现象,使清晰度下降,如图2-12所示。

图 2-12　色度/亮度时延对
图像的影响

4. 产生的原因和减少影响的办法

(1) 产生的原因:在有线电视系统中,产生色度/亮度时延差的主要原因是调制器中频滤波器做得不好,幅频特性下降过陡使相位特性起伏较大;次要原因是频道处理器中的中频滤波器做得不好。

(2) 减少影响的办法:系统中选用性能较好的调制器。

2.4.3　回波值

1. 定义和物理意义

(1) 定义:回波值是指在规定测试条件下测得的系统中由于反射而产生的滞后于原信号并与原信号内容相同的干扰信号的值,即被测系统对 $2T$ 正弦平方脉冲的响应。

(2) 物理意义:传送电视信号的高频载波在传输过程中,当传输介质不均匀或发生变化时,都会产生反射波。反射波的大小用来衡量所造成的影响,此反射波也称回波。

2. 指标

回波值≤7%。

在测量有线电视系统的回波值时,它可以定义为被测系统对 $2T$ 正弦平方脉冲的响应(T 等于或近似等于电视制式标称视频带宽上限频率倒数的 $1/2$,例如 PAL-D 制式,$T=$ 83ns)。

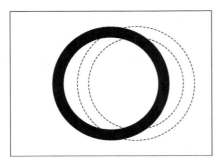

图 2-13　回波对图像画面的影响

3. 对图像质量的影响

回波会在图像右边出现一个反射波的重影或幻象。当重影与正常信号延时不大时,两个图像接近;当重影与正常信号延时较大时,幻影就很明显,使清晰度下降,严重影响图像质量,如图2-13所示。

4. 产生的原因和减少影响的办法

(1) 产生的原因:电缆质量不好、反射损耗低或接头匹配不好。

(2) 减少影响的办法:在有线电视系统中,选用优质的电缆作传输线;传输电缆与放大器中间的接头(电缆头)要选用合乎标准的优质产品;电缆接头应安装牢固以保证接触良好。

2.5 信道编码及调制技术

2.5.1 信道编码

信道编码又称差错控制编码或纠错编码,其基本原理是为了使信道对信源具有检错和纠错能力,按一定的规则对信源编码再额外增加一些冗余码元,使这些冗余码元与被传信息码元之间建立一定的关系,发送端完成这个任务的过程称为纠错编码。在接收端,根据信息码元与冗余码元的特定关系实现检错和纠错,输出原信息码元,完成这个任务的过程称为纠错解码。

信道编码的实质是提高信息传输的可靠性,或者说增加整个系统的抗干扰能力。对信道编码的要求主要有两条:一是要求编码器输出码流的频谱特性适应信道的频谱特性,从而使传输过程中能量损失最小,提高信道能量与噪声能量的比例,减小发生差错的可能性;二是增强纠错能力,使得即使出现差错,也能得以纠正。

典型的数字电视系统结构如图 2-14 所示。由图可知,在发送端,数字电视节目源(主要由视频、音频等数据组成)先经过信源编码处理,得到压缩编码后的视频、音频码流,随后进行信道编码,这里需要辅助数据与控制数据的支持。信道编码实现检错、纠错功能,以提高数字电视传输信号的抗干扰能力,使之适应信道传输特性,再进行载波调制以实现频谱搬移,最后送入传输信道。在接收端,信号处理流程与发送端正好相反,先进行载波解调,然后是信道解码、信源解码,以还原出数字电视视频、音频节目信息,最后送入数字电视显示设备,将图像与伴音等信息呈现给数字电视用户。

虽然与模拟电视系统相比,数字电视系统具有较强的抗干扰能力,但当干扰较大时仍然可能发生信息失真,并出现误码,要减少失真与误码,必须提高信噪比。由于信道带宽及信号功率均受到限制,信噪比的提高也受到限制,因此必须进行纠错编码,以进一步提高传输系统的可靠性。只有信号传输过程中出现的失真与误码在一定限度之内,接收端才能正确地解调信息。

图 2-14 数字电视系统结构

传输信道是数字电视信号的物理传输信道,其特性将直接影响信源编码与信道编码的效果。信道容量有限,我国电视信道的带宽为 8MHz,在这有限的带宽中如何实现传送更多的比特,属于信源编码研究的范畴。此外,还必须考虑信号传输的可靠性问题,这属于信道编码研究的范畴。有效性与可靠性是信号传输中的一对矛盾,有效性以信息传输速率衡量,由于传输信道有不同的带宽,因此有效性可用"谱效率"衡量,即每赫兹能够传送多少信息速率,可靠性通常用误比特率 P_h 与误码元率 P_s 表示,具体为: P_h＝错误比特数/传送总比特数, P_s＝错误码元数/传送总码元数(对于 M 进制来说,每一码元的信息含量为 $\log_2 M$ 比特)。

2.5.2　差错控制系统

差错控制系统实现两部分功能,即差错控制编码和解码,其中差错控制编码是指在信源编码数据的基础之上增加一些冗余码元(又称监督码元),使监督码元与信息码元之间建立一种确定关系,而差错控制解码是指在接收端,根据监督码元与信息码元之间已知的特定关系,来实现检错及纠错。在数字通信系统中,利用纠错检错码进行差错控制的基本方式可分为三类:前向纠错(Forward Error Correction,FEC)、反馈重发(Automatic Repeat Request,ARQ)与混合纠错(Hybrid Error Correction,HEC)。

1. 前向纠错

信息在发送端经纠错编码后送入信道,接收端通过纠错解码自动纠正传输中的差错,这种方式称为前向纠错,其基本原理及结构分别如图 2-15 所示,前向表示差错控制过程单向,不存在差错信息反馈。前向纠错具有无须反向信道、时延小、实时性好等优点,它既适用于点对点通信,又适用于点对多点组播或广播式通信,其缺点是解码设备比较复杂、纠错码必须与信道特性相匹配、为提高纠错性能必须插入更多监督码元致使码率下降。FEC 纠错能力有限,因而 FEC 通常应用在容错能力较强的语音、图像通信方面,如数字电视领域。

2. 反馈重发

发送端发送检错码,接收端通过解码器检测接收码组是否符合编码规律,从而判决该码是否存在传输差错,若判定码组有错,则通过反向信道通知发送端重发,如此反复直至接收端认为正确为止,这种方式称为反馈重发。其基本原理和结构如图 2-16 所示。

图 2-15　前向纠错的基本原理和结构　　　　图 2-16　反馈重发的基本原理和结构

3. 混合纠错

混合纠错是前向纠错与反馈重发二者的结合,发送端发送的码字兼具检错及纠错两种能力,接收端解码器收到码字后首先校验错误情况,如果差错不超过误码纠错能力,则自动进行纠错,如果差错数量已超出误码纠错能力,则接收端通过反馈信道给发送端一个要求重发的信息。其基本原理和结构如图 2-17 所示。

图 2-17　混合纠错的基本原理和结构

2.5.3 纠错码分类

根据信道噪声干扰的性质,可将差错分成随机错误、突发错误和混合错误三类。

(1) 随机错误:由信道中的随机噪声干扰所引起,由于噪声具有随机性,因而误码的发生相互独立,不会出现成片错误。

(2) 突发错误:由突发噪声干扰引起,如电火花等脉冲干扰,会使差错成群出现,通常用突发持续时间与突发间隔时间分布来描述。

(3) 混合错误:既包括随机错误又包括突发错误,因而既会出现单个错误,也会出现成片错误。

与差错种类相对应,可对纠错码进行分类,每一类又可按照其划分标准进一步细分,如图 2-18 所示。

图 2-18 纠错码分类

1. RS 编码技术

RS 码由 Reed 和 Solomon 两位研究者发明,故称为里德-所罗门(Reed-Solomon)码,简称 RS 码,它是广泛应用在数字电视传输系统中的一种纠错编码技术。RS 码以字节为单位进行前向误码纠正(FEC),它具有很强的随机误码及突发误码纠正能力。

从结构上看,RS 码是一种码元长度为 n、信息位长度为 k 的 (n,k) 型线性分组码,其中分组码是指在 k 位信息码元的后面按编码规则附加 t 位校验码元而构成码长为 n 的码字,并用 (n,k) 表示,而线性分组码是指分组码中的校验码元与信息码元之间满足线性变换关系。

RS 编码是一种非常有效的块编码技术,与其他以单个码元为基础的块编码技术不同,RS 码以码组为基础,码组又称为符号,RS 码只处理符号,即使符号中只有一个比特出错,也认为是整个符号出错。

在 DVB 系统中,信道编码采用 $(204,188,t=8)$ 的 RS 码,即 $n=204$ 字节,$k=188$ 字节,即每 188 个信息符号要用 16 个监督符号,总码元数为 204 个符号,$m=8$ 比特(1 字节),监督码元长度为 $2t=16$ 字节,纠错能力为一段码长为 204 字节内的 8 个字节,此 RS 码的长度在原理上应为 $n=2^{m-1}=255$ 字节,实施上述 RS 编码时,先在 188 字节前加上 51 个全 0 字节,组成 239 字节的信息段,然后根据 RS 编码电路在信息段后面生成 16 个监督字节,即得到所需的 RS 码。

2. 数据交织技术

RS 码具有强大的抵御突发差错的能力,但对数据进行交织处理,则可进一步增强抵御能力。数据交织是指在不附加纠错码字的前提下,利用改变数据码字传输顺序的方法,来提高接收端去交织解码时的抗突发误码能力,通过采用数据交织与解交织技术,传输过程中引入的突发连续性误码经去交织解码后恢复成原顺序,此时误码分散分布,从而减少了各纠错解码组中的错误码元数量,使错误码元数目限制在 RS 码的纠错能力之内,然后分别纠正,从而大大提高 RS 码在传输过程中的抗突发误码能力。

数据交织技术纠正突发误码的原理如图 2-19 所示。由图可见,mn 个数据为一组,按每行 n 比特,共 m 行方式读入寄存器,然后以列的方式读出用于传输,接收端把数据按列的方式写入寄存器后再以行方式读出,得到与输入码流次序一致的输出,由此实现了交织与解交织。当在传输过程中出现突发差错时,差错比特在解交织寄存器中被分散到各行比特流中,从而易于被外层的 FEC 纠正。在上述数据交织中,每行的比特数 n 称为交织深度,交织深度越大则抗突发差错能力越强,但交织的延迟时间也越长,因为编解码都必须将数据全部送入存储器后才能开始。ATSC 标准中交织深度为 52,DVB-T 标准中交织深度为 12。

图 2-19　数据交织原理(交织深度 5)

数据交织技术在数字电视信道编码中应用广泛,例如在数字电视有线传输系统中,为提高系统抗干扰能力,必须进行 RS 编码,但是信道突发干扰会造成连续码元错误,会超出 RS 编码的纠错能力,致使大量误码无法纠正。在这种情况下,必须使用数据交织技术对抗突发差错,以使错误码元能够分散分布,使错误码元数量控制在 RS 编码纠错范围之内,再利用

RS 编码技术进行纠错。

3. 卷积编码

卷积编码又称内码或循环码,它是一种非分组码,其前后码字或码组之间有一定的约束关系。卷积编码器可有 k_0 个输入,n_0 个输出,通常 $k_0 < n_0$,且皆为小整数。在任意给定的时间单元内,编码器的 n_0 个输出不仅与本时间单元的 k_0 个输入有关,还与前面 m 个输入单元有关。一个典型的 $(2,1,2)$ 卷积编码器结构如图 2-20 所示。

图 2-20　卷积编码器结构

在数字电视信道编码系统中,卷积编码是 RS 编码与数据交织的有效补充,当信道质量较差时,通常采用 RS 码与卷积码级联的形式作为信道编码方案,如图 2-21 所示。

图 2-21　RS 码与卷积码级联的形式

2.5.4　数字调制

数字电视信道编解码及调制解调的目的是通过纠错编码、网格编码、均衡等技术提高信号的抗干扰能力,通过调制把传输信号放在载波或脉冲串上,为传输做好准备。

2-10　数字调制

为了使数字信号在带通信道中传输,必须用数字信号对载波进行调制,把数字基带信号的频谱搬移到高频处,如图 2-22 所示。基本的数字调制方式有三种:幅度键控(Amplitude Shift Keying,ASK)、频移键控(Frequency Shift Keying,FSK)和相移键控(Phase Shift Keying,PSK)。

图 2-22　数字调制

(1) ASK。又称幅移键控,载波幅度是随着调制信号而变化,如图 2-23 所示。其最简单的形式是载波在二进制调制信号控制下通断,这种方式还可称作通-断键控或开关键控(OOK),也可以用相乘器实现调制。虽然多电平 MASK 调制方式是一种高效率的传输方式,但由于它的抗噪声能力较差,尤其是抗衰落的能力不强,因而一般只适应于恒参信道。ASK 的解调方法主要有相干法和非相干法。

(2) PSK。又称相移键控,载波相位随着调制信号而变化,如图 2-24 所示。产生 PSK

图 2-23　幅移键控调制

信号的两种方法如下：

① 调相法：将基带数字信号（双极性）与载波信号直接相乘。

② 选择法：用数字基带信号去对相位相差 180°的两个载波进行选择，两个载波相位通常相差 180°，此时称为反向键控（PSK）。

PSK 的类型有二进制相移键控（2PSK）和多进制相移键控（MPSK），其中四进制 QPSK 应用比较广泛。

图 2-24　相移键控调制

（3）FSK。又称频移键控，其载波频率随着调制信号而变化，如图 2-25 所示，是信息传输中使用得较早的一种调制方式。它的主要优点是：实现起来较容易，抗噪声与抗衰减的性能较好。FSK 在中低速数据传输中得到了广泛的应用。其类型有二进制频移键控（2FSK）和多进制频移键控（MFSK）。2FSK 可看作是两个不同载波频率的 ASK 已调信号之和。其解调方法为相干法和非相干法。

（4）**QAM**（**Quadrature Amplitude Modulation，正交幅度调制法**）。在二进制 ASK 系统中，其频带利用率是 $1b/s \cdot Hz$，若利用正交载波调制技术传输 ASK 信号，可使频带利用率提高一倍。如果再把多进制与其他技术结合起来，还可进一步提高频带利用率，能够完成这种任务的技术称为正交幅度调制（QAM），它是利用正交载波对两路信号分别进行双边带抑制载波调幅形成的，如图 2-26 所示。其中，二进制 4-QAM、四进制 16-QAM、八进制 64-QAM 等，在数字电视调制中应用广泛。

ASK、PSK、FSK 和 QAM 的关系如图 2-27 所示，其中 QAM 可以看成是 ASK 与 PSK 结合的产物。表 2-4 列出几种不同形式的调制的具体参数和特性。

图 2-25　频移键控

图 2-26　8-QAM 调制

图 2-27　几种基本数字调制的关系

表 2-4　几种不同形式的调制的具体参数和特性

调制方式	单　位	比特/波特	波特率	比特率
ASK，FSK，2-PSK	1b	1	N	N
4-PSK，4-QAM	2b	2	N	$2N$
8-PSK，8-QAM	3b	3	N	$3N$
16-QAM	4b	4	N	$4N$
32-QAM	5b	5	N	$5N$
64-QAM	6b	6	N	$6N$
128-QAM	7b	7	N	$7N$
256-QAM	8b	8	N	$8N$

2.5.5   数字电视信号的调制

目前,各国数字电视的制式标准不能完全统一,主要是指各国在调制方式方面的不同,具体包括纠错、均衡等技术不同,带宽不同,尤其是调制方式不同。

(1)正交振幅调制:调制效率高,要求传送途径的信噪比高,适合有线电视电缆传输。

(2)**相移键控调制**(*Quadrature Phase Shift Keying*,*QPSK*):调制效率高,要求传送途径的信噪比低,适合卫星广播。

(3)**残留边带调制**(*Vestigial Side-Band*,*VSB*):抗多径传播效应好(即消除重影效果好),适合地面广播。

(4)**编码正交频分复用调制**(*Coded Orthogonal Frequency Division Multiplexing*,*COFDM*):抗多径传播效应和同频干扰好,适合地面广播和同频网广播。

目前的数字电视信道带宽基本与每个国家原来的模拟电视信道标准带宽一致,这个带宽基本是由其原来广播电视采取的模式决定的。图 2-28 反映了我国模拟频道和数字频道调制后的频谱特性。

(a) 模拟调制   (b) 数字调制

图 2-28   模拟频道和数字频道调制后的频谱特性

2.5.6   QAM 调制的星座图

在 QAM 调制方式中,不仅利用了载波的幅度,而且利用了载波的相位来表示被调制数据。纵轴矢量"*I*"串流和横轴矢量"*Q*"串流可描绘为 90°相位差形成的格子,代表"*I*"乘"*Q*"数的可能状态,此格子通常称为"星座图",亦可想象为方框的数组。星座图中反映了 QAM 调制技术的两个基本参数:载波的幅度和相位。图 2-29 以 64-QAM 调制方式为例,给出了星座图和星座点的示例。

图 2-29 中每个星座点在星座图中都有一个判定边界,相邻方框之间的分界线称为"判断门槛",在理想的数据传输情况下每个被接收的传送码应会落在它方框的几何中心点,但实际上只要信号落进边界内,就表示收到正确的数据。实际上噪声的侵入干扰与反射信号会推挤传送码离开理论的中心点移往相邻方框的边界,若干扰不足以推挤传送码跨越门槛则被理解为属于正常的,反之,落在相邻区域内就会被错误地理解为属于相邻方框的符号,

(a) 星座图   (b) 星座点

图 2-29 64-QAM 调制

因此造成一个错误码,如图 2-30 所示。因为星座点在星座图上的位置依赖载波的幅度和相位,所以幅度与相位的噪声将对群集上的位置有影响。幅度噪声将改变原来的距离,相位噪声将改变旋转位置。其他类型的噪声和干扰将影响各个方向的符号。星座图表是一个很好的故障排除辅助工具,在测试仪器分析得到的星座图的形状及分布特点能够反映出信号的良好程度和存在的问题,并可提供关于干扰的来源与种类的线索。对于 QAM,通常用它来判断其调制方式的误码率等,有很直观的效用。

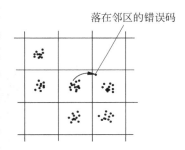

图 2-30 落入邻区的点形成误码

对于同一种 QAM,也可能有多种不同的表现形式,图 2-31 为几种不同形式的 16-QAM 星座图。

(a) 3振幅,12相位   (b) 4振幅,8相位   (c) 2振幅,8相位

图 2-31 几种不同形式的 16-QAM 星座图

1. 良好的星座图

在测试仪器上,星座点被很合理地定义和定位在正方形内,表明系统有良好的增益、相噪及调制差错比,如图 2-32 所示。

2. 非连续无规律的噪声干扰形成云雾状星座图

在实际的网络系统中,QAM 信号一直遭受一些如电机、继电器、电力设备与分配网络

图 2-32 良好的 64-QAM 星座图

上的传输装置所产生的随机性噪声干扰。噪声导致所显示的符号落在星座图方框内正常位置的周围,经累积一段时间后,统计一特定方框内所有符号的落点就会形成如云雾状的星座点分布,每个符号表示噪声干扰的细微差异,如图 2-33 所示。

图 2-33 网络中存非连续无规律的噪声干扰

3. 连续有规律性噪声的干扰

内调制设备、计算机设备的时基电路以及广播的发射机都可能是连续周期性有规律噪声的干扰来源,在特定方框内所显示的符号形成明显的圆圈图形,表明网络存在相干干扰源,如图 2-34 所示。

4. 相位噪声形成旋转型星座图

相位噪声是一段期间振荡器其相对的相位不稳定的表现,如果此振荡器是用于信号处理(例如本地振荡器),则这些相位不稳定会影响到信号上,结果在星座图上显示出绕着图形中央旋转的现象,如图 2-35 所示。相位噪声可能是由下/上变频器造成的。

图 2-34　连续有规律性噪声的干扰

图 2-35　相位噪声干扰

5. 增益压缩形成压缩型星座图

增益压缩是在信号传送路径上因有源器件(放大器或信号处理器)过度驱动或不良的有源器件所导致的信号失真,结果在星座图上显示外部的点被拉进中心而中间的点不受影响,四个角落被扭曲造成四边弯成如弓形的现象,如图 2-36 所示。系统中的增益压缩可能是由IF 和 RF 放大器或是上/下变频器不良等造成的。

6. 孤立点星座图

星座图上出现一些孤立远离主簇的点表明干扰是周期性的,如图 2-37 所示。引起周期性干扰可能的因素如下:激光削波,由于模拟同步脉冲的排队造成激光的偶尔过载;松散

图 2-36　增益压缩时的星座图

的连接,被破坏或松散的连接;颤噪效应,头端设备的数字抖动也能够造成周期性错误。

远离簇的点

图 2-37　周期干扰引起的孤立点星座图

2.6　数字有线电视的指标

数字有线电视系统中的数字信号包括 DVB 数字电视广播信号、
CMTS 下行信号以及用于其他功能的 QAM 及 QPSK 信号。数字信号
更能够容忍信噪比的劣化,但对系统相位噪声、相干干扰、周期性干扰和增益压缩等更加敏感。

2-11　数字有线
电视的指标

数字系统最基本的测量是传输错误率,用 **BER**(**Bit Error Rate,比特误码率**)表示。此外还有信号电平、**EVM**(**Error Vector Magnitude,矢量幅度误差**)、**MER**(**Error Rate,调制误码比**)、信噪比(SNR)等。

2.6.1　数字电平

数字电平测量引入平均功率的概念,并用它来表征频道信号功率强弱,也称信道功率,与模拟电视峰值电平概念和测量手段完全不同。对数字信号来说,信号电平就是指有效带宽内射频或中频信号的平均功率电平。

测量时可以直接用专用数字信号场强仪(如天津德力 DS1191A、DS2400Q 等)或频谱仪

测量,用数字信号场强仪测量比较方便,与通常的模拟信号场强仪使用方法一样,但测量结果显示上会有一定的不同,如图 2-38 所示,从图中可以看出,对于数字电视信号只有一个信号电平,而对于模拟信号而言,可以测到视频电平和音频电平。

(a) 数字电视信号　　　　　　　　　　　(b) 模拟电视信号

图 2-38　场强仪测显示数字电视信号与模拟电视信号

用频谱仪测试时要先连接系统,校准仪器;接着做好测试准备,确保阻抗匹配;调节频谱仪中心频率到被测频道,选择合适的扫宽和电平显示,使频谱仪能够显示整个频道;设定频谱仪的分辨率带宽 RSBW 为 100kHz,视频带宽 VBW 为 1kHz,测量频道中心附近平顶包络的电平(平均值)LM;在频谱上找出比 LM 低 3dB 的两个频率点 f_1 和 f_2,这两个频率之差就是频道带宽 CHBW;最后用以下公式计算出数字信号载波信号的电平:

$$LS = LM + 10\lg \frac{CHBW}{RSBW} + K \qquad (2\text{-}51)$$

式中:LS 表示数字信号载波电平,dBμV 或 dBmV;LM 表示中心频点附近的平顶包络的电平,dBμV 或 dBmV;CHBW 表示数字调制信号的频带宽度,kHz;RSBW 表示频谱分析仪分辨率带宽,kHz;K 表示校准系数,不同设备值会有所不同。

用 TRILITHIC 860DSP 的频谱分析模块测得:当 RSBW＝100kHz 时,LM＝34.2dBμV,CHBW＝6.81MHz,经计算结果为 52.5dBμV,与数字信号场强仪测出结果基本一致,无须修正。

测量中应注意,多数频谱仪的输入阻抗一般为 50Ω,DVB-C 系统的阻抗为 75Ω,需要加 50/75Ω 阻抗转换器,否则,阻抗不匹配会增加测量误差。对阻抗转换器的插入衰减还应加以修正。

数字电视频道平均功率和带宽有关,带宽越宽信道平均功率越高。模拟电视场强仪只对分辨率带宽 300kHz 内的窄带峰值信号进行采样,完全不能表征在宽带(如数字电视 8MHz)内的能量,仅当该数字频道的带内平坦度相当好时可以近似换算。

对于 64-QAM 调制,通常建议其数字频道平均功率要调整为比同系统的模拟频道峰值电平低 10dB;对于 256-QAM 要低 6dB。产生这样的要求,是基于以下原因:

(1) 数字信号抗干扰能力强,对载噪比要求比模拟信号低,所以数字电视信号可用比模拟信号低得多的幅度进行传送,这样每个数字频道的传送功率降低,整个通带内总传送功率就降低,干线放大器的总体输入功率就降低,因此在同一个线路中可以传送比原来更多信号,更多内容。

(2) 为避免放大器失真,产生互调干扰,干扰其他频道信号。

(3) 模拟电频实际上测的是峰值功率,而数字电频测的是平均功率,在模拟电平平均功率比峰值功率一般低 6～10dB,为了每频道功率平均,所以数字比模拟至少低 6dB,当然若希望数字信号完全无削波失真传输,最好低 12dB,不过用户电平就太低了。

2.6.2 比特误码率

BER 是符号被推挤进入相邻符号范围从而导致那些符号被误解的概率。可用误比特率 P_b 或误符号率 P_s 表示。通常以 10 的 n 次方来表示,例如测量得 3×10^{-7} 表示在一千万次传送码有 3 个误码,此比率是采用少数的实际传送码来分析和统计并进行推算的值,越低的 BER 值代表越好的效能表现。误码数目在阈值内,可以通过信道编码来纠错,达到 10^{-11} 以下。

尽管较差的 BER 表示信号品质较差,但 BER 不只是单纯测量 QAM 信号本身的情况,因为 BER 要侦测并统计每个被误解的码,它是一个可反映出问题是由瞬间的或者突然发生的噪声干扰的灵敏指标。

此外 QAM 系统包含纠错算法可修正一些经由传送而形成的误码,前向纠错数据包 FEC 含在 QAM 传送的数据内,它可供 QAM 接收器修复被误解的码。因为未纠错(Pre-FEC)和已纠错(Post-FEC)数据质量可能相差极大,BER 测量通常会指示出未纠错(Pre-FEC)的数据质量或已纠错(Post-FEC)的数据质量来区分哪个数据已被 FEC 纠错过。

我国行业标准规定,在 HFC 数据传输系统中,上/下行均要求 BER≤10^{-8},而在有线数字电视传输中,则 BER≤10^{-11},才达到准确无误码。

2.6.3 调制误码比

数字系统中的调制误码比(MER)类似于在模拟系统中使用的信噪比或载噪比,是指传送码由其正常值被取代的一个平均总数,被表示为因噪声功率导致取代 QAM 信号功率的比率,结果以 dB 表示,MER 的值越大代表越好,如图 2-39 所示。

(a) 理想矢量与实际矢量之间的误差 (b) MER四种情况

图 2-39　MER 矢量定义图与 MER 四种情况

MER 的定义式为

$$\mathrm{MER} = 10\lg \frac{\frac{1}{N}\sum_{j=1}^{N}(I_j^2 + Q_j^2)}{\frac{1}{N}\sum_{j=1}^{N}(\Delta I_j^2 + \Delta Q_j^2)} = 20\lg \frac{\sqrt{\frac{1}{N}\sum_{j=1}^{N}(I_j^2 + Q_j^2)}}{\sqrt{\frac{1}{N}\sum_{j=1}^{N}(\Delta I_j^2 + \Delta Q_j^2)}}$$

$$= 20\lg \frac{C_{\mathrm{rms}}}{\sqrt{\frac{1}{N}\sum_{j=1}^{N}(\Delta I_j^2 + \Delta Q_j^2)}} \tag{2-52}$$

式中：I_j^2、Q_j^2 是各星座点的矢量坐标；ΔI_j^2、ΔQ_j^2 是到对应理想星座点的矢量偏差；C_{rms} 是星座点矢量模的均方根值。

MER 不仅考虑到幅度噪声,也考虑到相位噪声。测量信号的 MER 值是判定通路失效边界(系统失效容限)的关键部分。它不像在模拟系统中图像质量会随着载噪比性能的下降明显降低,通常情况下较差的 MER 对数据传输的影响上并不显著,只有在低于系统 MER 门限值的情况下,才严重影响数据传输。64-QAM 调制信号的 MER 门限值为 23dB,考虑误差及设备老化,工程上取大于 25dB；256-QAM 调制信号的 MER 门限值为 25dB,工程上取大于 23dB。通常有线电视 HFC 网络中的 MER 典型值大约是 30～34dB。

MER 是一个统计测量,其主要局限是不能捕捉到周期性的瞬间的测量。在周期性的干扰下测得的 MER 可能很好,但 BER 值却很差。但总的来说 MER 还是一个很好地反映 QAM 信号的指针,同时也是一个相当有用的故障排除辅助工具,MER 是一个很多传送码的平均值,所以它不像 BER 是一个判断数据错误的好工具。

我国行业标准规定,64-QAM 数字电视信号的 MER≥26dB。在系统设计中通常取：MER＝C/N－6。

2.6.4 误差矢量幅值

误差矢量幅值(EVM)的定义式为

$$\mathrm{EVM} = \sqrt{\frac{\frac{1}{N}\sum_{j=1}^{N}(\Delta I_j^2 + \Delta Q_j^2)}{C_{\mathrm{max}}^2}} \times 100\% \tag{2-53}$$

式中：I_j^2、Q_j^2 是各星座点的矢量坐标；ΔI_j^2、ΔQ_j^2 是到对应星座点的矢量偏差；C_{max} 是最大最远星座点的矢量的模。

EVM 表征平均误码量值与最大符号量值的比值,EVM 和 MER 是有一定关系的但又表达同一个信息的两个量,MER 比较容易地理解成是一种类似 S/N 的参数,而 EVM 则可以理解成类似模拟电路中的波形失真率的一个参数。EVM 则经常被用于诸如 DVB,EDGE(Enhanced Data rates for Global Evolution,增强型数据传输的全球演进技术)以及 UMTS(Universal Mobile Telecommunications System,通用移动通信系统)标准中,特别是无线数据传输中。

2.7　系统节目技术质量指标

2.7.1　图像质量

在正常情况下,用户端的图像质量等级应不低于 4 分。图像质量主观评价方法应符合 GB/T 7401—1987 规定的 5 级损伤制。

2.7.2　声音质量

在正常情况下,用户端的声音质量等级应不低于 4 分。声音质量主观评价方法应符合 GB/T 16463—1996 规定的 5 级评分制。

2.8　NGB 网络的频率划分和频率设置

2.8.1　地面电视广播的频道配置和频带宽度

2-12　频率划分和配置

众所周知,要使多套电视节目同时在空间或同一条电缆中传送,必须将它们分别调制到不同频率的高频载波上,这样电视接收机才能通过将高频头调谐到不同的频率来实现每一套节目的正确接收。也就是说,不同的电视节目在传送时必须被安排到一个个不同的"频道"上。由于无线电频率资源有限,不可能给一个电视频道太宽的频带,故地面电视广播中视频信号的调制都采用 VSB-AM 方式。

地面电视广播能够使用的无线电频率主要有 48.5～108MHz,167～223MHz, 470～566MHz,606～958MHz 四个频段,我国规定的开路电视频道配置方案如图 2-40 所示。

图 2-40　开路电视频道配置方案(单位：MHz)

我国原来规定的开路电视频道一共有 68 个,但第 5 频道与调频广播使用的频段重叠,一般不再使用。目前无线广播电视实际使用的频道(1～4 频道,6～68 频道)的带宽都是 8MHz,其频率范围 $f_v-1.25$ 到 $f_v+6.75$MHz,其中 f_v 是图像载波频率,而伴音副载波频率 f_a 比图像载频高 6.5MHz。在 VHF 频段,可分成三个部分,其中 V_I 频段为 1～4 频道; 在 V_{III} 频段,有 6～12 频道,频率范围为 167～223MHz;调频广播则位于 V_I 和 V_{III} 之间。在 UHF 频段,则分成两个部分,U_{IV} 频段为 13～24 频道,频率范围为 470～566MHz,U_V 频段 为 25～68 频道,频率范围为 606～958MHz。

2.8.2 NGB 网络的频率划分和频道配置

早期的有线电视系统完全是地面开路电视的公共接收系统,因而当时的有线电视系统中采用的频道配置方案也完全照搬了开路的频道设置,这就是当时的所谓"全频道系统"。

随着有线电视的发展,全频道方案已经不能满足要求,人们开始寻求一种更能体现有线电视特点的方案。该方案中,考虑到与开路电视的兼容,开路的频道设置完整保留,这便是有线电视的标准频道;除此之外,还要开发利用有线电视独有的可用频道。从图 2-40 中可以看出,在调频广播与 6 频道之间,在 12 频道与 13 频道之间,在 24 频道与 25 频道之间都有一定的频率间隔,这些是被分配给邮电、军事等通信部门的专用频率。但基于有线电视系统是一个独立的、封闭的系统,一般不会与通信造成互相干扰,可以利用这些频率以扩展传输带宽。这就是有线电视系统中的增补频道。在 5 频道和 6 频道之间,除调频广播外,还有 59MHz 的间隔,可以增加 7 个频道,命名为增补 1 频道至增补 7 频道(频率 111～167MHz);在 12 频道和 13 频道之间有 247MHz 的间隔,也可以增加 30 个频道,命名为增补 8 至增补 37 频道。在 24 频道和 25 频道之间有 40MHz 的间隔,可以增加 5 个频道,命名为增补 38 至增补 42 频道。这样,750MHz 邻频系统的频道容量为 84 个频道(42 个标准频道,42 个增补频道);862MHz 邻频系统的频道容量为 98 个频道(56 个标准频道,42 个增补频道)。

在 **CMTS＋CM**(***Cable Modem Termination System＋Cable Modem***,**电缆调制终端系统＋电缆调制**)双向有线电视系统中,由于同轴电缆分配网实现双向传输只能采用频分复用的方式,故系统中必须考虑上、下行频率分割问题。

低分割(美标)方案,5～30MHz 上行,30～48.5MHz 为过渡带,48.5MHz 以上全部用于下行传输,频道资源可以得到最充分的利用。

中分割(欧标)方案,5～65MHz 上行,65～87MHz 为过渡带,下行传输只能从 87MHz 开始。

行标 GY/T 106—1999 中规定,上行频率范围为 5～65MHz,过渡带为 65～87MHz,这样,下行传输便只能从 87MHz 开始,原来的 1～5 频道就无法使用了,因此,750MHz 双向系统所拥有的下行频道资源实际上应为 79 个频道(37 个标准频道,42 个增补频道);862MHz 的双向系统所拥有的下行频道资源实际上应为 93 个频道(51 个标准频道,42 个增补频道)。详细的频率分割和频率配置方案如图 2-41 和表 2-5 所示。

图 2-41　有线网络频率分割和频道配置方案

表 2-5　有线网络电视频道划分表

频道名称	频率范围/MHz	图像载波频率/MHz	伴音载波频率/MHz	中心频率/MHz	频道名称	频率范围/MHz	图像载波频率/MHz	伴音载波频率/MHz	中心频率/MHz
DS1	48.5~56.5	49.75	56.25	52.5	DS-13	470~478	471.25	477.75	474
DS2	56.5~64.5	57.75	64.25	60.5	DS-14	478~486	479.25	485.75	482
DS3	64.5~72.5	65.75	72.25	68.5	DS-15	486~494	487.25	493.75	490
DS4	76~84	77.25	85.75	80	DS-16	494~502	495.25	501.75	498
DS5	84~92	85.25	93.75	88	DS-17	502~510	503.25	509.75	506
Z-1	111~119	112.25	118.75	115	DS-18	510~518	511.25	517.75	514
Z-2	119~127	120.25	126.75	123	DS-19	518~526	519.25	525.75	522
Z-3	127~135	128.25	134.75	131	DS-20	526~534	527.25	533.75	530
Z-4	135~143	136.25	142.75	139	DS-21	534~542	535.25	541.75	538
Z-5	143~151	144.25	150.75	147	DS-22	542~550	543.25	549.75	546
Z-6	151~159	152.25	158.75	155	DS-23	550~558	551.25	557.75	554
Z-7	159~167	160.25	166.75	163	DS-24	558~566	559.25	565.75	562
DS-6	167~175	168.25	174.75	171	Z-38	566~574	567.25	573.75	570
DS-7	175~183	176.25	182.75	179	Z-39	574~582	575.25	581.75	578
DS-8	183~191	184.25	190.75	187	Z-40	582~590	583.25	589.75	586
DS-9	191~199	192.25	198.75	195	Z-41	590~598	591.25	597.75	594
DS-10	199~207	200.25	206.75	203	Z-42	598~606	599.25	605.75	602
DS-11	207~215	208.25	214.75	211	DS-25	606~614	607.25	613.75	610
DS-12	215~223	216.25	222.75	219	DS-26	614~622	615.25	621.75	618
Z-8	223~231	224.25	230.75	227	DS-27	622~630	623.25	629.75	626
Z-9	231~239	232.25	238.75	235	DS-28	630~638	631.25	637.75	634
Z-10	239~247	240.25	246.75	243	DS-29	638~646	639.25	645.75	642
Z-11	247~255	248.25	254.75	251	DS-30	646~654	647.25	653.75	650
Z-12	255~263	256.25	262.75	259	DS-31	654~662	655.25	661.75	658
Z-13	263~271	264.25	270.75	267	DS-32	662~670	663.25	669.75	666
Z-14	271~279	272.25	278.75	275	DS-33	670~678	671.25	677.75	674
Z-15	279~287	280.25	286.75	283	DS-34	678~686	679.25	685.75	682
Z-16	287~295	288.25	294.75	291	DS-35	686~694	687.25	693.75	690
Z-17	295~303	296.25	302.75	299	DS-36	694~702	695.25	701.75	698
Z-18	303~311	304.25	310.75	307	DS-37	702~710	703.25	709.75	706
Z-19	311~319	312.25	318.75	315	DS-38	710~718	711.25	717.75	714
Z-20	319~327	320.25	326.75	323	DS-39	718~726	719.25	725.75	722
Z-21	327~335	328.25	334.75	331	DS-40	726~734	727.25	733.75	730
Z-22	335~343	336.25	342.75	339	DS-41	734~742	735.25	741.75	738
Z-23	343~351	344.25	350.75	347	DS-42	742~750	743.25	749.75	746
Z-24	351~359	352.25	358.75	355	DS-43	750~758	751.25	757.75	754
Z-25	359~367	360.25	366.75	363	DS-44	758~766	759.25	765.75	762
Z-26	367~375	368.25	374.75	371	DS-45	766~774	767.25	773.75	770
Z-27	375~383	376.25	382.75	379	DS-46	774~782	775.25	781.75	778
Z-28	383~391	384.25	390.75	387	DS-47	782~790	783.25	789.75	786
Z-29	391~399	392.25	398.75	395	DS-48	790~798	791.25	797.75	794

续表

频道名称	频率范围/MHz	图像载波频率/MHz	伴音载波频率/MHz	中心频率/MHz	频道名称	频率范围/MHz	图像载波频率/MHz	伴音载波频率/MHz	中心频率/MHz
Z-30	399~407	400.25	406.75	403	DS-49	798~806	799.25	805.75	802
Z-31	407~415	408.25	414.75	411	DS-50	806~814	807.25	813.75	810
Z-32	415~423	416.25	422.75	419	DS-51	814~822	815.25	821.75	818
Z-33	423~431	424.25	430.75	427	DS-52	822~830	823.25	829.75	826
Z-34	431~439	432.25	438.75	435	DS-53	830~838	831.25	837.75	834
Z-35	439~447	440.25	446.75	443	DS-54	838~846	839.25	845.75	842
Z-36	447~455	448.25	454.75	451	DS-55	846~858	847.25	853.75	850
Z-37	455~463	456.25	462.75	459	DS-56	858~862	855.25	861.75	858
Z-37+	463~471	464.25	470.75	467					

为适应当前三网融合的发展,一些广电运营商又对 NGB 网络频谱资源进行了进一步开拓,使同轴电缆上的频谱范围从 5MHz~1GHz 扩展到 5MHz~2.7GHz 甚至 4GHz。其频率配置方案如图 2-42 所示。

DOCSIS(UC) AEOC	FM调频		无线窄带		IPQAM (DS)	DOCSIS(DS)、WiFi降频、MoCA	中频	无线通信(3G)	无线宽带(WiFi)

5~75MHz 75~110MHz 423MHz 447MHz 6XX~850MHz 850~1.XGMHz 1.X~1.7GHz 1.71~2.3GHz 2.3~2.7GHz

图 2-42 NGB 网络频谱资源配置方案

思考题

1. 10dBmV=_____ dBμV。

2. 根据我国的电视制式,室温下热噪声电平为_____ μV 或_____ dBμV。

3. 假设系统各部分的 C/CTB 分别是:前端 80dB、1550nm 光链路 67dB、1310nm 光链路 65dB、宽频带放大器总共 58dB,求系统的 C/CTB?

4. 一个放大器增益为 24dB,输出电平为 108dB,噪声系数为 9dB,求 C/N。

5. 有一个有线电视系统,由前端、干线传输、分配网络三个子系统串接而成,其载噪比依次为前端 $C/N=57$dB、干线传输 $C/N=61$dB、分配网络 $C/N=69$dB,求整个系统的载噪比指标。

6. 根据我国电视制式,信噪比与载噪比之间有什么关系,信号电平升高降低对载噪比有什么影响?

7. 有线电视系统非线性失真有哪些? 非线性失真对电视信号有何影响? 根据我国电视制式,信号电平升高降低对 C/CSO、C/CTB 有什么影响?

8. 信道编码的作用是什么? 常用的纠错码有哪些类型?

9. 简述数字电视信号与模拟调制信号的频谱特点区别。

10. 宽带为 8MHz 的 DVB-C 系统,当采用滚降系数为 0.18 的低通滤波器、64-QAM 的调制方式以及 RS(188,204)信道编码时,有效传输数据速率最高为多少?

11. 简述什么是比特误码率 BER 和调制误码比 MER。

12. 学会根据星座图判别对应故障。

13. 学会根据电视图像质量推测问题指标。

14. 数字电视信号在调制之前为何需要进行随机化处理?

15. 什么是增补频道?

常用术语　　　　　　**本章测试**

第 **3** 章

NGB技术平台

学习要求

　　通过本章学习,建立对 NGB 技术平台的整体认知。要求了解模拟前端的组成、主要指标和主要设备;掌握数字电视前端系统的基本组成和主要设备;掌握电子节目指南的作用和主要表单;掌握加扰系统的工作原理;了解 NGB 云平台的组成和各自的作用;掌握斜体部分的术语缩写。

　　NGB 技术平台主要包括数字电视平台(含部分模数混合平台)、数字电视前端软件平台以及云媒体平台、云宽带平台、云通信平台和云服务平台。

3.1 模拟有线电视平台

3.1.1 模拟前端的组成和技术指标

3-1　模拟电视前端

　　模拟前端主要由信源、信号处理和混合三部分组成,其主要作用有信号调制、频率变换、电平调整和控制及射频混合。

1. 前端的主要技术指标

(1) 载噪比 C/N。

(2) 非线性失真指标。

(3) 回波值 E。

(4) 微分增益失真(DG 失真)和微分相位失真(DP 失真)。

(5) 色/亮度时延差。

(6) 频道内幅频特性。

2. 邻频道传输对前端的特殊要求

(1) 邻频抑制度:优于 60dB。

(2) 带外抑制度:优于 60dB。

（3）V/A 比可调：对于有线电视系统邻频传输 V/A 比为 13~18dB。

（4）载波频率误差：图像载波频率误差小于 20kHz。

（5）陷波处理：在捷变型调制器中尤其重要，陷波处理在中频时进行比较方便，因为它与输入频道的频率无关，电路易设计和实现。

（6）系统电平：相邻频道的电平差最好不超过 2dB，否则相邻电平高的频道将干扰电平低的频道，表现为交调串像问题；用户终端电平不能太高或太低，一般要求在 60~80dBμV 之间。

3. 实际前端

图 3-1 为一个典型的有线电视前端的系统框图，该系统信源种类主要有卫星下行信号、开路地面接收信号及自办节目信号等，经解调后再调制混合，由于多路混合，加上后面的多路分配，损耗较大，所以混合后的信号需要放大后再输出。

图 3-1 典型的有线电视前端系统框图

3.1.2 模拟前端的主要设备

1. 卫星接收设备

卫星接收设备由卫星天线、高频头、馈源、馈线及卫星接收机(如图 3-2～图 3-4 所示)等组成,用于接收卫星信道节目以供本地使用。其中卫星天线按馈源安放位置可以分为前馈天线、后馈天线和偏馈天线,按工作原理又可以分为旋转抛物面天线、卡塞格伦天线、格里高利天线和球形反射面天线等。

3-2 模拟前端的主要设备

(a) 前馈   (b) 后馈   (c) 偏馈

图 3-2 卫星天线

图 3-3 馈源

图 3-4 高频头

2. 电视调制器

电视调制器的功能是将从信源来的视频信号和音频信号转换成符合有关制式标准要求的射频信号。由视频箝位、同步处理、倒相、调制、残边带滤波、音频处理、6.5MHz 调频振荡、选通、变频和带通滤波等部分组成,其实物如图 3-5 所示,通常为 19 英寸机架式。

图 3-5 模拟调制器

电视调制器分为两大类:直接调制式和中频调制式。直接调制式是在图像和伴音载频上完成调制,其原理框图如图 3-6 所示。其特点是:线路简单、成本低,但残留边带滤波特性较差,视、音频指标及频率稳定性差,带外寄生输出抑制度不够等。该调制器只适用于非邻频传输系统。中频调制式是将图像和伴音先调到中频(38MHz、31.5MHz)上,然后再对中频进行上变频。其原理框图如图 3-7 所示。由于使用声表面波滤波器(SAWF),残留边带特性可以做得好,带外寄生输出抑制可以≥60dB,可应用于质量要求较高的邻频传输系统。

图 3-6　直接调制方式电视调制器方框图

图 3-7　中频调制方式电视调制器方框图

3. 立体声调频广播调制器

立体声调频广播调制器主要负责将立体声音频信号调制成调频载波信号,其实物如图 3-8 所示。

图 3-8　立体声调频广播调制器

4. 混合器

混合器主要负责将各调制器输出的射频信号进行频分复用的混合,按混合路数有二混合、四混合等;按混合方式分宽带混合器、频道混合器、频段混合器、频道频段混合器等;按电路结构分滤波式、宽带传输线变压器式等。目前最常用的是宽带混合器,其原理图如图 3-9 所示,实物如图 3-10 所示。

(a) 宽带(变压器)混合器　　　　　　(b) 分配器反接构成宽带混合器

图 3-9　宽带混合器原理图

图 3-10　专业混合器

宽带混合器是由分支器或分配器反接构成的,图 3-9(a)为将分支器反接构成的宽带混合器。由于分支器本身就是一个宽带定向耦合器,反接成混合器使用,同样具有频带宽、带内平坦度好、输入端相互隔离度高等特性,适用于邻频传输系统,但插入损耗较大,使用时往往在其输出端加接放大器构成有源混合器,以补偿插入损耗。

图 3-9(b)为将分配器反接构成的宽带混合器。这种混合器目前也较常用,其插入损耗相当于原来分配器的分配损耗。

有些老前端还有天线放大器、频道放大器、频道变换器、信号处理器、导频信号发生器等设备,但由于目前已较少使用,这里不再赘述。

3.2　数字电视平台

3.2.1　广播电视数字化

1. 实行有线电视数字化的必要性

数字电视是指从节目采集、编辑、制作到信号的发送、传输和接收全部采用数字处理的电视系统。它与通常所说的数字电视机并非一个概念。

电视基于有线数字传输技术后就形成了有线数字电视,有线电视数字化是广播电视事业发展的一场革命,它使电视终端成为下一代广播电视网络中集公共信息传播服务、远程教育、文化娱乐等为一体的现代化多媒体,是实现"小网变大网、模拟变数字、单向变双向、看电视变用电视"的必由之路。

现今世界各国都在加快广播电视数字化的进程,一些发达国家已经完成了由模拟电视到数字电视的过渡,并设定了彻底关停模拟信号的时间表。

在我国推进有线电视数字化是科技发展的方向,是国民经济和社会发展的必然要求,是满足人民日益增长的美好生活需要,是国家信息化、现代化的重要标志,也是三网融合的必由之路。

2. 有线电视数字化的优势

(1)高质量的音画效果。

(2)内容丰富、选择自由。

(3)服务领域极大拓宽。

(4)强大的抗干扰能力。

(5)频谱资源利用率高。

(6)三网融合衍生功能强大。

3.2.2 省级 DVB 前端

某省级 DVB 前端由信源接收子系统、信源预处理子系统、一级及二级服务子系统(复用、分发)、EPG&CA&BOSS 数据广播等辅助子系统、安全播出监测子系统及省级骨干传输网络等组成,如图 3-11 所示。

3-3 省级 DVB 前端

图 3-11 DVB 前端系统的组成

1. 信源子系统

信源子系统负责接收卫星、国干网、省干网以及本地光缆专线传输来的节目信源,并对信源进行编码、转码和 **DS3**(*Digital Signal Level3*,**数据信号接口3**)/**ASI**(*Asynchronous Serial Interface*,**异步串行接口**)适配处理,卫星信源防非切换保护以及所有信源主备切换保护工作在信源子系统内完成。信源子系统为整个系统提供音视频节目,包括编码器、L波段光发/收机、卫星接收机、转码器、DS3/ASI 适配器、**SDI**(*Serial Digital Interface*,**串行数据接口**)光接收机、ASI 切换器、网络适配器、存储播出等设备,分别对模拟、数字的基带信号、数字卫星信号、SDI、**UDWDM**(*Ultra Dense Wavelength Division Multiplexing*,**超密集波分复用**)/IP 网络信号以及传输码流或文件进行编码、接收、适配和存储处理,为下一级提供 TS 码流信号。

其中,存储播出设备对有线电视前端本地播放的数字视音频节目进行存储、管理、调度和播出。典型的存储播出设备包括视频服务器、节目存储库等。

前端的信源主要有 4 个方面的来源:①卫星转发的中央及各省市上星电视节目;②OTN 或 SDH 传输的电视节目;③本地电视节目;④基于 DVB-C 有线数字电视的数据广播等信息类节目。

1)卫星信源

卫星信源由卫星天线基阵、卫星接收机、转码器和复用器等组成,它们之间的信号流程关系如图 3-12 所示。

图 3-12　卫星信源接收适配单元信号流程关系

卫星信源接收适配器可输出两种信号——SDI 信号和 ASI 信号,其中 SDI 信号到编码器后,经过 MPEG-2 编码后输出到主备预复用器。ASI 信号到转码器后,经过 MPEG-2 转

H.264 转码处理后输出到主备预复用器。

接收央视和付费平台节目的卫星接收机直接输出 ASI 信号到主备预复用器。

主备编码器、转码器和卫星接收机输出的信号通过预复用器完成信号切换保护。预复用器具备端口级、节目级切换保护功能。

对于卫星电视节目，由于目前接收的是 DVB-S 标准的卫星数字电视节目信号源，对信号源的处理有两种不同的方式，但共同的特点是不用再对其信号进行 H.264 的编码，因为卫星接收机只需要 QPSK 解调、信道解码，即可输出相应 H.264 的 TS 码流，将该 TS 码流送入复用器进行多节目 TS 码流的复用即可。对于采用**单路单载波**（*Single Channel Per Carrier*，*SCPC*）转发的 DVB-S 的电视节目，由于每个载波仅有一套节目，所以接收机只能输出一个 TS 码流，如果要传输一套节目，则对应需要一台卫星接收机。而对应于**多路单载波**（*Multi Channel Per Carrier*，*MCPC*）卫星转发器转发的 DVB-S 电视节目，则接收机输出的是多节目的 TS 码流，用一台接收机可以实现对多套节目 TS 码流接收。前者符号率低，后者符号率高。为适应各种应用，可选用兼容 SCPC 和 MCPC 的接收机，其接收的符号率范围较大，如 2~45Msymbol/s。

2）卫星信源防非监测报警系统

防非监测报警系统接收功分器分配来的卫星信号，并对信号进行智能判断，一旦发生卫星信源非法攻击，防非监测报警系统可通过卫星接收机网管控制接收机停止输出节目信号。此时预复用器通过 GbE 接口接收应急垫播服务器播出的应急垫播节目信号，并将应急节目信号播出给全网用户，卫星信源安全播出防非子系统信号流程如图 3-13 所示。

图 3-13　卫星信源安全播出防非子系统信号流程

3）国干/省干网信源

国干/省干 SDH 网络传送来的 DS3 节目信号通过主备 DS3/ASI 适配器接收后输出到主备预复用器。主备 DS3/ASI 适配器输出的信号通过预复用器完成信号切换保护。

预复用器具备端口级、节目级切换保护功能。国干/省干网信源子系统信号流程如图 3-14 所示。

图 3-14 国干/省干网信源子系统信号流程

4）光缆专线信源

自办节目通过光缆专线传输至信源接收机房,主备 SDI 光接收机输出 SDI 信号到主备编码器,经过编码处理后输出到主备预复用器。主备编码器输出的信号通过预复用器完成信号切换保护。预复用器具备端口级、节目级切换保护功能。光缆专线信源子系统信号流程如图 3-15 所示。

图 3-15 光缆专线信源子系统信号流程

对于来自 OTN、SDH 等干线传输网的传输码流,首先要通过网络适配器转换为**异步串行接口ASI**或经过相关服务器转换为 IP 的 TS 流。

5）IP 组播信源

省网生产系统输出的高/标清轮播节目通过 GbE 接口以主备 IP 组播形式传输到主备预复用器。各地市/县电视台节目 IP 组播通过省干 OTN 传输系统传输到主备预复用器。IP 组播信源子系统信号流程如图 3-16 所示。

图 3-16 IP 组播信源子系统信号流程

2. 信源预处理子系统

信源预处理子系统主要负责对前面的信源进行转码、编码等预处理,预处理好的信号经过预复用后送到复用器。

图 3-17 所示为预复用系统,其主备预复用器(预复用器组 1/2)输出的 ASI 信号通过 ASI 2×1 切换器选择后输出 1 路正常信号到数字分配放大器,由数字分配放大器分配到播出子系统 A、B 系统主备复用器组。

图 3-17　预复用系统

主备预复用器(预复用器组 1/2)将同样的信号通过 GbE 接口输出到主备信源汇聚交换机,通过信源汇聚交换机汇聚转发到主备复用器组作为备份信源。主备信源通过复用器完成 ASI 信号和备份 IP 组播信号的切换保护。

3. 一级及二级服务子系统(复用、分发)

复用子系统按照营运的要求对各类节目和控制信息进行业务组合,完成对各路 TS 码流的复用。该系统通常包括复用器以及负责 TS 码流分配调度的数字矩阵等设备。

基于 MPEG-2 标准的 TS 码流的复用如图 3-18 所示,基于 ASI 切换 TS 码流分配与切换的原理如图 3-19 所示。

复用其实是 TS 码流的并、串变换过程,它将输入的视、音频及辅助信号数据的多路并行的低速率 TS 码流,复接成一路串行的、高速率的 TS 码流输出。复用可以分为一般复用和统计复用两类:一般复用设备在实现多个 TS 码流的并、串变换过程中,并不改变各个 TS 码流所含信息的比特率,因而输出的比特率应是所有输入 TS 码流的比特率之和,即各节目通常有恒定的比特率;统计复用按多路节目的复用要求,尽可能合理地在所有输入节目间进行动态分配,使其既满足节目质量的要求,又降低了总比特率,因而输出的 TS 码流中各输入节目占用的比特率是动态变化的。有线数字电视前端系统中常用的是后者。

为使复用器正常工作,在复用前必须对输入的各 TS 码流进行检查,监视其正确性,分析其构成,并重新编辑业务信息(SI)表,然后复用成新的 TS 码流,以便机顶盒(STB)的接收。复用输出的 TS 码流还必须考虑比特率的适配问题,例如比特率不能使后接的 QAM 调制器的输入溢出。同时也要给 CA 信息留有适当的空包,以免 CA 信息的加入造成 QAM 调制器输入的溢出。

(a) 简化的MPEG-2系统复用框图

(b) 多路节目的双层复用系统框图

图 3-18 节目复用原理图

图 3-19 ASI交换矩阵原理框图

有些复用器内置加扰模块,信号在复用器内部可以完成加扰,以实现对付费电视节目的控制,如果复用器没有加扰功能,则需要外加独立的加扰设备。复用器的主要功能是将多路信号组合在同一信道中传送,而又互不干扰,以提高信道利用率。

在有线数字电视前端系统中的复用器,通常应按 $n:1$ 的热备份配置,并在输入/输出码流溢出、输入/输出信号中断的情况发生时,能支持自动备份切换,待主用故障解除后又可切换回主用;同时还应支持手动备份的切换。自动备份切换的时间应使信号中断不大于 10ms。

4. 辅助保障系统

辅助保障系统由 EPG 子系统、CA 子系统、BOSS 以及数据(图文)广播系统等组成。

1)EPG 子系统

EPG 子系统的 SI/PSI 表由 SI/PSI 子系统根据有线电视节目信息产生,同时生成 EPG 基本信息等,对于个性化的 EPG 扩展信息,用户可以根据具体情况通过专门的方式传送。

2)条件接收子系统

条件接收子系统实现数字电视业务的授权管理和接收控制,使被授权的用户可以使用相应的业务,而未经授权的用户不能使用相应业务。条件接收子系统包括前端 CA 部分和用户终端 CA 部分。典型的前端 CA 部分包括 ECMG(Entitle Control Message Generator,授权控制信息发生器)、EMMG(Entitle Manage Message Generator,授权管理信息发生器)、加密单元等设备,用户终端 CA 部分包括用户终端的 CA 模块和智能卡等。

CA 系统的结构框图如图 3-20 所示,同密加扰技术原理框图如图 3-21 所示。

图 3-20　CA 原理系统结构框图

3)用户管理子系统

用户管理子系统主要是对有线数字电视用户进行管理、计费、收费和授权的系统,包括对用户信息、产品信息、设备信息、授权信息、账务信息进行记录、处理、维护和管理。它通常与条件接收子系统联合使用。当前的用户子系统通常都被做成 BOSS 系统的子模块。

4)网络管理子系统

网络管理子系统包括前端网络设备管理和 HFC 网络设备管理两部分。它们对前端设备和 HFC 网络设备进行管理和调度;能实时监控设备的运行状态、运行参数,实现配置参数等;并且在出现故障时能迅速进行诊断、定位与调度,在较短时间内恢复正常工作。当前的网络管理子系统通常也被做成 BOSS 系统的子模块。

ECM：授权控制信息
EMM：授权管理信息

图 3-21　同密加扰技术原理框图

5）数据广播子系统

数据广播子系统是指对数据广播业务进行管理和播出的系统。此系统通常包括数据广播服务器。数据广播子系统常用于传输文字、图像、音视频片段、数据等多媒体内容。

5. 信道编码调制

信道编码调制属于传输子系统中的一部分，在前端中主要包括 QAM 调制器和混合器。通常 QAM 调制器的功能是对从复用器来的信源 TS 码流进行信道的编码和调制。调制器输入的传输流可以是 SPTS 或 MPTS，其比特率的范围为 1～80Mbps，也即其输入 TS 码流超过 80Mbps 将溢出。射频调制器的输出频率可调（110～862MHz）、信道带宽可调（1～8MHz）、输出电平可调（50～60dBmV）、调制方式可变（QPSK 和 16/32/64/256-QAM）、符号率可变（1～7Msymbol/s）。也就是说其输出 TS 码流的特性均可根据传输要求进行调整。

图 3-22、图 3-23 分别为某实际应用的 ASI 构架数字前端系统图和 IP 构架数字前端系统图，这是目前较常见的数字前端两种构成形式。

3.2.3　数字电视前端设备

1. 数字卫星接收机

我国上星的数字电视节目大部分采用 QPSK 调制方式，数字卫星接收机输出端口有多种 ASI、SDI、AV 等。目前还有一种叫综合数字接收解码器的设备（如 PBI DCH-5300P），可以实现 DVB-C QAM、DVB-S QPSK、DVB-T COFDM 的解调，可以实现 ASI、Tuner、TS 和 IP 输入接口间灵活的解复用，支持两个智能卡接口，支持 AVS＋行业标准，可以单独 ASI 或 SDI 输出，有的还支持 HDMI 输出，可以通过 IP 端口的账号和密码进行设置和修改参数。图 3-24 为数字卫星接收机（综合数字解码器）布局图。

3-4　数字电视前端设备

2. 编码器

编码器是提供图像声音数据的采集，并完成视、音频压缩等功能，由音视频压缩编码芯片、输入/输出信道、网络接口、音视频接口、RS-485 串行接口控制、IP 协议接口控制、系统软件管理等构成。目前比较流行有 MPEG-2、H.264、H.265 等几种格式。图 3-25 是编码器布局图。

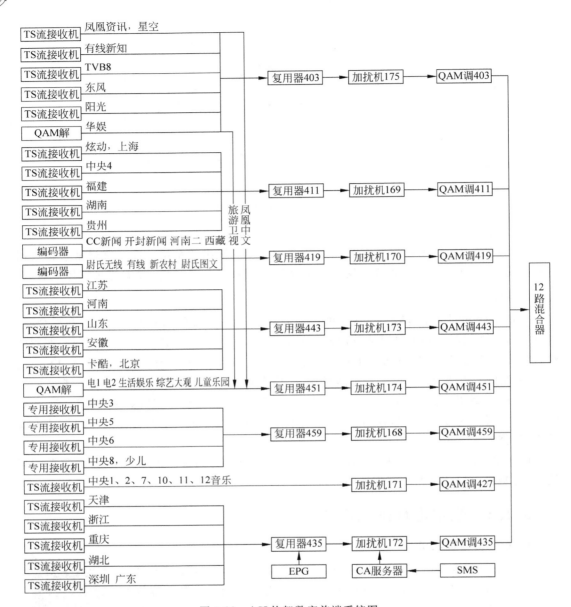

图 3-22　ASI 构架数字前端系统图

3. 矩阵切换器

所谓切换,是指一个信号通路或设备的一部分为另一个信号通路或设备所替代的操作。切换后系统或设备在新状态下仍能正常运行。切换操作分自动控制和手动控制两种。

前端中的 ASI 矩阵切换器,其实是矩阵结构的电子开关,通常由输入/输出单元、矩阵开关卡和控制单元等部分组成,用来进行多路信号进、多路信号出的各种切换选择。它可以将每一路输出与不同的输入信号接通,又可以将一路输入接通不同的输出,利用矩阵切换器的各种切换功能,就可以保证在前端系统正常运行的情况下,进行信源主备通路的切换,也可接入网管系统及必要的监测系统(例如可接入源信号监测系统,来对信号进行监视、监测)。图 3-26 为 ASI 数字矩阵。

图 3-23　IP 构架数字前端系统图

图 3-24　数字卫星接收机(综合数字解码器)布局图

图 3-25　编码器布局图

图 3-26　ASI 数字矩阵

4. QAM 调制器

QAM 调制器是有线电视数字系统和数字 MMDS 系统常用的前端设备,接收来自编码器、复用器、视频服务器等设备的 TS 流,进行 RS 编码、卷积编码、QAM 数字调制和上变频处理,输出的射频信号可以直接在有线电视网上传送。

正交调幅(QAM)是幅度调制和相位调制的结合,是将调制符号调制到一对正交载波上的二维调制技术,它同时利用载波的幅度与相位来传递信息比特,因此在最小距离相同的情况下,QAM 星座图中可容纳更多的星座点,即可实现更高的频带利用率。如果传输的原始的数字信号是二进制信号,则应首先将二进制信号转换为 M 进制的信号,再进行正交调制,最后相加输出。在 16-QAM/64-QAM/256-QAM 调制中,一个符号分别用 4/6/8b 来表示,数字比特序列被分成两个序列,以 64-QAM 为例,每 6 个调制比特分为两组,每组 3 个比特,分别去调制同相正交载波,然后将两路已调信号相加发送。64-QAM 的调制符号率在 8MHz 最高可以达到 8/1.16(滚降系数)=6.896Mbaud(MSymbol/s),这样它的最高数据传输速率为 $6.896 \times \log_2 64 = 41.34$Mbps,由于其中有 RS 编码,去掉冗余,有效传输数据速率为 $41.34 \times (188/204) = 38.1$Mbps。

图 3-27 为 QAM 调制器的原理框图。图 3-28 为 QAM 调制器工作流程图,图 3-29 为 QAM 调制器背面布局图。表 3-1 为某品牌 QAM 调制器的主要技术参数。

图 3-27　QAM 调制器的原理框图

图 3-28　QAM 调制器工作流程图

图 3-29　QAM 调制器背面布局图

表 3-1　某品牌 QAM 调制器技术指标

调 制 方 式		16、32、64、128、256-QAM
性能特点	输入数据的比特率范围	1.5～51.6Mbps
	输出数据的比特率范围	4～56Mbps
	输出信号的带宽(BW)范围	1.15～8.05MHz(滚降系数为 0.15)
	射频频率范围	48～863MHz(分频道提供)
	输出电平范围	100～115dBμV
QAM 调制参数	符号率	3～7Mbaud/s 连续可调
	中频频率	36.15MHz
	工作频率范围	110～870MHz
	最大工作电平	≥－8dBm
	频道带宽	≤8MHz
	输出端反射损耗	≥14dB
射频参数	调制误差率(MER)	≥41dB(64-QAM,6.875Mbaud)
	矢量幅度误差	≤0.7dB(64-QAM,6.875Mbaud)
	载噪比	≥55dB(64-QAM,6.875Mbaud)
	寄生输出抑制比	≥50dBc;≤－75dBc/Hz@1kHz
	相位噪声	≤－85dBc/Hz@10kHz
		≤－100dBc/Hz@100kHz 以上
	相位抖动	≤0.05°

续表

调制方式		16、32、64、128、256-QAM
信号指标	MER(均衡后)	>40dB(射频)
	BER	≤5×10⁻⁹(无 FEC 和 256-QAM)
纠错编码		RS 编码 188/204
输入数据速率		1.5～51Mbps
信道数据速率		20～56Mbps
输入接口	ASI	DVB 标准
	SPI	
输出	IF 频率	36/36.15/36.65/44/70MHz(可选择)
	RF 频率	47～870MHz(可捷变或固定输出)
	输出电平	≥110dBV
	阻抗	75Ω
常规特性	尺寸	44mm×482×360mm
	环境	0～45℃(工作);-20～80℃(储存)
	电源	AC(220±10%)V,50Hz,25W

5. 复用器

复用器是将来自若干单独分信道的独立信号复合起来,在一公共信道的同一方向上传输的设备;也可以理解为是一个将来自信号源的单一的节目流或多个节目的复合节目流,按照规划重新分配组合并添加上一些自己信息的设备。其工作原理如图 3-30 所示。DVB前端采用 H.264/MPEG-2 复用器,其输入/输出均为 H.264 或 MPEG-2 格式的 TS 码流;码率可自适应,可动态生成 SI/PSI(业务信息,节目专用信息),每个输入码流都可以进行PID(包识别符)过滤/再映射;其 PCR(节目时钟基准)精度应小于或等于 10ns。当然,复用器还应具有与产品规格相应的多路输入、输出 ASI 信号接口,并提供必要的网管接口。图 3-31 为其背面布局图。

图 3-30　复用器工作原理

图 3-31　复用器背面布局图

6．加扰器

加扰器是在CAS(条件接收系统)的控制下对TS(传输流)中指定的节目或基本TS进行加扰,而使非授权用户无权收看,从而实现运营商有条件收费管理的设备。图3-32为加扰器工作原理,图3-33为某加扰器正背面布局图。此外,加扰器还可以实现以下其他功能:

(1) 输入支持单节目码流(SPTS)和多节目码流(MPTS);

(2) 输入净码率1~54Mbps,码率可以自适应;

(3) 输入TS包长188和204自适应;

(4) 支持同密;

(5) 支持EMM和ECM数据插入;

(6) 支持处理与CA有关的PSI/SI表信息;

(7) 支持集中网管和远程监控。

图 3-32　加扰器工作原理

图 3-33　加扰器正背面布局图

7．混合器

数字电视系统中的混合器与模拟电视系统中用的作用类似。此外,一个完整的数字电视前端还应该包括网管服务器、视频服务器等。

8. 5G 信号滤波器

目前由于 5G 已经开始进入实验阶段,其中划分给中国电信的 3400~3500MHz 和中国联通的 3500~3600MHz 这两个频段的 5G 信号,其频率恰好在宽带高频头的接收范围内,很容易使 C 波段的卫星高频头受到干扰(C 波段卫星信号下行频率范围为 3700~4200MHz),特别是垂直极化的比水平极化的信号更明显一些。为了减少干扰,应该采用滤波器,如图 3-34 所示。通常一个极化方式需要一个滤波器,双极化则需要两个滤波器,如图 3-35 所示。这样可以有效提高卫星接收机的抗 5G 信号的干扰能力,这一点已经被实践证明是行之有效的,只是滤波器的价格目前还较高。

图 3-34 C 波段滤波器

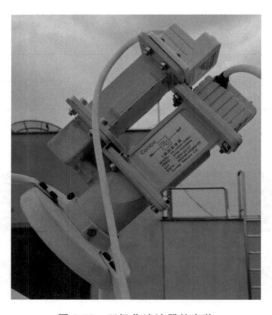

图 3-35 双极化滤波器的安装

3.2.4 数字电视对 NGB 网络指标的新要求

数字系统中,由于数字信号是离散信号,衡量其质量的标准只能

3-5 数字电视
对 NGB 网络指
标的新要求

用信号的取值(或状态)判断的正确与否来评价,即用误码率作为衡量信号质量的主要参数,系统的 CSO、CTB、C/N 等指标都反映到误码率上。数字信号的指标劣化表现为马赛克、静帧甚至图像中断。

1. 前端系统

要求 $C/N \geqslant 54$dB；CSO$\geqslant 70$dB；CTB$\geqslant 75$dB。

2. 光链路指标

(1) **DFB(Distributed Feedback Laser,分布式反馈激光器)** 光链路与射频部分的 C/N 的指标的级联加算系数 k 为 10,CSO、CTB 指标的级联加算系数 k 为 15,这与纯电缆网络有所不同。

(2) 光发射机/光接收机的输入信号大小直接影响其输出信号的非线性失真,使数字电视信号的 BER 劣化。每个光发射激光模块都有一个最佳工作功率谱密度范围,一些厂商会给出建议值,通常要根据这个值来确定输入光发射机的 RF(Radio Frequency,射频)电平,才能使工作频带内的总 RF 功率不会导致激光器出现削波失真。对于光接收机同样要控制输入光功率,才能使光检测器不致产生饱和失真。

例 3-1　某厂给出某激光模块推荐功率谱密度为 -52.6dBmV/Hz,计算 8MHz 带宽时,输入光发射机 RF 电平的推荐值。

解：输入光发射机 RF 电平应为

$$-52.6\text{dBmV/Hz} + 10\lg(8 \times 10^6)\text{Hz} = 16.4\text{dBmV} = 76.4\text{dB}\mu\text{V}$$

(3) 长距离传输的光纤的色散对信号将产生波形失真以及组合二次差拍失真(CSO)。这将导致数字电视信号的信噪比和 MER 降低。解决的办法是：精心设计长距离光纤传输系统,必要时对光纤色散进行补偿。

3. 数字电视系统到用户的 MER 要求

到用户的数字电视相关测试标准为：64-QAM 要求 MER$\geqslant 25$dB,256-QAM 要求 MER$\geqslant 28$dB。

4. BER 与 C/N、CTB 及 CSO 的关系

$$\text{MER} = 10\lg\left(10^{-\frac{C/N-10}{10}} + 2 \times 10^{-\frac{\text{CTB}-10}{10}} + 10^{-\frac{\text{CSO}-10}{10}}\right) \qquad (3\text{-}1)$$

表 3-2 为摩托罗拉公司提供的在不同非线性失真情况下的数字信号误码率对照情况,能使我们 FEC 纠错前的误码率来初步确定网络的 C/R 和 CTB 值。

表 3-2　不同非线性失真情况下的数字信号误码率 BER 对照表

C/N/dB	CTB/dB				
	60	55	51	50	45
55	10×10^{-10}	10×10^{-10}	1.9×10^{-9}	6.1×10^{-8}	6.2×10^{-5}
50	10×10^{-10}	10×10^{-10}	1.9×10^{-9}	6.3×10^{-8}	6.7×10^{-5}
45	10×10^{-10}	10×10^{-10}	5.8×10^{-8}	1.1×10^{-7}	8.6×10^{-5}
40	10×10^{-10}	4.8×10^{-9}	1.4×10^{-8}	5.1×10^{-7}	8.9×10^{-5}
35	3.5×10^{-6}	6.1×10^{-6}	1.4×10^{-5}	2.3×10^{-5}	

3.3　数字电视前端软件平台

3.3.1　EPG 系统

1. EPG 的产生

模拟电视频道(频率)与节目有着一一映射关系。而在数字电视中,多个节目被复用到一个物理频道的码流中,每个节目只占有码流中的部分包,要观看其中的某个节目,还必须从码流中提取出节目对应的节目包,然后再进行解码。为此,必须提供一些必要的服务信息以帮助用户选择节目。

数字电视已经不再是单一的电视业务,它要传输更多的数字化信息,如音视频、数据等,多种业务混合在一起通过一个信道传输。因此,数字电视需要引入一个重要的概念——**EPG(Electronic Program Guide,电子节目指南)**,通过 EPG 能更好地帮助用户搜索数字电视频道,获得节目播出时间,了解节目内容,预定喜爱的节目,找到更多的对用户有用的信息,使数字电视具备更多的交互功能,是用户收视过程中必不可少的工具。

2. EPG 信息构成

EPG 信息包括基本 EPG 信息和扩展 EPG 信息,基本 EPG 信息是必需的,扩展 EPG 信息是可选的。

基本 EPG 信息是用 **SI(Service Information,服务信息)**表进行描述,以文本格式表示的与节目描述有关的网络信息、节目群信息、业务描述信息和事件信息,通过一些特定的表来表示和传输,这些表被分为一个或若干个段(Section),每个段包含有一部分或全部关于表的信息,然后插入到 TS 流传输包中。EPG 信息的组成如图 3-36 所示。

图 3-36　EPG 信息的组成图

扩展 EPG 信息是在基本 EPG 信息基础上的扩充,它描述网络、业务群、业务、事件、EPG 提供商以及广告等方面的扩充信息。

3. 基本 EPG 信息传输方式

基本 EPG 信息采用表的传输方式。在数字电视中,所有视、音频、文字、图片等经数字化处理后都变成了数据,并按照一定的标准(如 MPEG-2/H.264/H.265)打包,形成固定长度(188 个字节)的传送包,然后将这些数据包进行复用,形成传送码流 TS,通常一个频道对应一个 TS 流,一个 TS 流可以包括多个节目及业务,因此如果没有引导信息,机顶盒将无法找到需要的内容,所以《数字电视广播业务信息规范》中明确规定:EPG 所需的基本信息由 SI/PSI 提供,以保证机顶盒获取 EPG 基本信息时的兼容性。对于个性化 EPG 所需的额外信息,用户可根据具体情况通过专用数据传送,实现 EPG 的功能所需的全部信息,都必须通过 SI/PSI 来获取。

(1) **PSI(Program Specific Information,节目特定信息)**由 **PAT(Program Association Table,节目关联表)**、**CAT(Conditional Access Table,条件接收表)**、**PMT(Program Map Table,节目映射表)**和 **NIT(Network Information Table,网络信息表)**组成,其作用是自动设置和引导接收机进行解码。PSI 信息在复用时通过复用器插入到 TS 流中,并用特定的 PID(包标识符)进行标识。

① 节目关联表:PAT 通常由 PID0x0000 标识,它的主要作用是指出传输码流中包括哪些节目,节目的编号与对应的节目映射表 PMT,并指定网络信息表 NIT 所对应的 PID。

② 条件接收表:CAT 通常由 PID0x0001 标识,CAT 提供系统中条件接收的信息,指定 CA 系统与它们相应的 **EMM(Entitle Manage Message,授权管理信息)**之间的联系,指定 EMM 的 PID,以及其他相关的参数。在某数字电视平台中它指定爱迪德 CA 系统的 EMM 为 0x66,永新同方 CA 系统的 EMM 为 0x68,这样机顶盒根据这一数值去解析 CA 加密信息。

③ 节目映射表:PMT 指出相应节目中包含的内容,即节目由哪些流构成以及这些流的类型(视频、音频、数据);指定节目中各流所对应的 PID 以及该节目的 PCR(Program Clock Reference,节目参考时钟)所对应的 PID。

④ 网络信息表:NIT 提供与多组传输流、物理网络及网络传输相关的一些信息,比如用于调谐的频率信息以及编码方式、调制方式等参数方面的信息。

以上四者之间的关系如图 3-37 所示。

(2) SI 在 PSI 四个表的基础上增加了九个表,它包括 PSI 信息,由业务群关联表 BAT、业务描述表 SDT、事件信息表 EIT、时间和日期表 TDT、运行状态表 RST、时间偏移表 TOT、填充表 ST、选择信息表 SIT、间断信息表 DIT 九个表构成,其中最重要的是 NIT、EIT 和 SDT,利用它们就可以构成功能不同的 EPG。SI 用于帮助用户快速地找到自己需要的业务。

① BAT(Bouquet Association Table,业务群关联表):包含了业务群相关的信息,给出了业务群的名称以及每个业务群中的业务列表。

② SDT(Service Description Table,业务描述表):包含了描述系统中业务的数据,例如业务名称、业务提供者等。

③ EIT(Event Information Table,事件信息表):包含了与事件或节目相关的数据,例如事件名称、起始时间、持续时间等。不同的描述符用于不同类型的事件信息的传输,例如不同的业务类型。

④ RST(Running Status Table,运行状态表):给出了事件的状态(运行/非运行)。运行状态表更新这些信息,允许自动适时切换事件。

图 3-37　PSI 中四个表的关系

⑤ TDT(Time and Date Table,时间和日期表):给出了与当前的时间和日期相关的信息。由于这些信息频繁更新,所以需要使用一个单独的表。

⑥ TOT(Time Offset Table,时间偏移表):给出了与当前的时间、日期和本地时间偏移相关的信息。由于时间信息频繁更新,所以需要使用一个单独的表。

⑦ ST(Stuffing Table,填充表):用于使现有的段无效,例如用在一个传输系统的边界。

⑧ SIT(Selection Information Table,选择信息表):仅用于码流片段(例如,记录的一段码流)中,它包含了描述该码流片段的业务信息的概要数据。

⑨ DIT(Discontinuity Information Table,间断信息表):仅用于码流片段(例如,记录的一段码流)中,它将插入到码流片段业务信息间断的地方。

图 3-38 为 PSI/SI 为主要子表之间逻辑关系图。

4．网络信息

网络信息分为网络基本信息和 TS 流信息。网络信息表传递了与通过一个给定的网络传输的复用流/TS 流的物理结构相关的信息以及与网络自身特性相关的信息。几个重要的标识之间的关系如图 3-39 所示。

1) 网络基本信息构成

网络基本信息包含网络标识、网络名称、多语言网络名称和连接信息。

网络标识:在整个国家范围内唯一确定一个网络,用以区别其他的网络。网络标识通过 NIT 表中的网络标识符(network_id)进行描述。

2) TS 流信息

每个网络都包含一个到多个 TS 流,对一个具体的 TS 流,它包含 TS 流标识、原始网络标识、TS 流物理特性、TS 流所包含业务列表信息。

图 3-38　PSI/SI 主要子表之间逻辑关系图

图 3-39　几个重要的网络信息标识

TS 流标识与原始网络标识：共同标识在一个网络中的 TS 流。这两个标识出现在 NIT 表中，分别为 transport_stream_id 和 original_network_id。

业务列表信息：给出了网络中包含的全部业务的标识及类型。通过 NIT 表中的业务列表描述（service_list_descriptor）描述，每个业务通过字段 service_id 唯一标识，通过字段 service_type 指名该业务的类型。

3）网络信息在 NIT 表中的表示

NIT 表在传输时被切分成若干个网络信息段（network_information_section）。任何构成 NIT 表的段，都由 PID 为 0x10 的 TS 包传输。描述现行网络的 NIT 表的任何段的

table_id 值应为 0x40,且具有相同的 table_id_extension(network_id)。指向一个现行网络之外的其他网络的 NIT 表的任何段的 table_id 值应取 0x41。

5. EPG 在 STB 上的实现

利用 SI 表实现 EPG 在 STB 上呈现时,发送端必须发送接收端设备实现 EPG 所需的 SI 表,而接收端接收发送端发出的 SI 表,通过信息提取和信息重组,组织构成 EPG,并显示给用户,其实现 EPG 的流程如图 3-40 所示,SI 表的组织流程有以下 7 步。

图 3-40　利用 DVB-SI 表实现 EPG 流程图

1) 锁定物理频道

选择一个有效的数字电视频道,设置参数:频率、符号率和调制方式,将机顶盒的高频头切换到这个频道上。高频头锁定后,机顶盒开始搜索 EPG 信息。由于 NIT 表是全网广播的,且每个频点上播发的 NIT 信息是一致的,因此在锁定高频头后首先搜索 NIT 表。

从理论上讲,应该先接收当前频道上的 PAT 表,已知条件是 PAT 的 PID 固定为 0x0000,将 PAT 表解析保存,从 PAT 中取得 NIT 表的 PID,方法是:当 program_number＝0 时,取得 network_pid,即:NIT 表的 PID。

2) 分析 NIT 表

从 PAT 中取得 NIT 表的 PID,取 program_number＝0 时,得到 network_pid。现行的 DVB 标准和国家广电总局颁发的《数字电视广播业务信息规范》里规定了 NIT 表的 PID 固定为 0x0010。如果从 PAT 表中找不到 NIT 的 PID,则将 NIT 的 PID 默认为 0x0010。

根据 NIT 表的 PID 取得 NIT 表,解析并保存,从 NIT 表中的第一个 descriptor() 中取得 network_name_descriptor 可以得到网络名称,它一般描述的是网络运营商的名称,可以在屏幕上根据需要显示,不是必需的。从 NIT 表中的第二个 descriptor() 循环中取得当前网络所管理的频道资源信息表 cable_delivery_system_descriptor(),从中可以得到所有几个频道的关键字段值 frequency、modulation、symbol_rate。至此,网络信息资源已全部获得,这是关键的一步。

通过分析 NIT,可以得到系统内共存在多少个传输流,以及每个传输流的主要物理参数。即传输流 ID 号、频率、调制方式、符号率。通过这些参数,机顶盒可以将高频头分别锁定到系统内所有的频点上。根据上述网络新建一个循环,分别各自锁定不同的频道。

3) 分析 SDT 表

接收 SDT 表,PID 固定为 0x0011。用先前记录的 transport_stream_id 在 SDT 表里进行匹配,匹配成功后对 SDT 表里的每一个 service_id(业务号)进行循环分析,记录下与之关联的一组 transport_stream_id(传输流号)和 service_id(业务号)。

通过分析 SDT 表,机顶盒可以得到一系列相关数据,包括 service_id(业务号)、service_name(业务名称)、service_type(业务类型)等内容。

4) 分析 PAT 表

读取 PAT 表(PID=0),通过分析有几个 program_number(节目号)字段就可以知道在当前频道上实际已经播放了多少个节目(服务),同时记录、取得当前传输流(物理频道)上的服务对应的 PMT 表的 PID(program_map_PID)。

5) 分析 PMT 表

读取 PMT 表,从 PMT 表中,获得服务信息具体的 PID 列表,假设该服务是一个视频节目,那么就可以获得该节目的视频 PID(video_pid)、音频 PID(audio_pid)和时间同步参考 PID(pcr_pid)等。

PMT 表的 PID 是从 PAT 表中获得的,如 program_map_PID=1001。

6) 分析 EIT 表

读取 EIT 表,通过分析 EIT(PID=0x0012)表,可以取得节目的具体描述信息,比如:节目名称、节目简介、播放时长、开始时间、观看等级等。至此,除了节目时间、内容信息没有收集外,其余的节目信息已收集完毕,包括以下内容:

(1) 共多少个频道;

(2) 每个频道下有多少套可供播放的节目;

(3) 每个节目的名称,相关 pcr_pid、video_pid、audio_pid 等。

7) 接收 TDT 表

TDT 表的 PID 固定为 0x0014,它是必须接收的。日期时间表中包含了以 MJD(Modified Julian Data,简化儒略日期)格式编码的实际 UTC(Co-ordinated Universal Time,世界标准时间)时间,它能用于同步机顶盒的内部时钟,接收器中包含 UTC 偏移,因而用户能在屏幕上看到当地时间。

根据以上信息可以组织我们所需要的节目菜单,实现所谓的 EPG,如图 3-41 所示。值得说明的是,要取得多语种描述的节目名称,可以从 SDT 表中的 country_availability_descriptor( )字段中获得,如:country_code="CHN"代表中文,"ENG"代表英文等,但是 country_availability_descriptor( )还不一定会播发的,也就是说这个字段可能不存在。

图 3-41 SI 表的组织流程

6. EPG 增值业务开发

1) 数字电视 EPG 广告

数字电视 EPG 广告是一种针对电视接收端用户或其他显示终端用户的调控(如开机、调节音量、选择、切换或浏览频道、视频点播等)广告,是可以在当前新兴的数字电视系统中实现除原有电视广告、电视挂角广告和广告频道之外的一种广告传播、广告呈现及广告投放的新方法。EPG 广告主要类型有:

(1) 开机画面广告;

(2) 收视导航条/音量条广告;

(3) 菜单主页广告;

(4) 节目指南一级页面广告;

(5) 节目指南二级页面广告;

(6) 音频广播广告业务。

EPG 广告借用数字机顶盒中的 GUI 来实现广告的投放。这种模式相对于传统电视广告、DVB 数据广告以及数据广播广告而言具有以下优点:

(1) 广告投放量大;

(2) 投放成本较低;

(3) 资源利用率高;

(4) 广告受众面广;

(5) 广告效果明显。

2) VOD

VOD(有线电视视频点播)是计算机技术、网络技术等发展的产物,是一项全新的信息服务。它摆脱了传统电视受时空限制的束缚,解决按需收看和即时收看的问题。VOD,是指利用有线电视网络,采用多媒体技术向特定用户播放其指定的视听节目的业务活动。包括按次付费、按需实时点播等服务形式。图 3-42 为某有线电视系统的 VOD 系统框图,VOD 系统一般由 VOD 后端处理系统、传输网络、用户机顶盒或计算机三个部分组成。

VOD 后端处理系统用于提供用户节目、进行管理及计费等,故包括视频服务器、磁盘阵列、节目播放及控制设备、节目数据库、网络管理和计费等系统,一般分两组服务器分工负责,一组处理视频数据存储及提供,一组处理计费系统及点播系统的播放控制等。后端处理系统可以说是 VOD 的核心,决定了 VOD 系统的服务能力。

3) NVOD

NVOD(准视频点播)核心技术是基于单向 HFC 网的轮播技术,NVOD 的推出主要是希望解决 VOD 系统高投入的问题,NVOD 可以直接依托单向广播网络,并且它是 DVB 公开的标准规范,不需要在机顶盒上增加任何成本就可以实现相关业务,同时也不需要复杂双向信令调试,大大节约了成本,是一种经济的业务模式,目前的业务形态主要为高清轮播。

NVOD 系统前端将一个节目使用多个信道播出,播出开始时间按梯次间隔分开,节目在每个信道循环播出。这样,短时间内就可以从头开始看影片了。只要等待时间足够短,那么就与"即点即播"相差不多。当用户在家里时,实际上人人都可以接受"稍微长一点儿"的等待时间。所以 NVOD 特别适应于广电网络的应用。

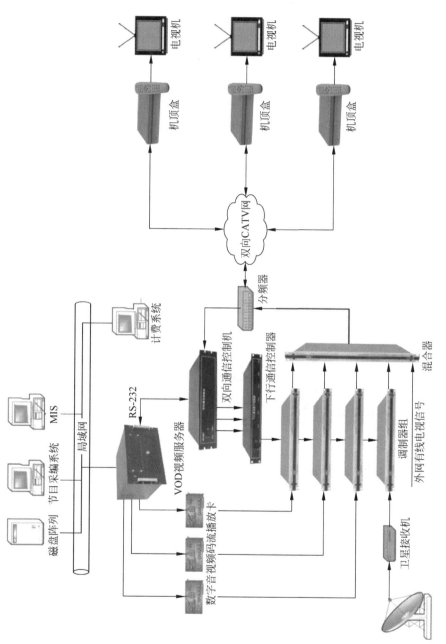

图 3-42　某有线电视系统的 VOD 系统框图

如图 3-43 所示,一部 90min 的影片,我们为它安排 6 个信道进行共享点播,每个信道的开演时间间隔是 15min,分别为 0:00、0:15、0:30、0:45、1:00、1:15,即每 15min 就有一个信道从头开演,只要机顶盒能够自动切换到开演的信道上就可以收看了,用户的平均等待时间只有 7.5min。在机顶盒主页菜单上,用户可以看到上述的节目播出开始时刻表,选择自己方便的时间去收看。

图 3-43　NVOD 共享点播节目开演时间安排

对于整个 NVOD 系统,其关键技术主要有视频服务器、磁盘阵列存储技术以及 EPG。图 3-44 为 NVOD 系统的组成框图。

图 3-44　NVOD 系统的组成框图

如果把 VOD 比作一辆出租车,那么 NVOD 就是一辆公交车。

4）*TSoC*

TSoC（***Time Shifting over Cable*，时移电视/回看**）是指观众在观看 DVB 数字电视节目时，可以通过菜单进入时移节目列表选择之前漏看的节目内容，也可以通过在电视直播过程中按遥控器"后退/快进"键进入时移，也可以选择几天前的电视节目。该业务是广电运营商改变业务模式，提高收入，并借以切入其他交互电视业务的桥梁和纽带。

时移电视主要由采集编码系统、时移服务器、IPQAM 设备、回传设备四个主要部分组成，如图 3-45 所示。

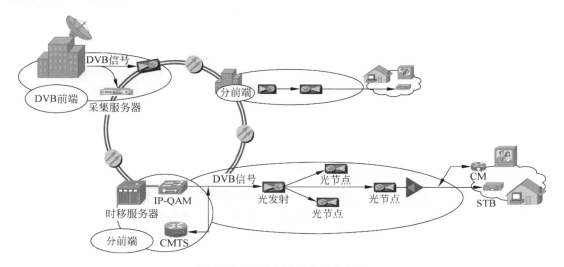

图 3-45　时移电视系统组成框图

3.3.2　DVB-CA 系统

1. CA 简介

CAS（***Conditional Access System*，条件接收系统**）是付费数字电视广播的核心技术，是实现付费电视广播的技术保障，其主要功能是阻止非法入侵数字广播网络，并允许被授权的用户收看特定的节目。

CA 由前端（广播）和终端（接收）两部分组成：前端完成广播数据的加扰并生成授权信息以及完成对解扰密钥的加密工作，从而将被传送的节目数据由明码变为密码，加扰后的数据对未授权的用户无用，而向授权用户提供解扰用的信息，这些信息以加密的形式复用到信源编码（H.264/H.265/MPGE-2 等）的传送流中，授权用户对它进行解密后即可得到解扰密钥 **CW**（***Control Word*，控制字**）并实现对信号的解扰和信源解码。终端由智能卡（或其他 CA 卡）和解扰器完成解密和解扰。

在 CA 系统中有两个容易混淆的概念：加解扰和加解密。

加解扰技术用于在发送端 CA 系统的控制下改变或控制被传送的服务（节目）的某些特征，以满足数字信号传输的需要，同时还具有使未被授权的用户无法获取某项服务的功能。

加解密技术用来在发送端提供一个加密信息，使被授权的用户端能

3-7　CAS 组成
及工作原理

以此来对数据解密,该信息受 CA 系统控制,并以加密形式配置在传输流信息中以防止非授权用户直接利用该信息进行解扰,不同的 CA 系统管理和传送该信息的方法都有很大不同。

简而言之,加扰是通过 CW 对传输流进行顺序扰乱并按位加密的过程,而加密部分实际完成对 CW 的保护。这两种技术是 CA 系统重要的组成部分,在技术上有相似之处,但在 CA 系统标准中是两个独立性很强的部分。

在目前各标准组织提出的条件接收标准中,加扰部分力求统一,而加密部分则一般不作具体规定,由各厂商定义。

2. CA 系统组成及工作原理

完整的条件接收系统主要由集成管理系统(Integrated Management System,IMS)、节目管理系统(Program Management System,PMS)、用户管理系统(Subscriber Management System,SMS)、前端条件接收系统(CAS)、电子节目指南系统(EPG)、复用加扰处理系统、接收端 CA 系统、智能卡发行与管理系统等八个子系统组成,其主要功能如下。

(1) 集成管理系统(IMS):设置系统参数,连接系统中各组成部分,管理和控制系统的执行。

(2) 节目管理系统(PMS):对节目进行定义、编辑、编排、查询,产生节目时间表。

(3) 用户管理系统(SMS):对用户信息、用户设备信息、节目预定信息、用户授权信息、财务信息等进行处理、维护和管理,同时为其他子系统提供用户授权管理的基本数据。

(4) 前端条件接收系统(CAS):完成用户 **ECM**(***Entitle Control Message***,***授权控制信息***)及用户 **EMM**(***Entitle Management Message***,***授权管理信息***)的获取、生成、加密、发送等处理。

(5) 电子节目指南(EPG)系统:自动提取节目数据库中的节目描述信息,并转化为 DVB 的业务信息(SI),同时按一定的周期发送这些信息给复用器。

(6) 复用加扰处理系统:定义了同密同步器(Simulcrypt Synchronizer,SCS)、授权管理信息发生器(Entitlement Management Message Generator,EMMG)、业务信息发生器(Service Information Generator,SIG)的接口,加扰采用了标准的 DVB 加扰算法。

(7) 接收端 CA 系统:接收并处理前端 CA 系统发送来的 ECM、EMM 信息,并通过标准的通信接口与智能卡进行数据交互,获取解扰控制字,传给解扰器完成解扰工作,同时提供有关 CAS 的辅助信息给接收设备,供接收设备显示。

(8) 智能卡发行系统:发行 CA 系统中所需的各种智能卡,包括系统母卡、系统钥匙卡、系统控制卡、用户接收卡等。针对上述各种智能卡,分别设计了不同的卡发行系统,这些系统包括:母卡密钥发行系统、母卡授权发行系统、系统卡发行系统、用户接收卡发行系统、用户接收卡授权编辑系统等。

CA 从功能细分上看主要由用户管理系统、节目信息管理系统、用户授权系统、加扰/解扰器、加密/解密器、控制字发生器、伪随机二进制位序列发生器(Pseudo Random Binary Sequence Generator,PRBSG)、智能卡等部分组成,其工作原理方框图如图 3-46 所示。

图 3-46　CAS 原理方框图

3. CA 系统加、解密流程

1）在发送端的加密过程

由于对 TS 流进行加扰的伪随机序列直接由伪随机序列发生器 (PRBSG)产生，而伪随机序列发生器又由 CW 控制，因而首先需要对 CW 进行加密。直接对 CW 加密的第一层加密所产生的密文($f_{(明文＋密钥)}＝$密文)称为授权控制信息(ECM)，通过复用器与加扰的码流一起传送，ECM 还含有时间、节目价格、节目授权控制等信息，因此 ECM 是面向节目的管理信息。对 CW 加密的密钥称为 **SK**（**Service Key，业务密钥**），又叫月密钥，通常每月换一次，每换一次 SK，系统都要重新对所有用户进行授权。

3-8　CAS 加、解密流程及授权

第二层加密是用 **PDK**（**Personal Distribute Key，个人分配密钥**）对 SK 进行加密，所产生的密文($f_{(明文＋密钥)}＝$密文)和从 SMS 获取的授权指令通过 SMS 生成的授权信息组成 EMM，EMM 还含有智能卡号、授权时间、授权等级等用户授权信息。这些信息主要完成对用户的授权，因此 EMM 是面向用户的管理信息，EMM 对用户在什么时间看、看什么频道进行授权，它也通过复用器与加扰码流一起传送，以上这些组成了 CAS 的基本加密系统。

为了防止密钥在传送中被非法截获，CAS 采用双密钥法，对每一用户分配一对 PDK，其中一个是机顶盒掌握的密钥，称为 PDK 私钥(机顶盒唯一地址码)，它只用于解密，通常存储在用户智能卡中。另一个是公钥，它只用于信号发送系统对信号进行加密，两个密钥通过特定的算法结成一一映射的关系，只有通过对应的私钥才能解开用公钥所加的密。这样发送系统不需直接传送私钥，因此具有很高的安全性，这就是一种数字签名的认证过程。

通常又把 CW、SK、PDK 称作 CAS 的三重安全体系。

2）接收端的解密过程

为了便于理解,现将图3-47中CA系统中接收端的解密流程再细化。

图 3-47　接收端解密流程图

根据数字电视相关技术标准,包含CA信息的EMM信息和ECM信息符合数据包规定的包头标准,因此,机顶盒的解复用器在解码过程中可寻到EMM信息和ECM信息。所有解密过程都在智能卡中完成,解扰工作在机顶盒内完成。机顶盒与智能卡的信息交换示意框图如图3-48所示。

图 3-48　机顶盒(一体机)与智能卡信息交换示意图

4. CAS 授权流程及授权类型

机顶盒检测到 TS 流为加扰码流,驱动读卡器,将智能卡管理程序调入中央处理器运行,读出智能卡的卡号,并在 TS 流的 PSI 中找到条件接收表 CAT,根据 CAT 表中给出的 EMM 包标识符(PID)找到相应的 EMM 信息,然后将智能卡的卡号与 EMM 内的授权信息中的卡号进行校对(寻址比较操作),如校对失败,则屏幕上将显示信息"未经授权不能收看"。如校对成功则将 ECM 和 EMM 传送给智能卡,并在智能卡内进行解密(主要为了增强 CAS 的安全性),用智能卡中的 PDK 私钥对 EMM 进行解密得到 SK,再用 SK 对 ECM 进行解密得到 CW,最后将 CW 送回机顶盒完成对 TS 流的解扰,如图3-49所示。同时将密钥 SK 存储在智能卡中,在以后的收看过程中的解密和解扰直接调用卡中的 SK 即可,不需要重复执行授权过程,此时系统只需传送 ECM 就行了(为防止 CW 被破译,通常每5~10s CW 就更换一次,所以 ECM 也每5~10s 发送一次),只有当运营商要更新 SK 时才开始一个新的授权过程,通常每更新一次 SK,运营商需要用几天的时间(所需时间根据用户数确定)不断发送 EMM 给用户进行授权。如果有用户由于其他原因在授权期间没有开机,则需请求前端向该用户发送专用的 EMM。

更新系统的 SK 时,在发送新密钥的时候需要解决新、旧密钥更替问题。按照系统的设计,同一个 CA 系统同一时间只使用一个业务密钥,也就是只有一个有效的业务密钥,因此业务密钥在更换过程中,每个用户需存储两个密钥——"奇密钥"和"偶密钥",一个当前使用,另一个预备下次激活使用,这样,授权用户获得新密钥,随时更替旧密钥,对 CW 信息进行解密。

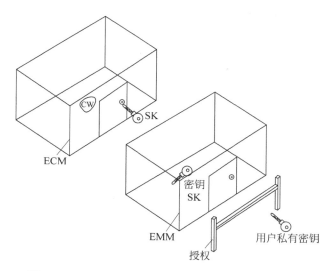

图 3-49　多层加密方式在智能卡内的授权流程示意图

为给用户在节目订购方面提供更多的选择,CAS 除了最基本的节目定期预订外还可提供**分次付费收视**(*Pay-per-View*,*PPV*)、**即时付费收视**(*Impulse Pay- Per-View*,*IPPV*)和计时付费等多种授权方式,这些授权方式都附于节目上,并用附加参数描述(预约类型、PPV费用、预览时间等),通常它们像 CW 那样被携带于 ECM 信息中。因此,在用户的智能卡中通常都存有多个 PDK 私钥,每个 PDK 都对应一种授权方式,每一种授权方式都对应一种 EMM。

1)节目定期预订

节目定期预订方式是付费电视业务中最主要方式,又可细分为分类分级方式和节目组合方式。分类分级方式用于创建嵌套订购的产品。用户购买节目时可以自己挑选想要收看的类,并在类中指定想要收看的节目的级。节目提供商添加相应的授权,通过 EMM 发送到用户的智能卡中,智能卡存储该授权。用户收看节目时只有节目的类等于卡中授权的类,并且小于等于卡中授权的级时,才可以收看该节目。节目提供商需要定义的不同产品来对应各类各级。分类分级方式虽可以提供给用户比较自由的选择空间,但还不够灵活。由此节目组合的方式应运而生,节目提供商把节目分成不同的节目列表,让用户在列表中挑选自己喜爱的节目组成自己所选择的节目组合,但这种方式将增大运营商的运营难度和运营成本。

2)节目分次预订(PPV)

分次预订的节目是基于节目事件号实现的条件接收。节目提供商为每个将要播出的节目定义一个节目事件号。在节目播出前节目提供商通过 EMM 消息或其他方式通知用户将要播出的节目及播出时间。用户通过回传信道(网络或电话等)点播想要收看的节目,节目提供商添加对应的节目事件授权,通过 EMM 授权发送出去。用户接收到 EMM 后把授权存入卡中。到节目播出时,只要用户卡中存储的事件号和节目的事件号相同,用户即可收看。

3)节目按次即时购买(IPPV)

节目按次即时购买是不同的节目号及价格,按次计费方式,IPPV 数据需回传。即时购买的节目是最灵活的收看方式,节目提供商可以为每个即时购买的节目定好收看的费用,预览时间长度(以控制字计)。节目播出时用户可以收看一段预览节目,预览结束后会显示该节目的价钱,并询问用户是否购买收看该节目。如果用户选择购买,并输入正确的用户密码,就完成了节目的购买,而无须提前预订节目。

通常情况下,节目定期预定方式是用户在预定时按照所选节目组合的价格和预订期限预交了足额的收视费后,运营商对该用户进行一次性授权;而节目分次预订、节目按次即时购买方式则需要用户首先预交一定数额的预订费,运营商以该类节目的最小计费单位(如五角)为除数将用户的预交收视费转换为相应数量的该类节目的授权密钥存储于用户的智能卡中。用户每选择收看一次价格为五角的节目,系统将通知智能卡调出一个授权密钥为本次收看授权,密钥调出过程是一个不可逆过程,因而每调用一次,用户智能卡中的密钥就自动减少一个。同理,用户每选择收看一次价格为一元的节目,则需一次性调用两个密钥,直到用户智能卡中的密钥被全部用完为止。

以上三种基本形式实际上可以将节目源进行任意定制组合,为不同爱好的观众提供最适合其特点的个性化服务。

5. 智能卡的安全性能

在整个授权过程中,CAS 的安全性取决于智能卡的保密性,智能卡必须具有可靠的防非法复制能力,CAS 的智能卡内置安全性最高的 CPU,在其内嵌入 CPU、ROM(EPROM、EEPROM)和 RAM 等集成电路组成一块芯片,智能卡中有一个专用的掩膜 ROM,用来存储用户地址(PDK)、解密算法和操作程序,这些内容不可读出,如果试图用电子显微镜来扫描芯片或其他手段读取智能卡中的数据,则 EEPROM 内的信息将全部被擦除。数据流在芯片内部的存储器之间流动也是不可检测出来的,这就从根本上解决了智能卡的安全问题。芯片内部寻址的数据是加密的,存储器可分为若干个独立的小区,每个小区都有自己的保密代码。由于智能卡可通过掩膜 ROM、分区存储芯片等手段对 PDK 数据进行高强度加密,因此 PDK 一般保持固定不变。

对于目前国内采用机卡分离方案而言,其安全保护措施与智能卡的安全保护措施大同小异:PCMCIA 机卡分离方案仍采用大卡套小卡(智能卡)的方式,由智能卡完成用户身份识别、授权和解密,在 PCMCIA 卡内进行解扰;UTI(Universal Transport Interface,通用传送接口)机卡分离则采用 DRM(Digital Rights Management,数字内容保护)来实现全保护措施,而 DRM 同样基于 RSA(一种公钥加密算法)加密技术;而上海交通大学的小卡方案的"卡"则是在智能卡基础上进行了改进,因而其安全保护措施与智能卡完全相同。

6. CA 的运行模式

CA 有同密和多密两种运行模式。同密是基于 CA 今后的技术升级,它对付费电视的经营无直接的关系。同密是前端使用两个以上的 CA,每个 CA 使用不同的加密系统来处理 CW,产生不同的 ECM 和 EMM,但加扰器和 CW 是共享的,这就要求发送端为各 CA 系统建立统一的接口,将 SMS、ECM 发生器、EMM 发生器集成于同一个平台上。在接收端,不同 CA 系统运营商的机顶盒使用各自的智能卡可接

3-9　CA 的运行
模式及应用模式

收经过同密处理的数字电视节目。例如,当运营商想要用新的 CA 取代原有 CA 时,由于老

用户还使用旧的机顶盒,所以旧的 CA 还不能撤下来,这时数字电视平台就需要新旧两个 CA 进行同密,原来的老用户继续使用老的机顶盒,新发展的用户就采用新的机顶盒,两个 CA 在平台上有个交叠期,直到老的机顶盒逐渐被完全替换(或通过软件升级的方式来实现与新 CA 的匹配)。

多密是基于运营的模式,它对付费电视的经营有直接关系。在多密的情况下,多个不同的 CA 同时运行在数字前端,为多个节目商建立平台。每个节目商对自己的内容和模式都有自己的不同定义,各节目商通过 CA 保护自己的利益。比如:中央电视台的付费频道和各省台的付费频道都不想由当地的运营商控制,运营商也很难要求所有的节目商都使用自己的 CA,节目商和运营商通过协议进行收益分账,这就是 CA 的多密运行模式。

多密模式要求在机顶盒集成多个解扰器和解密算法,这样使机顶盒的成本大幅增加。另外,机顶盒生产厂家在生产机顶盒时要和多家 CA 厂商协调,给生产带来诸多不便,所以,多密模式不适宜推广应用。

目前绝大多数运营商均采用同密模式。

7. CA 系统的应用模式

当前 CA 系统的应用模式主要有解密模式和不解密模式。

解密模式:节目商的节目码流传送到运营商数字前端后被解扰,还原为非加扰的节目码流,再被运营商的 CA 系统加密后,传送到用户,所有节目都由运营商统一管理。在这种模式中,运营商可以采用单一的 CA 和 CA 同密的方式,如图 3-50 所示。

图 3-50　解密模式的 CA 系统结构

不解密模式:当节目商和运营商采用相同的 CA 系统时,节目商的节目码流传送到运营商数字前端后不解扰,直接传送到用户。用户将收视节目商节目的申请送交运营商的 SMS,SMS 将该信息提交到节目商的 SMS,节目商的 SMS 通过自己的 CA 系统发出该用户的收视授权。运营商收到节目商的加扰节目码流后,无改变地转播到用户。用户终端中采用分区的智能卡,节目商的 CA 系统密钥和运营商 CA 系统密钥分别被植入不同的智能卡分区中,用户终端根据加扰节目码流中 CA 系统的标识决定采用哪个密钥进行解扰,如图 3-51 所示。

为了尽量减少 CA 系统的复杂程度,目前的付费数字电视广播中大多采用解密模式。

8. 机卡分离

目前,机顶盒的生产涉及运营商、机顶盒制造商和 CA 厂家三个方面,因为运营商首先要确定使用哪一家的 CA 系统,机顶盒制造商要根据 CA 厂家的要求将 CA 模块植入机顶盒内才能完成机顶盒的生产。因此,生产出来的机顶盒只适用于某一家运营商,产品缺乏通用性和竞争性,对于用户来说也缺乏个性化的选择,机顶盒不能放在普通商场里出售,这些

图 3-51　不解密模式的 CA 系统结构

都不利于机顶盒的推广和市场化,为此就有了"机卡分离"的提法。

所谓"机卡分离",就是把机顶盒里有关 CA 的硬件和软件全部集成为一个独立的模块,用一个专用的集成电路和智能卡一起独立完成 CA 的全部功能,机顶盒里不再直接进行 CA 处理,CA 模块安装在智能卡里,通过卡接口与机顶盒进行通信,这样机顶盒就具有了通用性。

采用机卡分离的数字接收机与普通数字接收机相比,对于解密(用户识别及授权)部分的处理均在"卡"里面,而最主要的差异在于采用机卡分离的数字接收机对信号的解扰处理由"接收机处理"转变为了"卡处理",其示意图如图 3-52 所示。

(a) 普通数字接收机处理位置情况　　(b) 机卡分离方案数字接收处理位置情况

图 3-52　数字接收机解密、解扰处理位置对比示意图

从技术上看,机卡分离方案将数字解扰的处理工作由接收机里执行转变为由"卡"来执行,数字接收机不用再为了适应各地运营商不同的 CA 系统而不断更改自己的软件设计,只要其应用的"卡"能与运营商的 CA 系统匹配即可在当地正常使用。

但是,根据机卡分离方案目前的技术状态和实际应用情况来看,目前的机卡分离方案只解决了一个 CA 问题(还不能算是根本解决,因为"卡"也不是能够全部适应全国各地的所有运营商所使用的 CA 系统),只是把与数字电视运营商所使用的 CA 系统能否匹配的矛盾从"机"转移到"卡"上,换句话说,CA 的矛盾由机顶盒生产商与运营商之间的矛盾转变为了"卡"的提供者与运营商之间的矛盾。此外由于除了 CA 之外的业务(如 EPG、数据广播等)应用软件仍嵌入在终端(接收机)上,而各地数字电视运营商的 EPG、数据广播等业务也是千差万别,以至接收机内的该类业务应用软件为了适应这些差别而更改设计状态,因而无法做到像模拟电视机一样可在全国范围内进行水平销售,终端硬件资源的有限性与数字电视业务扩展的无限性的矛盾仍然没有解决。

国内"机卡分离"有三种方案,又分为大卡、小卡两类,其中有以深圳国微为代表 PCMCIA 大卡方案(基于 PCMCIA 通用接口技术)和清华大学为代表 UTI 大卡方案(基于 USB 接口技术)两种格式,以上海交通大学为代表的小卡方案则是在智能卡技术基础上作了一定的更改。在市场应用方面,目前 PCMCIA 方案在市场应用量处于领先位置,UTI 方案次之,小卡方案的市场应用量最少。

3.3.3　DVB-DCAS

1. DCAS 概述

3-10　DVB-DCAS 简介

DCAS（Downloadable Conditional Access System，可下载条件接收系统） 是指基于终端硬件的不可复制及解密过程的不可见，将解密数字电视内容的应用软件、算法、密钥通过在线下载的方式下载到数字电视终端的一种先进的适合智能数字电视平台的 CAS 加密技术。

DCAS 最大的贡献是实现了软硬件完全分离，CA 软件通过下载的方式在机顶盒中运行。按照 DCAS 技术规范，CA 软件是用 Java 语言编写、跨平台的，本身可以与硬件平台无关。这种下载方式既可以是双向的，也可以是单向的。如果安全性要求很高的 CA 都可以实现下载运行，那么其他应用软件当然可以通过下载的方式实现，而不仅仅局限于数据广播、股票广播、广告等，从而为电视终端软硬件分离的智能化创造了条件，且 DCAS 更适合在智能平台环境中使用。

2012 年 3 月广电总局发布的《GY/T 255—2012 可下载条件接收系统技术规范》是数字电视行业第一个开放的 CA 技术标准，它规定了可下载条件接收系统的总体要求、安全机制、系统架构和功能、终端系统、终端安全芯片等内容，可以实现类似 PC 以及智能终端行业的软硬件分离，适用于具有单、双向交互能力的广播电视网，特别适合在智能数字电视平台上应用。

2. CAS 的弊端和推行 DCAS 意义

目前付费电视节目的智能卡 CAS 技术既封闭又不安全，电视上高附加值影视节目的安全难以得到保证，阻碍了高附加值影视节目通过电视网络的播出，更重要的是，封闭的技术体系不但导致技术落后，也难以向智能终端方向发展，使广电终端不能形成统一的有规模影响的市场，影响广电网络参与三网融合的进程。

广电三网融合的目的是满足用户多样化的文化娱乐需求，如从看电视到用电视，多屏互动，这些都表现为终端的多样化。终端的多样化只能通过市场化实现，而市场化必须有明确统一的技术标准。因此需要开放和统一 CA 技术标准，使 CA 不仅能在机顶盒上使用，而且还可以延伸到一体机、手机、平板等多种终端。DCAS 技术规范可以解决上述问题，对广电终端融入后 PC 时代的快速发展起到非常重要的作用，所以，DCAS 技术规范是广电产业可以延续传统业务并向互联网转型的基础技术标准，该规范不仅可以针对数字电视业务，同样也可以对应基于互联网的多样化用户终端，繁荣广电用户终端市场，开展可管可控的 OTT 业务，对确保文化娱乐传播主渠道的地位意义重大，是促使数字电视终端产业升级的关键性技术标准。

3. DCAS 技术的关键

DCAS 技术的关键是要有统一的接口规范，规范中定义了详细的 Java 接口规范，这是一个靠近上层的接口，实现了 CA 软件与终端硬件的分离。

实现 Java 接口的封装标准统一可以确保 DCAS 应用无须修改就可以在多终端上使用。

规范与硬件驱动结合的驱动接口标准至关重要。该接口靠近硬件驱动，类似 PC 时代的 BIOS，规范该接口可使上层软件的兼容性更好，可以大幅度减少芯片厂家的软件开发工作，避免芯片硬件方案多而乱，以及封装和测试工作量巨大的情况发生，同样也可以降低

DCAS 推广的成本。规范该接口有利于芯片厂家之间的公平竞争,对数字电视终端技术进步有利。以往这个靠近底层的 API(应用程序接口)因为涉及很多 CA 的安全而被严格保密。

在规范了上述接口之后,就真正实现了 DCAS 软件"一次编程,到处使用"的理想境界,彻底打破传统智能卡 CA 严苛的软硬件捆绑。

4. DCAS 的前端设备结构

DCAS 前端结构和传统的 CA 是一样的,对输入的音视频流进行解扰,通过广播信道或双向信道发送条件接收的授权信息等,完成业务的加密保护传送和合法授权控制管理。与传统智能卡 CA 不同的是,前端可以不需要配置高度封闭的硬件加密机。

DCAS 前端主要包括 ECMG、EMMG、密钥管理、下载管理和其他模块等,其关系如图 3-53 所示。其中,密钥管理生成模块负责根密钥和各级密钥的生成管理,这是 DCAS 中最主要的安全防护部位,涉及到对应 CA 系统终端的密钥安全,它相当于公共服务部门(例如公安、银行)涉及个人信息存储管理,这个部分可以与 CA 服务器分离独立管理。除这个密钥管理模块之外的其他模块是所有 DCAS 所公用的,可以根据 DCAS 规范要求独立开发成为一个通用的 DCAS 服务器安装软件。

图 3-53 DCAS 前端结构图

5. DCAS 在终端的实现方式

DCAS 在终端解扰分为密钥派生、层级密钥形成和业务流解扰几个过程。其流程是 TS 流经过解复用,得到业务流、ECM 和 EMM,其中的 ECM 和 EMM 通过 CA 应用软件可获得 EK3,再与 OTP(One Time Program,一次性可编程)区域里存储的 K3 通过层级密钥逐级解出 K2 和 K1,最后解密,出一个解扰业务流的 CW 密钥,该 CW 密钥最后对业务流进行解扰形成清流,通过解码器输出音视频信号。这个过程全部在机顶盒芯片内部完成,因此 DCAS 只能是无卡形式的。其工作过程如图 3-54 所示。

6. DCAS 规范涉及的密钥

(1) 下载 CA 中涉及多个密钥,其中根密钥派生中的密钥包括:

① 预埋在芯片中的由芯片厂家掌握的一个私有根密钥。这个根密钥通过芯片厂家私

图 3-54　下载 CA 机顶盒端工作流程图

有的算法和芯片中唯一的 ID 号(ESCK)运算获得。

② CA 公司掌握的根据芯片厂家提供的 Seedv 和认证管理中心提供的 SCKv 生成的针对指定用户的私有根密钥,即规范中的 K3,如图 3-55 所示。

图 3-55　根密钥派生功能框图

(2) 层级密钥中的密钥包括三个,如图 3-56 所示。

① 规范中提到的 K3(根密钥派生出来):K3 是 CA 公司根据芯片厂家提供的 Seedv 和认证管理中心提供的 SCKv 生成的针对指定用户的私有根密钥。

② 规范中提到的 K2:根据 CA 公司的设计,K2 一般交由运营商管理,可以做到根据用户区分。

③ 规范中的 K1:K1 用来加密 CW,加密后的结果 EK1 在 ECM 广播,这使得 K1 无法做到根据用户区分。

7. 算法固定与根密钥派生模块工作过程

在机顶盒芯片中加入安全模块,相当于将一张封闭的智能卡放进机顶盒芯片中,芯片公司承担大部分安全管理义务。

CA 公司的作用仅仅是根据 K3 针对每一个用户组织好 EK1~EK3,对节目包进行授权,同时也对每一个用户终端的 K3 进行保密。不同的 CA 公司可以掌握不同的 Vendor_SysID,这个 ID 是对应 CA 公司 K3 密钥库的钥匙,这既是一个创新,也是一个可以由人为因素导致隐患的安全薄弱环节(因为 CA 公司和芯片厂家以及安全认证管理中心都知道

图 3-56 层级密钥

K3),针对薄弱环节也有解决预案,可以根据 Vendor_SysID 再重新派生新的 K3 密钥,在线更换 CA 系统。这个过程需要芯片厂家、认证中心和运营商的联动,管理比较复杂。通常建议由运营商自己管理,以降低安全管理的复杂度。

8. DCAS 和软硬件分离关系

软硬件分离是 DCAS 必需的运行环境,DCAS 使机顶盒厂家大批量生产的机顶盒可以在没有 CA 软件的情况下,在运营商网络中通过下载的方式将 CA 软件下载到机顶盒中运行,如图 3-57 所示。

在 DCAS 体系里,CA 将和众多应用软件一样可以独立于机顶盒硬件系统,如果安全性要求很高的 CA 都可以实现下载执行,那么其他任何应用软件都可以通过下载的方式实现,当有了足够多的应用之后,就可以实现类似智能手机的个性化,数字电视终端市场将迎来大发展。

图 3-57 DCAS 在安全方面的软硬件分离

9. DCAS 的优势

DCAS 与智能卡 CA 的诸多优势对比如表 3-3 所示。

表 3-3 DCAS 与智能卡 CA 的对比

	智能卡 CA	DCAS
安全性	解密密钥信息与解密硬件分离,破解简单,易通过读卡器截获密钥	密钥处理和流媒体解密过程在机顶盒主芯片中完成,相关信息无法截获,破解难度大,安全性高
可靠性	机顶盒故障 30% 以上来自读卡器,可靠性相对差	没有智能卡相关故障
经济性	智能卡、读卡器以及其电源故障引起的衍生成本每台 STB 大于 20 元	节省读卡器、PCB 硬件和维修成本
弥补性	无法弥补,只能将卡和读卡器一起换掉	可通过下载方式更新密钥
开放性	高度密封私有定义,非标准	有明确 NGB 标准定义

3.3.4 SMS

SMS(*Subscriber Manage System*,用户管理系统)是一个贯穿计费、客服、账务、产品、资源管理各个环节,支撑数字电视业务运营的核心系统。系统设计基于不同角色的权限管理,用户可按照实际运营的需要分配不同的角色和权限,在共享一个软件平台的基础上,实现运营商内部各个部门、不同代理商、下级运营商的不同功能。目前,SMS 的所有功能都可以融入业务支撑系统 BOSS 中。

SMS 可分为产品管理、用户管理、设备管理、节目管理、计费管理、报表管理、IC 卡服务、分级管理、系统管理等子系统,下面分别简介几个子系统。

1. 用户管理

用户管理主要是指对用户和与用户相关的资源、费用等进行的操作。在此模块中可进行用户注册、修改用户信息、对用户进行授权等操作,也可以对系统资源(如机顶盒、IC 卡等硬件资源和片区、运营商等软资源)进行管理和操作。

2. 节目管理

SMS 中融进了节目管理,可以创建频道、创建节目、对节目进行打包,最后形成能够对用户进行授权的业务包。在创建业务包的过程中还可以选择优惠等级,这个优惠等级和用户的优惠组有对应关系,最终可以实现不同组的用户购买不同的业务包,可以享受不同的优惠。

3. IC 卡管理

IC 卡里含有很多其他信息,SMS 系统可以通过外接读卡器把 IC 卡的相关信息读取到数据库中。此功能只适合 IC 卡的数量比较少的情况时,当需要大批量添加 IC 卡时,需要借助专门的 IC 卡发卡程序。

4. 系统管理

系统管理中提供了模块的增删、对系统角色的权限和系统参数进行定义等功能。SMS系统把操作员的操作都记录在系统日志中,把和钱有关系的都记录在业务日志中,可以随时查询。

3.4 NGB 云平台

NGB 云平台按其功能及分工可以分为云媒体平台、云宽带平台、云通信平台、云服务平台等。云平台的技术构架如图 3-58 所示。

3-11 NGB 云平台

图 3-58 云平台的技术构架

3.4.1 云媒体平台

云媒体也称电视云,是基于云计算技术的一种可用于提供媒体服务和应用的新兴服务。用户可以在云中分布式地存储和处理多媒体应用数据,而无须在计算机或终端设备上安装媒体应用软件,进而减轻了用户对多媒体软件维护和升级的负担,避免了在用户设备上进行计算,延长了移动终端的续航时间,为多媒体应用和服务提供 QoS 支持。

云媒体包含内容管理与运营系统、海量存储系统、推流服务系统等,可以为一省网络服务区内多终端提供各种编码格式及各种码流的视频服务,同时服务全国市场,形成视频媒体中心的地位。通过云媒体平台可创新业务,如云盘、录播、直播交换等。云媒体可以实现以下功能:云转码、云收录、云存储、云搜索、云适配和云分发。广电高清跨屏互动交互平台就是云媒体的典型应用。云转码是实现媒体跨屏播放的前提和基础,因为不同的用户终端屏需要的码流的格式和速率都不一样。图 3-59 是云媒体平台整体架构。

图 3-59　云媒体平台整体架构

1. 云盘业务

云盘是互联网存储工具,是互联网云技术的产物,它通过互联网为企业和个人提供信息存储、读取、下载等服务,具有安全稳定、海量存储的特点。

云盘相对于传统的实体磁盘来说更方便,用户不需要把存储重要资料的实体磁盘带在身上,却一样可以通过互联网轻松从云端读取自己所存储的信息。拥有灵活性和按需功能的新一代存储服务防止了成本失控,并能满足不断变化的业务重心及法规要求所形成的多样化需求。

2. 直播交换业务

直播交换业务(*Switch Digital Video*,*SDV*)是在当前 VOD 基础上的延伸,将部分直播频道以点播的业务方式提供给用户,用户可以选择直播频道进行点播,意在节约有限的频率资源,在当前频率资源范围内给用户提供更多的内容。

交换式视频技术不同于传统的广播系统,传统的广播系统在任何时候都会为所有的用户传送全部节目,交换式数字视频系统根据用户收视率二八原则统计,将部分收视率不高直播节目以点播的方式提供给用户,用户有频道转换请求时,系统以点播流程为用户提供服务,如图 3-60 所示。若多个用户在同一指针组,且点播同一频道,则系统只推送一路码流给用户;若多个用户不在同一指针组,且点播同一频道,则系统按照指针组的数量推送相应的码流,因此在固定频率资源下,系统可以提供更多的频道。

图 3-60　直播交换业务系统架构

3.4.2　云宽带平台

云宽带平台构架在云存储系统之上,可充分利用其海量存储,以多服务器同时服务形成的高并发、分发能力,以及充分利用空闲 CPU 所带来的高计算能力实现音、视频转码、预转码及实时转码。

云宽带平台主要面向普通的 PC 终端和基于 Android 的云终端。云宽带平台由综合服务系统平台、头端系统以及相应的配合系统组成。云宽带平台系统架构如图 3-61 所示。

图 3-61　云宽带平台系统架构

云宽带平台技术特点如下：

（1）云宽带的内容存储直接构建在云存储系统之上，支持存储容量灵活扩容。同时在原有多协议支持技术上增加多应用支持，大大增加能被缓存的内容占比。

（2）云宽带平台基于缓存系统实现内容聚合，其中包含互联网内容聚合及第三方合作内容聚合。互联网内容聚合通过内容资料整理，引导用户使用互联网上的正版在线资源及通过搜索引擎搜索下载内容资源，被引导的资源均能命中缓存。

（3）云宽带平台用户空间是基于缓存向用户提供的个人网络存储空间。

（4）云宽带平台的云游戏平台是方便瘦客户端（低配置 PC 或者云终端）通过视频流化、低时延操作等技术实现在远端服务器上运行大型游戏的平台。

（5）云宽带平台应用商店是专门为云终端准备的应用，可以实现云宽带平台对应用的聚合。

（6）云宽带平台远程桌面也是为云终端准备的系统。

（7）云宽带平台网管系统实现对整个云宽带平台中各子系统的统一资源管理调度。

（8）云宽带服务的后台提供海量云业务，变出口访问为局域网访问。

云宽带与普通宽带有较大的区别，如表 3-4 所示。

表 3-4　云宽带与普通宽带的区别

性　　能	普通宽带	云　宽　带
人机交互	鼠标、键盘	鼠标、键盘、触摸屏、触控笔
网页浏览	标准应用	定制应用，专用浏览器
视频业务	取决于带宽，服务不确定	经过优化的内容保证服务质量
游戏业务	取决于 PC 配置，对硬件要求高的面临换机器的压力	云端应用，长期可用，无须换机
即时通信	通用应用	定制客户端应用，黏度高，体验好
启动速度	慢	快，30s 内
防病毒性	差	强
下载速度	取决于接入网带宽，主流 4Mbps	云端存储，取决于服务器带宽，可以达 G 级速度
存储空间	取决于本地硬盘，空间有限，尤其是保存高清视频时	云端存储，没有限制
多屏共享	本地应用，基本没有可能	云端应用，关机可用，格式转换，多屏分发
桌面应用	简单	复杂，消耗资源大，需要控制并发量

3.4.3　云通讯平台

云通讯又称融合通讯，平台业务目前主要有两类：一类是视频会议业务，其具体的实现应优先考虑采用广播信道＋IP 的方式，它更具有广电的优势和特色，并且传输视频时对网络的带宽要求比较低，当然也可以考虑纯 IP 方式，但这个方式对网络带宽要求较高，对于广电网络来说其优势不大；另一类是视频监控业务。

在实现融合通信业务的过程中离不开各种类型的用户终端，如 **STB**(**Set Top Box**，机顶盒)、个人计算机(PC)、移动或固定电话终端(PHONE)等,因此要完成这些终端设备之间的互联互通,需要打通 STB—STB、STB—PC、PC—PC、PHONE—STB 之间的信道。当这些目标都实现以后,有线电视网络则完全可以实现用户之间的任意的视频通信,所以视频会议和视频监控的发展是为将来实现视频多点对多点通信做铺垫的。

1. 视频会议业务

视频会议系统可分为用户层、网络层、业务运营等三层,如图 3-62 所示。用户层为平台业务展现层,也是最终用户对业务的使用窗口。系统可以支持多种会议模式,各类会议成员要求使用的会议终端主要是 IP 终端、机顶盒以及手机等其他终端。IP 终端使用灵活、功能丰富,适用于政府及企业用户。机顶盒直接收看会议适用普通家庭用户,少量的双向交流可采用电话等辅助方式解决,主要应用场景为远程培训、讲解、双向电视购物等。

图 3-62　系统总体示意图

视频会议系统按信号处理和传输方式可以分为广播＋IP 辅助模式(也称纯广播技术架构 VIP 高可靠模式),融合 IP 和广播模式,以及纯 IP 模式三种。在这三种模式中,IP 数据交换网络的作用依次加强,同时对网络带宽要求也依次提高。视频会议系统按使用对象和场合可以分为:点对多点方式,主要考虑采用广播＋IP 辅助模式及融合 IP 和广播模式实现,使用场合主要为会议、教育、会商;点对点方式,主要考虑融合 IP 和广播模式及纯 IP 模式,使用场合主要以政府部委局办为主,如省委宣传部视频会议,或具有垂直管理的企业,覆盖人群多、安全性要求高的场合,如金融行业;多点对多点方式,主要考虑融合 IP 和广播模式及纯 IP 模式,使用场合主要为议题讨论、聚会等。图 3-63 为视频会议应用场景。

图 3-63 视频会议应用场景

1) 广播＋IP 辅助模式

运营方根据会议成员所在区域及部门事先创建不同的会议群组,并分配组内成员会议召集权限,成员同一时刻只许加入一个会议。会议可由组内任一成员发起,对非授权召集范围内成员发起会议,需向高级别召集权限成员发起申请或由其完成召集。会议召集将通过短信、邮件等方式向其他成员发送会议召集通知信息。广播资源的独占性决定了同一时间只支持一个会议。会议过程由会议管理员进行管理与控制,以实现发言权限控制、主讲方视频画面切换、参会方视画面切换、演讲文稿投放、对某一成员的消息提醒、播出前的画面预览等。

广播＋IP 辅助模式的应用说明如图 3-64 所示,会议成员主要配备会议摄像头、麦克风、定制机顶盒,上行数据采用 IP 骨干网,经过系统控制中心,主要采用高可靠性的矩阵选择视频多方输入和输出,再经过监播后,将合成的会议主讲视频和参会方视频通过 HFC 网络发回给会议成员的机顶盒。

2) 融合 IP 与广播技术架构模式

该模式具备 IP 技术架构的终端多样性、接入灵活性、地域的无限制性等特性,还具有广播网一点发送多点接收的网络优势、用户收看会议成本低廉等优势。其应用场合包括:针对广泛受众的,类似产品发布会的模式;针对某一固定群体的,类似超市 VIP 会员的模式;针对单点的定向交互,类似视频售后服务模式。

该技术架构由平台运营商预先创建会议播出频道及频道会议发起成员。成员发起会议需提前向管理员提出申请,并提交播出区域、收看用户范围、IP 域互动用户范围、播出时段等。会议审核通过后由平台消息系统向收看用户发出会议收看告知信息,向会议发起成员发送会议创建通知消息。

会议成员互动除了 IP 域多方互动,普通机顶盒收看用户可通过语音电话呼入参与讨论。

图 3-64 广播+IP辅助模式功能示意图

　　融合 IP 与广播会议系统利用 IP 网接入的方便性、无地域限制性等建立一个频道的直播会场,通过数字电视网进行播出,并可对网络覆盖范围内机顶盒用户进行精确的选择。其系统示意图如图 3-65 所示。

图 3-65　融合 IP 和广播模式示意图

3）纯 IP 技术架构模式

　　该模式的优势在于会议终端的多样性,接入网络的灵活性。具备音视频采集与显示的主流 IP 网络设备可用作视频会议加入终端,任一区域 IP 网用户在保证带宽的情况下都可进行视频会议。IP 技术架构平台运营商为用户创建虚拟会议中心,设置用户规模、会议并发数量等参数,并分配给会议中心管理员账号。会议中心管理员可以根据单位的组织结构、部门等特性自己添加会议成员。任一会议成员都可以通过创建虚拟会议室的形式发起会议,并可设置虚拟会议室对其他成员的可见性。可见范围内成员通过密码认证形式加入虚拟会议室参加会议,会议默认由发起方进行过程管理与控制。主要应用场合为远程会商、企业内部沟通、企业之间沟通等多方协同互动视频会议模式。其模式应用说明如图 3-66 所示。

2. 视频监控业务

　　由于有线网络不但拥有广播信道和交互信道,同时还可能拥有大量的物理光纤传输网络资源,因此有线网络不论参与集团用户还是个人用户的视频安防监控的业务,都有得天独厚的优势,这里与前面类似,视频监控可以分为纯 IP 模式以及融合 IP 和广播模式监控,但在实际应用中还是纯 IP 模式的应用更为广泛。另外,由于当前有线电视网络中采用 PON 方式的也比较多,这也给家庭及小区的视频监控信号的回传带来很大的方便。图 3-67 为某有线网络视频监控系统规划图,这是一个基于省级网络建设的融合 IP 和广播模式监控系统,它针对各种用户,既有集团用户也有个人用户,其用户所使用的终端设备可以通过有线

图 3-66　纯 IP 模式应用示意图

及无线网络实现对有授权的图像的调用。

图 3-67　基于有线网络视频监控系统图

3.4.4　云服务平台

云服务利用云管端技术,将广播型单向终端、双向终端、全 IP 终端、PAD 等终端接入服务云平台,让终端无差别地使用基于云技术的数字电视业务、点播业务、游戏业务等各类单向双向交互业务,云服务让用户既享受超宽单向 HFC 网络承载的海量内容,又充分享受双向网络的灵活优势,如图 3-68 所示。

目前网络运营商绝大部分用户都是采用单向机顶盒或者基本双向机顶盒,传统技术手段无法实现全业务运营。云服务平台将所拥有的云计算能力(包括显示能力)全部集中在中央服务器端,将前端应用的运行显示输出经过视频编码后传输给终端。终端只需要有一个解码芯片,即可感受到完全的应用显示效果。终端同时具备双向回传功能,将控制操作回传给中央服务器端。只要用户控制和显示效果的延时非常小,用户根本感受不到本地操作还是远程访问,就可以做到利用云计算技术提供应用服务。具体来说,单向机顶盒+电视机作为简单的输出显示终端,机顶盒遥控器、无线键盘等设备作为简单的输入设备,通过家庭多业务混合器(家庭智能网络终端)联入跨代网,由云服务提供各项服务。

图 3-68　云管端工作流程图

目前一些大型广电网络运营商云服务系统平台包括云存储、云转码、智能缓存、内容分发、统一管理等功能模块；整个系统包含 DVB 系统、增值业务系统、马赛克导航系统、LOADER 平台系统、家银通系统、NVOD 系统等；配合系统包括云 CA 系统、EPG 系统、云服务平台、BOSS 系统、云媒体平台等。图 3-69 为云服务平台系统构架图。

图 3-69　云服务平台系统构架图

1. 增值业务平台

增值业务平台顶层主要负责广告、公告、媒资、邮件以及互联网信息等的发布;基层主要负责点对点的即时通信、视频监控、在线交易以及游戏娱乐管理等。其基本构架如图 3-70 所示。

图 3-70　增值业务平台构架

2. 马赛克导航系统

在数字电视推进过程中,除了电视本身的新颖模式外,如何丰富内容是根本,随着数字电视播出频道日益增多,通过文本形式的电子节目指南信息来了解节目播出信息已经远远不能满足用户的需求,而马赛克图像导航方式,对用户视觉具有更强的冲击力和吸引力,它能够同时向用户展现多达十几甚至几十个频道的播出内容,用户在机顶盒端可以进行本地交互,使收视更具有互动感。

用户进入精彩导视节目后看到整个电视画面分成若干个区域,每个区域显示一个数字电视节目的视频。用户移动遥控器的焦点在各个视频画面选择节目,当遥控焦点移动到某个视频画面时,系统将播放对应该视频的音频,用户可以随意选择切换到想要收看的节目频道或业务应用,如图 3-71 所示,用户通过遥控器选择付费导视节目、试看、提示订购,或返回导航显示。图 3-72 为马赛克导航系统构架及信号流程图。

高清广播　　用户
STB

图 3-71　马赛克导航应用

图 3-72　马赛克导航系统构架及信号流程图

3. 统一 LOADER 平台

机顶盒厂商将新的软件程序按照编码压缩标准(MPEG-2/H.264/H.265)制作成可以在有线网上传输的 TS 升级流,然后将做好的升级流在一个 HFC 固定的频点上播发,同时在 HFC 有线网里插入一个对升级流进行描述的升级描述符,以便可以让终端机顶盒找到升级流。

统一 LOADER 系统主要包括统一 LOADER 管理系统、EPG 系统和统一 LOADER 机顶盒软件三部分,其中外部各部分之间关系如图 3-73 所示。

图 3-73　统一 LOADER 平台外部关系图

统一 LOADER 平台提供不同厂商的机顶盒软件升级使用同一升级平台和强大的异常处理能力,满足了机顶盒上各种软件的更新需求以及运营要求。

思考题

1. 模拟有线电视前端主要由哪些设备组成？其关键技术指标主要有哪些？
2. 实行有线电视数字化的必要性表现在哪里？
3. 有线数字电视前端系统主要由哪些设备组成？简述每个设备的主要作用。
4. 数字电视对有线网络的指标新要求主要有哪些？
5. 某厂给出某激光模块推荐功率谱密度为-43.2dBmV/Hz,请计算 3.2MHz 带宽时,输入光发射机 RF 电平的推荐值。
6. 了解机顶盒解析 EPG 的工作流程及主要信息表的特点。
7. 加解扰、加解密有何区别？同密和多密有何区别？
8. 简述条件接收系统(CAS)的基本原理,完整的 CAS 系统主要由哪些子系统组成？
9. 推行 DCAS 的意义有哪些？
10. 简述 DCAS 技术的关键及前端结构。
11. 简述云媒体、云宽带、云通讯、云服务平台整体架构。

常用术语

本章测试

第4章

广电有线传输与接入网

学习要求

　　通过本章学习,建立对广电有线传输、接入网的认知。要求了解掌握广电有线网络的主要网络拓扑结构;掌握光纤结构、传输原理、光纤无源器件种类和用途;了解光发机、光收机的基本工作原理和使用方法;掌握同轴电缆结构和基本特性,了解放大器的结构、种类和使用场合;了解分支、分配器的简单工作原理,掌握其主要参数和使用方法;了解集中供电器和电源插入器的原理和作用;掌握斜体部分的术语缩写。

　　有线广播电视广播信道借助光缆进行主干传输,借助电缆分配接入网的模式在 NGB 网络中仍然会占据一定地位,并在一定的时间里还会长期存在,并对广电的运营模式产生较大影响。

4.1　广电有线网络拓扑

4-1　广电有
线网络拓扑

　　有线(广电)网络拓扑结构,概括起来有树形、星形、星-树形和环形等四种结构形式。

4.1.1　树形网络拓扑结构

　　树形网络拓扑结构在有线电视网络中应用最为广泛,其网络拓扑图如图 4-1 所示。它有干线星形＋分配网树形和光纤主干树形两种具体应用形式。

1. 干线星形＋分配网树形

　　在有线电视 HFC(Hybrid Fiber-Coaxial,光纤同轴电缆混合网)网络中,因考虑其性价比、商业价值及实用推广性,国内外普遍推荐干线采用星

图 4-1　树形网络拓扑结构

形网络拓扑结构的光纤传输,最后一级的同轴电线分配网采用树形网络拓扑结构,既克服了电缆干线由于多级放大器引起指标下降的缺点,又提高了指标和可靠性,同时还降低了成本。

2. 光纤主干树形

在光纤主干中采用多路光分路器级联,优点是光纤量较省,缺点是光纤主干经多级分光器分配后插入损耗较大,而且由多个光分路器和熔接点造成的多重反射将使光链路的噪声增加,非线性失真变大,系统指标劣化。另外,树形结构的光纤主干断裂,或光分路器损坏,都会影响后续分支光纤的光接收,这种形式的网络可靠性较低,一般多用在小型光纤系统中。

4.1.2　星形拓扑结构

从有线电视总前端输出的广播电视信号,经辐射状的光纤干线馈送到各小区光节点,再经电缆分配网分送到用户终端;各光节点的位置相对于总前端呈星形分布,点到点传输,与电话网络相似,其网络拓扑如图 4-2 所示。其主要优点是:光分配一次到位,覆盖面广,传输容量大,可靠性高,易于实现双向多功能业务的传输。缺点是光缆需求量大。

此外,在超大规模系统网络中,利用光缆干线将总前端信号传送到与之联网的县市或其他独立网络的分前端,构成双星形网络拓扑结构形式。

4.1.3　环形拓扑结构

由于造价昂贵,环形结构在有线电视系统中使用较小,但随着信息产业的飞速发展,有线电视的容量和可靠性要求越来越高,***LAN***(***Local Area Network***,**计算机通信光纤局域网**)的环形网络结构逐步被引进有线电视 HFC 网络中,它促进了有线电视网络的发展和建设。环形网络具有一主一备两条相反方向传输的双数字光纤环作为整个网络的光纤主干,故可靠性更高、覆盖面更大,其拓扑结构如图 4-3 所示。

图 4-2　星形拓扑结构

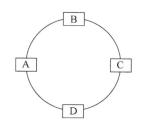

图 4-3　环形拓扑结构

当双光纤环中的某一环发生断裂时,可自动倒换到另一环上,信号不会中断。这种环形光纤网一般多用于特大型有线电视宽带综合信息网中,特别是数字光纤环上的 SDH 高速信息传输平台中。建立一个由总前端中心管理和监控的网络,实现有线广播电视视频、数据、语音的综合传输应用,已成为 HFC 网的发展方向。

4.1.4　复合型拓扑结构

除了以上拓扑结构以外,在有线电视网络中还有一些复合型拓扑结构,如图 4-4 所示。

(a) 星形-树形网络　　　　(b) 根树形网络　　　　(c) 格子网

△ 端前;○ 光节点;── 光缆;--- 分界

图 4-4　复合型拓扑结构

其中星-树形是星形网络与树形网络相结合的结构形式。总前端与各光节点之间为光纤主干,采用星形网络结构,小区用户同轴电组分配网络采用树形网络结构。这种结构既满足网络的技术性能要求,又保证其经济效益和实用价值。它集星形和树形结构两者的优点于一身,在因成本高而难以全面推广 **FTTH**(***Fiber To The Home***,光纤到户)的情况下,它是目前流行的一种网络拓扑结构形式。

此外还有根树形网络和格子网等。

4.2　光传输网络

4.2.1　光纤与光缆

4-2　光纤

光纤即光导纤维,是一种利用光在玻璃或塑料制成的纤维中的全反射原理而达成的光传导工具。前香港中文大学校长高锟和 George A. Hockham 首先提出光纤可以用于信息传输的设想,高锟因此获得 2009 年诺贝尔物理学奖。

1. 光纤

1) 光纤的结构

光纤的结构如图 4-5 所示,自内向外分为纤芯、包层及涂覆层等几部分,纤芯是由折射率(n_1)较高透明材料做成,在它周围采用比纤芯折射率稍低(n_2)的材料做成的包层所被覆,这样,当一定角度之内的入射光射入纤芯后会在纤芯与包层的交界处发生全反射,经过这样多次全反射后,光线就能损耗极少地达到了光纤的另一端。在包层外还有涂覆层,如果在光纤芯外面只涂一层包层,光线从不同的角度入射,角度大的高次模光反射次数多,从而行程长,角度小的低次模光反射次数少,从而行程短。这样在一端同时发出的光线将不能同时到达另一端,就会造成尖锐的光脉冲经过光纤传播以后变得平缓(这种现象被称为“模态散射”),从而可能使接收端的设备误操作。为了改善光纤的性能,人们一般在光纤纤芯包层的外面再涂上一层涂覆层,内层的折射率高(但比光纤纤芯折射率低),外层的折射率低,形成折射率梯度。当光线在光纤内传播时,减少了入射角大的光线行程,使得不同角度入射的光纤大约可以同时到达端点,就好像利用包层聚焦了一样。为保护光纤,有时还在涂覆层外包有二次涂覆层(又称塑料套管)。光纤具有宽带、抗干扰和高保真等特性。

图 4-5　光纤的结构与传输机理

包层的外径一般为 $125\mu m$,在包层外面是涂覆层,涂覆层的材料是环氧树脂或硅橡胶,直径约 $250\mu m$。纤芯和包层是不可分离的,纤芯、包层和涂覆层合起来组成裸光纤。用光纤工具剥去外皮和塑料层后,暴露在外面的是涂有包层的纤芯,纤芯和包层结构上是一个完整体,无法独立分割,涂覆层的主要作用是为光纤提供保护。光纤有以下优点:

(1) 光纤通信的频带很宽,理论可达 $3\times10^9\,MHz$;

(2) 电磁绝缘性能好,光纤通信不带电,可用于易燃、易爆场所;

(3) 衰减较小,在较大范围内基本是一个常数值;

(4) 建设光中继器的成本降低;

(5) 重量轻,体积小,适用的环境温度范围宽,使用寿命长;

(6) 抗化学腐蚀能力强,适用于一些特殊环境下的布线。

当然,光纤也存在着质地脆,机械强度低,切断和连接技术要求较高等缺点。

2) 光纤的分类

光纤的种类很多,可从不同的角度对光纤进行分类,比如可从构成光纤的材料成分、光纤的制造方法、光纤的传输模数、光纤横截面上的折射率分布和工作波长等方面来分类。

(1) 按纤芯折射率分布,可以分为阶跃折射率分布和渐变折射率分布,这主要针对多模光纤而言。

阶跃折式光纤纤芯的折射率和保护层的折射率都是常数。在纤芯和保护层的交界面折射率呈阶梯形变化。渐变式光纤纤芯的折射率随着光纤半径的增加而按一定规律减小,到纤芯与保护层交界处减小为保护层的折射率。纤芯的折射率的变化是近似抛物线型的。阶跃折射率分布和渐变折射率分布如图 4-6 所示,光在折射率分布不同的光纤中传播过程如图 4-7 所示。

(2) 按光纤主要材料可以分为玻璃光纤(SiO_2)、塑料光纤和氟化物光纤。其中 SiO_2 是目前最主要的光纤材料。

玻璃光纤:纤芯与包层都是玻璃,损耗小,传输距离长。

塑料光纤:纤芯与包层都是塑料,损耗大,传输距离很短。

氟化物光纤:氟化物光纤是由氟化物玻璃制成的光纤。

(3) 按光纤中的传导模式可以分为单模光纤和多模光纤。

光纤中传播的模式类似于无线电波在波导中的传播,光在光纤中传播时也会激发出一定的电磁波模式,就是光纤中存在的电磁波场型或者说是光场型(HE)。各种场型都是光波导中经过多次的反射和干涉的结果。各种模式是不连续的、离散的。由于驻波才能在光

图 4-6　阶跃折射率分布和渐变折射率分布的光纤

(a) 光束在跃变式光纤中的传播过程　　　(b) 光束在渐变式光纤中的传播过程

图 4-7　光在折射率分布不同的光纤中传播过程

纤中稳定地存在,它的存在反映在光纤横截面上就是各种形状的光场,即各种光斑。若是一个光斑,称为单模光纤;若为两个以上光斑,称为多模光纤。这种模式同光纤的粗细有关。芯径太细难以形成确定的传输模式,芯径太粗则使传输模式增多,使色散严重。按照光纤中容许传输的电磁波模式多少的不同,可以把光纤分为只能传输一种电磁波模式的单模光纤(Single-Mode,SM)和有多个电磁波模式同时传播的多模光纤(Multi-Mode,MM),如图 4-8 所示。单模光纤采用固体激光器做光源,多模光纤可采用 LED 做光源。

单模光纤　　　　　　　　　　　　多模光纤

图 4-8　单模光纤和多模光纤光轨迹图

单模光纤只传输主模,也就是说光线只沿光纤的内芯进行传输。单模光纤的纤芯直径很小,芯径在 $8.3\sim10\mu m$ 之间,包层的直径为 $125\mu m$。由于完全避免了模式散射使得单模光纤的传输频带很宽因而适用于大容量、长距离的光纤通信,通常在建筑物之间或地域分散时使用,单模光纤使用的光波长为 1310nm 或 1550nm。有线电视系统大量采用单模光纤。

多模光纤的纤芯较粗($50\mu m$ 或 $62.5\mu m$),但包层也是 $125\mu m$,它在一定的工作波长下(850nm 或 1300nm)有多个模式在光纤中传输,形成模分散,限制了多模光纤的带宽和距离($2\sim5km$)。由于过去成本比单模光纤低,一般用于建筑物内或地理位置相邻的环境,目前单模光纤的成本已经与多模光纤相差不多甚至还要低一些,因此现在多模光纤使用范围越来越小。单模光纤和多模光纤的特性比较见表 4-1。

表 4-1 单模光纤和多模光纤的特性比较

单 模 光 纤	多 模 光 纤
用于高速、长距离场合	用于低速、短距离场合
光纤成本不高,光端机成本较高	光纤成本不高,光端机成本较低
窄纤芯、需要激光源	宽纤芯、普通 LED
传输损耗小,高效	传输损耗大,低效

（4）按工作波长分为短波长窗口光纤、长波长窗口光纤和双窗口光纤。短波长窗口光纤指工作波长在 850nm 附近的多模光纤；长波长窗口光纤包括工作波长在 1300nm 附近的多模光纤和工作在 1310nm 和 1550nm 附近的单模光纤；双窗口光纤,对于多模光纤,指既能工作在 850nm 附近,又能工作在 1300nm 附近；对于单模光纤,指既能工作在 1310nm 附近,又能工作在 1550nm 附近。

3）光纤型号

目前 ITU-T 规定的光纤代号有 G.651 光纤（多模）、G.652 光纤（常规单模）、G.653 光纤（色散位移）、G.654 光纤（低损耗）、G.655 光纤（非零色散位移）和 G.657 光纤（室内皮纤）。

根据国家标准规定,光纤类别的代号应如下规定：光纤类别应采用光纤产品的分类代号表示,即用大写 A 表示多模光纤,大写 B 表示单模光纤,再以数字和小写字母表示不同种类光纤。

（1）G.652 光纤是通信网中应用最广泛的一种单模光纤,又可以分为：

G.652A 光纤,支持 10Gbps 系统传输距离超过 400km,支持 40Gbps 系统传输距离达 2km；

G.652B 光纤,支持 10Gbps 系统传输距离 3000km 以上,支持 40Gbps 系统传输距离 80km 以上；

G.652C 光纤,基本属性同 G.652A,但在 1550nm 处衰减系数更低,且消除了 1380nm 附近的水吸收峰,即系统可以工作在 1360～1530nm 波段；

G.652D 光纤,属性与 G.652B 基本相同,衰减系数与 G.652C 相同,即系统可以工作在 1360～1530nm 波段。

图 4-9 显示的为 G.652x 光纤的色散和衰减情况。

图 4-9 G.652x 光纤的色散和衰减

(2) G.653 色散位移单模光纤,零色散波长在 1550nm 附近。工作在 1550nm 波长,这种光纤实现了石英系光纤的最低损耗(0.2~0.25dB/km)和最小色散的统一,是长距离光传输介质的理想选择。

另外还有一种色散补偿光纤(DC-SM),它在 1550nm 附近有很高的负色散,色散常数达 -500~-80ps/(nm·km)。这种光纤的衰减较大,一般为 0.5~1.0dB/km。选择一段合适长度的色散补偿光纤,接入 1310nm 单模光纤链路中,使 1550nm 处总的色散为零,就可以实现在 1310nm 单模光纤中传输 1550nm 光信号。

表 4-2 分别给出常规单模光纤 G.652 和色散位移光纤 G.653 的性能指标。

表 4-2　常用单模光纤的技术参数

主 要 参 数	G.652	G.653
模场直径/μm	7~8.3, 变化不超过±10%	9~10, 变化不超过±10%
模场同芯度误差/μm	<1	
2m 光纤截止波长/nm	1100~1280	—
20m 光纤截止波长/nm	<1270 或 1260	<1270
零色散波长/nm	1300~1324	1500~1600
零色散斜率/(ps/(nm²·km))	≤0.093	≤0.085
(1288~1339nm)最大色散常数/((ps/(nm·km))	<3.5	—
(1525~1575nm)最大色散常数/((ps/(nm·km))	<20	<3.5
包层直径/μm	125±2	
1310nm 典型衰减系数/(dB/km)	0.3~0.4	
1550nm 典型衰减系数/(dB/km)	0.15~0.25	0.19~0.25
适用工作窗口/nm	1310 和 1550	1550

(3) G.657 光纤(接入网用抗弯损耗单模光纤)

G.657A 光纤为"弯曲提高"光纤,要求与 G.652D 的标准兼容,最小弯曲半径 10mm。G.657B 光纤为"弯曲冗余"光纤,不要求与 G.652D 的标准兼容,最小弯曲半径可降低到 7.5mm。G.657 光纤可以以接近铜缆敷设方式在室内进行安装,降低了对施工人员的技术要求,同时有助于提高光纤的抗老化性,已在 FTTH 工程中得到推广和应用。

4) 光纤的特性

(1) 光纤的损耗成因

光纤的损耗是光纤最重要的特性之一,包括与器件的耦合损耗、吸收损耗、散射损耗、弯曲损耗和连接损耗等。造成光纤损耗的主要因素有本征、弯曲、挤压、杂质、不均匀和对接等。

(2) 单位长度光纤的损耗

单位长度光纤的损耗表示光在光纤中传输一定距离后其能量损失的程度,用单位长度的光纤对光信号损失的分贝数来表示(dB/km)。

不同波长的光波在光纤中的传输损耗是不一样的,对于常用的 G.652 光纤,就目前所掌握的数据而言,1310nm 波长的损耗是 0.28~0.3dB/km(工程实验数据),但工程上考虑冗余和熔接损耗按 0.4dB/km 计算,1550nm 波长的损耗是 0.18~0.21dB/km(工程实验数据),但工程上考虑冗余和熔接损耗按 0.25dB/km 计算。850nm 波长损耗约为 2.3~

3.4dB/km,工程上可按 4dB/km 计算,如图 4-10 所示。

图 4-10 光纤的衰减图

光纤在熔接时也会产生一定的损耗,通常平均每 2km 会有一个熔接点(0.2dB/个),这是由施工产生的。

（3）色散

光脉冲沿着光纤行进一段距离后造成频宽变粗,称为色散,它是限制传输速率的主要因素,分模间色散、材料色散和波导色散。

模间色散:只发生在多模光纤,因为不同模式的光沿着不同的路径传输。

材料色散:不同波长的光行进速度不同。

波导色散(内部色散):发生原因是光能量在纤芯及包层中传输时,会以稍有不同的速度行进。在单模光纤中,通过改变光纤内部结构来改变光纤的色散非常重要。

（4）散射

由于光纤的基本结构不完美,引起的光能量损失,称为散射,此时光的传输不再具有很好的方向性。

（5）光纤的其他特性,如模场直径、同心度误差和截止波长等。

5）光纤的色谱标识

在松套结构的光缆中,每根松套管最多可以容纳 12 芯分立光纤。为了便于光缆线路施工人员在光纤接续时能够快速识别出每根松套中的各根光纤,工厂要对涂覆紫外光固化着色涂料的本色光纤进行着色处理。可供本色光纤着色选用的 12 种颜色顺序(全色谱)如表 4-3 所示。

表 4-3 分立光纤全色谱

序号	1	2	3	4	5	6	7	8	9	10	11	12
颜色	蓝	橙	绿	棕	灰	白	红	黑	黄	紫	粉红	粉蓝

光纤带是一种包含有 4、6、8、10 或 12 甚至 16、24 芯光纤的矩阵。鉴于光纤带是由光纤黏接而成的,故光纤带包含的光纤有全色谱和领示色两种识别方法。

在光纤带全色谱识别方法中,光纤带中每根光纤采用全色谱识别,对于光纤带矩阵中的每根光纤带采用在光纤带上喷数字或条纹标志识别序号。具体的识别方法是,面对光缆 A 端看,转动光缆使光纤带调整到水平方位。光纤从左到右序号和颜色应符合表 4-4 的规定。喷在各个光纤带上的数字序号由上至下依次增加。在领示色识别方法时,各个光纤带采用领示色谱子带循环方式进行识别。

表 4-4　光纤带和光纤的序号及其领示色

光纤带序号	光纤序号											
	1	2	3	4	5	6	7	8	9	10	11	12
1	蓝	白	蓝	白	蓝	白	蓝	白	蓝	白	蓝	白
2	橙	白	橙	白	橙	白	橙	白	橙	白	橙	白
3	绿	白	绿	白	绿	白	绿	白	绿	白	绿	白
4	棕	白	棕	白	棕	白	棕	白	棕	白	棕	白
5	灰	白	灰	白	灰	白	灰	白	灰	白	灰	白
6	白	白	白	白	白	白	白	白	白	白	白	白
7	红	白	红	白	红	白	红	白	红	白	红	白
8	黑	白	黑	白	黑	白	黑	白	黑	白	黑	白
9	黄	白	黄	白	黄	白	黄	白	黄	白	黄	白
10	紫	白	紫	白	紫	白	紫	白	紫	白	紫	白
11	粉红	白	粉红	白	粉红	白	粉红	白	粉红	白	粉红	白
12	粉蓝	白	粉蓝	白	粉蓝	白	粉蓝	白	粉蓝	白	粉蓝	白

6）1550nm 光纤技术的特点

（1）损耗极低；

（2）可以利用光纤放大器对光信号直接进行放大；

（3）色散较大：$1.55\mu m$ 波长的光在光纤中传输时，光纤的色散较大，达 $17ps/(nm·km)$，比传输 $1.31\mu m$ 波长时光纤的色散（$3.5ps/(nm·km)$）要大得多；

（4）受激布里渊散射（SBS）的影响不容忽略：在 1310nm 直接调制的光发射机中，谱线宽度达 1GHz 量级，SBS 阈值在 100mW 以上，受激布里渊散射影响小。对于 1550nm，谱线宽度很小，SBS 阈值也小，必须通过采取一些特殊措施，才可以使 SBS 阈值提高到 50mW（17dBm）。对于那些输出功率大于 50mW 的系统，则应先通过光分路器分成几束光，使每一束光的功率在 50mW 以下，再输入光纤传输。

2. 光缆

1）光缆及其结构

在远程通信中直接使用的是光缆而不是光纤，光缆是以光纤为主要通信元件，通过加强件和外护层组合成的整体。

4-3　光缆

光缆的典型结构一般可以分为缆芯、护层和加强芯三大部分，光缆的结构设计必须保证其中的光纤具有稳定的传输特性。

（1）缆芯：缆芯是光缆构造的主体，为保证光纤正常工作，对缆芯有一定的要求，即光纤在缆芯内的排列位置合理，保证在光缆受外力作用时，光纤不受影响。

缆芯由光纤的芯数决定，可以分为单芯型和多芯型两种，多芯型有 2 芯、4 芯、6 芯甚至更多（48 芯、96 芯、576 芯等多种），一般单芯光缆和双芯光缆用于光纤跳线，多芯光缆用于室内室外的布线。

（2）护层：像电缆一样，在光缆的外层有一层保护层。它使光缆能适应在各种场地敷设（如架空、管道、直埋、室内、过河、跨海等）而不受外界因素的影响。护层可分为内护层（多用聚乙烯或聚氯乙烯等)和外护层(多用铝带和聚乙烯组成的 LAP 外护套加金属铠装等)。

（3）加强芯：一般采用金属或玻璃钢材料，主要承受敷设安装时所加的外力，用来保护光纤。

2）光缆的分类

（1）按物理结构可分为中心束管、层绞和带状光缆。如图 4-11 所示为几种常见光缆结构。

图 4-11　中心束管、层绞和带状光缆的结构

（2）按成缆光纤类型可分为多模光纤光缆和单模光纤光缆。

（3）按加强件和护层可分为金属加强件、非金属加强件、铠装光缆，如图 4-12 所示。

图 4-12　铠装光缆结构

（4）按使用场合可分为长途/室外、室内光缆等。

（5）按敷设方式可分为架空、管道、铠装直埋和水下光缆等。

（6）按二次涂敷层结构可以分为紧套光缆和松套光缆,紧套光缆的二次涂敷(即塑料套管)与一次涂敷是紧密接触的,光纤在套管中不能松动。松套光缆的二次涂敷与一次涂敷是留有空间的(一般充油膏),光纤在套管中可以松动。

紧套光缆在外径为 $250\mu m$ 的涂敷光纤直接紧套一层材料制成 $900\mu m$ 紧套光纤,以紧套光纤为单元,在单根或多根紧套光纤四周布放适当的抗张力材料,挤制一层阻燃护套料,制成单芯或多芯紧套光缆。尾纤和跳线中就是采用紧套光纤。

松套光缆对机械力有完好的隔离(当然在一定范围内),同时有较好的防水防潮能力。这类光缆不能垂直安装而且连接(接合和端接)的端准备很费力。它广泛安装在户外,因为它在很大的温度、机械压力范围和其他环境条件下,能够提供稳定可靠的传输。

紧套光缆的连接很容易,可垂直安装。紧套光缆比松套光缆对温度、机械压力和水更敏感,因此它们大多用于室内。

3）广电网络中常用的光缆

（1）室内光缆:抗拉强度较小,保护层较差,但重量较轻,且较便宜。

（2）室外光缆:与室内光缆相比,室外光缆的抗拉强度较大,保护层较厚重,并且通常为铠装(即金属皮包裹)。室外光缆主要适用于建筑物之间的布线。根据布线方式的不同,室外光缆又分为直埋式光缆、架空式光缆和管道式光缆 3 种。

4）光缆的型号

光缆型号由它的型式代号和规格代号构成,中间用"—"分开,即光缆的型号＝型式代号—规格代号。

（1）型式代号

光缆型式组成由 5 个部分构成。第一部分为分类代号,第二部分为加强件代号,第三部分为派生特征代号,第四部分为护套代号,第五部分为外护套代号。光缆型式命名规则如图 4-13 所示,各部分代号的意义如表 4-5 所示。

Ⅰ	Ⅱ	Ⅲ	Ⅳ	Ⅴ	—	Ⅵ	Ⅶ
分类	加强构件	光缆结构特征	护套	外护层	—	光纤芯数	光纤类别

图 4-13　光缆型式命名规则

表 4-5　光缆型式代号分类与意义

光缆型号构成		代　号	含　义
Ⅰ	分类	GY	通信用室(野)外光缆
		GM	通信用移动式光缆
		GJ	通信用室(局)内光缆
		GS	通信用设备内光缆
		GH	通信用海底光缆
		GT	通信用特殊光缆
Ⅱ	加强构件	无	金属加强构件
		F	非金属加强构件
		G	金属重型加强构件

续表

光缆型号构成			代　号	含　义
Ⅲ	光缆结构特性		S	光纤松套被覆结构
			J	光纤紧套被覆结构
			D	光纤带结构
			无	层绞式结构
			G	骨架槽结构
			X	缆中心管（被覆）结构
			T	填充式结构
			B	扁平结构
			Z	阻燃
			C	自承式结构
Ⅳ	护套		Y	聚乙烯
			V	聚氯乙烯
			F	氟塑料
			U	聚氨酯
			E	聚酯弹性体
			A	铝带-聚乙烯黏结护层
			S	钢带-聚乙烯黏结护层
			W	夹带钢丝的钢带-聚乙烯黏结护层
			L	铝
			G	钢
			Q	铅
Ⅴ	外护层	铠装层	0	无铠装
			2	双钢带
			3	细圆钢丝
			4	粗圆钢丝
			5	皱纹钢带
			6	双层圆钢丝
		外被层或外套	1	纤维外护套
			2	聚氯乙烯护套
			3	聚乙烯护套
			4	聚乙烯护套加敷尼龙护套
			5	聚乙烯管
Ⅵ	光纤	芯数		直接由阿拉伯数字写出
Ⅶ	光纤	类别	A	多模光纤
			B	单模光纤

（2）规格代号

光纤规格由光纤数和光纤类别代号组成。光纤数用光缆中同一类别光纤的实际有效数目的数字表示，也可用光纤带（管）数和每带（管）光纤数为基础的计算加圆括号来表示。光纤类别的代号如表 4-6 所示。

表 4-6 光纤类别的代号

代 号	光 纤 类 别	对应 ITUT 标准
A1a 或 A1	50/125μm 二氧化硅系渐变型多模光纤	G.651
A1b	62.5/125μm 二氧化硅系渐变型多模光纤	G.651
B1.1 或 B1	二氧化硅普通单模光纤	G.652
B4	非零色散位移单模式光纤	G.655

示例 GYFTY04 24B1,代号构成说明:松套层绞填充式、非金属中心加强件、聚乙烯护套加覆防白蚁的尼龙层的通信用室外光缆,包含 24 根 B1.1 类单模光纤。

4.2.2 无源光器件

在广电网络中,形成一条光纤链路,除了光纤外还需要各种不同的其他部件,其中一些用于光纤连接,另一些用于光纤的整合和支撑。光纤连接包括:光缆敷设至配线间后连至光纤配线架(光纤终端盒),光缆与光纤尾纤熔接,尾纤的连接器插入光纤配线架上的光纤耦合器的一端,耦合器的另一端用光纤跳线连接,跳线的另一端连接光端机等设备的光接口。

4-4 无源光器件

1. 常用连接器

光纤连接器是光纤系统中使用最多的光纤无源器件,用来端接光纤。光纤连接器的首要功能是把两条光纤的芯子对齐,提供低损耗的连接。光纤连接器按连接头结构可分为 **FC (*Ferrule Connector*,螺纹连接式)、*SC*(*Square Connector*,直插式)、*ST*(*Standard Connector*,卡扣式)**、LC(Line Connector,线路连接器)、D4、DIN、NM、MT 等几种,如图 4-14 所示。传统主流光纤连接器是 FC 型、SC 型和 ST 型,它们的共同特点是都有直径为 2.5mm 的陶瓷插针,这种插针可以大批量进行精密磨削加工,以确保光纤精准连接。插针与光纤组装非常方便,经研磨抛光后,插入损耗一般小于 0.2dB。如果按光纤芯数分还有单芯型光纤连接器和多芯(如 MT-RJ)型光纤连接器。

按接头端面形状分有 PC、UPC 和 APC 型,如图 4-15 所示,这几种类型端面的光学特性差别主要表现在回波损耗(回损)上:PC≥30dB,UPC≥45dB,APC≥60dB,前两个在数据传输网络中使用比较广泛,后者多用在有线电视网络。

PC 型:插针端面为球面,端面曲率半径最大,近乎平面接触,回损可达 30dB,特征黑色、蓝色、白色,非接触常用于多模,插入损耗可以做到小于 0.25dB。

UPC:插针端面也是球面,但抛磨更加精细,端面光洁度比 PC 要好,回损可达 45dB,特征黑色、蓝色,接触常用于单模。

APC:反射损耗最高,除了采用球面接触外,还把端面加工成斜面,倾斜角度一般为 8° 以使反射光反射出光纤,避免反射回光发射机,接触,用于单模,特征绿色,回损可达 60dB 以上。

这样综合来说光纤连接器主要就有 FC/APC、FC/UPC、FC/PC、SC/APC、SC/UPC、SC/PC、ST/UPC、ST/PC 等几种。

随着光缆在布线工程中的大量使用,光缆密度和光纤配线架上连接器密度不断增加,目

FC/PC、FC/UPC　　　SC/PC SC/UPC　　　ST/PC

LC/PC　　　　　　　　MT-RJ

图 4-14　常用连接器

前使用的连接器已显示出体积过大、价格太贵的缺点。小型化光纤连接器应运而生,它压缩了整个网络中面板、墙板及配线箱所需要的空间,使其占有的空间只相当于传统 ST 和 SC 连接器的一半。SFF 光纤连接器已越来越受到用户的喜爱,大有取代传统主流光纤连接器 FC、SC 和 ST 的趋势。

目前最主要 SFF 光纤连接器有 4 种类型:美国朗讯公司开发的 LC 型连接器、日本 NTT 公司开发的 MU 型连接器、美国 Tyco Electronics 和 Siecor 公司联合开发的 MT-RJ 型连接器以及 3M 公司开发的 Volition VF-45 型连接器等。

1) FC 光纤连接器

FC 光纤连接器外部加强采用金属套,紧固方式为螺丝扣。其中插针的端面有 PC、UPC 或 APC 型研磨方式。此类连接器结构简单,操作方便,制作容易。

平形(PC)接头

➤非接触,常用于多模
➤特征黑色、蓝色、白色
➤连接损耗<0.25dB
➤反射损耗>−30dB

球形(UPC)接头

➤接触,常用于单模
➤特征黑色,蓝色
➤连接损耗<0.25dB
➤反射损耗>−45dB

斜形(APC)接头

➤接触,用于单模
➤特征绿色
➤连接损耗<0.25dB
➤反射损耗>−65dB

图 4-15　几种常见接头的剖面图及特性

2) SC 型光纤连接器

SC 光纤连接器外壳呈矩形,所采用的插针与耦合套筒与 FC 型完全相同,插针端面有 PC、UPC 或 APC 型研磨方式;紧固方式是采用插拔销闩式,不需旋转。此类连接器价格低廉,插拔操作方便,抗压强度较高,安装密度高。

3) ST 型光纤连接器

ST 型光纤连接器外壳呈圆形,所采用的插针与耦合套筒 FC 型完全相同,插针端面有

PC、UPC 或 APC 型研磨方式。紧固方式为螺丝扣。此类连接器适用于各种光纤网络,操作简便,且具有良好的互换性。

4) LC 型光纤连接器

LC 型光纤连接器是为了满足客户对连接器小型化、高密度连接的使用要求而开发的一种新型连接器。它压缩了整个网络中面板、墙板及配线箱所需要的空间,使其占有的空间只相当于传统 ST 和 SC 连接器的一半。陶瓷插芯仅为 1.25mm,有单芯、双芯两种结构可供选择,具有体积小、尺寸精度高、插入损耗低和回波损耗高等特点。

5) MT-RJ 型光纤连接器

MT-RJ 带有与 RJ-45 型局域网连接器相同的门锁机构,通过安装于小型套管两侧的导向销对准光纤,为便于与光收发信机相连,连接器端面光纤为双芯(间隔 0.75mm)排列设计,它主要用于数据传输的高密度光连接器。MT-RJ 设计成与 UTP 插座同一尺寸,因此 MT-RJ 特别适用于安装在工作区的标准面板上。

2. 光纤跳线

光纤跳线是两端带有光纤连接器的光纤软线,有单/双芯、多模/单模之分。光纤跳线主要用于光纤配线架到交换设备或光纤信息插座到计算机的跳接,根据需要,跳线两端的连接器可以是同类型的,也可以是不同类型的,其长度可根据需要定制。图 4-16 是几种光纤跳线。

FC/PC   MT-RJ   SC/PC(UPC)

ST   LC

图 4-16   几种光纤跳线

3. 光纤尾纤

光纤尾纤一端是光纤,另一端连光纤连接器,用于与布线工程的主干光缆和水平光缆相接,有单芯和双芯两种,一条光纤跳线剪断后就可成为两条光纤尾纤。

4. 光纤适配器

光纤适配器是实现光纤活动连接的重要器件之一,它通过尺寸精密的开口套管在适配器内部实现了光纤连接器的精密对准连接,保证两个连接器之间有一个较低的连接损耗,它实质上是带有两个光纤插座的连接件,同类型或不同类型的光纤连接器插入光纤耦合器,从而形成光纤的连接,主要用于光纤配线设备和光纤面板。图 4-17 是几种光纤适配器的外形。

图 4-17　几种光纤适配器

5. 耦合器

耦合器的功能是把一个或多个光输入分配给多个或一个光输出。光耦合器有各种不同的分类方法,从制造技术上分,可以分为轴向对准技术和横向对准技术。从使用功能角度上分,则可以有更广泛的分类方法,即可以划分为三端口和四端口光纤耦合器、星形耦合器和波分复用器,如图 4-18 所示。光纤耦合器按其应用可以分为光分路器、波分复用器等。

图 4-18　几种典型光纤耦合器的结构示意图

1) 光分路器

光分路器是一种从一根光纤中分出一部分能量到另一根光纤中的无源光器件,按分光原理可以分为熔融拉锥型(Fused Fiber splitter)和平面波导型(PLC Splitter)。熔融拉锥型光分路器的结构和外形如图 4-19 所示,由于成本较低,在单向广电网络中大量使用。平面波导型光分路器由于可以提供反向通路,可在 PON 网络中使用。

光分路器的主要技术指标如下。

(1) 插入损耗:光纤分路器的插入损耗是指每一路输出相对于输入光损失的分贝数,其数学表达式为

$$L_n = -10 \lg P_{\text{out}n}/P_{\text{in}} \tag{4-1}$$

式中:L_n 是指第 n 个输出口的插入损耗;$P_{\text{out}n}$ 是第 n 个输出端口的光,mW;P_{in} 是输入端的

图 4-19　熔融拉锥型光分路器内部结构与外形

光功率值,mW。

（2）附加损耗：附加损耗定义为所有输出端口的光功率总和相对于输入光功率损失的分贝数。

$$A = -10\lg\left(\sum P_\circ / P\right)$$

式中：$\sum P_\circ$ 是各路输出光功率之和,mW；P 是总输入光功率,mW。

分路器的附加损耗主要由两个方面引起：一是耦合区光散射产生的；二是熔接损耗。对于光纤耦合器,附加损耗是体现器件制造工艺质量的指标,反映的是器件制作过程的固有损耗,这个损耗越小越好,是制作质量优劣的考核指标。而插入损耗则仅表示各个输出端口的输出功率状况,不仅有固有损耗的因素,更考虑了分光比的影响。因此不同的光纤耦合器之间,插入损耗的差异并不能反映器件制作质量的优劣。

（3）分光比：分光比定义为光纤分路器各输出端口的输出功率比值,在系统应用中,分光比的确是根据实际系统光节点所需的光功率的多少,确定合适的分光比（平均分配的除外）,光纤分路器的分光比和传输光的波长有关,例如某光纤分路器在 1310nm 波长时两个输出端的分光比为 50：50；在 1550nm 波长时,则变为 70：30。所以在订做光纤分路器时一定要注明波长。

（4）隔离度：隔离度是指光纤分路器的某一光路对其他光路中的光信号的隔离能力。在以上各指标中,隔离度对于光纤分路器的意义更为重大,在实际系统应用中往往需要隔离度达到 40dB 以上的器件,否则将影响整个系统的性能。

（5）稳定性：稳定性是指在外界温度变化或其他器件的工作状态变化时,光纤分路器的分光比和其他性能指标都应基本保持不变,实际上光纤分路器的稳定性完全取决于生产厂家的工艺水平。

此外,均匀性、回波损耗、方向性、偏振损耗都在光纤分路器的性能指标中占据非常重要的位置。

2）*波分复用器*

在同一根光纤中同时让两个或两个以上的光波长信号通过不同光信道各自传输信息,称为光波分复用技术（***Wavelength Division Multiplexer*,*WDM***）。

光波分复用一般应用波长分割复用器和解复用器(也称合波/分波器)分别置于光纤两端,实现不同光波的耦合与分离,这两个器件的原理是相同的。主要有以下几种类型。

（1）熔融拉锥式光纤耦合型

熔融拉锥式结构则是将两根或多根光纤扭在一起用火焰对耦合部分加热,在熔融的同时拉伸光纤,从而融熔部分就形成双锥区,在双锥区内各条光纤的包层合并成同一包,而各条光纤的纤芯靠近且变细,由于纤芯变细的程度不同,就形成不同的耦合程度。熔融拉锥式器件常用于单模系统,如 1310nm/1550nm 复用系统,还广泛用于光纤放大器泵浦源与信号的复合。

（2）干涉滤波器型(包括多层介质膜滤波器和马赫-曾德干涉滤波器型)

WDM 器件是利用光的干涉效应选择波长,使某一波长的光通过,而其他波长的光被阻止。干涉滤波器型波分复用器由每层厚度为 $\lambda/4$ 高折射率与低折射率的薄膜相间多层叠置而成,见图 4-20。

（3）光栅型(包括块状体光栅、集成平面波导光栅和光纤光栅型)

光栅就是在一块能透射或反射光的平面上刻划平行且等距的槽痕形成许多间隔相同的狭缝,沿此槽痕的地方,会明显地改变其光的透射率或反射率。图 4-21 是两种平面光栅 WDM 器件。其原理是当输入的多波长复合光信号聚焦在反射光栅上,利用反射光栅的衍射作用,即

图 4-20 四信道多层介质膜干涉滤波型波分复用器原理示意图

光栅对不同波长的光的衍射角的不同,把各个波长的光信号从多波长的复合光信号中分离出来,然后经透镜将各个波长的光信号聚焦在各自的输出光纤上,从而实现多波长光信号的解复用。如果采用渐变折射率棒透镜,则可简化装置的校准。

图 4-21 衍射光栅原理图

图 4-22 三波长波分复用器

波分复用器主要特性指标为插入损耗、中心波长、信道间隔、信道带宽、信道内起伏、信道插损均匀性、波长稳定度和隔离度。通常,由于光链路中使用波分复用设备后,光链路损耗的增加量称为波分复用的插入损耗。当两波长通过同一光纤传送时,在某一指定波长输出端口所测得的另一非选择波长的功率与被选择波长功率之比的对数称为隔离度。图 4-22 为三波长波分复用器。

目前,WDM 产品主要有 **CWDM**（***Coarse Wavelength Division Multiplexing***,***稀疏波分复用***）

和 DWDM。CWDM 系统的波长间隔宽,达到 20nm,光复用器/解复用器的结构大大简化,同时对激光器的技术指标要求较低,因此系统成本较低。

6. 光衰减器

光衰减器是一种非常重要的纤维光学无源器件,它可按用户的要求将光信号能量进行预期地衰减,常用于吸收或反射掉光功率余量、评估系统的损耗及各种测试中。

光衰减器可分为固定型衰减器、分级可调型衰减器、连续可调型衰减器、连续与分级组合型衰减器等。按照其原理可分为薄膜光衰减器、熔融型光衰减器和掺钴光纤型光衰减器。薄膜光衰减器利用光在金属薄膜表面的反射光强与薄膜厚度有关的原理制成。熔融型固定光衰减器是把两根光纤熔接在一起,控制两根光纤的横向错位到某一数值后再进行熔接,即可得到不同衰减的光衰减器。同光纤放大器配合使用的光衰减器是掺钴光纤型固定光衰器。

7. 光开关

为了保证光纤有线电视系统的不间断工作,应配备备份光发射机。当正在工作的光发射机出故障时,利用光开关可以在极短的时间(≤1ms)内将备份光发射机接入系统,保证其正正常工作。

光开关按照工作原理可以分成为机械光纤式和集成波导式两类。机械光纤式光开关中,输入光纤由机械驱动器驱动,可以上下移动,分别将光信号送入输出光纤 A 或 B。机械光纤式光开关的插入损耗较小(小于 1dB),寿命大于 20 万次,开关时间小于 1ms,但体积较大,也不抗振动,如图 4-23 所示。此外还有采用旋转反射镜来实现光开关倒换功能的。

图 4-23　机械光纤式光开关结构

集成波导式光开关中,在 LiNbO$_3$ 基片上用钛扩散的方法制成两条靠得很近的光导,并在上面蒸发上电极,在电极上加 10V 左右的控制电压。通过改变控制电压的大小,使输入端口的入射光分别耦合进两个输出端口,起到开关的作用。但插入损耗较大,在分贝数量级。

4.2.3　光纤光缆的识别与故障判断

4-5　光纤故障
判断与识别

室外长距离光纤的故障判断主要是通过 *OTDR（Optical Time Domain Reflectometer,光时域反射器*）来实现,它发射的光脉冲在光纤内传输会因光纤本身的性质、连接器接合点、弯曲或其他类似的事件而产生散射、反射,其中一部分的散射和反射就会返回到 OTDR 端口,通过测量返回的位置上的时间或曲线片断信息,再结合发射信号到返回信号所用的时间及光在玻璃物质中的速度,就可以计算出总体路径损耗,估测故障点的位置,ODTR 有测量盲区,小于盲区距离的无法测量。其测量过程如图 4-24 所示。

图 4-24 用 OTDR 测量光缆

室内光纤的识别和故障判断可以通过可视红光源(俗称红眼),它配置了一个波长为650nm 的红色可见激光二极管,可在连续或频闪模式下操作,通常用于光纤识别、单模或多模光纤的故障定位及光纤识别,是对 OTDR 测试盲区的有力补充,能帮助确定断点、有故障的接头等故障,如图 4-25 所示。

图 4-25 可视红光故障定位仪

4.2.4 光发射机

光发射机是广电网络传输系统中一个重要的有源器件,其主要功能是将有线电视的电信号转换为光信号,并输出相应的功率,以满足网络中各光节点对光功率的要求。VSB-AM 光发射机是广电网络系统重要的光设备。

4-6 光发射机

1. 光的调制与复用

(1) 光的调制方式有调幅-光强度(AM-IM)、调频-光强度(FM-IM)和脉码调制-光强度(PCM-IM)。

AM-IM 方式是先采用残留边带调幅的方法把不同的视音频信号调制到不同的高频载波上,经混合器混合后得到宽带高频信号,再用它去调制光信号的强度。这种方式的优点是可以传输更多的电视节目,缺点是对激光器的要求较高。

FM-IM 方式是先让各个视频、音频信号对 70MHz 的中频副载波进行调频,并上变频至不同的频道,再利用混合后的宽带高频信号去调制光信号的强度。它的优点是对激光器线性的要求不高,现在一般采用功率小、谱线宽、价格便宜的法布里-珀罗(F-P)激光器来作调频光发射机。它的缺点是所占频道较宽(频道间隔 35～40MHz),一根光纤只能传输 16～18 套电视节目,而且输出的信号不能被电视机直接接收,还需经过 FM/AM 转换后,才能送入用户分配系统。

PCM-IM 方式是先把视音频信号经过取样、量化、编码等步骤变为数字信号,再经过时分复用后得到由多个频道信号组成的脉冲串(数字信号),再用它去调制光强度,输出光脉冲。这种方式的优点是失真小,无噪声积累,经过多级传输后载噪比仍可达 60dB,载波组合三次差拍比和载波组合二次互调失真比可达 70dB。不加中继可传输 100km 以上,若利用中继,则可传输数千千米。PCM-IM 方式成本高,不经压缩时,每纤只能传输 16 套节目。经过数字压缩,可传输数百套节目,但成本更高。

(2) 光的复用有空分复用、时分复用、频分复用和波分复用。

光发射机根据光的调制和复用方式可分为调幅频分复用、调频频分复用等。

2. 光调制器

光调制器根据原理不同,可分为直接调制、内调制和外调制三种。

直接调制又称电源调制,因为半导体激光器的输出光功率与注入电流成正比,因此可以利用待调制信号来控制注入半导体激光器 PN 结的电流,使激光器输出光强度随信号而变。直接调制的技术简单,损耗小,易于实现。

内调制和外调制都是通过专门的调制器来实现的。调制器作用是能使透射光强度随外加信号电压而改变。内调制和外调制的区别在于内调制把调制器放在谐振腔内部,其调制效率较高。外调制则是在激光输出后,使其通过电光器件来进行调制。在光通信中一般使用半导激光器和固体激光器,所以只能采用电源调制和外调制。

外调制无啁啾效应,使 CSO 指标较高,但调制损耗较大(大于 5dB),且调制线性范围较小,调制度小于 3.5%,使载噪比指标降低。

3. 直接调制光发射机

直接调制光发射机的原理框图如图 4-26 所示。它采用 **DFB (Distributed Feed Back,分布反馈)**式激光器作为光源,用射频(VSB-AM)信号直接对激光器进行强度调制。为减少光发射机输出的非线性失真,在 DFB 激光器前设置了预失真补偿电路对调制器的非线性进行补偿,为了激光器能稳定可靠地工作,采用功率恒定和温度恒定控制电路。

图 4-26　DFB 直接调制光发射机原理框图

在直接调制过程中,激光器注入电流的变化会引起有源区载流子密度和折射率的变化,使谐振腔光通路长度变化,能够形成光振荡的波长也随之变化。这种现象称为附加频率调制或啁啾效应。当已调光信号注入光纤进行传输时,在啁啾效应和光纤色散的共同作用下,将引起非线性失真指标 CSO 的劣化,传输距离越远,CSO 指标劣化越严重,采用 1310nm 的激光传输时,无中继放大的传输距离不超过 35km。通常 1310nm 光系统多采用直接调制光发射,以获取较高的性价比。图 4-27 为直接调制光发射机前后面板图。

(a) 前面板图

(b) 后面板图

图 4-27 DFB 直接调制光发射机前后面板示意图

4. 外调制光发射机

外调制光发射机的原理框图如图 4-28 所示。采用大功率激光器作为光源,光源输出光功率稳定的单频光馈给调制器,再用经过预失真补偿的射频(VSB-AM)信号加到调制器上对光进行强度调制。其输出光有单路和双路两种,双路输出的光信号强度相同,但相位相反。

(a) 1310nm外调制光发射机原理框图

(b) 1550nm外调制光发射机原理框图

图 4-28 外调制光发射机原理框图

外调制无啁啾效应,非线性失真小,输出功率大,因此外调制光发射机既可用于零色散的 1310nm 光系统,也可用于非零色散的 1550nm 光系统。图 4-28(a)所示的 1310nm 外调制光发射机,采用大功率 DFB 激光器作为光源,可有两路输出,每路输出 20mW(13dBm)以上,CSO 指标均优于-70dB。图 4-28(b)所示为 1550nm 外调制光发射机,采用钇铝石榴石(YAG)作为光源,由于没有啁啾效应的影响,故非线性失真小,但其输出的光功率也小,两路输出时,每路大致 2~7dBm,因而通常要加接光放大器,目前常用掺铒光纤放大器(EDFA)。可抵消失真、大功率输出的掺铒光纤放大器,其输出光功率可以达到 250mW(即 24dBm)以上。图 4-29 为外调制光发射机外形。

图 4-29　外调制光发射机

由于单模光纤的 1550nm 波长窗口加入光功率的大小与光纤 SBS 有关,1550nm 外调制光发射机中设置了 SBS 抑制电路,以抑制 SBS 的影响。SBS 是指当入射到光纤内的光功率大于某一阈值时,光发射机受激布里渊散射,产生频率较低的背向散射光现象。这种背向散射光不仅使传输的光信号受到衰减,还会返回到激光器而使激光器的输出光功率波动,产生较大的噪声,使系统的 CSO 指标严重劣化。实验表明,SBS 的阈值与激光器输出的谱线宽度有关,谱线越宽,SBS 阈值越大。在直接调制的光发射机系统中,由于啁啾效应,其谱线宽度达 1GHz 量级,SBS 阈值在 100mW(20dBm)以上,因而在 1310nm 系统中,受激布里渊散射的影响很小。对于 1550nm 系统,为了减少色散影响而采用外调制光发射机,使谱线宽度大为减小,SBS 阈值也随之降低,只有几毫瓦,因此发射机中必须设置 SBS 抑制电路,才使 SBS 阈值提高到 50mW(17dBm)。

5. 主要技术参数与性能指标

直接调制光发射机、调制光发射机的主要技术指标如表 4-7 所示。

表 4-7　光发射机主要技术参数与指标

一级指标	细分指标	1310nm 直接调制	1550nm 外调制
光学指标	光波长	1310±20nm	1550±5nm
	光输出功率	≥10dBm	≥2×7dBm
	光纤连接器	FC/APC 或 SC/APC	
射频参数	工作带宽	47~862MHz	
	射频输入信号电平范围	75~85dBμV	
	带内平坦度	≤±0.75dB(45~862MHz)	
	AGC 控制	±3/±0.5dB 自动	自动/手动
	标准射频输入阻抗	75Ω	
	射频输入反射损耗	≥16dB(47~550MHz); ≥14dB(550~862MHz)	
	激励电平检测	-20dBmV(相对于激光器输入)	15~30dBmV
	射频监测电平	-20±1.5dB	
	射频连接器	F 型	
系统指标	C/CSO	≥60dB	≥65dB
	C/CTB	≥65dB	≥65dB
	C/R	≥52dB	≥52dB

续表

一 级 指 标	细 分 指 标	1310nm 直接调制	1550nm 外调制
电源及环境要求	交流电压	150~264V/50Hz AC	
	直流电压	+24V 或 -48V DC	
	工作温度	0~50℃	
	储藏温度	-25~+65℃	
	相对湿度	85%以下	
	MTBF	>60 000h	

4.2.5　光纤放大器

为延长光缆干线的传输距离,可以在中途把光信号进行放大后中继传输,目前使用的光放大器有间接放大和直接放大两类。

1. 间接放大

4-7　光纤放大器

间接放大是先把光信号解调出来,还原为电信号,利用普通的干线放大器把它放大后再调制成光信号,如图 4-30 所示。利用这种方式,每放大一次,载噪比和 CSO 就会降低 3dB,CTB 会降低 6dB。故在一条通信链路上,对模拟信号只能放大一次。对于数字光纤线路,因为数字信号可以通过脉冲的整形、再生及再定时,保证非线性失真和载噪比指标都不降低,因而采用这种方式可对数字信号放大 100 次左右。

图 4-30　间接放大数字光放大器原理框图

2. 直接放大

直接放大是用输入的信号光去激励已经实现粒子数反转的激活物质,得到增强的光。它和激光器的区别在于激光器的反馈较强,实现了光振荡;而光放大器的反馈较小,要抑制光振荡。这一点非常类似于电信号处理中放大器和振荡器之间的关系。直接放大的光放大器主要有半导体光放大器和光纤放大器两类。半导体光放大器可以集成化,做成很小的器件,但技术难度大,与光纤耦合时损耗也大,目前还不能商用。目前应用最广的主要还是光纤放大器。

光纤放大器是在石英光纤的纤芯中掺入能实现粒子数反转的激活物质元素,在激光的作用下实现粒子数反转,然后在信号光的作用下产生受激辐射,把信号光放大。掺入的元素不同,能实现粒子数反转的能级之间的能量差不同,产生受激辐射的光波长以及能够放大的光波长也不同。按掺入元素的不同,目前比较成熟的光纤放大器有 *EDFA*（*Erbium-Doped Optical Fiber Amplifier*,掺铒光纤放大器）和 *PDFA*（*Praseodymium-Doped Optical Fiber*

Amplifier,**掺镨氟化物光纤放大器**)两类。

在光纤网络系统中,光纤放大器一般用于三种情况:一是接在光发射机的输出端,用来提高光发射机的输出功率,称为光发射机的后置放大器(或光增强器);二是接在光接收机的输入端,用来提高光接收机的灵敏度,称为光接收机的前置放大器(或预放器);三是接在光纤线路中间,放大传输的光信号,增加传输距离,称为光中继器。

3. 掺铒光纤放大原理

掺铒光纤放大器分单掺铒和双掺杂(同时掺入钇和铒两种元素)EDFA,其中双掺杂EDFA 泵浦光功率可达 10W 以上,波长为 1047nm,信号光输出功率达 2×500mW($27 + 3$dBm),在光纤放大器中关键部件之一是掺杂光纤,它有两个包层,纤芯的直径为 5μm,第一包层的直径为 90μm,第二包层的直径为 125μm。泵浦光(波长为 $910 \sim 990$nm)从第一包层输入。可放大 $1537 \sim 1574$nm 或 $1560 \sim 1600$nm 的光,输出功率可达 $3 \sim 10$W 以上(严禁肉眼观看)。在掺铒光纤放大器中泵浦激光器的光波通过波分复用器耦合进入掺铒光纤,将电子基态能级抽运到亚稳态能级,造成离子数反转。当光信号波也通过波分复用器进入光纤时,就诱导亚稳态能级上的电子向下跃迁,并释放与信号光波波长相同的激光,从而造成信号光波的加强,即实现了光信号的放大,如图 4-31 所示。为了防止信号光波在掺铒光纤之后又反射回掺铒光纤,以及从掺铒光纤反射回光源,掺铒光纤两端都加有光隔离器。

图 4-31 掺铒泵浦光纤放大器工作原理

4. 光纤放大器泵浦方式

1) 同向泵浦

泵浦光与信号光从同一端注入掺铒光纤,如图 4-32 所示。输入端泵浦光较强,故粒子反转激励也强,其增益系数大,易因达到增益饱和而使噪声迅速增加。

图 4-32 同向泵浦

2）反向泵浦

泵浦光与信号光从不同的方向输入掺杂光纤,如图 4-33 所示。当光信号放大到很强时,泵浦光也强,不易达到饱和,因而噪声性能较好。

图 4-33　反向泵浦

3）双向泵浦

可用多个泵浦源从多个方向激励光纤,如图 4-34 所示。多个泵浦源部分前向,部分后向,结合前两种优点。使泵浦光在光纤中均匀分布,从而使其增益在光纤中均匀分布。

图 4-34　双向泵浦

4）三种泵浦方式的比较

输出光功率:双向泵浦＞反向泵浦＞同向泵浦;噪声:同向泵浦＞双向泵浦＞反向泵浦。总体来说同向泵浦噪声性能好;反向泵浦输出功率大;双向泵浦兼有上述优点,但成本高。

5．掺铒光纤放大器

实际的掺铒光纤放大器除了上述由掺铒光纤、泵浦光源、波分复用器和光电隔离器组成的光路部分之外,还应有协调光纤放大器能正常工作的辅助电路部分,辅助电路由电源电路、微处理器、自动控制、告警、保护电路等组成。图 4-35 给出掺铒光纤放大器原理方框图。图 4-36 给出掺铒光纤放大器前后面板示意图。掺铒光纤放大器的主要性能参数有增益、饱和输出功率、噪声系数和非线性失真。

1）增益

在掺铒光纤放大器中,增益是描述光纤放大器对光信号放大能力的性能参数,定义为输出信号光功率与输入信号光功率之比,以分贝表示,光纤放大器的增益与泵浦光功率、输入信号光功率以及掺铒光纤的参数有很复杂的关系。当泵浦功率给定、输入光功率较小时,输出光功率随输入光功率成正比例增长,也就是说增益为一常数,称之为小信号增益;但当输入光功率大到一定值后,输出光功率不仅不增大反而开始下降,这说明光纤放大器出现了饱和现象。当输入光功率给定时,泵浦功率越大,则增益越高,然后趋于饱和。光纤放大器的增益通常在 15～40dB,最高可达 46.5dB,实际的掺铒光纤放大器的增益一般只有十几分贝。

2）饱和输出功率

饱和输出功率定义为一个输出功率阈值,这个阈值是光纤放大器从线性增益区变化到

图 4-35　掺铒光纤放大器方框图

(a) 前面板示意图

(b) 后面板示意图

图 4-36　掺铒光纤放大器前后面板示意图

非线性增益区的转折点,这个转折点的增益为掺铒光纤放大器小信号增益的 1/2。

光纤放大器应工作于饱和状态。光纤放大器的饱和输出功率增大,说明其增益线性区域增宽,对放大 VSB-AM 信号有利。因此光纤放大器有时采用两级泵浦激光器,以增大泵浦功率,达到提高饱和输出功率的目的。

3）噪声系数

噪声系数是衡量掺铒光纤放大器内部噪声的参数。光纤放大器的主要噪声是信号光与掺铒光纤中自发辐射间的差拍噪声,对于 980nm 泵浦的掺铒光纤放大器,噪声系数的理论极限为 3dB;对于 1480nm 泵浦的掺铒光纤放大器,噪声系数的理论极限为 3.5dB。但实际中的噪声系数往往大于等于 4.5dB,并随输入光功率而变,信号光功率过大或过小,噪声系数都大。对于一个给定的光纤放大器,有一个使噪声系数最小的输入光功率最佳值。

4）非线性失真

非线性失真主要是由增益谱的不平坦引起的,光发射机在 VSB-AM 直接调制下,激光器会产生调频效应,经过光纤放大器后的输出信号光功率会产生信号幅度失真。这种失真主要为二阶非线性失真,将导致 C/CSO 指标下降。但实测中该失真很小,基本不造成 C/CSO、C/CTB 指标下降。

6. 掺镨氟化物光纤放大器

PDFA 也采用光激励方式,其中的激活物质是镨原子。镨原子也是三能级系统,在激励光的激态 3 与能量较低的激发态 2 之间实现粒子数反转,这就有可能在外来光的激发下发生从能态 3 到能态 2 的受激辐射。同 EDFA 中只能采用 980nm 和 1480nm 两种激励光不同,PDFA 的激励光波长可以采用 950～1050nm 之间的任意波长。

PDFA 的高增益区在 1300nm 附近,最高增益可达 42dB。采用 Nd∶YLF 激光器作为激励光源时,PDFA 在 1300nm 的输出功率可达 280mW,在 30nm 带宽内,可以得到大于 100mW 的输出功率。

7. 光纤放大器功率检测

(1)先去除光纤放大器输入、输出光连接口保护套,用专用光纤清洁棉签蘸 99% 酒精轻轻擦洗光连接口。

(2)用光功率计测输入光功率,是否满足您的设计要求,插入光信号至光放大器输入端口,开机查对光放大器窗口显示输入光功率,是否与检测相近:

$$输入纤功率 - 跳线损耗(<0.35dB) = 光放显示功率 \qquad (4-2)$$

(3)预测光放大器输出光功率,在不开机的前提下用跳纤连接光放大器输出端至光功率计,此时使光功率显示最大为好(跳纤头接插效果最好),然后再开机检测光放大器输出光功率,此时此刻严禁再去插拔尾纤头。用光功率计测量:

$$实测功率 = 光放显示功率 - 跳线损耗(0.35dB) - 连接损耗(0.25dB) \qquad (4-3)$$

4.2.6 光接收机

1. 光信号的解调

4-8 光接收机

在光纤中传输的光信号到达接收端后,需要解调输出射频信号,这个任务是由光接收机中的光检测器来完成的。光检测器的作用是利用半导体材料的光电效应把光信号转换成电信号(O/E 转换)。所谓光电效应,就是当光照射到金属或半导体上产生光电流的现象,并且光电流的强度与入射光强在一定范围内成正比,则可达到把调制在光信号上的电信号解调出来的目的。每一种光敏材料都有一个确定的红限频率,当入射光的频率低于这个红限频率时,不会产生光电效应。因此制作光检测器的半导体材料的红限频率应低于入射光的频率。

常用的光检测器主要有 PIN 光电二极管和雪崩光电二极管 APD,但在广电 HFC 网络中一般都用 PIN 光电二极管。PIN 光电二极管本身无增益、灵敏度低,但其动态范围大、线性很好,在 40～860MHz 的频率范围内的不平度保持在 ±0.5dB 以内,C/CSO 达到 -70dB,C/CTB 达到 -80dB。

2. 基本组成

光接收机由光接收组件和电信号放大两个部分组成。其原理框图如图 4-37 所示。

光电检测组件是光接收机的关键部件,通常由 PIN 光电二极管和前置放大器集成。其后面是电放大器部分,包括输入、输出放大器,宽带均衡网络,电调可变衰减器及自动增益控制(AGC)电路等。有些光接收机中设置了数据采集与控制部分,可利用微处理器对光接收机的各项参数进行调整与控制。

图 4-37 光接收机原理框图

3. 主要技术参数与性能指标

1）外形结构

光接收机通常有室内型和室外型两种。室内型采用 19 英寸机架方式,便于上架安装;室外型有压铸铝合金外壳,具有密封、散热性好、防水、防潮、防雷电、抗电磁干扰等特点,通过同轴电缆 60V 或 220V 交流供电。

在双向 HFC 有线电视网络的光节点上使用的室外型光接收机,不仅具有下行 O/E 转换功能,还具有上行 E/O 转换功能,已相当于一个光工作站。其组成包括下行光接收机、上行光发射机及进行网络管理状态的应答器等部分,它们都安装在一个压铸铝合金外壳内。典型的光工作站的原理如图 4-38 所示。

2）光学指标

输入光功率范围：−6～+2dBm；

光波长：1290～1600nm；

光反射损耗：≥45dB；

光链路频响：±1.5dB；

光接口：FC/APC 或 SC/APC。

3）射频参数

频率范围：47～862MHz；

端口射频输出：≥110dBμV(生产商提供)；

带内平坦度：≤±0.75dB(所有工作口)；

反射损耗：≥16dB；

交流声调制比：≥60dB；

射频接口：F 型。

4）非线性失真指标

C/CTB≥76dB,C/CSO≥71dB(测试条件满足 GY/T 143—2000 标准规定的测试条件要求)。

5）电源及环境要求

供电要求：输入电压 AC40～60V/AC220V(50Hz)；

工作温度：−25～+55℃；

相对湿度：≤85%；

整机功耗：≤35W（生产商提供）。

图 4-38 四端口光工作站方框图

4.2.7 影响长途光传输因素

1. 受激布里渊散射限制

受激布里渊散射(SBS)主要是由于入射光功率很高,由光波产生的电磁伸缩效应在物质内激起超声波,入射光受超声波散射而产生的。在长途光缆传输过程中的外调制光源线宽非常窄,这虽然有效地克服了光纤色散的影响,然而却使光纤的 SBS 阈值降到了直流阈值的水平。如不适当抑制 SBS,随着入纤功率的增加,超过 SBS 阈值时,系统载噪比就骤然恶化。因此看一个 1550nm 光纤传输设备的性能,不仅要看光发送机能输出多大的功率,而且要看它能使单模光纤的 SBS 阈值提高到多少。目前的 1550nm 光发射机可做到 SBS 14~18 连续可调,适合不同的传输距离。一般 1550nm 光发射机的 DFB 激光器光谱线宽较宽,SBS 抑制固定,不适合干线传输,因此,在 1550nm 光发射机的选择上推荐窄线宽光发射机小于 0.3MHz,适合干线传输以及色散补偿技术。系统调试中我们并不建议把光发射机 SBS 设置过高,前级入纤功率保持较小的输入,综合考虑跨度和 SPM(Self-Phase Modulation,自相位调制)的问题,主要是因为 SBS 过高和入纤功率高时,SPM 与色散结合起来,导致指标急剧劣化。因此在干线传输中不要把光发射机 SBS 设置过高。由于干线传输中要达到更多级的 EDFA 级联和输出功率,色散补偿一般很难达到理论上的补偿,光谱会有一定的展宽,因此,多级以后的入纤光功率可适当加大,需要综合考虑 C/R 和 CSO 的关系。因此,必须使每一段光纤的入射功率不大于光纤的 SBS 阈值,该阈值用式(4-4)计算:

$$P_{\text{SBS}} = 21A_eK\frac{1}{G_BL_e}\left(1 + \frac{\Delta f_D}{\Delta f_B}\right)(\text{mW}) \tag{4-4}$$

式中:A_e 为光纤有效芯区面积,按纤芯直径计算;K 为偏振因子,对非偏振光取 2;G_B 为峰值布里渊增益系数,取 4.6×10^{-11} m/W;Δf_B 为光纤的 SBS 增益带宽,取 20~100MHz;Δf_D 为扩大 SBS 阈值功率在激光器上加抖动调制后激光器平均光谱宽度;L_e 为有效相互作用长度,按如下公式计算:

$$L_e = ((1 - e)^{aL})/\alpha$$

其中:α 为光纤单位长度损耗,dB;L 为光纤长度,km。

2. EDFA 对系统 C/R 的劣化

掺铒光纤放大器工作在粒子数反转状态,信号光单程通过光纤,亚稳态的粒子做受激发射,把信号放大。同时亚稳态粒子的 ASE(Amplifier Spontaneous Emission noise,放大器自发辐射噪声)自发射光子也被光纤俘获和放大并与信号混合在一起,成为噪声。在无光纤放大器时的载噪比和光调制度给定的前提下,光纤放大器的噪声系数越低同时输入光功率越大,则系统载噪比损失越小。因此做网络的设计时,应尽可能提高光放大器输入光功率和选用低噪声的 EDFA。

传输系统总的载噪比为

$$C/R = C/R_C \frac{1}{1 + \dfrac{C/R_C}{C/R_{OA}}} = C/R_C \frac{1}{1 + C/R_C \dfrac{4hvB_eN_F}{m^2P_S}} \tag{4-5}$$

由光纤放大器引起的系统载噪比损失的分贝数为

$$C/R_{dB} = 10\lg\left(1 + C/R_C\,\frac{4h\upsilon B_e N_F}{m^2 P_S}\right) \tag{4-6}$$

由此可见,在无光纤放大器时的载噪比 C/R_C 和光调制度 m 给定的前提下,光纤放大器的噪声系数越低同时其输入光功率越大,则系统载噪比损失越小。由于噪声系数又与输入光功率有关,所以对于选定的光纤放大器,系统载噪比实质上取决于输入光纤放大器的信号光功率的大小。已设 $C/R_C = 50\text{dB} = 1\times10^5$ 倍,$B_e = 5.75\text{MHz}$(PAL-D 制彩色电视),$m = 3.5\%$,$\upsilon = c/\lambda$,$\lambda = 1550\text{nm}$,$c = 3\times10^8\text{m/s}$,$h = 6.625\times10^{-34}\text{J}\cdot\text{s}$,于是上式化为

$$C/R_{dB} = 10\lg\left(1 + 2.4\times10^{-4}\,\frac{N_F}{P_S}\right) \tag{4-7}$$

当光纤放大器的输入功率为 $+6\text{dBm}$ 时,该光纤放大器所引起的系统载噪比损失只有约 1.0dB。

因此,在含有掺铒光纤放大器的模拟光纤传输系统中,为确保系统载噪比,光纤放大器的输入光功率应取得较大。在优化设计的前提下,一个光纤放大器的引入,可使传输距离得以延长,而系统载噪比只降低 $1\sim1.5\text{dB}$,而光纤不太长时,CSO、CTB 几乎不变,这样就允许多次光放大,比光-电-光中继方式(中继一次载噪比降低 3dB,CSO 劣化 4.5dB,CTB 劣化 6dB)优越得多。

在干线传输时,由于级联的 EDFA 数量较多,为了减少信号光以外的杂散波长以及降低 EDFA 的 ASE 噪声,应考虑使用光信号处理器,能够将系统 C/R 有效提高 $1.2\sim1.5\text{dB}$。因此,在选取 1550nm 外调制光发射机时,应选择 ITU-T 标准波长光发射机。

3. 光纤色散对 CSO 的劣化

在 1550nm 波长大功率长距离光纤传输系统中,光纤色散不可忽略,色散造成光脉冲的展宽,使 CSO 随着距离的加长而劣化。特别是对于 ITU-TG.652 光纤,必须考虑 17ps/(nm·km) 的一阶色散常数对系统性能的影响。基本的物理现象是:发送信号时对光波进行强度调制,不可避免也造成了相位调制,另外为了抑制受激布里渊散射而采用激光器光频抖动法,也产生了寄生的相位调制。已调光波的相位变化对应着光谱展宽。在色散介质中,光波的不同频率分量有不同的群速。因此在光纤的输出端形成不同延迟的包络分量的叠加,表现为光波的包络失真为主,这是一种相位-强度转换过程。

$$\text{CSO}_{\text{DSP(dB)}} = 20\lg(2\pi D\sigma_s L f_i) + 10\lg C_{2i} \tag{4-8}$$

以模拟频道传输带宽 550MHz(59 个 PAL-D 频道)为例,式中:D 为光纤色散常数,取 17ps/(nm·km);σ_s 为外调制光谱的方均根谱宽,取 1550nm(谱宽为 2MHz);L 为光纤传输距离,km;f_i 为二阶互调产物频率,取 544.5MHz;C_{2i} 为落在频点 f_i 上的二阶互调产物数,取 21。

4. 光纤 SPM 对 CSO 的劣化

在 1550nm 波长大功率长距离光纤传输系统中,光纤中的自相位调制现象不可忽略,它与 ITU-TG.652 光纤的很大色散结合在一起,又通过前述的相位-强度转换过程,造成信号较大的二阶失真,使 CSO 劣化。SPM 是光纤中又一种非线性现象,它显现在光纤中的光波太强之时。由于强电场引起 SiO_2 分子的非线性极化(Kerr 效应),使光纤折射率 n 出现与光强成正比的成分。

$$CSO_{SPM(dB)} = 20\lg\left(8\pi^2\sqrt{\frac{\mu_0}{\varepsilon_0}}mD\frac{\lambda n_2 P_0}{cn_0 A_e}L_e^2 f_i^2\right) + 10\lg C_{2i} \tag{4-9}$$

设 $\sqrt{\dfrac{\mu_0}{\varepsilon_0}}=377\Omega$, m 为调制度, $D=17\text{ps}/(\text{nm}\cdot\text{km})$, $\lambda=1550\text{nm}$, 光速 $c=3\times10^8\text{m/s}$, 非线性折射率 $n_2=6.1\times10^{-19}\text{cm}^2/\text{W}$, 线性折射率 $n_0=1.46$, 光纤有效面积 $A_e=54.2\mu\text{m}^2$, P_0 为光放大器输出功率, f_i 表示二阶互调产物频率, 取 544.5MHz, C_{2i} 表示落在频点 f_i 上的二阶互调产物数, 取 21, 光纤衰耗常数

$$\alpha = 0.25\text{dB/km} = 0.0575\text{NP/km}(1\text{dB/km} = 0.2303\text{Np/km})$$

$$L_e^2 = \frac{2}{\alpha^2} - \frac{2}{\alpha}\left(L+\frac{1}{\alpha}\right)e^{-\alpha L}$$

则考虑光纤色散和 SPM 后整个 1550nm 光传输系统的 CSO 为

$$CSO = 10\lg\left(10^{\frac{CSO_{TX}}{10}} + 10^{\frac{CSO_{DSP}}{10}} + 10^{\frac{CSO_{SPM}}{10}}\right) \tag{4-10}$$

由此得到, 在利用 1550nm 外调制光发射机和 EDFA 构建大功率、长距离光传输系统时, 光纤中的 SPM 和 DSP 是造成系统性能劣化的主要因素。为了达到长距离传输, 一定要减少光纤的色散常数。采用色散补偿是最为有效的方式。

5. EPM 对 CSO 的劣化

对于 1550nm 外调制光发射机来说, 在集成的 MZI(马赫-曾德干涉)和相位调制器中, 利用大的相位调制指数可以得到高的 SBS 阈值。EPM(External Phase Modulation, 外相位调制)效应是外相位调制和强度调制的转换, 并且和非线性色散的光纤相互作用。EPM 也会对 CSO 产生失真。当距离>120km, 相位调制指数比较大时, SPM 和 EPM 效应之和将决定最坏的 CSO 失真。相位调制产生的 SBS 阈值增加由下式给出:

$$\Delta P_{th}(\beta) = -10\lg\{\max[kJ_i^2(\beta)]\} \tag{4-11}$$

由于 SPM 产生的 CTB 失真比 CSO 失真低 30dB 以上, 可以忽略不计。在干线传输上只考虑光纤色散对 CTB 的影响, 通过色散补偿等方法进行改善。在干线传输时, 色散补偿量足够时, CTB 指标将得到最大的补偿, 几乎维持指标不变。

6. 色散补偿

一种方式是采取 DCM(Dispersion Compensator Module, 色散补偿模块)的方式, DCM 提供 C 波段和 L 波段任意波长的色散补偿, 具有非常低的群速时延, 并且不受带宽的限制, DCM 的色散斜率能够与 ITU-T G.652 光纤完全匹配。根据具体网络情况, 选取合适的补偿方式, 并且优化色散补偿器的位置, 寻求最佳补偿点。实践证明选取合适的补偿点. 则 CSO_{DSP}、CSO_{SPM} 能够改善。

另一种方式是采用 ITU-T G.655 光纤进行传输, 但成本较高, 光纤的色散常数可由 17ps/nm·km 减少到 1.7ps/nm·km, 则 CSO_{DSP}、CSO_{SPM} 能够减少 20dB 以上。

采用 DCM 补偿时, 需选择相位匹配的 DCM 模块, 能够有效抵消 SPM 效应, 应逐级欠补偿, 因为 DCM 产生负色散也会导致 CSO 指标的劣化。尽量采取小跨距、多补偿的方式。

DCM 补偿类似差分检测法: 在不降低 CSO 和 CTB 失真指标的情况下改善 AM C/R。色散补偿能够提高 C/R 3dB。载波相干相加, 提高 6dB; 噪声非相干相加, 提高 3dB, 因此, 总的 C/R 提高 3dB。

G.652 光纤 SPM 产生的 CSO 失真和 DCM 补偿模块 SPM 产生的 CSO 失真幅度相

同,相位相反,因此在一定长度可以得到 CSO 失真的总的抵消。

因此,要实现广电干线的精确补偿,传输中 G.652 光纤的入纤功率的控制和 DCM 的输入功率控制极为重要;需要精确测试光纤损耗。

4.3 接入分配网络

4.3.1 同轴电缆

射频同轴电缆在有线电视 HFC 网络中可应用于主干网、支干网以及分配系统,但由于光缆的大量使用,目前同轴电缆主要用于用户分配网,其射频传输特性优于铜双绞线或五类线、超五类线,物理带宽可达 4GHz。它采用在一根同轴电缆上频谱分割(即频分复用,上、下行共享物理媒介)的方式构成双向传输系统,以满足宽带接入的需要。宽带入户方便是同轴电缆的主要优势。

1. 结构

同轴电缆的结构对射频信号的传输有直接影响。它由里往外依次是内导体(铜导体、镀铜导体)、塑胶绝缘层、屏蔽层(编制屏蔽层、铝管或铜管)和塑料护套。铜芯与网状导体同轴,故名同轴电缆,如图 4-39 所示。

图 4-39 同轴电缆结构

同轴电缆的内导体(又称芯线)用来传送 RF 信号,有时也传输电源,通常是一股实心铜线或多股绞合铜线,对于大规格电缆也可以是"铜包铝"线(一种镀有薄铜层的铝线)。对于小直径电缆,为了提高强度,往往用"铜包钢"丝作为进户电缆(小直径电缆)的芯线,这是由于导体的趋肤效应:1MHz 信号,趋肤深度为 $66\mu m$(100MHz/$6.6\mu m$;1GHz/$2.1\mu m$)。

介质绝缘层的基本任务是在保证内外导体之间有足够介电强度的同时,还要保持内外导体结构上的同心。绝缘层通常采用介质损耗很小的介电材料,例如聚乙烯等,目前渗氮聚乙烯应用最为普遍。一般来说,介质中空气含量越大,绝缘介质的相对介电常数越小,它对电磁波阻碍越小,从而电缆的衰减量和温度系数也越小。

外导体的作用是防止自身 RF 信号的泄露和外部 RF 信号的侵入,同时它也是 RF 信号和电源的"地",与内导体一起构成完整的传输回路。外导体最常见的构成方式有 3 种:一是铜管或铝管,管子可以是光滑的或皱纹的,后者多用于大直径电缆;二是铜丝编织的网状外导体或铝箔纵包加铜丝密编的复合外导体;三是铜箔纵包或铝带纵包,这类结构会对系统的屏蔽性能带来一定程度的改善。

外护套仅起防护作用,用以增强电缆的抗磨损、抗机械损伤、抗化学腐蚀的能力。室外电缆应使用抗紫外线辐射、寿命长、绝水的聚乙烯外护套,室内电缆则应使用天然阻燃、无挥发、对人体无害的聚氯乙烯外护套。

2. 同轴电缆分类

(1) 按照同轴电缆在 CATV 系统中的使用位置也可分为 3 种类型。

① 干线电缆:其绝缘外径多为 9mm 以上的粗电缆,要求损耗小,对柔软性的要求并不高;

② 支线电缆：其绝缘外径一般为 7mm 或以上的中粗电缆，要求损耗较小，同时也要求一定的柔软性；

③ 用户线电缆：其绝缘外径一般为 5mm，损耗要求不重要，要求良好的柔软性。

（2）按照同轴电缆的绝缘结构可以分成三种类型。

① 实心绝缘型：防潮防水性能好但衰减大。

② 半空气绝缘型：

半空气贯通式：衰减小，但防潮防水不好，如藕芯电缆；

半空气封闭式：衰减小，防潮防水好，如物理发泡电缆和封闭竹节介质电缆。

③ 空气绝缘型：衰减很小，但防潮防水差且不易制造，主要用于大功率信号发射。

目前有线电视网络常用的是物理发泡聚乙烯绝缘同轴电缆（其防水、防潮性能远好于化学发泡）。编织网做屏蔽层（外导体）的电缆可分为两（层）屏蔽电缆、三（层）屏蔽电缆、四（层）屏蔽电缆。两（层）屏蔽电缆常用作入户电缆，在分配系统中用量最大，其结构如图 4-40 所示。在电磁环境恶劣、入侵干扰严重的地区，可使用三层屏蔽电缆，以增强屏蔽性能，其结构如图 4-41 所示。四层屏蔽电缆的屏蔽性能比三层屏蔽电缆提高约 5dB，而成本较高，其使用意义不大，其结构如图 4-42 所示。

图 4-40　二层屏蔽网 CATV 物理发泡聚乙烯绝缘同轴电缆结构示意图

图 4-41　三层屏蔽网 CATV 物理发泡聚乙烯绝缘同轴电缆结构示意图

图 4-42　四层屏蔽网 CATV 物理发泡聚乙烯绝缘同轴电缆结构示意图

3. 同轴电缆的指标和特性

1）指标

同轴电缆的质量指标主要体现在以下几个方面。

（1）电气性能：它是传输质量的主要标志，包括特性阻抗、衰减常数、相移常数、回波损耗、屏蔽性能等几项测试参数。

（2）机械性能：包括最小弯曲半径、最大拉力等测试参数。

此外还有温度特性、防潮性能、成本及使用寿命等。

2）主要特性

（1）特性阻抗

同轴电缆的主体是由内、外两导体构成的，对于导体中流动的电流存在着电阻与电感，对导体间的电压存在着电导与电容。这些特性是沿线路分布的，称为分布常数。若单位长度的电阻、电感、电导、电容分别以 R、L、G 和 C 表示，则其特性阻抗 Z_0 为

$$Z_0 = \sqrt{\frac{R + \mathrm{j}\omega L}{G + \mathrm{j}\omega C}} \tag{4-12}$$

如果假定内、外导体都是理想导体，即 R 和 G 可以忽略，则 $Z_0 = (L/C)^{1/2}$，这样，特性阻抗就与频率无关，完全取决于电缆的电感和电容，而电感和电容则取决于导电材料、内外导体间的介质和内外导体的直径。下面是一个实用公式：

$$Z_0 = \frac{138}{\sqrt{\varepsilon_r}} \lg \frac{D}{d} (\Omega) \tag{4-13}$$

式中：ε_r 为绝缘体的相对介电常数，随材料的种类和密度而异；D 为外导体的内径，cm；d 为内导体外径，cm。

（2）衰减系数

衰减系数反映了电磁能量沿电缆传输时的损耗程度，它是同轴缆的主要参数之一。单位长度（如 100m）电缆对信号衰减的分贝数

$$\beta = \frac{3.56\sqrt{f}}{Z_0}\left(\frac{K_1}{D} + \frac{K_2}{d}\right) + 9.13\sqrt{\varepsilon_r}\, f \tan\delta\,(\mathrm{dB/km}) \tag{4-14}$$

式中：f 为工作频率，MHz；Z_0 为特性阻抗，Ω，D 为外导体内径，cm；d 为内导体外径，cm；K_1、K_2 是由内、外导体的材料和形状决定的常数；ε_r 为绝缘介对介电常数；$\tan\delta$ 为绝缘介质损耗角的正切值（聚乙烯 $\tan\delta = 5 \times 10^{-2}$，发泡后可达到 5×10^{-4}）。衰减斜率符合下式规律：

$$\beta_1/\beta_2 = \sqrt{f_1/f_2} \tag{4-15}$$

（3）反射损耗

该反射仅指电缆本身所引起的内部反射，不指由于阻抗匹配所产生的反射，主要分以下两种情况：

① 同轴电缆的必要特性之一是在长度方向上的均一性。

② 当施工引起电缆变形或电缆老化引起材质变化时，也会因特性阻抗的不均匀而造成内部反射。

反射的大小可用反射系数、驻波比或反射损耗衡量，它们之间的关系为：

$$\text{电压反射系数：} \Gamma = \sqrt{\frac{\text{反射波功率}}{\text{入射波功率}}} \tag{4-16}$$

$$\text{电压驻波比：VSWR} = \frac{1 + \Gamma}{1 - \Gamma} \tag{4-17}$$

（4）屏蔽特性

屏蔽特性是衡量同轴电缆抗干扰能力的一个参数，是指其抗外界电磁干扰或抗外界辐

射的能力,如果屏蔽特性不好,内部信号不仅会受到外来杂波的干扰,也会干扰其他信号。屏蔽特性用屏蔽系数、屏蔽衰减、表面转移阻抗(耦合阻抗)等指标反映。

同轴电缆的屏蔽特性主要取决于电缆外导体的密封程度。编织层越密,层数越多或铝管加厚都会提高其屏蔽性能,但随之电缆变粗,弯曲性能变差。

同轴电缆的屏蔽性能:在 5～50MHz 频段,双层编织网物理发泡聚乙烯电缆的屏蔽衰减不小于 60dB(Ⅱ类)、85dB(Ⅰ类),三层编织网的屏蔽衰减应不小于 85dB,四层编织网的屏蔽衰减则不小于 90dB,铝管Ⅰ类电缆屏蔽衰减不小于 100dB;在 200～800MHz 双层编织网物理发泡聚乙烯电缆的屏蔽衰减不小于 70dB(Ⅱ类)、90dB(Ⅰ类),三层编织网的屏蔽衰减应不小于 90dB(Ⅰ类)、85dB(Ⅱ类),四层编织网的屏蔽衰减则不小于 95dB(Ⅰ类)、90dB(Ⅱ类),铝管Ⅰ类电缆的屏蔽衰减不小于 110dB。由此可见,同轴电缆的屏蔽性能随工作频率的升高而增强。理论和实践表明,在通常的电磁环境中,使用双层编织网屏蔽电缆作为入户电缆,其屏蔽衰减已能基本满足抗入侵干扰的要求。

(5)温度特性

同轴电缆的衰减常数随温度的变化率,单位为%(dB)/℃,优质电缆衰减值的温度变化量大约为 0.2%(dB)/℃。

(6)传输速度与波长缩短率

电波在电缆内的传播速度主要是由其绝缘体的特性决定的,在 0.66～0.9。波长的缩短势必引起时间延迟,这正是接收机串入直射波后引起前重影或同频干扰的原因。

4. 同轴电缆的命名

1)国产同轴电缆的命名

国产同轴电缆型号的统一命名,由四部分组成:第一、二、三、四部分由英文字母表示,第五、六、七部分由数字表示,如图 4-43 所示,具体含义如表 4-8 所示。

图 4-43　国产同轴电缆的命名

表 4-8　同轴电缆英文字母含义

电缆代号		绝缘材料		护套材料		派生特性	
符号	含义	符号	含义	符号	含义	符号	含义
S	同轴射频电缆	D	稳定聚乙烯-空气绝缘	B	玻璃丝编织浸硅有机漆	P	屏蔽
SE	对称射频电缆	F	氟塑料	F	氟塑料	Z	综合
SJ	强力射频电缆	I	聚乙烯-空气绝缘	H	橡套		
SG	高压射频电缆	W	稳定聚乙烯	M	棉纱编织		
SC	延迟射频电缆	X	橡皮	V	聚氯乙烯		
ST	特性射频电缆	Y	聚乙烯	Y	聚乙烯		
SS	电视射频电缆	YK	聚乙烯纵孔				

例如"SYWV-75-5-1"表示同轴电缆,聚乙烯物理发泡材料,聚氯乙烯护套,阻抗 75Ω,芯线绝缘外径 5mm,结构序号为 1。

2)美国标准射频电缆的命名

美国标准射频电缆的型号由 4 部分组成。例如:

$$\underset{(1)}{RG} - \underset{(2)}{6} - \underset{(3)}{A} / \underset{(4)}{U}$$

各部分含义为:

第一部分表示射频电缆;

第二部分表示电缆编号;

第三部分表示构成材料代号,该部分可有可无;

第四部分表示电缆为通用产品。

电缆材料代号如表 4-9 所示。

表 4-9 美国标准电缆材料代号含义

内导体		绝缘体		外导体		护套		铠装	
符号	含义	符号	含义	符号	含义	符号	含义	符号	含义
A	退火铜线	PE	聚乙烯	C	编织软铜线	PVC	聚氯乙烯	Fe	镀锌钢编织
TA	镀锡退火铜线	SSPE	含有空气	T	编织镀锡软铜线	PE	聚乙烯		
GA	镀银退火铜线			G	编织镀银软铜线	Ⅱ	灰聚氯乙烯		
HP	铜包钢线					Ⅱa	黑聚氯乙烯		
						Ⅲ	灰聚乙烯		
						Ⅲa	黑聚乙烯		
						Pb	铅包		

4.3.2 放大器

1. 放大器的类型和用途

按在系统中使用的位置划分,放大器可分为前端放大器和线路放大器两大类。线路放大器包括在传输系统中使用的干线放大器和在分配系统中使用的分配放大器、延长放大器和楼栋放大器等。线路放大器按供电方式不同可以分为 220V 分散供电放大器和 60V 集中供电放大器两类;按放置场所可以分为室内型和野外型;按放大器是否具备双向传输功能可以分为单向放大器和双向放大器两类。

4-10 放大器

放大器的主要作用在于补偿传输电缆或电平分配产生的衰减,确保信号能够优质、稳定地进行远距离传输并且分配。

2. 放大器的主要技术指标

在有线电视系统中,放大器的使用位置不同,对放大器的要求是完全不同的。一个放大器是否满足要求,需要用具体的指标衡量。

1)放大器的工作频率和带宽

能使放大器正常工作的频率范围称为放大器的工作频率(或工作频带),工作频率内最高频率 f_2 与最低频率 f_1 之差称为放大器的带宽。工作频率与放大器带宽(BW)之间的关系可以用下式表示：

$$BW = f_2 - f_1 (MHz) \tag{4-18}$$

由放大器的幅频特性曲线可以知道，一个放大器的幅频特性可以用带内平坦度和带外衰减两个指标来描述。

2）输出电平 S_0

放大器的输出电压用 dBmV 或 dBμV 来表示的数值称为放大器的输出电平 S_0。对宽带放大器，常用其工作频率内最高频道的输出电平代表放大器的输出电平。最大输出电平，对宽带放大器来说，是指在系统中总共只有 1 台放大器、2 个频道时，当测出输出口交调比 CM 指标为 48dB 时，放大器的最大输出电平值。

3）增益 G

增益是放大器对信号的放大倍数，常用 dB 表示。在宽带放大器中，用最高频道的输出、输入之差代表放大器的增益。增益有最大增益和实用增益两种，一般应使放大器工作在小于最大增益的实用增益范围，宽频带放大器的增益为 20～40dB。

4）噪声系数 F

噪声系数可以用倍数表示，但更多的是用 dB 表示，噪声系数越低，放大器的性能越好。放大器的噪声系数一般要求小于 10dB，机房前端放大器要求在 7dB 以下，最好是 3dB 左右。

5）反射损耗 Γ 和驻波比 S

反射损耗 Γ 定义为入射波幅度与反射波幅度之比的对数，驻波比 S 定义为驻波波腹与波节电压之比。一般放大器的反射损耗在 10dB 以上，相应的驻波比为 1.92 以下。

6）非线性失真指标

由于有源器件的非线性，放大器也存在着非线性失真。非线性失真指标与放大器的工作电平、频道数以及有源器件有关，对于一个确定的放大器，工作频率越高，频道数越多，非线性失真指标越差。在频道数小于十几个频道时，放大器的非线性失真指标主要由互调指标，特别是交调指标衡量；在频道数大于十几个频道时，放大器的非线性失真主要由载波三次差拍比衡量。在电缆传输有线电视系统中，系统的非线性失真指标主要由干线放大器决定。在特定的输出测试电平下，好的干线放大器的互调指标在 80dB 以上，交调指标在 60dB 以上，载波三次差拍比在 65dB 以上。

为了改善非线性失真性能指标，放大器的末级放大模块通常采用推挽型（PP 型）、功率倍增型（PHD 型）和前馈型（FT 型），分别如图 4-44(a)、(b)、(c)所示。其中前馈放大器性能最好，但价格也高，一般只在前端使用，其关键是途中两个延迟线可以起到延迟倒相 180° 的作用，从而实现对消失真的目的。近年来，由于一类全新的半导体器件——砷化镓、氮化镓的使用，放大器工作动态、线性范围大大提高，其最大输出电平可以达到 120dBμV 以上。

7）增益控制与斜率控制

增益控制表示放大器对增益的控制能力，即输入电平在较大范围变化时，输出电平保持在变化较小的一定范围中。增益控制分自动增益控制和手动增益控制两种。手动增益控制又分步进式和连续可调式两种，由操作人员根据放大器的实际工作情况进行调整。自动增益控制则是利用被放大信号中的一部分来控制电调衰减器，达到控制增益的目的。

斜率控制表示对高、低频道增益的控制能力。因为电缆对高频信号的衰减比对低频信号的衰减大，故放大器的高频增益应比低频增益大，这个差值就是放大器的斜率，我们可以

(a) 推挽型末级放大

(b) 功率倍增末级放大

(c) 前馈型末级放大

图 4-44 几种放大器末级输出形式

利用均衡器来控制这个斜率。同时当温度等外界原因发生变化时,斜率也要发生变化,斜率控制就是使这个变化尽可能小。斜率控制也分为自动斜率控制和手动斜率控制两种。

8)阻抗

放大器的输入阻抗是放大器输入端信号电压与信号电流的比值;输出阻抗是当放大器反接时,从放大器输出端输入的信号电压与信号电流的比值。为了尽量做到阻抗匹配,减少传输过程中的反射损耗,规定放大器的输入、输出阻抗都应是 75Ω 的纯电阻。

9)其他特性

对于一个放大器,还应有一些其他的要求,例如环境温度、电源电压、馈电方式、屏蔽性能、防水、防潮、防晒等。

3. 分配（分支）放大器

随着有线电视系统 HFC 网络的"光进铜退"，电缆干线、支干线已被光缆替代，干线放大器、支线放大器已经被省去，只有分配放大器还部分保留。若光节点采用高输出电平的光接收机直接分配，则分配放大器也可以省去。

分配放大器用于传输网的最末端，它本身不存在级联问题，主要目的在于供给分配所需的高电平，因而对它来说高增益是第一位的，其他指标可以放宽。图 4-45 所示为分配（分支）放大器的原理框图。

图 4-45　双向分配（分支）放大器原理框图

由图可见分配放大器是由一个宽带放大器和一个分配器构成。其中宽带放大器由可调均衡器、可调衰减器和两级放大电路组成，均衡器以与同轴电缆相反的斜率来均衡电缆的衰减特性，辅以可调衰减器控制带内频响≤1dB，再经两级放大后以足够的信号电平来驱动电缆分配系统；宽带放大器后接的分配器可以根据需要选二分配器、三分配器或四分配器等，也可以选择接分支，成为分支放大器。

4.3.3　分配器

分配器能将一路输入信号的功率均等地分成几路输出，它具有一个输入端和几个输出端。分配器一般按输出路数进行分类，即二分配器、三分配器、四分配器和六分配器等。

4-11　分配器和
分支器

分配器的其他分类方法也很多，按使用场所不同可分为室内型和室外防水型（实物如图 4-46 所示），馈电型和普通型，明装型和暗装型，普通塑料外壳型和金属屏蔽型；按基本电路组成可分为集中参数型和分布参数型，其中集中参数型又可分为电阻型和磁芯耦合变压器型两种，分布参数型即微带线分配器。下面分别讨论应用最广的磁芯耦合变压器型分配器。

1. 分配器的原理结构

二分配器的电路如图 4-47 所示。由图可见，二分配器主要由两个抽头式的自耦变压器构成，为满足输入、输出阻抗均是 75Ω 的要求，输入变压器的抽头在 $1.414:1$ 处，输出变压器则为中心抽头式，但两端需并接 150Ω 的匹配电阻。由此可知，当输出端接 75Ω 负载时，理想情况下的功率分配损耗是 3dB。实际上由于变压器的铁氧体磁芯、分布电容的影响，分配损耗大于 3dB（约 4dB）。当然，若输出端有一路开路（75Ω 负载脱开），则将使输入端严重

(a) 室内型分配器　　　　　　(b) 室外型分配器

图 4-46　室内型分配器和室外型分配器

(a) 原理图　　　　　　　　　(b) 符号

图 4-47　二分配器原理图和符号

失配、产生反射,有可能影响整个分配系统的正常工作。分配器一般不用作用户终端接入。

三分配器、四分配器的原理分别如图 4-48(a)、(b)所示。由图可见,三分配器是在二分配器的基础上增加两个分配变压器构成的;四分配器则是由三个二分配器串接而成的,其输入、输出阻抗均为 75Ω,同样必须满足 75Ω 负载接入的匹配要求,各输出端口都不能开路。若在二分配器的两个输出端分别接一个三分配器,就可构成一个六分配器。

(a) 三分配器结构　　　　　　　　(b) 四分配器结构

图 4-48　分配器的结构原理图

2. 分配器电气性能

分配器的主要电气性能有分配损耗、阻抗、相互隔离度(或相互隔离损耗)、驻波比与反射损耗和频率特性等。

(1) 分配损耗:分配损耗是分配器特有的特性指标。所谓分配损耗,是指在各输出端良好匹配的情况下,传输信号在输入端与输出端的信号电平之差: $L_s = 10\lg n$(dB)。

(2) 阻抗:分配器的输入阻抗定义为输入端电压与电流的比值,输出阻抗定义为输出端电压与电流的比值。为了与电缆等匹配,分配器的输入阻抗和输出阻抗都是 75Ω。

(3) 相互隔离度:在指定频率范围内,从某输出端加入一个信号,其电平与其他输出端测得的输出电平之差称为该分配器的相互隔离度,一个分配器的相互隔离度越大,各输出口之间的相互干扰就越小。

(4) 驻波比与反射损耗:驻波比与反射损耗的定义已在前面章述及。它们表示分配器与前后电缆阻抗匹配的程度。在理想情况下,分配器的输入、输出阻抗都是 75Ω,与 75Ω 的同轴电缆完全匹配,相应的驻波比为1,反射损耗为无穷大。实际上不可能完全实现阻抗匹配,驻波比在 $1.1\sim1.7$ 之间,对应的反射损耗为 $13\sim26$dB。对于隔频系统,反射损耗大于12dB 即可,对于邻频系统,则应大于16dB。否则不仅会出现重影或数据误码,还将造成各频道电平不均匀。

(5) 频率特性:频率特性是描述分配损耗等参数随频率变化的情况。在使用频率范围内,要求各参数的变化越小越好。

我国行业标准规定,分配器按使用频率分为两类:A类为 $5\sim2400$MHz,无室外型产品,室内型可以做到十分配器;B类为 $5\sim1000$MHz,室外型有二、三、四分配器,室内型可以做到十分配器。表 4-10 和表 4-11 为常用的 B 类分配器的性能参数。

表 4-10　室内型分配器性能指标(B类)

电 气 性 能	分配器种类			
	二分配器	三分配器	四分配器	六分配器
频率范围/MHz	$5\sim1000$			
分配损耗/dB	$\leqslant3.6\sim4.3$	$\leqslant6\sim6.8$	$\leqslant7\sim8.2$	$\leqslant9.5\sim10.5$
相互隔离度/dB	$\geqslant25\sim23$			
反射损耗/dB	$\geqslant16$			

表 4-11　电流通过型或防水型分配器性能指标(B类)

电 气 性 能		分配器种类		
		二分配器	三分配器	四分配器
分配损耗/dB	$5\sim65$MHz	$\leqslant4.5$	$\leqslant7.5$	$\leqslant9.0$
	$65\sim1000$MHz	$\leqslant4.2\sim5.5$	$\leqslant6.8\sim7.9$	$\leqslant8\sim9.4$
相互隔离度/dB	$5\sim65$MHz	$\geqslant20$		
	$65\sim1000$MHz	$\geqslant22$		
反射损耗/dB	$5\sim65$MHz	$\geqslant14$		
	$65\sim1000$MHz	$\geqslant16$		
信号交流声比/dB		$\geqslant66$		
端口载流能力/A		6、10		
通过电压/V		60(50Hz)		

4.3.4 分支器

分支器的作用是从传输线路中取出一部分信号并馈送到用户终端盒。它一般有一个主路输出端和多个分支输出端,其分类方式也是根据分支输出端口的多少来划分。另外,它同样也有室内型和室外防水型(实物如图 4-49 所示),馈电型和普通型,明装型和暗装型,集总参数型和分布参数型之分。由于分支器在能量的分配上与分配器截然不同(分配器的输出无主次之分,各路输出均分能量;而分支器的输出有主次之分,主路所分得的能量较分支器输出端来说占绝对主导地位),因而二者在作用、使用场合、电路结构、技术要求上都完全不一样。

(a) 室内型分支器　　　　　　　　　　(b) 室外型分支器

图 4-49　室内型分支器和室外型分支器

分支器中信号传输具有方向性,即只能由主路输入端向分支输出端传送信号,而不能反过来由主路输出端向分支输出端传送信号,因而常把分支器称为定向耦合器。

1. 分支器的原理结构

分支器电路如图 4-50 所示。分支器具有定向耦合性,因此,当主路不匹配而产生反射波时,不会影响分支端的信号,这是分支器的特点。由图 4-50 可见,一分支器是分支器中的基础;二分支器是由一分支器的分支端口串接二分配器构成的;四分支器则由一分支器的分支端口串接四分配器构成。显然这种串接单元的分支损耗应为一分支器的分支损耗与分配器的分配损耗之和。

(a) 一分支器　　　　　　　　(b) 二分支器　　　　　　　　(c) 四分支器

图 4-50　分支器结构示意图

分支器原理图如图 4-51 所示,该分支由两个变压器 B_1、B_2 构成核心部件,通过推导和计算,B_1、B_2 之间的匝数比应该满足

$$m = 1 + 1/n \tag{4-19}$$

同时分支损耗:

$$C = 10\lg(n^2 + 1) \tag{4-20}$$

(a) 原理图　　　　　　　　(b) 符号

图 4-51　分支器原理图

2. 分支器的电气性能

分支器的主要电气性能有插入损耗、分支损耗、阻抗、分支隔离度、反向隔离度、驻波比与反射损耗和频率特性等。

(1) 插入损耗 L_d：分支器的引入必然要使主路输出信号比主路输入信号要小。其原因主要是有一部分能量从分支输出口输出去了，而且还有一部分能量被吸收。为了描述主路输出端能量的损耗情况，我们定义主路输入端电平与主路输出端电平之差为分支器的插入损耗，用功率表示为

$$L_d = 10\lg(P_1/P_2)$$

(2) 分支损耗：分支损耗描述分支器的分支输出端电平比主路输入端电平减少的情况。定义为主路输入端电平与分支输出端电平之差，用功率表示为

$$C = 10\lg(P_1/P_3)$$

(3) 分支隔离度：分支器的分支隔离度是指该分支器各分支输出口之间相互影响的程度。在测量时也是从一个分支输出端加进去一个信号，测量其电平与其他分支输出端所得到的输出电平之差。分支隔离度同国标中规定的相互隔离度略有区别。相互隔离度指的是任意用户(不一定是同一个分支器的用户)之间的隔离，分支隔离度则是指同一分支器不同分支输出间的相互隔离。但不同分支器的分支输出之间的隔离一般总是大于同一分支器不同分支输出间的分支隔离。故只要同一分支器不同分支输出间的分支隔离满足国标的要求(非邻频时大于 22dB，邻频时大于 30dB)，其他用户间的相互隔离也一定满足要求。

(4) 反向隔离度：反向隔离度定义为从主路输出端加入的信号电平与分支输出端测得的电平之差。反向隔离越大，分支损耗越小，说明分支器的定向耦合性能越好。我们希望反向隔离度越大越好，一般应大于 40dB。反向隔离度较大，可使干线上由于阻抗不匹配而产生的反射波不会从主路输出端进入分支输出端，而影响分支输出的信号。

我国行业标准规定，分支器按使用频率可分为两类：A 类为 5～2400MHz，无室外型产品，室内型可以做到八分支器；B 类为 5～1000MHz，室外型有一、二、四分支器，室内型可做到十六分支器。室外型分支器可用于支干线，应具有防水、防潮特性，可过流也可不过流；室内型可用于分配系统用户接入，也需金属外壳，便于安装。两者的屏蔽衰减均要求不小于100dB，且输入、输出阻抗均为 75Ω。

表 4-12 为常用的 B 类室内型分支器性能参数示例，实际产品中有一、二、三、四、六、八、

十、十二、十四、十六分支器等多种,其分支器损耗均按 2dB 递增,表中所列仅为典型参数范围。

表 4-12 B 类室内型分支器电气性能

电气性能		分支器种类														
		一分支					二分支					四分支				
分支损耗 /dB	标称值	6	10	14	18	22	8	12	16	20	24	10	12	16	20	24
	允许偏差	±1.5														
插入损耗 /dB	5~65 MHz	≤2.7	≤1.3	≤1.2	≤0.8	≤0.8	≤2.8	≤1.6	≤1.0	≤0.8	≤0.7	≤3.5	≤2.8	≤1.5	≤0.9	≤0.8
	65~1000 MHz	≤2.8~3.2	≤1.5~2.1	≤1.2~1.3	≤0.9~1.0	≤0.9~1.0	≤3.1~3.6	≤2.0~2.4	≤1.2~1.6	≤0.9~1.0	≤0.9~1.0	≤3.8~4.1	≤2.8~3.1	≤1.6~2.0	≤1.1~1.6	≤0.9~1.0
反向隔离 /dB	5~65 MHz	≥22	≥25	≥29	≥33	≥35	≥22	≥24	≥28	≥32	≥37	≥25	≥27	≥31	≥34	≥36
	65~1000 MHz	≥22~20	≥24~21	≥25~23	≥28~25	≥30~27	≥20	≥22~21	≥26~23	≥27~24—	≥29~28	≥23~20	≥23~20	≥30~24	≥30~26	≥32~27
隔离度 /dB	5~65 MHz						≥22					≥25				
	65~1000 MHz						≥25~23					≥23~20				
反射损耗 /dB		>16														

3. 分支器与分配器的区别

分配器与分支器都是把主路信号馈送给支路信号的无源部件,但它们的组成方式不同,性质也有较大的区别。

分配器的几个输出端大体平衡,分成不同路数的分配器具有不同的分配损耗:二分配器的分配损耗约 3~4dB,三分配器的分配损耗约 5~6dB,四分配器的分配损耗约 7~8dB。而分支器则没有这样的对称性,一般说来,主路信号比分支输出信号要大得多。不同分支器的分支损耗在 8~24dB 之间,主路信号的插入损耗约 1~3dB。

分配器的任一输出端口开路,会破坏其对称性,在隔离电阻中有电流流过,使系统阻抗不匹配,容易形成反射波影响整个系统的性质,同时,因为分配器无反向隔离本领,支路信号容易对主路干扰,在使用中一定不能使任一支路开路。分支器中分支输出的能量较小,开路后对主路影响不大,故用户电视机可以不接在分支器上。但其主路输出端最末端的电阻也不能开路。

在用户分配网络中,分支器一般联成一串,而分配器则常采用树形连接。

4.3.5 集中供电器与电源插入器

1. 集中供电器

线路放大器的供电一般均采用电缆芯线集中供电,即利用同轴电缆的芯与外导体来传输低压交流电,为这类放大器光接收设备供电的装置称为集中供电器,如图 4-52 所示。集中供电器低压侧输出的交流电压为 60V(隔离),通过电源插入器送入线路放大器中,如图 4-53 所示。集中供电具有很多优点:

4-12 集中供电器与电源插入器

图 4-52 集中供电器

(1) 安全:系统内部无强电进入并和市电完全隔离,电缆外层可靠接地,有效地保证了人身安全。

(2) 可靠:系统可采取多种措施(如使用 UPS 电源、双路供电等)有效地保证供电点的可靠供电。

电源集中供电器实质上是一个降压变压器,该变压器具有稳压限流和短路保护功能。另外,在供电器的输入、输出端通常还装有金属氧化压敏电阻(Metal-Oxide Varistor, MOV),可以防止脉冲损坏供电器。

图 4-53 集中供电器的应用

2. 电源插入器

电源插入器是用于 CATV 系统干线或用户分配放大网络某个位置,配上集中供电器向干线放大器集中供电的装置。主要有室内型和野外型两种,其外形如图 4-54 所示,内部电原理图如图 4-55 所示。

图 4-54　室内型(左)和野外型(右)电源插入器

图 4-55　电源插入器电原理图

电源插入器实际上是一个分频电路,它必须在不影响电缆中射频信号正常传输的同时,定向地让低压交流 50Hz 的电源也通过电缆的芯线和外导体送入到线路放大器中。

3. 集中供电器和电源插入器对线路的保护

60V 供电放大器和有源光设备以及传输线路的保护措施由附加安全电路来实现。通常,为防止通过同轴电缆进入的高电压破坏放大器,在集中供电器、电源插入器、线路放大器的输入、输出端应装气体放电管等防冲击器件,这样,来自 220V 电源端高电压会首先被供电器电源输入端的保护装置隔离和吸收,来自同轴线路的高电压会被供电器电源输出端的保护装置以及放大器、光端机输入、输出端保护装置吸收,从而达到保护放大器和人身安全的目的。

4.3.6　用户分配网

用户分配系统是有线电视网络的最后一个环节,是整个网络体系中直接与用户连接的部分。一般来说,用户分配系统是指从信号分配点至系统输出口之间的传输分配网络,通常由分配放大器(有时也要用到延长放大 4-13　用户分配网器)、同轴电缆、分支器、分配器等有源器件和无源部件组成,其主要功能是将传输系统传送来的信号准确、优质、高效地分配到用户,同时将用户端的回传信号汇聚到信号分配点上。

1. 有源分配网

在用户分配网络中,其分支、分配线路部分多采用星形呈放射状分布,其特点是线路短、放大器少、覆盖效率高、经济合理。用户分配网一般沿同轴电缆干线两侧或在同轴电缆干线终端分配点或在光节点上拾取信号,再经分配网络将信号传送至用户,常见的分配系统结构形式主要有以下两种:

第一种形式如图 4-56 所示,即在来自干线桥接(分支)放大器的分配线上串接分支器,再通过分支器直接覆盖用户。该方式要求干线分支器具有高电平的分支输出,以便带动更多的分支器(即可以负载更多的用户)。这种方式可串接 2~3 个线路延长放大器,一般用于覆盖位于传输干线两侧的零散用户。

第二种形式如图 4-57 所示,它用于干线末端,主要适用于用户密集地区。这种方式不一定要求信号分配点具有很高的输出电平,只要能补偿分支线的损耗即可,但却要求分支放大器具有高电平输出。一般情况下该方式仅允许串接一级线路延长放大器(考虑到载噪比以及非线性失真指标的限制)。

用户分配网中的放大器除了要补偿电缆衰减、无源部件的插损以及分配损耗外,还要确保系统输出口具有一定的电平,因此,用户分配网必须工作在高电平状态。因而分配网的载噪比指标通常不是问题,但非线性失真比较突出,一般全系统的非线性失真指标要分配一半左右给分配网。

图 4-56 线路放大带用户分配网络结构

2. 无源分配网

1) 无源分配网的组成方式

根据分配器、分支器的性能特点,这两种无源部件可以组合成多种多样的信号分配方式。由于分配器的分配损耗较小,有利于高电平输出,且其各输出端口能实现均等输出,故多利用分配器来实现信号的分路,用分配器分路后能最有效地减少无源部件的串接数量;但分配器在阻抗不匹配时易产生反射,相互隔离能力差,故实际中很少采用分配器来直接入户。分支器则反向隔离性能好,因而大多数场合都采用它来直接入户。常用的无源分配网主要有以下四种组成方式:

(1) 分配-分配网络:这是一种全部由分配器组成的网络,如图 4-58(a)所示。它适用于平面辐射系统,多用于干线分配。其分配损耗是各分配器的分配损耗和电缆损耗之和。这种方式的优点是分配损耗较小,在理论上可以带动更多的用户。但若其中某一路用户空载,就会破坏整个系统的阻抗匹配,严重影响图像质量。因而这种方式不能直接用于用户分配,而只用于线路分配。若某一路输出暂时不用时,一定要注意接上 75Ω 的负载电阻,才能保证其他各路正常工作。

(2) 分支-分支网络:这是一种全部采用分支器组成的网络,如图 4-58(b)所示。这种网络中,把前面分支器的分支输出作为后面分支器的主路输入,连成一串的分支器应选用分支损耗不同的分支器,越靠近总输入端的分支器其分支损耗越大,插入损耗越小。这种方式所

图 4-57　线路放大不带用户分配网络结构

能带的用户比分配-分配网络要少,其优点是负载不用时对系统影响小,但在线路终端也一定要接 75Ω 负载。这种网络特别适用于用户数不多,而且比较分散的情况。

（3）分配-分支网络:这是一种由分配器和分支器混合组成的网络,如图 4-58（c）所示。先由分配器分成若干条支线,每条支线上再串接若干分支器组成这种分配网络。这种方式集中了分配器分配损耗小和分支器不怕空载的优点,既能带动较多的用户,负载不用时对系统影响也不大,在实际的分配网络中都采用这种方式。这种方式中每一条分支电缆串接的分支器不能太多。在邻频系统中一定不能超过 8 个,还要注意在终端接上 75Ω 负载。

（4）分配-分支-分配网络:这种网络是在上一种网络中每一个分支器后再加一个四分配器（构成四分支器）,如图 4-58（d）所示。其优点是带的用户更多,也要注意各用户终端（四分支器的输出端）尽量不要空载,否则相互隔离不会大于 20dB。

2）无源分配网的计算

无源分配网的计算问题实际上只涉及电平的计算。电平的计算公式如下:

$$S_A = S_B - L_d - a \cdot l_{AB} \tag{4-21}$$

式中:A、B 是分配网中的任意两点,A 点位于 B 点之后,它可以是任一系统输出口,也可以是无源网中其他任何点,B 点可以是系统分配点或桥放、支放的输出端,也可以是位于 A 点

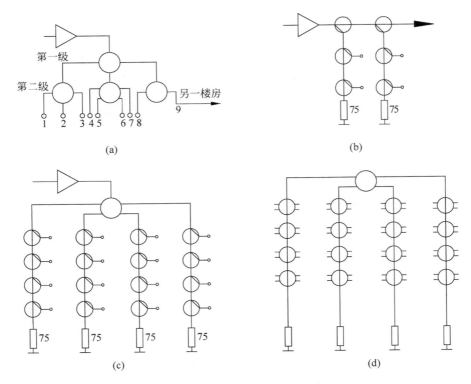

图 4-58 无源分配网的组成方式

之前的其他任何参考点；S_A，S_B 分别代表 A、B 两点的电平；L_d 表示 B→A 路径上所有分配器分配损耗、分支器的插入损耗或分支损耗之和；a 表示分配网所用电缆的衰减常数（单位长度的损耗）；l_{AB} 表示 A、B 两点之间的电缆总长度。

实际应用中，用户电平的计算方法有顺算法、倒推法、列表法和图示法等多种方法，它们各有特点，可根据实际需要灵活选择一种或两种结合运用，比较常见的是顺算法和倒推法。

顺算法：即从前往后计算，根据分配点或支放输出电平的大小，用递减法顺次求出用户端电平。当然，如果在计算过程中发现用户电平过高或过低，也要反过来修改调整分配放大器的输出电平。这种方法比较繁琐，而且不能一次成功，一般多用于比较复杂的分配网。

倒推法：即从后往前计算，首先确定用户端电平，然后逐点往前推算出各个部件的电平，最后算出分配点或支放所应具备的输出电平。此法适合于较为简单的系统。

计算时，应首先选择路距最远、用户最多、条件最差的分配线路进行计算；同时也应将最高传输频道和最低传输频道的电平分别计算。

4.3.7 广播信道综合技术指标

（1）用户端特性阻抗应为 $75\pm3\Omega$；

（2）用户端输出电平应控制在 $66\pm4\mathrm{dB\mu V}$；

（3）用户端载噪比（C/N）应不小于 43dB；

(4) 用户端载波复合二次差拍比(CSO)应不小于 54dB;

(5) 用户端载波复合三次差拍比(CTB)应不小于 54dB;

(6) 用户端输出频道间电平差≤8dB(任意 60MHz 以内),≤3dB(相邻频道间);

(7) 用户端交扰调制比≥46+10lg$(N-1)$dB,N 为频道数;

(8) 用户端载波交流声比 HM≤3%;

(9) 用户端回波值 E≤7%;

(10) 用户端输出口相互隔离度: 邻频传输系统≥30dB,非邻频传输系统≥22dB;

(11) 有线数字广播电视广播信道用户端调制误差率 MER≥26dB;

(12) 有线数字广播电视广播信道用户端误码率 BER≤10^{-4}。

思考题

1. 有线网络拓扑有哪些类型? 分别画出。

2. 光纤是什么? 光纤通信的设想由谁最先提出?

3. 包层的外径一般为多少? 芯层的外径为多少(分单模和多模)?

4. 简述光纤的损耗成因。

5. 简述光缆的结构与的分类,怎样理解零色散光纤?

6. 1310、1550 工程计算损耗分别是多少?

7. 什么是光的复用?

8. 光缆构造如何?

9. 常用连接器类型有哪些? 光纤连接器端面类型有哪些?

10. 光纤跳线与尾纤的区别是什么?

11. 分光器按分光原理可以分为哪几类?

12. 分光器与分波器有什么区别?

13. 光的调制方式主要有哪些? 有线广播电视用光发射机主要有哪几种调制方式?

14. 光调制器根据原理不同,可分为哪三种?

15. 受激布里渊散射、啁啾效应对光传输有什么影响?

16. 光调制器根据原理不同可分哪几种?

17. 什么是啁啾效应?

18. 光纤放大有几种形式?

19. 光纤放大泵浦有几种方式?

20. 如何进行光纤放大器功率检测?

21. 有线电视光接收机中常用的光检测器主要有哪些?

22. 同轴电缆的结构如何? 同轴电缆的特性和指标主要有哪些? 75-5 的意义是什么?

23. 同轴电缆衰减斜率与频率的关系符合什么规律? 电缆反射的大小怎样衡量?

24. 放大器的最高和最低输出电平的决定因素是什么?

25. 电缆放大器的作用是什么? 分配器、分支器的主要参数和作用是什么? 分配器的出口、分支器的主出口可以开路吗? 可以短路吗? 为什么?

26. 集中供电器与电源插入器的作用是什么?

27. 用户分配网的作用是什么?用户分配网的形式有哪些?

常用术语　　　　　**本章测试**

第5章

NGB骨干交互网络

学习要求

    通过本章学习,建立对 NGB 骨干交互网络的基本认识。要求了解交互信道骨干网的基本概念和网络架构;掌握 SDH、ATM、DWDM、OTN 等 NGB 网络宽带数据传输技术,了解其工作机制及技术特征;了解国家、省级广电骨干网络的基本建设情况;掌握斜体部分的术语缩写。

    交互信道对于 NGB 网络来说是其渗透和进入互联网业务的重要物理信道,是广电网络实现三网业务融合的基础,也是广电网络长期以来的短板和弱项,建设和规划时应该充分认识。

5.1　下一代广播电视传输网

5.1.1　交互信道数据骨干网建设

5-1　下一代广播
电视传输网简介

    原有广电网络交互信道与国家广电干线、省级广电干线网以及各地城域网的接口,以前多以 SDH/DWDM 作为上下传输接口,目前则可以采用 OTN 技术或 OTN + *MSTP*(*Multi-Service Transfer Platform*,**基于SDH 的多业务传送平台**)技术来实现省级、地级市和县(市)网络之间的互联互通。交互信道骨干网应优先考虑这种万兆以太网技术。

    对于需要高安全性业务的用户,可采用千兆以太网技术、MSTP 技术,或通过专线满足用户要求。对于实时性要求较高的业务,可采用具有高带宽和服务质量保证措施的千兆以太网、IP over SDH 技术甚至专线方式。

    交互信道数据网从上至下由国家互通骨干网、省级(至地市)骨干网、市县城域网以及用户接入网等组成,如图 5-1 所示。

图 5-1　广电交互信道骨干网

5.1.2　NGB 交互信道骨干网

就广电交互信道骨干网而言,它必须有一个统一的架构,如图 5-2 所示,由核心层和汇聚层组成,核心层通过 *EBGP*(*External Border Gateway Protocol*,**外部边界网关协议**)与 *ISP*(*Internet Service Provider*,**互联网服务提供商**)进行连接,汇聚层通过 *IBGP*(*Interior Border Gateway Protocol*,**内部边界网关协议**)进行连接,各区域内采用 *OSPF*(*Open Shortest Path First*,**开放式最短路径优先协议**)进行组网连接,在 OSPF 网络中,Area 0 为骨干区域,Area $1,2,\cdots,M,\cdots,N$(城域网)为非骨干区域,分别与骨干区域相连,非骨干区域相互之间不能通信,必须通过骨干区域中转通信。该骨干网的网络结构重点是可靠性和可扩展性,它需要完成的主要任务是:负责进行数据的快速转发;整个城域网路由表的运行和维护;实现与 IP 广域骨干网的互联;提供城市的高速 IP 数据出口。

1. 核心层网络

核心层主要由传输网络与核心交换设备构成。传输网络一般采用高容量的传输设备,将核心节点连接,负责完成数据的传送;核心节点安装的核心路由交换设备,负责建立和管理承载连接,并对这些连接实现交换和路由。核心节点间原则上采用网状、半网状或双归路由连接。交互信道骨干网核心技术目前主要是 IP 技术,以前有些网络还有采用 IP over ATM 以及 IP over SDH 等。

2. 汇聚层网络

汇聚层居于核心层和接入层中间,主要实现以下功能:

(1) 扩展核心层设备的端口密度和端口种类;

(2) 扩大核心层节点的业务覆盖范围;

(3) 汇聚接入节点,解决接入节点到核心节点间光纤资源紧张的问题;

图 5-2　广电交互信道骨干网

（4）实现接入用户的可管理性，当接入层节点设备不能保证用户流量控制时，需要由汇聚层设备提供用户流量控制及其他策略管理功能。

除基本的数据转发业务外，汇聚层还必须能够提供必要的服务层面的功能，包括带宽的控制、数据流 **QoS**（***Quality of Service***，*服务质量*）优先级的管理、安全性的控制、IP 地址翻译 **NAT**（***Network Address Translation***，*网络地址翻译*）、数据流流量整形等一系列功能。

汇聚层一般采用高性能大容量的三层交换设备，甚至采用核心交换机。汇聚层节点的数量和位置的选定与当地的光纤和业务开展状况相关，一般在城市的远郊和所辖县城设置汇聚层节点。

3. 骨干网的构成

核心层节点与汇聚层节点连接构成骨干网。该连接通常采用星形连接，光纤数量应该保证在任何情况下每个汇聚层节点能够与两个核心层节点相连，即双归路由链路连接。当光纤数量较少时，通常采用环网结构。

5.1.3　NGB市县级城域网

市县级城域网其路由结构和功能形式与骨干网有些类似，只是在规模和交换传输能力上要小一些。在网络拓扑的选择上，根据行政区域分布和具体的光纤路由情况，以环形拓扑为主、星形链路为辅的城域网络，环可以是单环、多环、相交环或相切环。县至乡镇采用星形、树形、环形混合组网。

在城域骨干传输网的平台之上，架构宽带 IP 城域网络。省骨干网可在各地市设置两台骨干核心路由器与地市城域网核心路由器进行对接。从网络的鲁棒性考虑，可以采用双路由的方式。市县级宽带 IP 城域网结构如图 5-3 所示。

图 5-3 市县级宽带 IP 城域网结构图

5.1.4 交互信道接入网

1. 接入层网络实现的功能

(1) 负责提供各种类型用户的接入。

(2) 在有需要时提供用户流量控制功能。

2. 接入层节点

设置接入层节点主要是为了将不同地理分布的用户快速有效地接入骨干网络。接入层节点可以根据实际环境中用户数量、距离、密度等的不同,设置一级或级联接入。由于用户端设备端口需求量较大,因此要求接入设备要有优良的性价比。

3. 接入网络结构

接入层节点到汇聚层节点间的网络连接依据设备情况而定,接入层节点使用二、三层交换机等设备(MC+LAN)时,建议采用星形连接,每个接入层节点与一个汇聚节点相连;接入层节点使用 EPON/GPON 无源光节点设备时,接入层建议使用树形连接,PON 局端设备与汇聚层设备相连。接入层节点使用 DOCSIS(Data Over Cable Service Interface Specifications,有线电缆数据服务接口规范)标准的 CMTS 设备时,接入层建议使用星形-树形连接,CMTS 设备与汇聚层设备相连。

接入层是整个 NGB 交互信道建设的重中之重,关系到用户群的覆盖效果,直接影响运营的效益。因为接入环境因地域的不同、承载业务的不同,对网络的要求各异,所以,在选择接入网络时应根据当地实际情况(网络现状、业务需求、资金和技术现实等)而定。并且在制定接入网规划时,应适当考虑前瞻性。

4. 接入技术的选择

集团用户可根据单位地理位置、已有局域网的配置、办公楼设施和用户数量等情况,选用光纤接入、以太网接入或 HFC 接入。

对上网对象分散、量大面广的个体用户,优先考虑 HFC 接入,使用有线调制解调器(CM 或 EOC)进行高速上网,通过有线调制解调器/个人计算机或机顶盒/电视机方式开展有线电视的扩展业务和增值业务。

对上网密度较高的楼群和已布好五类线新建住宅小区的个体用户,可采用五类线以太网接入方式。

在具备相应条件的场合,也可因地制宜地采用 LMDS(Local Multi-point Distribute Service,本地多点分配业务)、宽带无线接入模式。

5.1.5　广电网络交互信道综合技术指标

(1) 交互信道接入服务器忙时接通率≥90%。接入服务器忙时接通率指接入服务器忙时接通次数与忙时用户拨号总次数之比。

(2) 本地交互用户接入认证平均响应时间≤8s,最大值为11s。本地交互用户接入认证平均响应时间是从用户提交完账号和口令起,至本地认证服务器完成认证并返回响应止的时间平均值。

(3) 交互信道接入认证成功率≥99%。交互信道接入认证成功率指在用户输入账号、口令无误情况下的认证成功概率。

(4) 交互信道 IP 包本地传输往返时延平均值≤50ms。IP 包本地传输往返时延指从一个平均包长的 IP 包的最后一个比特进入本地因特网业务接入点(A 点),到达对端的本地业务接入点(B 点),再返回进入时的本地接入点(A 点)止的时间。

(5) 交互信道 IP 包本地传输时延变化平均值≤20ms。IP 包时延变化指在一段测量时间间隔内,IP 包最大传输时延与 IP 包最小传输时延的差值。

(6) 交互信道 IP 包丢失率平均值≤1%。IP 包丢失率指 IP 包在本地两点间传输时丢失的概率。

(7) 交互信道 IP 业务可用性≥99.9%。IP 业务可用性指用户能够使用 IP 业务的时间与 IP 业务全部工作时间之比。在连续 5min 内,如果一个 IP 网络所提供业务的丢包率≤75%,则认为该时间段是可用的,否则是不可用的。

5.2　NGB 网络宽带数据传输技术简介

5.2.1　SDH

5-2　SDH 简介

SDH 光端机容量较大,一般是 16E1 到 4032E1。SDH 是一种将复接、线路传输及交换功能融为一体、并由统一网管系统操作的综合信息传送网络。它可实现网络有效管理、实时业务监控、动态网络维护、不同厂商设备间的互通等多项功能,大大提高网络资源利用率、降低管理及维护费用、实现灵活可靠和高效的网络运行与维护。

1. 产生背景

在综合业务数字网中,需要把不同传输速率(如 64Kbps 的电话,2Mbps 的会议电视,

4～34Mbps的电视节目)的各种信息都复接在一起,放在一根线路上传输,原来的 PDH (Pseudo-synchronous Digital Hierarchy,准同步数字系列),可实现由 30 路电话复接而成的基群信号 H12(传输速率为 2.048Mbps,30 话路数)逐步复接成二次群 H22(传输速率为 8.448Mbps, 120 话路数)、三次群 H31(传输速率为 34.368Mbps,480 话路数)、四次群 H4 (传输速率为 139.264Mbps,1920 话路数)等。

为便于理解,现举个例子来说明:有人在天津想从北京传到上海的四次群中,分出一个特定的基群信号 1,则应先把四次群分接成三次群、然后三次群再分接成二次群、二次群再分成基群。取出基群信号 1 后,再在天津加上一个基群信号 1′,然后进行相反复接,这样才能继续往上海传送,如图 5-4 所示。可见,为了一个基群信号,需要在天津设置很多分接和复接设备,这样不但增加了成本,还使信号受到损伤。另外 PDH 在全世界没有统一的标准和规范,有北美、日本以及欧洲等互不通用的标准,难以实现国际互通。针对 PDH 的缺点,美国贝尔通信研究所提出了 SONET(Synchronous Optical Network,同步光网络)的传输技术体制,1988 年,*CCITT*(*Consultative Committee for International Telephone and Telegraph*,**国际电报电话咨询委员会**)将 SONET 修改为国际通用的技术体制,并命名为 SDH,可应用于光纤、微波和卫星传输网络,并在 20 世纪 90 年代逐步取代了 PDH。

图 5-4　从 PDH 140Mbps 信号分/插 2Mbps 信号图

2. SDH 的基本概念

1) SDH 的主要设备

(1) 终端复用器(Terminal Multiplexer,TM):终端复用器是把多路低速信号复用成一路高速信号,或者反过来把一路高速信号分接成多路低速信号的设备。

(2) 光分插复用器(Optical Add-Drop Multiplexer,OADM):分插复用器是用于高速信号中分接(或插入)部分的设备。

(3) 数字交叉连接设备(Digital eXchange Connection,DXC):数字交叉连接设备是具有一个或多个信号端口,可以实现 STM-N 信号的交叉连接功能,实际上相当于一个交叉矩阵,如图 5-5 所示,可以实现对任意端口之间的信号进行可控连接(包括再生)的设备。它具有复用、配线、保护、恢复、监控和网络管理等多项功能。

(4) 再生器(Regenerator,REG):再生器位于网络传输链路中途,是能够接收 STM-N 号,并经过适当的处理,使信号按规定的幅度、波形和定时特性继续向前传输的设备。

2) 信道复用段和再生段

在一个 SDH 网络中,终端与终端之间的链路称为信道;复用器与复用器(不管是终端复用还是分插复用器)之间的链路称为复用段;再生器和其他网元之间的网络称为再生段。

图 5-5　DXC 交叉矩阵等效图

3）SDH 分层模型

类似于计算机网络,SDH 也采用分层模型,便于设计和管理。SDH 网络可以分成电路层、信道层和传输媒介层,其中信道层又分为低阶信道层和高阶信道层,传输媒介层又分为物理媒介层和段层,段层由复用段层和再生段层组成。

(1)电路层:网络直接为用户提供通信服务,面向电路交换业务、分组交换业务、宽带综合业务等。其主要设备是交换机或交叉连接设备,在呼叫的基础上,电路建立和释放所需时间很短。

(2)信道层:网络支持一个或几个电路层网络,由各种类型的电路层网络共享,为电路层提供传送服务。对于电路层网络节点,信道层的信道是透明的。信道层可分为提供虚容器 VC-1/2/3 的低阶信道层和提供虚容器 VC-3/4 的高阶信道层。

(3)传输媒介层:网络支持一个或几个信道层网络,它与具体的传输媒质是光纤还是无线电信号有关。其中物理媒介层网络主要是以光电脉冲形式进行比特的传送;复用段层网络为信道层提供同步、复用功能,进行复用段开销的处理和传递;再生段网络完成再生器之间或再生器与复用段终端之间的定帧、扰码、再生段误码监测和再生段开销的处理和传递等。

3. SDH 的特点

SDH 是一种同步的数字传输网络。所谓同步是指其复接的方式,其各支路的低次群信号是互相同步的。它的传输速率分级称为 STM(Synchronous Transport Module,同步传输模块),其中 STM-1 的传输速率为 155.520Mbps。

1）主要优点

(1)SDH 有全球统一的数字传输体制标准,使网管系统互通,有很好的横向兼容性,它能与 PDH 完全兼容,并容纳各种新的业务信号。

(2)SDH 接入系统的不同等级的码流在帧结构净负荷区内的排列非常有规律,而净负荷与网络是同步的,可利用软件将高速信号一次直接分插出低速支路信号,实现一次复用的特性。

(3)由于采用较先进的 ADM、DXC 网络的自愈功能和重组功能强,具有较强的生存率。

(4)由于 SDH 支持多种网络拓扑结构,能增强网监,运行管理和自动配置功能,优化了网络性能。

(5)SDH 有传输和交换的性能,它的系列设备能通过功能组合,实现了不同层次和各种拓扑结构的网络。

（6）SDH不专属于某种传输介质，它可用于双绞线、同轴电缆和光纤，这表明SDH既可以用作干线信道，也可以用作支线信道。

（7）从OSI模型的观点来看，SDH属于其最底层的物理层，容易在SDH上采用各种网络技术，支持ATM或IP传输。

（8）SDH是严格同步的，从而保证了整个网络稳定可靠，误码少，且便于复用和调整。

（9）标准的开放型光接口可以在基本光缆段上实现横向兼容，降低了联网成本。

2）主要缺点

（1）频带有效性降低，这是由于在SDH的信号——STM-N帧中加入了大量的用于OAM(Operation Administration and Maintenance,操作管理和维护)功能的开销字节，这样必然会使在传输同样多有效信息的情况下，占用的传输频带较大。

（2）指针调整机理复杂，指针的作用就是时刻指示低速信号的位置，以便在"拆包"时能正确地拆分出所需的低速信号，保证了SDH从高速信号中直接下低速信号的功能的实现，但同时增加了系统的复杂性，还使系统产生了由指针调整引起的结合抖动。

（3）大量使用软件对系统安全性的影响。SDH的OAM自动化程度高，这也意味软件在系统中占的比重大，使系统很容易受到计算机病毒的侵害和网络层上人为误操作的影响。

4. SDH的传输原理

SDH用来承载信息的是一种块状帧结构，块状帧由纵向9行和横向270×N列字节组成，每个字节含8bit。整个帧结构由段开销区、净负荷区和管理单元指针区三部分组成，如图5-6所示。其中段开销区主要用于网络的运行、管理、维护及指配，以保证信息能够正常灵活地传送，管理单元指针用来指示净负荷区域内的信息首字节在STM-N帧内的准确位置，以便接收时能正确分离净负荷。净负荷区域用来存放用于信息业务的比特和少量的用于信道维护管理的信道开销字节。

图 5-6　SDH 块状帧结构

SDH的帧传输时，按由左向右，由小到大的顺序排成串型码流依次进行。每帧传输时间为$125\mu s$，每秒传输$1/125\times10^{6}=8000$帧。对STM-1而言，每帧能传输的比特数为$8\times(270\times9\times1)=19\,940$bit，STM-1的传输速率为$19\,440\times8000=155.520$Mbps，而STM-4为

622.080Mbps、STM-16 为 2.488 32Gbps,STM-64 为 9.953 280Gbps,而 STM-256 为 39.813 12Gbps。

各种业务信号进入 SDH 帧的结构都要经过映射、定位和复用三个步骤。

映射就是将各种进来的速率不等的信号先经过码速调整,再装入相应的标准容器 C 中,同时加入 POH(Path Over Head,信道开销)形成 VC(Virtual Container,虚容器)。

定位就是将帧相位发生偏差(称帧偏移)的信息收进支路单元或管理单元,它通过支路单元指针或管理单元指针的功能来实现。

复用就是将多个低阶信道层信号通过码速调整进入高阶信道或将多个高阶信道层信号通过码速调整进入复用层的过程。

以 139.264Mbps 信号到 STM-1 的形成为例来说明这三个步骤。139.264Mbps 信号首先进入标准容器 C-4,速率调整后输出 149.76Mbps 数字信号,进入 VC-4,加入 POH576kbps 后输出 150.336Mbps 的信号,在管理单元内加入 AU-PTR576kbps,输出 150.912Mbps 的信号,因 N=1,故由一个单元组加入 SOH4.608Mbps 后,输出 155.520Mbps 的 STM-1 信号。信号向 SDH 接口的复接过程如图 5-7 所示。

图 5-7　信号向 SDH 接口的复接过程

5.2.2　DWDM

1. DWDM 概念

PDH 和 SDH 都是在一根光纤上传送一个波长的光信号,这是对光纤巨大带宽资源的极大浪费。如果在发送端,多路规定波长的光信号经过合波器后从一根光纤中发送出去,在接收端,再通过分波器把不同波长的光信号从不同的端口分离出来,这种在一根光纤中传送的多个波长间隔比较大的应用(比如为两个不同的传输窗口),称其为波分复用(WDM)。实际系统中有双纤单向和单纤双向系统。图 5-8 所示系统就是双纤单向系统。

5-3　DWDM 简介

当光载波波长间隔小于 0.8nm 时,WDM 技术称为密集波分复用(Dense Wavelength Division Multiplexing,DWDM),DWDM 能组合一组光波长用一根光纤进行传送。这是一项用来在现有的光纤骨干网上提高带宽利用率的技术。更确切地说,该技术是在一根光纤中,复用多个光谱间距紧密光载波,以便利用可以达到的高带宽传输性能(例如,达到最小程

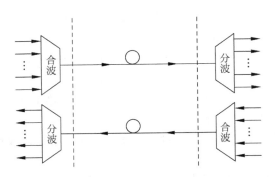

图 5-8   双纤单向波分复用示意图

度的色散或者衰减)。这样,在给定的信息传输容量下,就可以减少所需要的光纤的总数量。8 波、16 波以及 32 波的 DWDM 已经比较成熟并开始大量应用。如果打算复用 8 个光纤载波(OC),即一根光纤中传输 8 路信号,这样传输容量就将从 2.5Gbps 提高到 20Gbps。由于采用了 DWDM 技术,单根光纤可以 150 多束不同波长的光波同时传输,每束光波最高可达 40Gbps 的传输速率。

DWDM 的一个关键优点是它的协议和传输速度是不相关的。基于 DWDM 的网络可以采用 IP 协议、ATM、SONET/SDH、以太网协议来传输数据,处理的数据流量为 100Mbps~2.5Gbps。这样,基于 DWDM 的网络可以在一个激光信道上以不同的速度传输不同类型的数据流量。从 QoS 的观点看,基于 DWDM 的网络以低成本的方式来快速响应客户的带宽需求和协议改变。

2. 波分复用系统关键器件

波分系统的关键器件除上面提到的分波/合波器外,还包括光源技术、EDFA 技术。

1) 分波/合波器件

分波/合波器是波分设备必需的核心器件。分波/合波器件有较大的插损,所谓插损是指规定波长的光信号通过分波/合波器后光功率的损失。除了插损,另外一个比较重要的就是最大插损差。例如针对 16 波系统,每一波都有一个插入损耗,这 16 个插入损耗中的最大值与最小值之差即为最大插损差。对该指标的规范主要是从多波长系统光功率平坦来考虑的,并且对合波器要比对分波器的要求高,因为合波后的信号还需要长距离的传输,而分波后的信号会被马上终结掉。对分波器,还有两个重要指标:中心波长和隔离度。中心波长即是指分波后不同端口出来的光的中心波长,对 16 波系统,有 16 个中心波长,其不应与 ITU-T (**ITU Telecommunication Standardization Sector**,国际电信联盟-电信标准部)建议的标准波长(192.1~193.6THz)有太大的偏移(<20GHz)。隔离度指的是相邻端口的串扰程度。让某波长的光信号输入到分波器,理想情况是它只从端口 1 出来,可实际上,总有一部分从相邻的端口 2 出来。端口 1 与端口 2 出来的光功率之比就是端口 1 对端口 2 的隔离度,隔离度越大越好。

2) 光源

对用于波分系统的光源的两个基本要求如下:

(1) 光源有标准的、稳定的光波长。波分复用系统使用的波长比较密集,要求标准,不仅考虑横向兼容性,也考虑到光纤的非线性效应。ITU-T 对波长有指标规范,目前的 16

波、32 波系统的相邻波之间的频率差是 100GHz。稳定也是必需的,系统运行时一个信道波长的偏移大到一定程度时,在接收端,分波器将无法正确分离该信道,并且,其相邻信道的信号也会因为该信道的加入而受到损伤。

（2）光源需要满足长距离传输要求。与传统 SDH 信号不同,波分系统的电再生中继距离都要求很高。影响电再生中继距离的因素很多,如衰减、色散、光信噪比等。在引入掺铒光纤放大器后,波分系统中,影响再生中继距离的主要因素是色散。所以,所谓满足长距离传输,就是要求光源有相当高的色散受限距离。对此,ITU-T 对 DWDM 光源的色散作了规范,常见有三种:12 800ps/nm、10 000ps/nm、7200ps/nm。常规的 G.652 光纤的典型色散系数是 17ps/(nm.km),在实际工程中作 20ps/(nm.km)计算。上面三个光源能够传送的距离分别是 640km、500km、360km。因此我们见到的"640km 无中继传输",这 640km 指的就是这个色散受限距离,而不是两个站点之间的距离。

3）光纤放大器

（1）按光放大实现的功能,可分为两种:

① 掺铒光纤放大器（EDFA）具有增益平坦、增益锁定、输出功率钳制和放大器瞬态控制等功能,同时为了消除由于突发事故产生的光放大器的"浪涌"现象,光放大器还具有光功率自动关断（APSD）和功率自动减弱（APR）功能,目前在 DWDM 中用的最多。

② 喇曼光纤放大器（RFM）:专为远距离光传输系统设计,采用高性能 14××nm 泵浦激光器和无源器件,结构紧凑,能直接放大 C-Band(1530～1565nm)、L-Band(1565～1620nm)、C＋L-Band 的光信号,改善线路光信噪比（OSNR）,很好地提升系统的传输性能,符合 Telcordia GR-1312-CORE 的标准要求。

（2）波分复用系统引入放大器的必要性。以最常见的 G.652 光纤为例,其在 1550nm 窗口的典型衰减系数值是 0.25dB/km,就是说在其上传送的光信号几乎每 12km 就要衰减一半,所以再生距离比较大的时候不仅需要放大,还可能多级放大。即使对于距离比较近的一般情况下,也是需要光放大器的,因为波分复用系统引入分波器、合波器的同时也引入了很大的插入损耗,二者引入的插入损耗之和约 20dB(衰减到了 1/100)。

根据使用的场合和本身的特点,光放大器有后置放大（BA）、线路放大（LA）、前置放大（PA）之分,如图 5-9 所示。实际 DWDM 系统中可以用 PA＋BA 的方式代替 LA 使用。

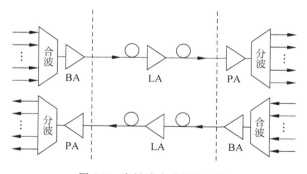

图 5-9　光链路中功率放大器

需要注意的是波分系统中的 EDFA 需对多个波长信号同时放大,为此对其增益提出了两个要求:

① 增益平坦,就是对一定波长范围(目前用 1530～1565nm)的光信号有几乎相同的增益。当增益的差别小于 0.5dB 时,可以认为增益是平坦的。增益平坦是十分重要的,特别在多级放大的系统中,这种不平坦累积起来,将严重影响整个系统的性能,并且限制更多信道的应用。

② 增益锁定指的是上波和掉波不会影响正常信道的增益。如果系统中有两个波长在使用,现在其中一波掉波,由于增益竞争,剩下一波的功率会突然变成原来的两倍;这种增益突变的情况是绝对不允许出现的,不允许因为升级(上波)影响原来已有的业务,也不允许因为其中的一波断业务(掉波)而影响其他波长的业务,即使这种影响是短暂的。所以增益锁定同样是十分重要的。增益平坦和增益锁定示意如图 5-10 所示。

图 5-10　增益平坦和增益锁定示意图

3. 光监控信道

在 SDH 系统中,对系统的管理和监控可以通过 SDH 帧结构中的开销字节来处理。在波分系统中原本就有很多波长在系统中传送,因此可以再加上一波用于对系统的管理,这就是 OSC(Optical Supervisory Channel,光监控信道)。

按照 ITU-T 的建议,DWDM 系统的光监控信道应该与主信道完全独立,建议监控信道的三个波长为 1310nm、1480nm 和 1510nm,它们都在 EDFA 的工作范围之外,主信道与监控信道的独立在信号流向上表现得也比较充分。

ITU-T 建议中还规定光监控信道采用 CMI 码速率为 2Mbps,这样低速率的光信号,接收端的接收灵敏度很高,可以优于 -48dBm。

需要指出的是,光监控信道并不是 DWDM 系统本身所必需的,可实际应用中,它却是必需的,因为高速率传输设备没有监控和管理几乎是不可运行的。加入光监控信道的 DWDM 系统如图 5-11 所示。

光监控信道与主信道的完全独立在图 5-11 中表现得比较突出:对 *OTM(Optical Terminal Multiplexer,光终端复用器)*站点,在发方向,监控信道是在合波、放大后才接入监控信道的;在收方向,监控信道是首先被分离的,之后系统才对主信道进行预放和分波。同样在 *OLA(Optical Line Amplifier,光线路放大器)*站点,在发方向,是最后才接入监控信道;在收方向,最先分离出监控信道。在整个传送过程中,监控信道没有参与放大,但在每一个站点,都被终结和再生。这点恰好与主信道相反,主信道在整个过程中都参与了光功率的放大,而在整个线路上没有被终结和再生,波分设备只是为其提供了一个个通明的光信道。

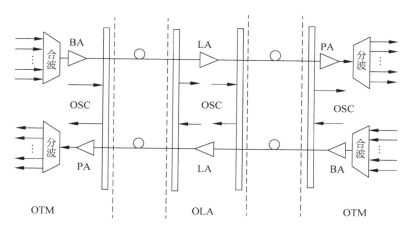

图 5-11 加入光监控信道的 DWDM 系统

4. DWDM 的应用方式和分类

前面说到传统的 SDH 信号是满足 G.957 规范的光信号,而应用于 DWDM 系统的光信号需满足 G.692 规范,所以 SDH 信号上波分之前需要进行光信号的转换,在下 DWDM 系统时再转换成 G.957 信号,如图 5-12 所示。

图 5-12 G.957 信号的中间转换

引入 **OTU(Optical Transform Unit,光转化单元)** 的 DWDM 系统即为开放式系统,它可以接入任何厂家的 SDH 信号或其他非 G.962 信号。如果 SDH 信号或其他业务信号本身已经满足了 G.692 规范,那么自然可以不需要 OTU,直接上 DWDM 信号即可,这种 DWDM 系统称为集成式系统。开放式系统的突出特点是横向兼容型性好,缺点是较大幅度地增加了网络设备的成本。不过网络运营商一般还是更倾向于采用开放式的 DWDM 系统,因为开放式应用能够做到 SDH 与 DWDM 这两个不同网络层次设备在网管系统上彻底分开。而实际上,集成式密集波分复用系统,随着其性价比的提高,有逐步替代开放式 DWDM 系统的主导地位趋势。

目前的 DWDM 系统可提供 16/20 波或 32/40 波的单纤传输容量,最大可到 150 波,具有灵活的扩展能力。用户初期可建 16/20 波的系统,之后根据需要再升级到 32/40 波,这样的方案;另一种是采用交叉波分复用器,在 C 波段由 200GHz 间隔 16/32 波升级为 100GHz 间隔 20/40 波。如需进一步扩容,可考虑 C+L 波段的扩容方案,使系统传输容量进一步扩充为 160 波。

5. DWDM 网络单元

按照在网络中的作用,并参照 SDH 网络单元的概念,DWDM 系统网元可以分为

OTM、OADM、OLA 和 REG 等多种。其功能如图 5-13 所示。

图 5-13　DWDM 系统网元分类及功能

OTM 设备把 SDH 等业务信号通过合波单元插入到 DWDM 的线路,同时经过分波单元从 DWDM 线路上分下来;OADM 和 OTM 的差别是在线路上还有信道的穿通;需要说明的是,OTM 和 OADM 目前只能做到静态波长上下,不像 SDH 网元的 TM 和 ADM 能够做到对线路中各信道的任意选择上下。OLA 设备对线路上的光信号的功率进行放大;REG 主要是对每个信道信号的再生。一般来说,光信号通过 OLA 后信号质量变差,而通过 REG 后信号质量变好。

6. DWDM 的组网形式

实际网络中 DWDM 和 SDH 联合组网,可以组成非常灵活的网络。DWDM 的常见组网形式是链形和环形,如图 5-14 所示。

图 5-14　DWDM 的常见组网形式

5.2.3　ATM

1. ATM 定义

ATM(Asynchronous Transfer Mode,异步传输模式)是以信元　5-4　ATM 简介

为基础的融合分组交换、电路传输和复用模式高速传输技术,可以满足各种通信业务的需求,被认为是实现宽带通信的核心技术。之所以称其为异步,是因为来自某一用户的、含有信息的信息元的重复出现不是周期性的。1992年6月被ITU-T指定为宽带ISDN(B-ISDN)的传输和交换模式,

根据ITU-T定义,ATM是以信元为基本单位进行信息传输、复用和交换的。ATM信元具有53字节的固定长度,其中前5字节是信元头,其余48字节是有效载荷。ATM信元头主要用来标识虚连接,另外也完成了一些功能有限的流量控制、拥塞控制、差错控制等。

ATM是面向连接的交换技术,是一种为支持宽带综合业务网而专门开发的新技术,它与现行的电路交换无任何衔接,其连接是逻辑连接,即虚电路。每条虚电路(Virtual Circuit,VC)用虚路径标识符(Virtual Path Identifier,VPI)和虚信道标识符(Virtual Channel Identifier,VCI)来标识。一个VPI/VCI值对只在ATM节点之间的一段链路上有局部意义,它在ATM节点上被翻译。当一个连接被释放时,与此相关的VPI/VCI值对也被释放,它被放回资源表,供其他连接使用。ATM接口支持永久虚电路(Permanent VC,PVC)。

当发送端想要和接收端通信时,它通过用户网络侧接口(User Node Interface,UNI)发送一个要求建立连接的控制信号。接收端通过网络收到该控制信号并同意建立连接后,一个虚拟线路就会被建立。与同步传递模式(STM)不同,ATM采用异步时分复用技术(统计复用)。来自不同信息源的信息汇集在一个缓冲器内排队。列中的信元逐个输出到传输线上,形成首尾相连的信息流。ATM具有以下特点:因传输线路质量高,不需要逐段进行差错控制。ATM在通信之前需要先建立一个虚连接来预留网络资源,并在呼叫期间保持这一连接,所以ATM以面向连接的方式工作。信头的主要功能是标识业务本身和它的逻辑去向,功能有限。信头长度小,时延小,实时性较好。

ATM能够比较理想地实现各种QoS,既能支持有连接的业务,又能支持无连接的业务。

2. ATM 层次结构

ATM基本协议框架分为3个平面,即用户平面、控制平面和管理平面。用户平面和控制平面又各分为4层,即物理层、ATM层、ATM适配层和高层,在各层中还有更精细的子层划分。

(1)用户平面主要提供用户信息的传送,同时也具有一定的控制功能,如流量控制、差错控制等。

(2)控制平面主要利用信令协议来完成连接的建立和拆除。

(3)管理平面又分为层次管理和平面管理。其中层次管理负责各平面中各层的管理,具有与其他平面相对应的层次结构;平面管理负责系统的管理和各平面之间的通信。ATM协议模型如图5-15所示,各层的具体功能如下:

① 物理层主要提供ATM信元的传输信道,将ATM层传来的信元加上其传输开销后形成连续的比特流;同时,

图 5-15　ATM 协议模型

在接收到物理媒介上传来的连续比特流后,取出有效信元传递给ATM层。

② ATM层在物理层之上,利用物理层提供的服务,与对等层进行以信元为单位的通信。ATM层与物理媒介的类型和物理层的具体实现无关,与具体传送的业务类型也无关。

输入 ATM 层的是 48 字节的净荷,这 48 字节的净荷称为分段和重组协议数据单元(SAR-PDU),而 ATM 层输出的则是 53 字节的信元,该信元将传送到物理层进行传输。ATM 层负责产生 5 字节的信元头,信元头将加到净荷的前面。ATM 层的其他功能包括虚信道标识符/虚电路标识符(VPI/VCI)传送、信元多路复用/分用以及一般流量控制。

③ ATM 适配层(ATM Adaption Layer,AAL)是高层协议与 ATM 层间的接口,负责转接 ATM 层与高层协议之间的信息。目前,已经提出 4 种类型的 AAL,即 AAL1、AAL2、AAL3/4 和 AAL5,每一种类型分别支持 ATM 网中某些特征业务。大多数 ATM 设备制造商现在生产的产品普遍采用 AAL5 来支持数据通信业务。

④ ATM 高层协议则主要具有 WAN 互联、语音互联、与现有 3 层协议互联、封装方式、局域网仿真、ATM 的多协议和经典 IP 等功能。

3. ATM 的优点

ATM 具有高达 2000Mbps 的声音、数据、图形及视频图像的传输能力。它允许网络管理者在工作站要求改变时动态重组 LAN。当前,LAN 的分段原则是一个工作站与它的 LAN 服务器的地理位置较近,ATM 将允许网络管理者建立一个逻辑的而不是物理的分段。一个 ATM 开关将允许建立一个完全不依赖于网络的物理结构的逻辑网络。

ATM 提供了任何两个同点间的点到点的连接,保证两点间可有完全的网络带宽 45Mbps 或 155Mbps(标准草案中规定的两个接口速度)。因为 ATM 是独立于介质,它能在一定速度范围内操作。

4. ATM 的问题

ATM 存在一个潜在的问题,即接收方并不知道数据会在什么时候到达。在它检测到数据并做出响应之前,第一个比特已经过去了。因此,每次异步传输的信息都以一个起始位开头,它通知接收方数据已经到达了,这就给了接收方响应、接收和缓存数据比特的时间;在传输结束时,一个停止位表示该次传输信息的终止。

ATM 的实现比较容易,由于每个信息都加上了“同步”信息,因此计时的漂移不会产生大的积累,但却产生了较多的开销。

5. 与同步传输的主要区别

简单地说,同步传输就是接收时,如果对方没有发送数据,则你的线程就一直等待,直到有数据了才返回,可以继续执行其他指令。而异步传输就是,你调用一个函数发送数据,马上返回,你可以继续处理其他事务,接收时,对方有数据过来,你会接收到一个消息,或者你的相关接收函数会被调用。形象点说,异步传输是你传输吧,我去做我的事了,传输完了告诉我一声;同步传输是你现在传输,我要亲眼看你传输完成,才去做别的事。

5.2.4 MSTP

1. MSTP 定义和功能

MSTP 是指基于 SDH 平台同时实现 TDM、ATM、以太网等业务的接入、处理和传送,提供统一网管的多业务节点。它除应具有标准 SDH 传送节点所具有的功能外,还具有以下主要功能特征:

5-5　MSTP 简介

（1）具有 TDM 业务、ATM 业务和以太网业务的接入功能；

（2）具有 TDM 业务、ATM 业务和以太网业务的传送功能；

（3）具有 TDM 业务、ATM 业务和以太网业务的点到点传送功能，保证业务的透明传送；

（4）具有 ATM 业务和以太网业务的带宽统计复用功能；

（5）具有 ATM 业务和以太网业务映射到 SDH 虚容器的指配功能。

基于 SDH 的多业务传送节点可根据网络需求主要应用在传送网的接入层、汇聚层，应用在骨干层的情况有待研究。图 5-16 为 MSTP 功能架构。

图 5-16　MSTP 功能架构

2. 技术演进

MSTP 技术的发展主要体现在对以太网业务的支持上，以太网新业务的 QoS 要求推动着 MSTP 的发展。MSTP 技术的发展可划分为三代。

第一代的特点是提供以太网点到点透传。它是将以太网信号直接映射到 SDH 的虚容器（VC）中进行点到点传送。在提供以太网透传租线业务时，由于业务粒度受限于 VC，一般最小为 2Mbps。因此，第一代 MSTP 还不能提供不同以太网业务的 QoS 区分、流量控制、多个以太网业务流的统计复用和带宽共享，以及以太网业务层的保护等功能。

第二代的特点是支持以太网二层交换。它是在一个或多个用户以太网接口与一个或多个独立的基于 SDH 虚容器的点对点链路之间实现基于以太网链路层的数据帧交换。第二代 MSTP 可提供基于 802.3x 的流量控制、多用户隔离和 VLAN（Virtual Local Area Network，虚拟局域网）划分、基于 STP（Shielded Twisted Pair，屏蔽双绞线）以太网业务层保护及基于 802.1p 的优先级转发等多项以太网方面的支持。但是，第二代 MSTP 仍然存在着许多不足,比如不能提供良好的 QoS 支持,业务带宽粒度受限于 VC,基于 STP 的业务层保护时间太慢,VLAN 功能不适合大型城域网应用,不能实现环上不同位置节点的公平接入,基于 802.3x 的流量控制只是针对点到点链路等。

第三代的特点是支持以太网 QoS。在第三代中引入了中间的智能适配层、通用成帧规程(Generic Framing Procedure,GFP)高速封装协议、虚级联和链路容量调整机制(LCAS)等多项全新技术。因此,第三代 MSTP 可支持 QoS、多点到多点的连接、用户隔离和带宽共享等功能,能够实现业务等级协定(SLA)增强、阻塞控制以及公平接入并且还有相当强的可扩展性。

3. 主要特点

(1)业务的带宽灵活配置,MSTP 上提供的 10/100/1000Mbps 系列接口,通过 VC 的捆绑可以满足各种用户的需求。

(2)可以根据业务的需要工作在端口组方式和 VLAN 方式。

① 端口组方式:单板上全部的系统和用户端口均在一个端口组内。这种方式只能应用于点对点对开的业务。换句话说,也就是任何一个用户端口和任何一个系统端口(因为只有一个方向,所以没有必要启动所有的系统端口,一个就足够了)被启用了,网线插在任何一个启用的用户端口上,那个用户端口就享有了所有带宽,业务就可以开通。

② VLAN 方式:分为接入模式和干线模式。其中的接入模式,如果不设定 VLAN ID,则端口处于端口组的工作方式下,单板上全部的系统和用户端口均在一个端口组内。

如果设定了 VLAN ID,则需要设定“端口 VLAN 标记”。这是因为交换芯片会为收到的数据包增加 VLAN ID,然后通过系统端口走光纤发到对端同样 VLAN ID 的端口上。如某个用户口 VLAN ID 为 2,则对应站点的用户端口的 VLAN ID 也应该设定为 2。这种模式可以应用于多个方向的 MSTP 业务,这时每个方向的端口都要设置不同的 VLAN ID。然后把该方向的用户端口和系统端口放置到一个虚拟网桥中(该虚拟网桥的 VLAN ID 必须与“端口 VLAN 标记”一样),如图 5-17 所示,其中“Permit:VLAN20,30”表示该链路允许 VLAN20,VLAN30 的报文通过。

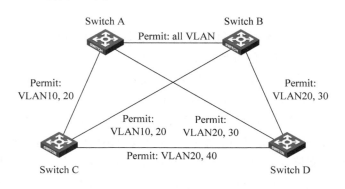

图 5-17　VLAN 配置组网图

(3)可以工作在全双工、半双工和自适应模式下,具备 MAC 地址自学习功能。

(4)QoS 设置的实质是限制端口的发送,QoS 系统会根据它的配置和相关算法合理安排发送端口的多个队列按优先等级完成各类业务的发送。因此,当一个端口可能发送来自多个来源的业务,而且总的流量可能超过发送端口的发送带宽时,可以设置端口的 QoS 能力,并相应地设置各种业务的优先级配置。当 QoS 不作配置时,带宽平均分配,多个来源的业务尽力传输。QoS 的配置就是规定各端口在共享同一带宽时的优先级及所占用带宽的额度。

（5）对每个客户独立运行生成树协议。

4. 技术优势

（1）现阶段大量用户的需求还是固定带宽专线,如 2Mbps、10/100Mbps、34Mbps、155Mbps 等。对于这些专线业务,大致可以划分为固定带宽业务和可变带宽业务。对于固定带宽业务,MSTP 设备从 SDH 那里集成了优秀的承载、调度能力,对于可变带宽业务,可以直接在 MSTP 设备上提供端到端透明传输信道,充分保证服务质量,可以充分利用 MSTP 的二层交换和统计复用功能共享带宽,节约成本,同时使用其中的 VLAN 划分功能隔离数据,用不同的业务质量等级（QoS）来保障重点用户的服务质量。

（2）在城域汇聚层,实现企业网络边缘节点到中心节点的业务汇聚,具有节点多、端口种类多、用户连接分散和较多端口数量等特点。采用 MSTP 组网,可以实现 IP 路由设备 10M/100M/1000M POS 和 2M/FR 业务的汇聚或直接接入,支持业务汇聚调度,综合承载,具有良好的生存性。根据不同的网络容量需求,可以选择不同速率等级的 MSTP 设备。

5. 关键技术

1）虚级联

VC 的级联概念是在 ITU-T G.7070 中定义的,分为相邻级联和虚级联两种。SDH 中用来承载以太网业务的各个 VC 在 SDH 的帧结构中是连续的,共用相同的信道开销（POH）,此种情况称为相邻级联,或直接简称为级联。SDH 中用来承载以太网业务的各个 VC 在 SDH 的帧结构中是独立的,其位置可以灵活处理,此种情况称为虚级联。

从原理上讲,可以将级联和虚级联看成是把多个小的容器组合为一个比较大的容器来传输数据业务的技术。通过级联和虚级联技术,可以实现对以太网带宽和 SDH 虚信道之间的速率适配。尤其是虚级联技术,可以将从 VC-4 到 VC-12 等不同速率的小容器进行组合利用,能够做到非常小颗粒的带宽调节,相应的级联后的最大带宽也能在很小的范围内调节。虚级联技术的特点就是实现了使用 SDH 经济有效地提供合适大小的信道给数据业务,避免了带宽的浪费,这也是虚级联技术最大的优势。

2）GFP

GFP 是在 ITU-T G.7041 中定义的一种链路层标准,它既可以在字节同步的链路中传送长度可变的数据包,又可以传送固定长度的数据块,是一种简单而又灵活的数据适配方法。

GFP 采用了与 ATM 技术相似的帧定界方式,可以透明地封装各种数据信号,利于多厂商设备互联互通;GFP 引进了多服务等级的概念,实现了用户数据的统计复用和 QoS 功能。

GFP 采用不同的业务数据封装方法对不同的业务数据进行封装,包括 GFP-F 和 GFP-

T 两种方式。GFP-F 封装方式适用于分组数据,把整个分组数据(PPP、IP、RPR、以太网等)封装到 GFP 负荷信息区中,对封装数据不做任何改动,并根据需要决定是否添加负荷区检测域。GFP-T 封装方式则适用于采用 8bit/10bit 编码的块数据,从接收的数据块中提取出单个字符,然后把它映射到固定长度的 GFP 帧中。

3) 链路容量调整机制

LCAS(Link Capacity Adjustment Scheme,链路容量调整机制)是在 ITU-T G.7042 中定义的一种可以在不中断数据流的情况下动态调整虚级联个数的功能,它所提供的是平滑地改变传送网中虚级联信号带宽以自动适应业务带宽需求的方法。

LCAS 是一个双向的协议,它通过实时地在收发节点之间交换表示状态的控制包来动态调整业务带宽。控制包所能表示的状态有固定、增加、正常、EOS(表示这个 VC 是虚级联信道的最后一个 VC)、空闲和不使用六种。

LCAS 可以将有效净负荷自动映射到可用的 VC 从而实现带宽的连续调整,不仅提高了带宽指配速度、对业务无损伤,而且当系统出现故障时,可以动态调整系统带宽,无须人工介入,在保证服务质量的前提下显著提高网络利用率。一般情况下,系统可以实现在通过网管增加或者删除虚级联组中成员时,保证"不丢包";即使是由于"断纤"或者"告警"等原因产生虚级联组成员删除时,也能够保证只有少量丢包。

4) 智能适配层

虽然在第二代 MSTP 中也支持以太网业务,但却不能提供良好的 QoS 支持,其中一个主要原因就是现有的以太网技术是无连接的。为了能够在以太网业务中引入 QoS,第三代 MSTP 在以太网和 SDH/SONET 之间引入了一个智能适配层,并通过该智能适配层来处理以太网业务的 QoS 要求。智能适配层的实现技术主要有 **MPLS**(**Multi-Protocol Label Switching**,**多协议标签交换**)和 **RPR**(**Resilient Packet Ring**,**弹性分组环**)两种。

(1) 多协议标签交换

MPLS 是 1997 年由思科公司提出,并由 IETF(因特网工程任务组)制定的一种多协议标签交换标准协议,它利用 2.5 层交换技术将第三层技术(如 IP 路由等)与第二层技术(如 ATM、帧中继等)有机地结合起来,从而使得在同一个网络上既能提供点到点传送,也可以提供多点传送;既能提供原来以太网尽力而为的服务,又能提供具有很高 QoS 要求的实时交换服务。MPLS 技术使用标签对上层数据进行统一封装,从而实现了用 SDH 承载不同类型的数据包。这一过程的实质就是通过中间智能适配层的引入,将路由器边缘化,同时又将交换机置于网络中心,通过一次路由、多次交换将以太网的业务要求适配到 SDH 信道上,并通过采用 GFP 高速封装协议、虚级联和 LCAS,使网络的整体性能大幅提高。

基于 MPLS 的第三代 MSTP 设备不但能够实现端到端的流量控制,而且还具有公平的接入机制与合理的带宽动态分配机制,能够提供独特的端到端业务 QoS 功能。另外,通过嵌入二层 MPLS 技术,允许不同的用户使用同样的 VLAN ID,从根本上解决了 VLAN 地址空间的限制。再有,由于 MPLS 中采用标签机制,路由的计算可以基于以太网拓扑,大大减少了路由设备的数量和复杂度,从整体上优化了以太网数据在 MSTP 中的传输效率,达到了网络资源的最优化配置和最优化使用。

(2) 弹性分组环

RPR 是 IEEE 定义的如何在环形拓扑结构上优化数据交换的 MAC 层协议,RPR 可以承载以太网业务、IP/MPLS业务、视频和专线业务,其目的在于更好地处理环形拓扑上数据流的问题。RPR环由两根光纤组成,在进行环路上的分组处理时,对于每一个节点,如果数据流的目的地不是本节点,就简单地将该数据流前传,这样可以大大地提高系统的处理性能。通过执行公平算法,使得环上的每个节点都可以公平地享用每一段带宽,大大提高了环路带宽利用率,并且一条光纤上的业务保护倒换对另一条光纤上的业务没有任何影响。RPR使得运营商能够在城域网内以较低成本提供电信级服务,是一种非常适合在城域网骨干层、汇聚层使用的技术。

6. MSTP业务类型

参考ITU-T G. etnsrv的建议,MSTP支持以太业务的类型有四种:EPL(Ethernet Private Line,以太专线业务)、EVPL(Ethernet Virtual Private Line,以太虚拟专线业务)、EPLAN(Ethernet Private LAN,以太专用局域网业务)和EVPLAN(Ethernet Virtual Private LAN,以太虚拟专用局域网业务)。

(1) EPL:以太透传业务,各个用户独占一个VC TRUNK(虚容器传送通信道)带宽,业务延迟低,提供用户数据的安全性和私有性。

(2) EVPL:又可称为VPN专线,其优点在于不同业务流可共享VC TRUNK信道,使得同一物理端口可提供多条点到点的业务连接,并在各个方向上的性能相同,接入带宽可调、可管理,业务可收敛实现汇聚,节省端口资源。

(3) EPLAN:也称为网桥服务,网络由多条EPL专线组成,实现多点到多点的业务连接。接入带宽可调,可管理,业务可收敛、汇聚。优点与EPL类似,在于用户独占带宽,安全性好。

(4) EVPLAN:也称为虚拟网桥服务、多点VPN业务或VPLS业务,实现多点到多点的业务连接。

7. 与SDH的指标比较

表5-1是MSTP与SDH之间的一些指标的比较。

表5-1　MSTP与SDH之间技术指标与非技术指标

比较项	SDH	MSTP
抗干扰能力	强(光纤)	强(光纤)
与互联网隔离	物理隔离专网专用	物理隔离专网专用
网络时延变化	无	无
突发业务适合性	适合	适合
用户接入速率	2M～155Mbps	2M～1000M(1G)bps
可靠性	高	高
稳定性	高	高
安全性	高	高
兼容性	较高	高
电路接口	V.35/E1/CPOS	GE/FE/RJ-45
适用业务	点对多点连接、高速接入,图像、数据传输	多点互联、高速接入,图像、数据传输

续表

比较项	SDH	MSTP
用户端设备及投资	必须有支持 CPOS 接口的路由器,接口物理特性要求严格。155M 以下带宽需要光端机和协议转换器增加了电路故障点	支持以太网协议接口设备即可,路由器交换机均可。只要支持普通网线接口即可。1G 以上带宽可直接光纤接入设备端口
用户接入端口类型	CPOS,POS,G.703,E1	FE/RJ-45,GE/光模块
带宽升级	2M/4M/8M/10M,155M,622M	10M,100M,1000M/1G,10000M/10G
兼容性	差,与未来发展趋势不相融合,需要改进	好,SDH 经过升级改造成为 MSTP 后可与任何 TCP/IP 快速网络融合

5.2.5 OTN

1. OTN 产生的背景

OTN(Optical Transport Network,光传送网)是以 WDM 为基础、在光层组织网络的传送网,是下一代的骨干传送网。众所周知,传统的传送网是基于语音业务而设计和优化的,以 2M、155M 业务的汇聚为主,具备分插复用、交叉连接、管理监视以及自动保护倒换等功能。随着宽带业务的发展,特别是 VoIP、VOD、IPTV 对带宽的巨大需求,原有传送网越来越难以负担对大颗粒业务高效率低成本传送的需求,低的传送效率和复杂的维护管理限制了 WDM(波分复用)设备在城域光网络的发展。数字传送网的演化从最初的基于 T1/E1 的第一代数字传送网,经历了基于 SONET/SDH 的第二代数字传送网,发展到了目前以 OTN 为基础的第三代数字传送网。第一、二代传送网最初是为支持语音业务而专门设计的,虽然也可用来传送数据和图像业务,但是传送效率并不高。相比之下,第三代传送网技术,从设计上就支持语音、数据和图像业务,配合其他协议时可支持 BOD(Bandwidth On Demand,带宽按需分配)、可裁剪的 QoS 及 OVPN(Optical VPN,光虚拟专网)等功能。

1998 年 ITU-T 就已正式提出了 OTN 的概念,定义了 OTN 标准体系架构,如图 5-18 所示。从其功能上看,OTN 在子网内可以以全光形式传输,而在子网的边界处采用光-电-光(O-E-O)转换,各个子网可以通过 3R 再生器连接,从而构成一个大的光网络,OTN 可以看作是传送网络向全光网演化过程中的一个过渡应用。ITU-T 在 2002 年发布 G.709 协议。G.709 定义了 OTMn(Optical Transport Module of order n,光传送模式 n 指令)的要求:①光传送体系(Optical Transport Hierarchy,OTH);②支撑多波长传输网络的开销定义;③帧结构;④比特率;⑤多种映射方式。

OTN 与 SDH 相比,OTN 是面向传送层的技术,特点是结构简单,内嵌标准 FEC,丰富的维护管理开销,只有很少的时隙,只适用于大颗粒业务接入;SDH 主要面向接入和汇聚层,结构较为复杂,有丰富的时隙,对于大小颗粒业务都适用,无 FEC,维护管理开销较为丰富。OTN 设计的初衷就是希望将 SDH 作为净荷完全封装到 OTN 中,以弥补 SDH 在面向传送层时的功能缺乏和维护管理开销的不足。WDM 和 OTN 的关系是,WDM 是面向传送层的技术,而 OTN 则是更关注传送层功能的技术,所以 OTN 被认为是为 WDM 量身定制

5-6 OTN 简介

图 5-18 OTN 标准体系架构

的技术。在 G.709 标准中已经提到,OMS(光学复用段层)层就是依靠 WDM 技术来实现的。

最初的 WDM 设备在信号结构上并没有统一的标准,仅仅是将各种业务直接通过 O-E-O 实现非特定波长到特定波长的转换。OTN 标准发布后,由于其非常适合 WDM 的特点,而且有利于推进不同厂家 WDM 设备的互联互通,所以迅速成为 WDM 设备的事实标准。OTN 对于以太网的支持是,OTN 在设计时是面向 TDM 业务的,对于数据业务的支持并没有过多地考虑。数据业务的发展速度远远超过了 TDM 业务,OTN 必须要考虑对数据业务的支持。在现有技术条件下,OTN 有两种方式来支持数据业务:一种为通过 GFP 适配数据业务,例如多个 GE 通过 GFP 封装后再封装到 OTN 净荷中,此方式适用于低速的 GE 业务;一种为采用更高速率的 OTN 帧将以太网直接作为净荷封装到 OTN 中,适用于高速以太网业务。例如 10GE LAN 速率为 10.3125Gbps,可以将其映射到 11.1Gbps 的 OTU2 帧中实现完全透传。

从技术上说 OTN 与 PTN(Package Transport Network,分组传送网)是两种完全不同的技术。OTN 是光传送网,是从传统的波分技术演进而来,主要加入了智能光交换功能,可以通过数据配置实现光交叉而不用人为跳纤,大大提升了波分设备的可维护性和组网的灵活性。

PTN 是包传送网,是传送网与数据网融合的产物,主要协议是 T-MPLS(Transport MPLS,面向连接的分组传送技术),较网络设备少 IP 层而多了开销报文,可实现环状组网和保护,是电信级的数据网络。PTN 的传送带宽较 OTN 小,一般 PTN 最大群路带宽为 10G,OTN 单波 10G～40G,群路可达 400G～1600G。

2. OTN 的基本概念和优势

OTN 是通过 G.872、G.709、G.798 等一系列 ITU-T 的建议所规范的新一代"数字传送体系"和"光传送体系"。

从居于核心地位的 G.709 协议中可以看出,OTN 跨越了传统的电域/数字传送和光域/模拟传送,成为管理电域和光域的统一标准。从电域看,OTN 保留了许多 SDH 优势方面。同时,OTN 扩展了新的能力和领域,可提供对更大颗粒的 2.5G、10G、40G 业务的透明传送的支持,通过异步映射同时支持业务和定时的透明传送,对带外 FEC 的支持,对多层、多域网络连接监视的支持等。从光域看,OTN 首次为 WDM 系统提供了标准的物理接口,同时将光域划分成光信道层(Optical Channel Layer,OCh)、光复用段层(Optical Multiplexing Section Layer,OMS)、光传送段层(Optical Transmission Section Layer,OTS)三个子层,另外,为了解决客户信号的数字监视问题,光信道层又分为光信道传送单元(Optical Transmission Unit k,OTUk)和光信道数据单元(ODUk)两个子层,类似于 SDH 技术的段层和信道层。因此,实际上 OTN 是对已有的 SDH 和 WDM 的传统优势进行了继承和组合,同时扩展了与业务传送需求相适应的组网功能。从设备类型上看,OTN 相当于是将 SDH 和 WDM 融合为一体的设备,同时拓展了原有设备类型的优势功能,OTN 的主要优势如下:

1) 多种客户信号封装和透明传输

基于 ITU-TG. 709 的 OTN 帧结构可以支持多种客户信号的映射和透明传输,如 SDH、ATM、以太网等。目前对 SDH 和 ATM 可实现标准封装和透明传送,但对不同速率的以太网的支持有所差异。ITU-TG. sup43 为 10GE 业务实现不同程度的透明传输提供了补充建议,而对于 GE、40GE、100GE 以太网和专网业务光纤信道(FC)以及接入网业务吉比特无源光网络(GPON)等,其列 OTN 帧中标准化的映射方式还在讨论之中。

2) 大颗粒调度和保护恢复

OTN 技术提供三种交叉颗粒,即 ODU1(2.5Gbps)、ODU2(10Gbps)和 ODU3(40Gbps)。高速率的交叉颗粒具有更高的交叉效率,使得设备更容易实现大的交叉连接能力,降低设备成本。在 OTN 大容量交叉的基础上,通过引入 ASON(Automatic Switch Optical Network,自动交换光网络)智能控制平面,可以提高光传送网的保护恢复能力,改善网络调度能力。

3) 大颗粒的带宽复用、交叉和配置

OTN 目前定义的电层带宽颗粒为光通路数据单元 ODU1、ODU2 和 ODU3,光层的带宽颗粒为波长,相对于 SDH 的 VC-12/VC-4 的调度颗粒,OTN 复用、交叉和配置的颗粒明显要大很多,对高带宽数据客户业务的适配和传送效率显著提升。

OTN 的交叉分为光交叉和电交叉。光交叉有 ROADM(Reconfigurable Optical Add-Drop Multiplexer,可重构光分插复用器)、OXC 等。ROADM 是波分设备采用的一种较为成熟的光交叉技术。当前 ROADM 可以较为方便地实现 4 个光方向每个光方向 40/80 波的交叉,容量 1.6TB/3.2TB,将来可以很快支持 8 个光方向。传输距离可能受到色散、OSNR 和非线性等光特性的限制,增加 OTU 中继可以解决这个问题,但成本过高。电交叉包括多种实现方式,例如基于 SDH TSI 时隙交换的交叉,基于 ODU1(光信道数据单元)的交叉容量低于光交叉,目前技术最大也就 Tbit 量级,支持子波长一级的交叉,适用于大颗粒和小颗粒业务,容量低时有成本优势,容量高时成本很高,O-E-O 技术使得传输距离不受色散等光特性限制。

4）完善的性能和故障监测能力

OTN 引入了丰富的开销,具备完善的性能和故障监测机制。OTUk(光信道传送单元帧对齐开销)层的段监测字节(SM)可以对电再生段进行性能和故障监测;ODUk 层的信道监测字节(PM)可以对端到端的波长信道进行性能和故障监测,从而使 WDM 系统具备类似 SDH 的性能和故障监测能力。

OTN 还可以提供 6 级连接监视功能(TCM),对于多运营商/多设备商/多子网环境,可以实现分级和分段管理。适当配置各级 TCM,可以为端到端信道的性能和故障监测提供有效的监视手段,实现故障的快速定位。

因此在 WDM 系统中引入 OTN 接口,可以实现对波长信道端到端的性能和故障监测,使基于 OTN 的 WDM 网络成为一个具备 OAM 功能的独立传送网。

5）增强了组网和保护能力

通过 OTN 帧结构、ODUk 交叉和多维度 ROADM 的引入,大大增强了光传送网的组网能力,改变了目前基于 SDH VC-12/VC-4 调度带宽和 WDM 点到点提供大容量传送带宽的现状。而采用 FEC 技术,显著增加了光层传输的距离。G.709 为 OTN 帧结构定义了标准的带外 FEC 纠错算法,FEC 校验字节长达 4×256 字节,使用 RS(255,239)算法,可以带来最大 6.2dB(BER $= 10^{-15}$)编码增益,降低 OSNR 容限,延长电中继距离,减少系统站点个数,降低建网成本。G.975.1 定义了非标准 FEC,进一步提高了编码增益,实现更长距离的传送。

作为新型的传送网络技术,OTN 最典型的不足之处就是不支持 2.5Gbps 以下颗粒业务的映射与调度。另外,OTN 标准最初制定时并没有过多考虑以太网完全透明传送的问题,导致目前通过超频方式实现 10GE(Gigabit Ethernet,千兆以太网)LAN 业务比特透传后,出现了与 ODU2 速率并不一致的 ODU2e 颗粒,40GE 也面临着同样的问题。

同 SDH 传送网一样,光传送网也有线形、星形、树形、环形和网孔形五种网络形式,使用波分复用终端设备、光分插复用设备(OADM)和光交叉连接设备(OXC),适用于接入网、城域网和干线网。OTN 同 SDH 传送网一样,采用 I-TUT G805 建议所规范的术语、功能体系和图表形式来定义光传送网的功能。据此,可将光传送网分为电路(客户)层网络、光信道层网络、光复用段层网络、光传输段层和媒介层网络。电路(客户)层网络将来自用户的电信业务信号转换成为适合于在光传送网中传送的形式,反之亦然。

光信道层具有光信道端到端联网功能,透明转换不同格式(如 STM-N、PDH565Mps、ATM 信号、IP 信号等)来自电路层的信号,不修改来自电路层的信号,但在光传送网输入/输出处对电路层信号进行监测和维护。在光传送网发生故障时,电路(客户)层网络应能够进行监测,如同 SDH 网络要有 AIS 监测。光复用段层具有多波长(包括一个波长的情况)光信号联网功能。光传输段层的主要功能是实现光信号在各种不同类型光传输媒介(如 G.652、G.653 和 G.655 光纤)上传送。物理媒介层网络由光纤类型决定,是光传输段层的服务者。

3. OTN 的关键技术

1）各种业务信号的映射方式

目前,在光传送网中,常用的映射方式有 SDH over OTN、ATM over OTN 和 ATM over SDH over OTN。对于 SDH over OTN 方式,它具有 SDH 本身所具备的 OAM 功能,

具有比较强的保护和恢复能力,可以在 SDH 的基础上实现各种业务的综合,可以按照波长根据发展需要进行扩容,缺点是各种业务信号在进入 SDH 后,缺乏像 ATM 那样的 QoS 保证。对于 ATM over OTN 方式,虽然它具有 ATM 和 OTN 方式的优点,可以提供端到端 QoS 保证,但由于没有 SDH,加之 OTN 本身的限制,使得这种传送方式缺乏足够的保护和恢复能力及网管功能,进而使得这种方式和应用在现在受到了很大的限制。对于 ATM over SDH over OTN 方式,在目前技术发展情况下,是技术性能最完善的,但也是最复杂,最昂贵的。此外,还可以将以太网信号直接映射到 OTN,这种方式可以使广域网、城域网和局域网做到无缝连接,可大大简化设备、降低成本,在小范围内抖动与定时性能较好,但这种方式只有有限的故障检测和性能管理功能,没有保护倒换能力。

将来光传送网会采用 ITU-TG.709 建议所规范的数字包封技术,解决各种信号的映射问题。这种技术不仅彻底解决了客户层信号透明传送及网络边缘处故障检测和性能管理问题,而且还解决了光路性能监视和光层保护和恢复指令传送问题。另外,结合使用带外 FEC,可以明显地改善系统的光信噪比。

2)传输技术

对于光传送网,WDM 传输技术是比较合适的选择。目前,扩展 WDM 传输系统容量的方法主要侧重于以下三个方面,一个是提高每个信道的基础速率,由 2.5Gbps、10Gbps 提高到 40Gbps;另一方面,扩展使用波段,由 C—Band 扩展至 L—Band,最后,减少信道间隔,增加复用信道数,信道间隔由 200GHz、100GHz 减少到 50GHz 乃至 25GHz;复用信道数由 16、32 扩展至 80、100 甚至 200 个信道。与 10Gbps 速率相比,40Gbps 基础速率具有频谱效率高,降低设备成本,减少网管系统复杂性等优点,但在帧同步,特别是 PMD 补偿方面的技术问题有待于解决。光传送网使用两种再生中继方式:一种是全光再生中继,这种形式在光信道层、光复用段和光传输段层均可使用;另一种再生中继方式为光电变换再生中继,这种形式仅允许在光信道层中使用。

3)OTN 网络的生存性

OTN 和 SDH 网络结构一样也是面向连接的网络,所使用的网络技术和网络单元极为相似,因此它们的保护恢复技术基本相似,主要有以下几种:

(1)点到点的线路(光复用段 OMS)保护倒换方案,其原理是当工作链路传输中断或性能劣化到一定程度后,系统倒换设备将主信号自动转至备用光纤系统来传输,从而使接收端仍能接收到正常的信号而感觉不到网络已出现了故障。该保护方法只能保护传输链路,无法提供网络节点的失效保护,因此主要适用于点到点应用的保护。

①(1:1)光层保护方式,是由一个备用保护系统和一个工作系统组成的保护网络,系统的冗余度显然为 100%。这种设置方式其收发端的发送机和接收机为成对设置,因而在无故障的情况下,可以用备用保护信道进行优先级较低的通信,借以提高光缆系统的利用率,适用于端到端的保护和业务的保护。业务流量只有出现故障时,才在工作光纤和保护光纤之间进行一次切换。

②(1+1)光链路保护方式,是由一个备用保护系统与一个工作系统组成的保护网络,与 1:1 方式不同的是采用了单方向工作的方式,即收发信机本身不设备份,但发射机同时要与主备两个传输系统相连,而接收机则要根据主备信道的质量情况,选择其中之一作为工作信道,并在没有任何故障返回信令的情况下,独立完成保护切换的功能,只能对链路故障

中的业务进行保护。这种方法是利用光滤波器来桥接光信号,并把同样的两路信号分别送入方向相反的工作光纤和保护光纤的信道中。保护倒换完全是在光域实现。当遇到单一的链路故障时,在接收端的光开关便把线路切换到保护光纤。由于在这里没有电层的复制和操作,所以除了当发射机和接收机发生故障时会丢失业务外,一切链路故障都可以恢复。

③ $(1:N)$ 光层保护结构与 $(1:1)$ 的保护结构相类似。然而在这里,N 个工作实体共享同一个保护光纤。如果有多条工作光纤断裂,那么只有其中的一条所承载的流量可以恢复。最先恢复的是具有最高优先级的故障。

④ $M:N$ 方式,是资源共享的保护方式,通常采用信道保护方式。这种方式是由 M 个备用保护系统和 N 个工作系统组成的复用段保护网络;当接收机检出故障以后,需将故障报警信息返回到发射机端,才能实现主备段的保护切换。

(2) 核心传输网 DWDM 的自愈环网保护恢复技术——SHR(Self Healing Ring,自愈环网),就是无须人为干预,利用网络具有发现替代传输路由并重新建立通信的能力,在极短的时间内从失效的故障中自动恢复所携带的业务的环网。其中环网 APS(Automatic Protect Switch,自动保护开关)是一种常用的保护方式,包括两纤单向环、两纤双向环和四纤双向环。在环网中又分复用段保护和信道共享保护,是利用环网的特殊结构来实施的一种保护方式,属于对资源的保护。基于信道倒换的环是一种单向的信道保护环结构,而基于线路倒换的环称为 SPRING 结构。

5.3　交互信道骨干网建设

5.3.1　广电网络现状

5-7　交互信道骨干网建设简介

广电网络在层次上分为国家级干线网络、省级干线网络、地市网络和用户网络。

2011 年 12 月 30 日,国务院办公厅公布了三网融合第二阶段试点城市,表明三网融合的力度正在逐步加大。广电运营商在双向网改造的同时,加大了对省级干线网和本地城域网的建设,使之满足广电网络的带宽需求。现在主流的干线网和城域网采用 OTN＋PTN(或 MSTP)的建设模式。根据广播电视总局的规划和广电网络的现状,可以将广电网络分成 5 个部分。

(1) 国家级干线网络,从 2011 年开始中国有线已经开始采用 OTN 技术进行国家干线网络的规划和建设。

(2) 省级干线网络,到目前为止,全国大多数省份的干线网络已经建设完毕,未建设完毕的省份也正在对省级干线网络进行规划和建设。

(3) 本地城域网络,有些省份建设相对较快,有些省份相对较慢,还在进行建设或者规划中。

(4) 市到县网络,该部分网络建设相对较慢,很多省份的市到县网络正在建设,现已初具规模。

(5) 接入网,该部分包括采用 PTN 或 MSTP 技术进行大客户专线的接入和采用 PON 技术进行家庭网络的接入。

5.3.2　国家干线网络

1. 国家级干线网络

国家级干线光缆有 333 万 km,按区域大体划为五环一线,如图 5-19 为国家广电干线网络结构图。第一环(北环)是以北京、郑州、武汉和合肥为中心的中国华北方向区域环网;第二环(南环)是以武汉、合肥、上海和广州为中心的中国东南区域环网;第三环(西北环)是以北京为中心的中国西北区域环网;第四环(西环)是以武汉、西安、重庆和成都为中心的中国西部区域环网,第五环(西南环)是以武汉、重庆和成都为中心的中国西南区域环网,线状干线是以北京为起点,经沈阳、长春到哈尔滨的东北线。

图 5-19　国家广电干线网络结构图

2. 国家干线 IP 网

国家干线 IP 网建设情况如图 5-20 所示,核心层有 6 大节点,分别是北京、上海、武汉、西安、成都和广州;骨干层为各个省会城市;骨干节点和城域核心节点采用双归属上联保护形式,整体系统采用 IP/MPLS 技术架构。

5.3.3　省级干线网络

省网和城域网通常采用光传输网(OTN/SDH over DWDM),以省会城市为中心,环形组网,各地市上下业务承载 L2VPN、广播电视节目;整体网络采用 IP 承载方式(IPv4/v6、3

层交换),其核心节点采用核心路由器,汇聚节点采用 **BRAS**(**Broadband Remote Access Server**,宽带远程接入服务器)/**SR**(**Service Router**,全业务路由器)设备,如图 5-21 所示。

图 5-20 国家干线 IP 承载网

图 5-21 省网和城域网

我国绝大多数省已经建设省级传输干线,部分地市也已建成 SDH/DWDM/OTN 传输网,全国有线广播电视干线传输网络基本形成。图 5-22 为辽宁广电骨干传输网,图 5-23 为江苏广电骨干传输网。

图 5-22　辽宁广电骨干传输网

图 5-23　江苏广电骨干传输网

5.3.4　OTN 和 PTN 在广电网络中的应用

OTN 和 PTN 技术在广电网络中已经取得了广泛的成熟应用,应用范围包括干线网络和本地城域网。可应用于核心层、骨干层、汇聚层以及接入层等。

PTN持多种基于分组交换业务的双向点对点连接,具有适合各种粗细颗粒业务、端到端的组网能力,提供了更加适合于IP业务特性的"柔性"传输管道;点对点连接信道的保护切换可以在50ms内完成,可以实现传输级别的业务保护和恢复;继承了SDH技术的操作、OAM,具有点对点连接的完整OAM,保证网络具备保护切换、错误检测和信道监控能力;完成了与IP/MPLS多种方式的互联互通,无缝承载核心IP业务;网管系统可以控制连接信道的建立和设置,实现了业务QoS的区分和保证,灵活提供SLA(Service-Level Agreement,服务等级协议)等优点。

1. OTN在省级干线网络中的应用

采用大中型OTN设备组网,组成环形网或多环嵌套的网孔网。Tb级别的交叉容量,从容应对省级干线业务调度的需要,极大地提高了网络的灵活性,光电两层保护机制有效地保障网络的安全性和生存性。

某省广电OTN干线网络如图5-24所示,传输业务为10GE和GE,通过节点加载电交叉(OTH)并利用光层(ROADM)组成环网,实现业务向广电中心机房的汇聚和保护。该OTN干线网络利用ODUk电层调度适应统一调度的需要,利用光层ROADM实现波长级动态调试,使用光层和电层保护形式提高了网络的可靠性,并且全网采用SM、PM监控字节,实现端到端的业务维护与管理。

2. OTN在本地城域网中的应用

采用中型OTN设备组网,组成环形的拓扑结构,Tb级别的交叉容量,支线路分离的架构提高业务的调度能力,利于网络的平滑升级。

某市广电OTN干线网络如图5-25所示,包括2个核心环和4个接入环:核心环为96×10Gbps系统,接入环为48×10Gbps系统,主要承载IPQAM、宽带上网和大客户专线业务等广电现有的所有业务,实现业务向广电中心机房的汇聚和保护。采用支线路分离的OTU架构,提前部署带宽池,大大减少业务开通时间和业务类型变化带来的带宽浪费,基于ODUk的电层调度能力,提高了网络的灵活性,采用基于ODUk 1+1的电层保护方式,提高网络的可靠性。

3. PTN在本地城域网中的应用

某市广电PTN城域网拓扑如图5-26所示。该网络采用全PTN的方式,共建设31个站点,构建两个10GE速率的核心环,进行业务的调度,其余站点进行业务的接入汇聚,全网均采用PTN设备,利用Wrapping环网保护和LSP 1+1线性保护,达到电信级50ms的要求,提高网络的安全性。对于后期的扩容,可以先将现有的GE速率网络升级成10GE速率的网络进行网络优化,只需要通过增加10GE的板卡即可实现,后期还可以根据网络情况升级成40GE的PTN或叠加OTN形成OTN+PTN的组网模式。

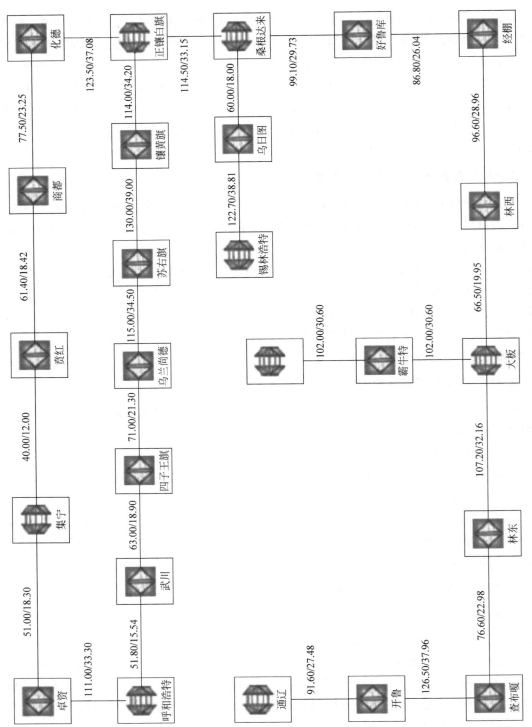

图 5-24　北方某广电 OTN 省级干线网

图 5-25　南方某市广电 OTN 城域网

图 5-26　南方某市广电 PTN 城域网

思考题

1. NGB 骨干网从上至下由几部分组成?
2. E1 的带宽是多大? STM-1 的带宽是多大?
3. 简述 NGB 接入网的网络结构以及采用的关键技术。
4. NGB 宽带数据传输技术有哪些?
5. 什么是 SDH? 什么是 DWDM? 什么是 ATM? 什么是 MSTP? 什么是 OTN?
6. SDH 主要设备有哪些?
7. 简述 SDH 分层模型的概念。简述电路层、信道层和传输媒介层的概念。
8. SDH 主要设备有哪些? 简述各种设备的主要功能。
9. SDH 的使用场合有哪些? SDH 主要优点和缺点有哪些?
10. SDH 管理单元指针的作用是什么?
11. ATM 的信元长度是多少?
12. 在骨干传输网中光纤放大器的种类有哪些? 目前常用的光纤放大器是什么?
13. 简述集成式 DWDM 系统的优点。
14. OTN 的关键技术有哪些? 在宽带数据网络建设中,采用 OTN 技术有何优势?
15. 对比分析 SDH、DWDM、OTN 三种传输技术的特点。
16. 简述我国广电网络的现状及其采用的关键技术。

阅读延伸	常用术语	本章测试

第6章

NGB有线网络

学习要求

通过本章学习,建立对广播电视网络双向化的基本认知。要求了解 NGB 网络双向化的总体要求和具体改造模式,掌握 CMTS 和 C-DOCSIS 系统的结构特点;掌握 EPON 的网络架构、工作原理及关键技术;了解 GPON 的关键技术及指标;熟悉 EoC 的主要类型和工作特点;掌握 C-FTTH 双向网改的主要技术模式的特点;掌握斜体部分的术语缩写。

NGB 有线网络的双向化是建设 NGB 的基础,对于广电拥抱互联网实现三网融合至关重要,NGB 有线网络的双向化包括光网的双向化和电缆双向化。

6.1 NGB 有线网络双向化

6.1.1 NGB 有线网络双向化总体要求

6-1　NGB 有线网络双向化

2013 年 8 月 17 日,国务院发布了《"宽带中国"战略及实施方案》,部署 2013—2020 年宽带发展目标及路径,意味着"宽带战略"从部门行动上升为国家战略。方案提出"以多种方式推进光纤向用户端延伸,加快下一代广播电视网宽带接入网络的建设,逐步建成以光纤为主、同轴电缆和双绞线等接入资源有效利用的固定宽带接入网络"。

《"宽带中国"战略及实施方案》时间表提出,到 2013 年年底,全国有线电视网络互联互通平台覆盖有线电视网络用户比例达到 60%;到 2015 年年底这个比例要达到 80%;到 2020 年年底这个比例要超过 95%。

完成这些任务就需要实现现有广播电视网络的双向化,这个双向化既有光纤推进的过程也不排斥用同轴电缆和双绞线进行双向接入。

6.1.2　NGB 有线网络双向网改模式

对于 NGB 来说,要实现"三网融合",目前迫切需要解决的是实现有线广播电视网的双向化,实现途径主要有建设新的 NGB 网络和改造老的 HFC 网络使其具有双向传输的功能,现有主流的 HFC 双向化技术有 DOCSIS 模式、EPON+EOC 模式和 **C-FTTH（Cable-FTTH,有线电视网络光纤到户）**模式。

其中 DOCSIS 模式按目前技术的发展又可以进一步分为 CMTS+CM 和 C-DOCSIS+CM 两种模式。EPON+EOC 模式按 EOC 实现方式可以分为基带型和调制型两类,其中调制型又分为高频调制和低频调制等。

C-FTTH 模式主要包括 RF overlay、**RFoG（RF over Glass,光纤射频传输）**和 I-PON 三种模式。

NGB 骨干传输网与电信部门的网络并没有本质的区别,而有线电视网络的接入分配网往往与普通的电信网络有着较大的区别,因此通常将有线电视的接入分配网的双向网改按改造时交互与广播信道传输信道的传输介质不同,分为同缆方式、异缆方式和光纤入户方式。

1. 同缆方式

所谓同缆方式就是数据业务(交互)与电视业务(广播)采取同网同缆传输,只要管理好一张网就可以了,比较有代表性的就是 CM+CMTS、EPON+EOC 等模式。

2. 异缆方式

所谓同缆方式就是数据业务(交互)与电视业务(广播)采取同网异缆传输或者异网异缆传输,这种方式往往需要同时管理好两张网,比较有代表性的是 EPON+LAN 模式。

3. 光纤入户方式

所谓光纤入户方式就是数据业务(交互)与电视业务(广播)都采取光纤传输接入用户,比较有代表性的是 RF overlay、RFoG 等模式。

6.2　基于 DOCSIS 标准的双向网络

6.2.1　CMTS+CM 系统

6-2　基于 DOCSIS
标准的双向网络

基于 DOCSIS 标准的双向网络,前端有 CMTS,终端有 CM,所以通常也称为 CMTS+CM 系统,它曾经是有线电视网络双向网络改造主推模式,标准也从 DOCSIS 1.0 发展到目前的 DOCSIS 3.1。其主要特点是网络及设备标准化程度高,技术成熟,但双向网改要求较高,单位成本也较高,目前大规模使用的主要是深圳、上海等广电运营商。

1. DOCSIS 标准

DOCSIS 即有线电缆数据服务接口规范,是一个由有线电缆标准组织 Cable Labs 制定的国际标准。DOCSIS 定义了在有线电缆上提供数据服务所需的通信和运营支撑的接口。它的制定使得在现有的有线电视系统上进行高速数据通信成为可能。

1) DOCSIS 版本

目前该规范已经制定有 DOCSIS 1.0、DOCSIS 1.1、DOCSIS 2.0 和 DOCSIS 3.0 等不

同版本。DOCSIS 1.0 实现了在有线电视网上传输双向信号；DOCSIS 1.1 对 DOCSIS 1.0 的最大改进是增加了 QoS 服务保证，使得在有线网中实现 *VoIP*（*Voice over Internet Protocol*，**基于 IP 的音频**）有了保证；DOCSIS 2.0 对 DOCSIS 1.1 的改进全部是在物理层，上行使用了 *S-CDMA*（*Synchronous Code Division Multiple Access*，**同步码分多址接入**）和 A-TDMA（Advanced Code Division Multiple Access，高级时分多址接入）技术，使上行的数据速率提高到了 30Mbps（DOCSIS 1.0 是 5Mbps，DOCSIS 1.1 是 10Mbps），并且使上下行速率对称。采用 S-CDMA 技术可以降低对上行信号的载噪比要求，对付噪声比较有效（当然是以降低数据速率为代价）。

2）DOCSIS 3.0 简介

DOCSIS 3.0 包含以前版本的功能，具有以下主要特点。

（1）下行信道绑定多个接收信道：DOCSIS 3.0 的引入使一个 CM 能够同时接收多个信道。下行信道绑定是指（在 MAC 层）在多信道中将数据包排定为单一的服务流的能力。下行信道绑定技术大大提高了 CM 下行数据传输速率的峰值。

（2）上行信道绑定多重传输信道：DOCSIS 3.0 的引入使一个 CM 能够同时通过多个传输信道传输。上行信道绑定是指将多信道上行服务流排定为单一的服务流的能力。上行信道绑定提高了 CM 上行数据传输速率的峰值。如图 6-1 所示，120Mbps 的数据被使用"信息包绑定"技术分成四个 30Mbps 的数据流（不能大于 30Mbps），通过四个绑定在一起的电视频道进行传输，在接收端通过使用"信息包绑定"技术把四个 30Mbps 的数据流整合还原成 120Mbps 的数据。这样它的传输能力将是原来使用单一电视频道传输的 4 倍以上。图 6-2 为 DOCSIS 3.0 信号的频谱图。

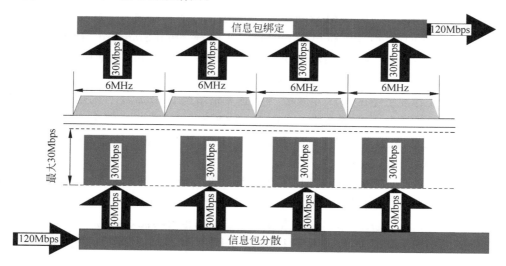

图 6-1　信息包绑定技术

（3）IPv6 是 DOCSIS 3.0 推出的内置支持版本：DOCSIS 3.0 标准不仅支持原有的 IPv4 技术，而且还能支持新一代的 IPv6 技术，DOCSIS 3.0 CM 既可以使用 IPv4 地址，也可以使用 IPv6 管理地址，或两者兼用。此外，DOCSIS 3.0 CM 可以将 IPv6 与 *CPE*（*Customer Premise Equipment*，**电缆调制解调器**）后台设备进行透明连接，支撑高质量的服务和过滤功能。

（4）特定源组播：DOCSIS 3.0 支持 IP 特定源组播到 CPE 的传输。DOCSIS 3.0 采取了新的方式实现这一传输，而没有采用扩展电缆调制解调器 IP 组播协议认知的方式。对

图 6-2　DOCSIS 3.0 信号的频谱图

IP 组播的所有认知被转移到了 CMTS,并在 CM 和 CMTS 之间重新确立了 DOCSIS 第二层组播控制协议,与下行信道绑定协调一致,为今后的组播应用提供了效率和扩展支持。

(5) 组播的高质服务:DOCSIS 3.0 确立了一个标准的机制用以保证 IP 组播的服务质量。它为组播流量引入了"服务流"的概念,用于区分服务类别,定义高质服务参数。

(6) 物理层频率范围扩展:下行扩展为 108~1002MHz,上行已扩展为 5~85MHz。

(7) MAC 层改善:新增了拓扑和模糊度解决方案,MAC 初始化已得到改善,增加了DOCSIS 路径验证网络以及 CM 状况和控制功能。

(8) 管理的改善:增加了 CM 诊断日志、增强型信号质量监测系统及服务统计系统。

(9) 安全方面的改进:128 位 AES(Advanced Encryption Standard,高级加密标准)增强型信道加密技术取代了目前的 DES(Data Encryption Algorithm,数据加密算法)系统。

3) DOCSIS 3.1、全双工 DOCSIS 3.1 和 DOCSIS 4.0

DOCSIS 3.1 标准已经在 2013 年颁布,下行速率倍增至 10Gbps,上行则是可达 1~2Gbps。

Cable Labs 稍早前正式颁布 Full Duplex DOCSIS 3.1 标准(即全双工),被戏称为FDX,它增加了对称性,宣称在 HFC 环境基础上,相较于以往采用的传输架构,其上、下行最高速率都能够达到10Gbps。

近期 CableLabs 正在推进 DOCSIS 4.0,预计大部分新规范可能在 2019 年底之前完成。这是一组针对 HFC 网络的下一代规范,它将重新组合一些最近针对 DOCSIS 3.1 进行的改进,拟将频谱 DOCSIS 扩展至 1.8GHz,并强调一些新的重要功能。新的 4.0 规范将包括全双工 DOCSIS(FDX),可使上行和下行流量在同一频谱块上运行,以及新的低延迟DOCSIS,目标是低于 1ms 的延迟。

我们有理由认为 DOCSIS 4.0 是有线电视网络向支持 5G 技术应用做的一些技术准备。

2. 基于 DOCSIS 标准双向 HFC 网络

基于 DOCSIS 标准双向 HFC 网络,通常将下行信道放在 108~1002MHz 频率范围,上行信道在 5~85MHz 频率范围,可使用带宽为 80MHz,采取频分复用方式。

在基于 DOCSIS 标准双向 HFC 网络中,通常按其反向信道划分为四块用户接入端部分、电传输链路部分、光传输链路部分、汇聚点/分中心部分,如图 6-3 所示。这是一种比较典型的基于 DOCSIS 标准双向 HFC 网络,这种网络中由于 CMTS 成本较高,为摊低改造成本,一台 CMTS 需要覆盖的用户数往往比较多,一般为 1000 户左右,这样一来,这些用户设备所产生的噪声的"漏斗效应"比较明显,对双向网络的正常稳定工作会带来较大的负面影响。

1) 用户接入端部分

用户接入端 Cable Modem(以下简称 CM)至楼放下行输出口——A 块。由于楼放下行输出电平可达 100dBμV 以上,用户接收设定在电平 65~73dBμV,因此用户分配网的下行损耗一般为(30±4)dB,上行损耗会低一些。

2) 电传输链路部分

楼放下行输出口至光站(具有双向传输功能的光节点)的下行输出口——B 块。对于下行放大器的增益可根据光站下行输出口电平的高低而定,一般在 20~40dB 之间,用来补偿分配、分支和线路损耗,使下行最终损耗在 0~10dB 之间。对于反向信道,因 B 块中可能有自己独立的反向放大模块,因此反向信号的总体增益(损耗)可实现 0dB,这就是我们通常说的"单位增益"。

图 6-3 CMTS+CM 的双向 HFC 网络结构

3) 光传输链路部分

光站至前端光收发机部分——C 块。对于这块下行要保证光站光收机的接收光功率在 0~−3dBm,以保证光收机能输出足够电平和载噪比,反向损耗则与反向光设备的选择有关,一旦光设备选定了,损耗也就确定了。

4) 汇聚点/分中心部分

反向光接收机输出端至 CMTS 的输入端口部分——D 块。此块的主要作用是将多路光链路混合成一路输入到 CMTS,此块的插入损耗要根据业务带宽按信道内的功率密度(每赫兹功率)来推算出该业务的电平值,然后再减去 CMTS 要求的输入电平值而得出来。此块是整个反向信道最大的一个汇集点,混入一个 CMTS 端口的光链路最好是 2~4 路,若过多会使信道的噪声增加,过少又不够经济。上行信号在进入 CMTS 之前,应接一个 3dB 左右的固定衰减器,其作用为:改善信道的驻波性能;为其他业务的接入提供余量。

DOCSIS 3.0 为增加信道绑定功能,将传统的 CMTS(所有的 MAC&PHY 在一块板卡上,而上/下行信道的比例是固定的)发展成为综合型 I-CMTS (Integrated-CMTS,所有的 MAC&PHY 功能综合到一个单独的机箱中,通过增加下行的模块,允许上/下行信道的比例可变)和模块型 M-CMTS(Modular-CMTS,允许将 MAC&PHY 功能分散到独立的设备中)。I-CMTS 保留了原 CMTS 结构简单、可靠及易管理等特点,吸收了 M-CMTS 的全部优点,主要通过硬件改进,使其上/下行接口对上/下行容量具有独立适应功能和信道绑定功能,其 MAC 层和物理层具有极高的互操作性,射频切换快、效能高(如 VoIP 和商业服务)。另外,两者均可以根据实际流量需求,灵活地调整上/下行信道的配置比率——$U:D$,使 HFC 网络资源利用率提高、带宽成本下降,有利于提升运营商在多业务市场的竞争力。

6.2.2 C-DOCSIS＋CM 系统

1. C-DOCSIS 标准

C-DOCSIS 是 China DOCSIS 的简称,是具有中国广电特色的 DOCSIS 规范,是对 DOCSIS 本地化、精简化的版本,业内也称为 C-CMTS、CMC、DoCSIS MDU、Mini-CMTS 或小 C 等。该标准由深圳 6-3 C-DOCSIS 双向网络 天威视讯公司于 2009 年提出网络架构,它将 C-DOCSIS 头端——CMC 下移,提高频点复用效率,降低汇聚噪声,提高了每用户的可用数据带宽和频点数;它提供了包括网络管理、QoS 在内的 PHY 层转换和 MAC 层桥接,集成了 ONU 和 EOC 局端以及它们之间的转换,能够提供 16 个 256-QAM 信道共总 800Mbps 的下行速率,4 个 SCDMA 信道总共 160Mbps 的上行速率,同时简化了 CMTS 部分功能和结构,精简 MAC 层和 PHY 层,保留 QoS 机制,精简后的 CMTS 成为二层交换设备,可与 ONU 设备直连。C-DOCSIS 的推出有效地延续了很多地方 CMTS 管理体系技术体系的用户的发展。

2. C-DOCSIS＋CM 系统

C-DOCSIS＋CM 系统如图 6-4 所示,一台 Mini-CMTS 需要覆盖的用户数可降至 50～200 户左右,这样"漏斗效应"下降比较明显,双向网络改造难度下降,网络稳定度大大提升。随着技术的进步和成本的下降,这是有线网络比较有发展前景的双向改造方案,其主要优点如下:

(1) C-DOCSIS 基于同轴电缆入户,兼容已有 DOCSIS 的标准终端。

(2) 大带宽接入,接入带宽不低于光纤到户方案(终端采用 DOCSIS 2.0 CM,可达下行 50Mbps/上行 20Mbps;终端采用 DOCSIS 3.0 CM,可达下行 200Mbps/上行 80Mbps)实现接入带宽及 IPQAM 等业务的平滑升级过渡。

(3) 结合 PON 的技术优势,实现信号的光进铜退,优化了网络架构,大大减轻了有线电视分机房的空间及供电压力。

(4) 网络适应性良好。

(5) 具备完善的端到端多业务 QoS 保障。

(6) 具备完善的业务、设备、运行运营体系。

主要缺点:采用 C-DOCSIS 技术方案的 Mini CMTS 头端比 EOC 等其他技术方案的头端普遍贵 3～5 倍,放置于光节点处的 C-DOCSIS 头端设备 Mini CMTS 在应用过程中存在覆盖用户少、户均分摊成本高、同轴传输距离受限等问题,成为大面积应用的瓶颈。

图 6-4   C-DOCSIS 系统图

3. C-DOCSIS＋RFoG 系统

采用 RFoG 光传输技术,改进 C-DOCSIS 同轴接入网,见图 6-5。在 Mini CMTS 与同轴分配网之间增加 RFoG 光传输链路,构建 1∶8 光网络,一台 Mini CMTS 带 8 个光节点(RFoG 光站),每个光节点覆盖 50 户用户。由于采用 RFoG 突发模式回传,回传信号经混合后再传回局端,构建与下行光链路相同的点对多点网络拓扑。

图 6-5   C-DOCSIS＋RFoG 系统图

C-DOCSIS＋RFoG 系统主要优点如下:

(1) 一台 Mini CMTS 带 8 个光节点,增加覆盖用户数,降低用户均摊成本。

(2) 采用 RFoG 突发模式回传,除了简化光纤网络架构外,还可屏蔽回传汇聚噪声,经实网测试,噪声可降低 5～6dB。

(3) 随着光进铜退网络改造的发展,该网络支持从光节点带 50 户升级到带 10 户直至光纤到户。RFoG 技术的初衷就是全光网,可无缝支持光进铜退的网络演进。

6.3 EPON 和 GPON

6.3.1 PON

1. FTTX

6-4   PON 技术简介

FTTX(Fiber-To-The-X,光纤接入) 是接入网中一类技术的简称,根据光纤末端到用户的距离,FTTX 可以分为光纤到路边(FTTC)、光纤到社区(FTTZ)、光纤到办公室(FTTO)、光纤到大楼(FTTB)、光纤到楼面(FTTF)、光纤到服务区(FTTSA)和光纤到家庭(FTTH)等多种形式。

FTTX 技术按接入方式一般分为两类:一种是**P2P(Point to Point,点对点形式拓扑)**,从中心局到每个用户都用一根光纤;另外一种是使用 P2MP(Point to Multi-Point,点对多点形式拓扑)的无源光网络,如图 6-6 所示,对于具有 N 个终端用户的距离为 Mkm 的无保护 FTTX 系统,如果采用点到点的方案,需要 $2N$ 个光收发器和 NMkm 的光纤。但如果采用点到多点的方案,则需要 $N+1$ 个光收发器、一个或多个(视 N 的大小)光分路器和大约 Mkm 的光纤,在这一点上,采用点到多点的方案,大大降低了光收发器的数量和光纤用量,并降低了中心局所需的机架空间,有着明显的成本优势。

图 6-6 FTTX 技术按接入方式分类图

1) FTTC

FTTC 为目前最主要的服务形式,主要是为住宅区的用户服务,将 ONU 设备放置于路边机箱,利用 ONU 出来的同轴电缆传送 CATV 信号或双绞线传送电话及上网服务,如图 6-7 所示。

图 6-7 FTTX 的三种接入方式

2) FTTB

FTTB 按服务对象区分有两种：一种是为公寓大厦的用户服务；另一种是为商业大楼的公司行号服务。两种皆将 ONU 设置在大楼的地下室配线箱处，只是公寓大厦的 ONU 是 FTTC 的延伸，而商业大楼主要为中大型企业单位，必须提高传输的速率，以提供高速的数据、电子商务、视频会议等宽带服务，如图 6-7 所示。

3) FTTH

对于 **FTTH（Fiber To The Home，光纤到户）**，ITU 认为从光纤端头的光电转换器（或称为媒体转换器 MC）到用户桌面不超过 100m 的情况才是 FTTH。FTTH 将光纤的距离延伸到终端用户家里，使得家庭内能提供各种不同的宽带服务，如 VOD、在家购物、在家上课等，提供更多的商机。若搭配 WLAN 技术，将使得宽带与移动结合，则可以达到未来宽带数字家庭的远景，如图 6-7 所示。

4) FTTP

FTTP(Fiber To The Premise，光纤到用户所在地)，北美术语，FTTP 将光缆一直扩展到家庭或企业。由于光纤可提供比最后一公里使用的双绞线或同轴电缆更多的带宽，因此运营商利用它来提供语音、视频和数据服务。FTTP 具有 25～50Mbps 或更高的速度，相比之下，其他类型的宽带服务的最大速度约为 5～6Mbps。此外 FTTP 还支持全对称服务。

5) FTTZ

FTTZ(Fiber To The Zone，光纤到小区)是指 FTTX 技术主要用于接入网络光纤化，范围从区域电信机房的局端设备到用户终端设备，局端设备为 ONU 或 ONT。

2. PON、EPON 和 GPON

1) PON

光纤接入从技术上可分为两大类：**AON（Active Optical Network，有源光网络）**和 **PON（Passive Optical Network，无源光网络）**。PON 是一种纯介质网络，它能避免外部设备的电磁干扰，减少线路和外部设备的故障率，提高系统可靠性，同时可节省维护成本。PON 也是 FTTX 技术中的一种，是由光纤、光分路器、光连接器等无源光部件组成的点对多点的网络。由于对网络协议透明的特点，原则上适用于任何制式和速率的信号，在广播电视领域应用前景广阔。目前基于 PON 的技术主要有 APON/BPON、EPON/GPON 等几种，其主要差异在于采用了不同的二层技术。其中 PON 技术中 EPON 和 GPON 最受关注。

APON 是 20 世纪 90 年代中期提出来的，2001 年底又将 APON 更名为 BPON，APON 的最高速率为 622Mbps，二层采用的是 ATM 封装和传送技术，因此存在带宽不足、技术复杂、价格高、承载 IP 业务效率低等问题，未能取得市场上的成功。

2) EPON

EPON（Ethernet Passive Optical Network，以太网无源光网络）是一种采用点到多点网络结构、无源光纤传输方式、基于高速以太网平台和 **TDM（Time Division Multiplexing，时分复用）**、**MAC（Media Access Control，媒体访问控制）**方式提供多种综合业务的宽带接入技术，是在二层用以太网取代 ATM 的 EPON 技术，可以支持 1.25Gbps 对称速率。由于其将以太网技术与 PON 技术完美结合，因此成为非常适合 IP 业务的宽带接入技术。

EPON 是第一英里以太网联盟（EFMA）为更好适应 IP 业务在 2001 年初提出的。早期的 EPON 设备是基于 FE 总线的，在基于 GE 总线（Gbps 速率）的 EPON 设备推出后，目前业界的 EPON 设备基本上都基于 GE 总线,由于 IP/Ethernet 应用占到整个局域网通信的 95%以上,EPON 从而成为连接接入网最终用户的一种最有效的通信方法。

3) GPON

GPON(***Gigabit Passive Optical Network*,千兆无源光网络**)技术是基于 ITU-TG.984.x 标准的最新一代宽带无源光综合接入标准,具有高带宽,高效率,大覆盖范围,用户接口丰富等众多优点。其技术特色是在二层采用 ITU-T 定义的 GFP(通用成帧规程)对 Ethernet、TDM、ATM 等多种业务进行封装映射,能提供 1.25Gbps 和 2.5Gbps 下行速率,和 155Mbps、622Mbps、1.25Gbps、2.5Gbps 几种上行速率,并具有较强的 OAM 功能。GPON 虽然有优势,但技术的复杂度和成本目前要高于 EPON。GPON 最早由 FSAN 组织于 2002 年 9 月提出,ITU-T 于 2003 年 3 月完成了 ITU-T G.984.1 和 G.984.2 的制定,2004 年 2 月和 6 月完成了 G.984.3 的标准化。2005 年 G.984.4 标准(ONT 的管理控制接口)定稿,标志着整个 G.984 标准体系已经制定完成。

6.3.2 EPON 网络结构

EPON 与 PON 技术类似,采用点到多点的用户网络拓扑结构,利用光纤实现数据、语音和视频的全业务接入。一个典型的 EPON 系统由 **OLT**(***Optical Line Terminal*,光线路终端**)、**ONU/ONT**(***Optical Network Unit/Terminal*,光网络单元/终端**)、**ODN**(***Optical Distribution*

6-5 EPON 网络结构

***Network*,光配线网**)组成。EPON 的网络结构如图 6-8 所示。OLT 放在中心机房,ONU 放在用户设备端附近或与其合为一体。ODN 由光缆和 POS(Passive Optical Splitter,无源光分路器)组成,是一个连接 OLT 和 ONU 的无源设备,它的功能是分发下行数据,并集中上行数据。

图 6-8 EPON 的网络结构

(1) OLT 放在中心机房,它既是一个 L2 交换机或 L3 路由器,又是一个多业务提供平台,它提供面向无源光纤网络的光纤接口(PON 接口)。在下行方向,OLT 提供面向无源光纤网络(ODN)的光纤接口;在上行方向,OLT 提供 GE 光/电接口,将来 10Gbps 的以太网技术标准定型后,OLT 也会支持类似的高速接口。为了提供多业务接入,OLT 还可支持

E1 以及 OC3 等接口,来实现传统语音的接入或电路中继业务。

在 EPON 的网管方面,OLT 是主要的控制中心,内置 OAM Agent,可以管理其下的 ONU 终端设备,实现网络管理等功能。EPON 网管可以在 OLT 上通过定义用户带宽参数控制用户业务质量,通过编写访问控制列表实现网络安全控制,通过读取 MIB 库获取系统状态以及用户状态信息等,还能提供有效的用户隔离。

(2) ODN 是光分发网,由无源光纤分支器和光纤构成。无源光纤分支器是连接 OLT 和 ONU 的无源设备,它的功能是分发下行数据和集中上行数据。无源分光器的部署相当灵活,由于是无源器件,几乎可以适应于所有环境。一般无源光纤分支器的分光比有 1:2、1:4、1:8、1:16、1:32、1:64 等。一般建议采用一级分光,最多不能超过二级分光。

(3) ONU/ONT 是放在用户驻地侧的终端设备,EPON 中的 ONU 采用以太网协议,实现了成本低廉的以太网第二层交换功能。由于使用以太网协议,在通信的过程中就不再需要协议转换实现 ONU 对用户数据的透明传送。OLT 到 ONU 之间也可以采用加密协议保证用户数据的安全性。

基于 EPON 的 FTTH 的优势在于其强大的覆盖能力,从端局出发,经过 ODN 连接各光接入点,最远覆盖可达 20km(1:32 的分路比)。在 FTTB 结构中,ONU 被直接放到楼内,光纤到大楼后可以采用 ADSL、Cable、LAN,即 FTTB+ADSL、FTTB+Cable 和 FTTB+LAN 等方式接入用户家中。FTTB 与 FTTC 相比,光纤化程度进一步提高,因而更适用于高密度以及需提供窄带和宽带综合业务的用户区。FTTO 和 FTTH 结构均在路边设置无源分光器,并将 ONU 移至用户的办公室或家中,是真正全透明的光纤网络,它们不受任何传输制式、带宽、波长和传输技术的约束,是光纤接入网络发展的理想模式和长远目标。

EPON 系统是面向未来的技术,大多数 EPON 系统都是一个多业务平台,对于向全 IP 网络过渡是一个很好的选择。EPON 主要优点如下:

(1) 提供非常高的带宽。EPON 目前在本地的 IP 中可以提供上下行对称的 1.25Gbps 的带宽,最多达 64 个 ONU 的上行速率可以超过 800Mbps 并且随着以太技术的发展可以升级到 10Gbps。

(2) 服务范围大,EPON 作为一种点到多点网络,可以利用局端单个光模块及光纤资源,服务大量终端用户。

(3) 带宽分配灵活,更好的 QoS。对带宽的分配和保证都有一套完整的体系。EPON 可以通过**DBA(Dynamic Bandwidth Allocation,动态带宽分配)**、DiffServ(分区服务)、PQ/WFQ(队列调度机制)、WRED(Weighted Random Early Detection,加权随机先期检测)等实现对每个用户进行带宽分配,并保证每个用户的 QoS。系统没有双向 HFC+Cable Modem 的回传噪声缺陷。此外,EPON 具有同时传输 TDM、IP 数据和视频广播的能力,其中 TDM 和 IP 数据采用 IEEE802.3 以太网的格式进行传输,辅以电信级的网管系统,足以保证传输质量。使得 CATV 运营商可以开发宽范围的、灵活多样的服务产品来增加收入,增强 CATV 运营商的市场竞争力。

(4) 协议转换成本低。EPON 采用以太网的传输格式同时也是用户局域网/驻地网的主流技术,二者具有天然的融合性,消除了复杂的传输协议转换带来的成本因素。

(5) 系统成本低,建设周期短。相对非 PON 系统而言,采用 PON 结构节省了大量光纤和有源关器件的投入及运营成本。由于大多 HFC 接入网都采用星形网结构,该结构与

EPON 十分相似。因此,在现有的 HFC 网络中采用 EPON,不需要对现有的 HFC 网络进行双向改造,只需在原来的光网络上做简单的配置,可在较短的期间内完成网络的升级,快速实现宽带用户接入,从而使运营商能较快实现盈利。

(6) 安全性高,EPON 下行采用针对不同用户加密广播传输的方式共享带宽,上行利用时分多址接入共享带宽。支持 VLAN、VPN、IPSec(Internet 协议安全)和信道技术等,提供安全的网络接入。

6.3.3 EPON 传输原理

EPON 与 APON 最大的区别是 EPON 根据 IEEE 802.3 协议,包长可变至 1518 字节传送数据,而 APON 根据 ATM 协议,按照固定长度 53 字节包来传送数据,其中 48 字节负荷,5 字节开销。这种差别意味着 APON 运载 IP 协议的数据效率低且困难。

6-6　EPON 传输原理

EPON 从 OLT 到多个 ONU 下行传输数据和从多个 ONU 到 OLT 上行数据传输是十分不同的。所采取的不同的上行/下行技术分别如图 6-9 所示。

(1) 当 OLT 启动后,它会周期性地在本端口上广播允许接入的时隙等信息。ONU 上电后,根据 OLT 广播的允许接入信息,主动发起注册请求,OLT 通过对 ONU 的认证(本过程可选),允许 ONU 接入,并给请求注册的 ONU 分配本 OLT 端口唯一的一个逻辑 *LLID*(*Logical Link Identifier*,逻辑链路标识)。

下行采用TDM方式 TDM(Time Division Multiplexing)	上行采用TDMA方式 TDMA(Time Division Multiple Access)
◆下行波长为1490nm; ◆OLT发送的混合数据通过Splitter到达每个用户的ONU; ◆每个ONU只接收发给自己的数据,丢弃其他数据	◆上行波长为1310nm; ◆每个ONU在OLT允许的时间段内向OLT发送数据; ◆无需冲突检测; ◆报文不需要分片

图 6-9　PON 的传输原理

(2) 数据从 OLT 到多个 ONU 以广播式下行(时分复用技术 TDM),根据 IEEE 802.3ah 协议,每一个数据帧的帧头包含前面注册时分配的、特定 ONU 的逻辑链路标识(LLID),该标识表明本数据帧是给 ONU(ONU1、ONU2、ONU3、…、ONUn)中的唯一一个。另外,部分数据帧可以是给所有的ONU(广播式)或者特殊的一组ONU(组播),在图6-9的组网结构下,在分光器处,流量分成独立的三组信号,每一组载到所有ONU的信号。当数据信号到达ONU时,ONU根据LLID,在物理层上做判断,接收给它自己的数据帧,摒弃那些给其他ONU的数据帧。例如,图6-9中,ONU1收到包1、2、3,但是它仅仅发送包1给终端用户1,摒弃包2和包3。

(3) 对于上行,采用 **TDMA(Time Division Multiple Access,时分多址接入技术)** 分时隙给ONU传输上行流量。当ONU在注册时成功后,OLT会根据系统的配置,给ONU分配特定的带宽(在采用动态带宽调整时,OLT会根据指定的带宽分配策略和各个ONU的状态报告,动态地给每一个ONU分配带宽)。带宽对于PON层面来说,就是多少可以传输数据的基本时隙,每一个基本时隙单位时间长度为16ns。在一个OLT端口(PON端口)下面,所有的ONU与OLT PON端口之间时钟是严格同步的,每一个ONU只能够在OLT给它分配的时刻上面开始,用分配给它的时隙长度传输数据。通过时隙分配和时延补偿,确保多个ONU的数据信号耦合到一根光纤时,各个ONU的上行包不会互相干扰。

(4) 对于安全性的考虑。上行方向,ONU不能直接接收到其他ONU上行的信号,所以ONU之间的通信,都必须通过OLT,在OLT上可以设置允许和禁止ONU之间的通信,在缺省状态下是禁止的,所以安全方面不存在问题。对于下行方向,由于EPON网络,下行是采用广播方式传输数据,为了提高信息的安全性,从以下几个方面进行保障:

① 所有的ONU接入时候,系统可以对ONU进行认证,认证信息可以是ONU的一个唯一标识(如MAC地址或者是预先写入ONU的一个序列号),只有通过认证的ONU,系统才允许其接入。

② 对于给特定ONU的数据帧,其他的ONU在物理层上也会收到数据,在收到数据帧后,首先会比较LLID(处于数据帧的头部)是不是自己的,如果不是,就直接丢弃,数据不会上二层,这是在芯片层实现的功能,对于ONU的上层用户,如果想窃听到其他ONU的信息,除非用户自己修改芯片去实现。

③ 对于每一对ONU与OLT之间,可以启用128位的AES加密。各个ONU的密钥是不同的。

④ 通过VLAN方式,将不同的用户群或者不同的业务限制在不同的VLAN,保障相互之间的信息隔离。

6.3.4 EPON协议和关键技术

1. EPON的层次模型

对于以太网技术而言,PON是一个新的媒质。IEEE 802.3工作组定义了新的物理层。而对以太网MAC层以及MAC层以上则尽量做最小的改动以支持新的应用和媒质。2003年1月发布的IEEE 802.3ah规定了EPON的层次模型,如图6-10所示。

6-7 EPON协议和关键技术简介

(1) 物理层从低到高分成如下子层和接口:

① MDI(Medium Dependent Interface,媒质相关接口)规范物理媒质信号和传输媒质与物理设备之间的机械和电气接口。

② PMD(Physical Medium Dependent,物理媒质相关子层)负责与传输媒质的接口。

③ PMA(Physical Medium Attachment,物理媒质附加子层)负责发送、接收、定时恢复和相位对准功能。

④ PCS(Physical Coding Sublayer,物理编码子层)负责把数据比特编成适合物理媒质传输的码组。

⑤ 吉比特 MAC 和吉比特物理层之间的 GMII(Gigabit Media Independent Interface,吉比特媒质无关接口)允许多个数据终端设备混合使用各种吉比特速率物理层。

⑥ RS(Reconciliation Sublayer,协调子层)提供 GMII 信号到 MAC 层的映射。

(2) 数据链路层由下列子层组成(由下到上顺序):

① 媒质接入控制子层 MAC 负责向物理层的数据转发功能(与媒质无关)。通常,MAC子层负责封装(成帧、地址标识、差错检测)和媒质接入(冲突监测和延时过程)功能。

② MAC 控制子层是可选的子层,负责 MAC 子层操作的实时控制和处理。定义 MAC控制子层是为了允许未来加入新功能。

③ *LLC* (*Logical Link Control*,**逻辑链路控制子层**)负责数据链路层与媒质接入无关的功能,它不在 IEEE 802.3 标准的范畴之内。MAC 层和可选的 MAC 控制子层并不"知晓"上面是否存在 LLC 子层或者是其他客户(如网桥或中继器)。

图 6-10　EPON 的层次模型

2. MPCP

按照 IEEE 802.3ah 以太网体系设计思想,MAC 子层只提供尽力而为的数据报服务,不提供差错控制(确认机制)和流量控制(滑动窗口),通常情况下,这种服务已足够;当需要差错控制和流量控制时,这种服务就不能满足,需要 LLC(逻辑链路子层)。

LLC 子层提供差错控制和流量控制;LLC 隐藏了不同 802MAC 子层的差异,为网络层提供单一的格式和接口。

对于同一个 LLC 逻辑链路,可以提供多个 MAC 选择。EPON 的 OLT 和 ONU 之间的连接也要通过逻辑链路的控制,即 LLID 技术。

EPON 系统在网络层次结构中增加了 MPCP(Multi-Point Control Protocol,多点控制协议)功能,它是 MAC 控制子层 MAC-C 的一部分内容,如图 6-11 所示。MPCP 是 MAC 控制层的组件,MPCP 主要完 ONU 自动发现、注册和测距,过程如图 6-12 所示。在上行信道中,用于数据传输有一整套信令体系,如带宽分配等。实现的手段是增加了控制消息:下行为 Gates,上行为 Reports,如图 6-13 所示。多点控制协议中的 Reports 和 Gates 控制消息在 PON 中进行请求和发送授权,这是最基本的在 PON

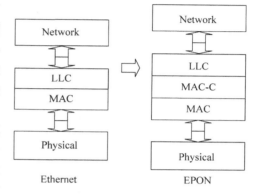

图 6-11　EPON 系统网络层次结构

中控制数据传送的机制。更高层的功能使用它进行带宽分配、ONU 的同步和测距。接收 Gates 消息并反馈 Reports 消息的实体称为逻辑链路,并且用逻辑链路标识符(LLID)来表示。

图 6-12　ONU 自动发现、注册和测距的过程

图 6-13 MPCP 中的 Reports 和 Gates 控制消息工作过程

MPCP 涉及的内容包括 ONU 发送时隙的分配,ONU 的自动发现和加入,向高层报告拥塞情况以便动态分配带宽。MPCP 多点控制协议位于 MAC Control 子层。MAC Control 向 MAC 子层的操作提供实时的控制和处理。

3. 同步技术

因为 EPON 中的各 ONU 接入系统是采用时分方式,所以 OLT 和 ONU 在开始通信之前必须达到同步,才会保证信息正确传输。要使整个系统达到同步,必须有一个共同的参考时钟,在 EPON 中以 OLT 时钟为参考时钟,各个 ONU 时钟和 OLT 时钟同步。OLT 周期性地广播发送同步信息给各个 ONU,使其调整自己的时钟。EPON 同步的要求是在某一 ONU 的时刻 $T_{ONU时钟}$ 发送的信息比特,OLT 必须在时刻 $T_{OLT时钟}$ 接收它。在 EPON 中由于各个 ONU 到 OLT 的距离不同,所以传输时延各不相同,要达到系统同步,ONU 的时钟必须比 OLT 的时钟有一个时间提前量,这个时间提前量就是上行传输时延,也就是如果 OLT 在时刻 0 发送一个比特,ONU 必须在它的时刻 RTT(往返传输时延)接收。RTT 等于下行传输时延加上上行传输时延,这个 RTT 必须知道并传递给 ONU。获得 RTT 的过程即为测距。当 EPON 系统达到同步时,同一 OLT 下面的不同 ONU 发送的信息才不会发生碰撞。

4. 测距技术

EPON 的上行信道采用 TDMA 方式,多点接入导致各 ONU 的数据帧延时不同,各 ONU 距 OLT 的光纤路径的不同和各 ONU 元器件的不一致性造成 OLT 与各 ONU 间的环路时延不同,而且由于环境温度的变化和器件老化等原因,环路延时也会发生不断的变化。因此必须引入测距和时延补偿技术以防止数据时域碰撞,以确保不同 ONU 所发出的信号能够在 OLT 处准确地按时隙复用在一起,并支持 ONU 的即插即用。另外,测距过程应充分考虑整个 EPON 的配置情况,例如,若系统在工作时加入新的 ONU,此时的测距就不应对其他 ONU 有太大的影响。EPON 的测距由 OLT 通过时间标记在监测 ONU 的即插即用的同时发起和完成。测距包括静态测距和动态测距,前者主要用在新的 ONU 安装调试阶段、停机的 ONU 重新投入运行时,以补偿各 ONU 与 OLT 之间的光纤长度和器件特性不同引起的延时差异;后者应用于系统运行过程中,补偿由于温度、光电器件老化等因素对时延特性的影响,及时调整各个 ONU 上行时隙的到达相位。

OLT 和 ONU 都有每 16ns 增 1 的 32 比特计数器。这些计数器提供一个本地时间戳。当 OLT 或 ONU 任一设备发送 MPCPDU 时,它将把计数器的值映射入时间戳域。从 MAC 控制发送给 MAC 的 MPCPDU 的第一个八位字节的发送时间被作为设定时间戳的参考时间。

当 ONU 接收到 MPCPDU 时,将根据所接收的 MPCPDU 的时间戳域的值来设置其计数器。

当 OLT 接收到 MPCPDU 时,将根据所接收到的时间戳来计算或校验 OLT 和 ONU 之间的往返时间。往返时间 RTT 等于定时器的值和接收到的时间戳之间的差。通过 MAC 层原语将计算的 RTT 通知客户端。

测距基本过程如图 6-14 所示。

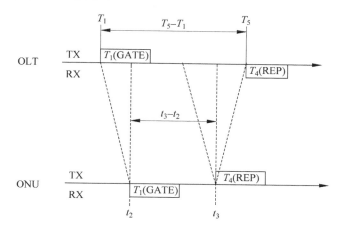

图 6-14 测距基本过程

(1) OLT 在 T_1 时刻通过下行信道广播时隙同步信号和空闲时隙标记。

(2) 已启动的 ONU 在 T_2 时刻监测到一个空闲时隙标记时,将本地计时器重置为 T_1。

(3) 在时刻 T_3 回送一个包含 ONU 参数的(地址、服务等级等)在线响应数据帧,此时,数据帧中的本地时间戳为 T_4。

(4) OLT 在 T_5 时刻接收到该响应帧。

通过该响应帧 OLT 不但能获得 ONU 的参数,还能计算出 OLT 与 ONU 之间的信道延时 $RTT = t_2 - T_1 + T_5 - t_3 = T_5 - T_4$,其中,$t_3 - t_2 = T_4 - T_1$。之后,OLT 便依据动态带宽分配(DBA)协议为 ONU 分配带宽。当 ONU 离线后,由于 OLT 长时间(如 3min)收不到 ONU 的时间戳标记,则判定其离线。

5. RTT 补偿

在 OLT 侧进行延时补偿,发送给 ONU 的授权反映出由于 RTT 补偿的到达时间。

例如,如果 OLT 在 T 时刻接收数据,OLT 发送包括时隙开始的 GATE=T−RTT。在时戳和开始时间之间所定义的最小延时,实际上就是允许处理时间。在时戳和开始时间之间所定义的最大延时,是保持网络同步。

6. PMD

EPON 的 PMD(物理介质)子层的功能是完成光—电、电—光转换,按 1.25Gbps 的速率发送或接收数据。IEEE 802.3ah 要求传输链路全部采用光无源器件,光网络能支持单纤双向全双工传输。上下行的激光器分别工作在 1310nm 和 1490nm 窗口;光信号的传输要做到当光分路比较小时,最大传输 20km 无中继。

按所处位置的不同，光模块又可以分为局端和远端两种。对于远端的光模块而言，接收机处于连续工作状态，而发送机则工作于突发模式，只有在特定的时间段里激光器才处于打开状态，在剩下的时间段里，激光器并不发送数据。由于激光器发送数据的速率是1.25Gbps，因此要求激光器开关的速度要足够快。同时要求在激光器处于关闭状态时，要使从 PMA(物理介质接入)层发送过来的信号全部为低，以确保不工作的 ONU 激光器的输出总功率叠加不会对正在工作的激光器的信号造成畸变影响。

7. 突发控制

1) 突发发送

EPON 的点对多点的特殊结构和 TDMA 的接入方式了决定了 ONU 发送机的工作模式是突发发送。ONU 什么时候发送数据，是由 OLT 指示的，当 ONU 发送数据时，打开激光器，发送数据；当 ONU 不发送数据时，为了避免对其他 ONU 上行数据造成干扰，必须完全关闭激光器。这样，ONU 的激光器就需要不断地快速(纳秒级)开和关。因此，传统的针对连续传输设计的 APC(Automatic Power Control，自动功率控制)回路，不能在突发模式发送的情况下正常工作(连续模式的自动功率控制回路之所以不能正常工作在突发模式下，是由于当激光器关闭时，直流偏置切断，当激光器重新打开时，自动功率控制回路已丢失了原来的状态，直流偏置呈现不连续的变化)。

为实现突发发送有两个方案：①采用数字 APC 电路；②改进传统的自动功率控制系统。

2) 突发接收

在 EPON 系统的下行方向，ONU 只能接收 OLT 的数据，因此 ONU 上接收来自 OLT 的功率是相同的，ONU 接收机采用普通的接收机即可。

在 EPON 系统中，上行数据由各个 ONU 以突发形式到达 OLT。OLT 要接收来自不同距离的 ONU 的数据包，并恢复它们的幅度，但因 ONU 到 OLT 的距离不同，所以它们的数据包到达 OLT 时的功率变化很大，在极限情况下，从最近 ONU 发来的代表 0 信号的光强度甚至比从最远 ONU 传来的代表 1 信号的光强度还要大，为了正确恢复原有数据，必须根据每个 ONU 的信号强度实时调整接收机的判决门限。

现有的突发模式接收机分为直流耦合模式和交流耦合模式。采用交流耦合方式的系统相对于直流耦合方式会多付出 1.5dB 的灵敏度代价。

8. 动态带宽分配

在 EPON 系统的上行方向，采用 TDMA 方式实现多个 ONU 对上行带宽的多址接入，其带宽分配方案可分为静态带宽分配的和动态带宽分配(DBA)。静态带宽分配方式的原理是 OLT 周期性为每个 ONU 分配固定的时隙作为上行发送窗口。其优点是实现简单，但存在带宽利用率低、带宽分配不灵活、对于突发性业务适应能力差等问题。

动态带宽分配就是 OLT 根据 ONU 的实时带宽请求获取各 ONU 的流量信息，通过特定的算法为 ONU 动态分配上行带宽，保证各 ONU 上行数据帧互不冲突。DBA 具有带宽效率高、公平性好、能够满足 QoS 要求的优点。

DBA 采用集中控制方式：所有的 ONU 的上行信息发送，都要向 OLT 申请带宽，OLT 根据 ONU 的请求按照一定的算法给予带宽(时隙)占用授权，ONU 根据分配的时隙发送信息。其分配准许算法的基本思想是：各 ONU 利用上行可分割时隙反应信元到达时间分布并请求带宽，OLT 根据各 ONU 的请求公平合理地分配带宽，并同时考虑处理超载、信道有误码、有信元丢失等情况的处理。

EPON 系统的 DBA 的实现基于两种 MPCP 帧：GATE 消息和 REPORT 消息。ONU 利用 REPORT 帧向 OLT 汇报其上行队列的状态，向 OLT 发送带宽请求。OLT 根据与该 ONU 签署的服务等级协议（SLA）和该 ONU 的带宽请求，利用特定的算法计算并给该 ONU 发布上行带宽授权，以动态控制每个 ONU 的上行带宽。EPON 系统的 DBA 一般采用轮询方式。其针对每个 ONU 的工作过程如图 6-15 所示。

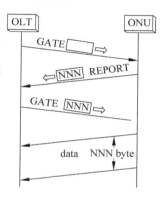

图 6-15　DBA 实现流程图

9. 光纤保护倒换

EPON 国际标准（IEEE 802.3a）未定义保护方式，中国通信标准委员会制定的《接入网技术要求——基于以太网方式的无源光网络（EPON）》中，已经明确建议采用 ITU-T G. 984.1 两种 GPON 系统的保护方式：骨干光纤保护倒换方式和全光纤保护倒换（APS）方式。

EPON 技术是接入网技术之一，主要用于 FTTH/FTTB 的宽带接入业务，用户接入成本较为敏感，并且对保护的要求相对较低，因此 EPON 系统现有的保护方式的实际应用价值较低。骨干光纤保护方式相对于光纤全保护倒换方式代价较小，仅对 EPON 系统的骨干段光纤实现保护；而光纤全保护倒换方式彻底消除了 EPON 系统中的单点故障隐患，但代价也是整体翻倍的。

EPON 采用点到多点的树形拓扑结构，骨干光纤的故障会导致其所属的所有 ONU 均无法与 EPON 网络通信，因此，骨干光纤保护倒换方式将是提高 EPON 系统在网络中应用中可靠性的主要保护倒换方式。

骨干光纤保护方式中，OLT 侧的主、备用两个 PON 模块的端口分别通过骨干光纤的主、备两条光纤连接到 2：N 光分路器的两个端口，从分路器到 ONU 侧采用常规连接。在 OLT 主用 PON 模块处于工作状态时，备用 PON 模块处于冷备份状态。如果工作光纤出现故障或主用 PON 模块失效，启用备用的备用 PON 模块和光纤。倒换到备用 PON 模块时，冷备份的备用 PON 模块中的信号发射模块被激发到正常工作状态需要一段较长的时间。在这种方式下，OLT 侧需配置主、备两个 PON 模块，骨干光纤需铺设主、备两条光纤，从而实现对骨干段光纤的保护，提高系统可靠性。

为了实现简单的骨干光纤保护倒换，EPON 系统应由光线路终端（OLT）、工作光纤、保护光纤、2：N 光分路器、光网络单元（ONU）组成，其中 OLT 内包括保护倒换控制模块、PON 模块和 1×2 光开关，如图 6-16 所示。图 6-17 为光纤全保护系统的结构原理图。

图 6-16　支持骨干光纤保护的 EPON 系统结构

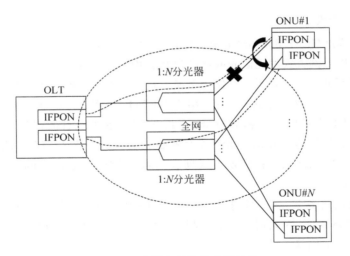

图 6-17　光纤全保护的系统结构

6.3.5　广电与电信 EPON 技术要求差异

广电与电信 EPON 主体功能要求基本是一致的，但在一些细节上，广电的 EPON 可以提出一些特殊要求，如在承载业务类型上，广电要增加 CATV 业务、视频点播业务等；在 ONU 设备类型上可针对 CATV 应用，增设 RF 端口；在扩展 OAM 上考虑增加对 ONU 设备的 RF 端口的管理；在接口上，广电可考虑增加对一纤三波应用的 OLT 光接口和 ONU

射频 RF 接口的性能要求；在业务承载能力上广电要考虑增加承载 CATV 业务、IP 视频业务、对称视频业务的性能要求；在供电上广电有增加 ONU 设备 60V 集中供电的要求。

6.3.6　EPON 与 GPON 特点概览

GPON 和 EPON 技术上有许多相似甚至相同的地方，如交换、网元管理、用户管理等。

简而言之，从传输的帧结构看，EPON 的帧结构是基于以太网格式的封装，GPON 的帧结构则基于各种用户信号原有格式的封装，这就是它能简单、通用、高效地支持全业务的根本原因。从传输协议看，EPON 是基于"各种协议"之间的转换；而 GPON 则是进行各种协议的"传输"，也就是我们常说的"透明传输"。根据标准定义和目前大部分设备的实际情况，EPON 和 GPON 从总体角度比较如表 6-1 所示。

表 6-1　EPON 与 GPON 特点比较

特　　点	GPON(ITU-T G.984)	EPON(IEEE 802.3ah)
下行速率	2500Mbps	1250Mbps
上行速率	1250Mbps	1250Mbps
分光比	1∶64(规划为 1∶128)	1∶32、1∶64
下行效率	92%，采用：NRZ 扰码（无编码），开销(8%)	72%，采用：8B/10B 编码(20%)，开销及前同步码(8%)
上行效率	89%，采用：NRZ 扰码（无编码），开销(11%)	68%，采用：8B/10B 编码(20%)，开销(12%)
实际可获得下行带宽	2300Mbps	900Mbps
实际可获得上行带宽	1110Mbps	850Mbps
每用户可获得下行带宽	36Mbps(1∶64 分光比)	28Mbps(1∶32 分光比)
运营、维护(OAM&P)	OMCI 是必需的。对 ONT 和服务的全套 FCAPS(故障、配置、计费、性能、安全性)管理	OAM 可选且最低限度地支持：对 ONT 的故障指示、环回和链路监测
网络保护	可选 50ms 切换时间	未规定
TDM 传输	内在功能，通过 GEM 或以太网电路仿真(ITU-T Y.1413 或 MEF 或 IETF)	以太网电路仿真(ITU-T Y.1413 或 MEF 或 IETF)

6.4　EOC

6.4.1　EOC 技术简介

6-8　EOC 简介

EOC（Ethernet Over Coax，基于电缆的以太网），也就是以太网信号在同轴电缆上的一种传输技术，原有以太网络信号的帧格式没有改变。我们称之"无源 EOC"。现在涌现出很多的技术和解决方案，将以太网络信号经过调制解调等复杂处理后通过同轴电缆传输。现在也被称为"Ethernet over Coax"，但是与原始所述的有非常大的差别。同轴电缆上传输的信号不再保持以太网络信号的帧格式，从技术的角度讲不可称之为"EOC"。这类技术主要有 HomePNA、HomePlug、DECO、WiFi 降频、MoCA 和 HINOC 等。这些总称为"有源

EOC"或"调制型 EOC"。

从有线电视网络应用的角度看,EOC 技术就是把 IP 数据与有线电视信号有机地结合在一起,用同一根电缆接入用户,既不影响有线电视信号的传输,又有双向独享的宽带综合业务接入,具有良好的适应性和灵活的组网接入方案,无需对原有有线电视网络进行双向施工改造,或者进行大规模的五类线敷设到户的工程,解决了有线电视网络双向网络改造过程中入户施工较难、全网覆盖成本高以及改造工程周期长的诸多问题。

EOC 是一个广泛的概念,各种利用电话、电力、电视电缆传输数据信号的技术都可以称为 EOC 技术。早期 EOC 技术研究主要局限于电话线、电力线传送数据信号的应用,近几年,EOC 技术的研究开始侧重基于有线电视同轴电缆传送数据信号的技术应用。各种EOC 技术虽然研究的切入点和技术方法略有不同,但均可应用在有线电视网络领域,通过同轴电缆传输数据信号。

根据技术方法的不同,EOC 技术可归纳为无源基带传输、有源调制传输两大类技术。有源 EOC 又分为低频有源和高频有源。

EOC 数据传输原理如图 6-18 所示,有线电视信号通过 EOC 局端与 IP 数据混合,再通过分配网分配到用户终端。基本组网如图 6-19 所示。

图 6-18　EOC 技术系统图

1. 基带 EOC

基带 EOC 传输技术基本原理:由于基带数据信号的频谱在 1～20MHz 范围内,采取频分复用的方式,可以使两者在一根同轴电缆中传输而互不影响。把电视信号与以太数据信号通过合路器,利用有线电视网络送至用户。在用户端,通过分离器将电视信号与数据信号分离开来,接入相应的终端设备。

基带 EOC 原理如图 6-20 所示。基带 EOC 一般为无源设备,基于 IEEE 802.3 的相关协议,它对有线电视信号及以数据信号应用频分复用技术,使这两个信号在同一根同轴电缆里共缆传输。主要由二四变换、高/低通滤波两部分实现。由于采用基带传输,无须调制解调技术,楼道端、用户端设备均是无源设备。现有的以太网技术是收发共两对线,而同轴电缆在逻辑上只相当于一对线,所以在无源滤波器中需要进行四线到两线的转换。

图 6-19 EOC 组网示意图

图 6-20　基带 EOC 原理

基带 EOC 适用于集中分配的小区,一般情况下数据信号必须到楼道,因此基带 EOC 的拓扑结构是星形的。

2. 调制 EOC

调制 EOC 属于有源 EOC,根据其工作的频率在低频段(5～65MHz)或高频段(860～1500MHz)的不同,将调制 EOC 分为低频调制 EOC 和高频调制 EOC 等。

调制 EOC 一般为有源设备,利用 **OFDM(*Orthogonal Frequency Division Multiplexing*,正交频分复用)**技术先在头端把以太网信号调制到某个频段,然后再耦合到同轴电缆上传输,在用户端通过类似 CM 的设备终端对同轴电缆上的调制信号进行解调处理,恢复出原始的基带信号,并通过以太网接口为用户提供服务。同时,也将用户的回传信号通过调制器进行调制,加载到同轴电缆网上传输到头端,即实现了通过同轴电缆传输以太网信号。由于采用了技术先进且效率高的调制方式以及错误校验技术,物理层速率远超出无源 EOC 可以提供的传输带宽,对未来用户高带宽的接入需求给予有力支持。调制 EOC 系统克服了基带EOC 的缺点,具有传输距离远,能跨越放大器、分支分配器,较高带宽,支持 QoS,支持集中网管等优点。调制 EOC 又可以分出很多技术,如高频的 MOCA、WiFi 降频以及 HINOC 和低频 HomePlug AV、HomePNA 和 DECO 等。目前国家广电总局推荐同轴接入方式主要有 HiNoC、C-DOCSIS 和 C-HPAV。

6.4.2　HomePlug AV、C-HPAV 和 HomePNA

1. HomePlugAV

Home Plug(Home Plug PowerLine Alliance,家庭插座电力线联盟)主要成员有松下、英特尔、惠普、夏普等 13 家,致力于为各种信息家电产品建立开放的电力线互联网络接入规范,其目标是只需在事先安装好的万能插座上插入电源插头即可构筑起局域网。从 2000 年

6-9　HomePlug AV、C-HPAV 和 HomePNA

成立以来陆续制定了一系列的 **PLC(*Power Line Communication*,电力线通信)**技术规范,包括 HomePlug 1.0、HomePlug 1.0-Turbo、HomePlug AV、HomePlug BPL、HomePlug Command&Control,形成一套完整的 PLC 技术标准体系,基本覆盖了所有电力通信技术的应用领域。

HomePlugAV over Coax 同样是完整地借用 HomePlugAV(PLC)协议,只是修改前端耦合等电路设计来实现。HomePlugAV over Coax 使得原来 HomePlug 比较难以处理的问题得到很好的解决,如电磁兼容等。同样同轴电缆的传输性能要好于电力线,数据流量性能也会好于 HomePlug 在电力线上传输的性能。由于 Homeplug AV over Coax 技术本身的局限性,一个 Homeplug AV 设备 **CLT(*Coax Line Terminal*,同轴电缆线路头端)**支持的 **CNU(*Coax Network Unit*,同轴网络单元)**最多可达 64 个。而且随着 CNU(或称 CPE)个数

的增加,每个用户的带宽随之降低。因为最低端的频点 2MHz 已经超过分支分配器的下限频率 5MHz。对于某些劣质的分支分配器,此时 HomePlugAV over Coax 的性能比宣称的指标要低。AV 的芯片供应商是美国 Intellon 公司的 INT6400、INT7400 以及正在研发的 INT8400。INT6400 工作频率 5～30MHz,最高 1024-QAM 调制,物理层带宽 200Mbps, MAC 层速率 100Mbps;INT7400 工作频率 5～75MHz,最高 4096-QAM 调制,物理层带宽 500Mbps,MAC 层速率 300Mbps;INT8400 将配合 HomeplugAV2 标准,支持 1GHz 物理层速率,支持扩展频道到 150MHz,支持最高 4096-QAM 子载波速率。

　　HomePlug AV 技术用于 HFC 双向网改造的 EOC 接入,称为 HomePlug AV over Coax。它既可以用于同轴星形分配网,也可以用于同轴树形分配网。这就使交互数据入户有更灵活的选择。

　　HomePlug AV 的物理层使用 OFDM 调制方式,它是将待发送的信息码元通过串并变换,降低速率,从而增大码元周期,以削弱多径干扰的影响。同时它使用循环前缀(CP)作为保护间隔,大大减少甚至消除了码间干扰,并且保证了各信道间的正交性,从而大大减少了信道间干扰。当然,这样做也付出了带宽的代价,并带来了能量损失:CP 越长,能量损失就越大。OFDM 中各个子载波频谱有 1/2 重叠正交,这样提高了 OFDM 调制方式的频谱利用率。在接收端通过相关解调技术分离出各载波,同时消除码间干扰的影响。图 6-21 为 HomePlug AV 在同轴电缆上传输数据原理图。

　　HomePlug AV over Coax 工作在低频段,分为两个频段:2～30MHz/34～62MHz。每个频段使用 917 个子载波,每个子载波单独进行 BPSK、QPSK、8-QAM、16-QAM、64-QAM、256-QAM 和 1024-QAM 调制。采用 Turbo FEC 纠错,物理层速率达到 200Mbps,静荷 150Mbps,实际吞吐量可以达到 100Mbps。

图 6-21　HomePlug AV 在同轴电缆上传输数据原理

　　由于工作在 2～30MHz/34～62MHz 频段,必须注意回传信号受汇聚噪声的影响。特别要注意个别用户家里的噪声对整个 PLC 头端覆盖用户的影响。要像运行 Cable modem 系统一样,将非数据用户用高通滤波器隔离。PLC-EOC 产品要能实现以太网的通信协议和用户业务管理。

2. C-HPAV

C-HPAV 标准是由 HomePlug AV 衍生而来的,因此它们在许多地方有相类似之处。另外 C-HPAV 又是针对我国国情制定的,它与 HomePlug AV 还是有一些区别的,主要在以下几方面进行了调整和优化。

1) 应用场景的调整

(1) C-HPAV 采用了不同于 HomePlug AV 并适合于中国有线电视网络应用场景的系统参考结构。

(2) 针对接入网树形组网应用需求,简化了原来针对家庭网络应用场景的复杂网状网络组网结构,而采用点到多点(P2MP)结构的双向接入网络。

(3) 同轴电缆分配网可支持无源分配网与有源分配网两种类型。

(4) CNU 只能与 CLT 直接通信,CNU 之间不能直接通信。

2) 物理层的调整

(1) 采用了适合中国有线电视网络频谱规划要求的工作频段,其物理层工作频率范围为 7.5～30MHz 或 7.5～65MHz。

(2) 自适应选择适合同轴电缆传输的调制模式,可根据同轴电缆线路特点及线路状况,自适应选择最优的调制模式。

3) 网络管理的调整

一个 EOC 系统中只有一个 CLT 作为中心管理器,CLT 底下所连的所有 CNU 只接受该 CLT 的管理。

4) 物理层的优化

针对同轴电缆的应用环境,优化 PHY 层通信机制,提高数据传输效率除支持 BPSK、QPSK、1024/256/64/16/8-QAM 和 ROBO 等调制模式外,还支持 4096-QAM 调制模式,大大提高了数据传输效率,同时也提升了传输速率。

5) MAC 层的优化

针对承载 NGB 网络中音视频等流媒体业务,对 MAC 层进行了优化,引入了 TDMA 的模式,保证了数据的时延抖动指标符合业务承载需求,如图 6-22 所示。

图 6-22　C-HPAV 的 TDMA 调度

6) 网络管理的优化

(1) 针对实际应用组网的需求,制定了 C-HPAV 头端和终端业务管理互通性技术要求,定义了管理终端的扩展 MME 消息格式及管理通信机制。

(2) 扩展 MME 消息采用面向对象描述的 TLV(Type-Length-Value,类型长度值)结构进行定义,便于实现不同厂商的头端与终端之间在业务与管理层的互通。

3. HomePNA

HomePNA(Home Phoneline Networking Alliance,家庭电话线网络联盟)致力于开发利用电话线架设局域网络的技术,其创始会员包括 Intel、IBM、HP、AMD、Lucent、Broadcom 及 3Com 等知名公司。

HomePNA 技术原本是利用家庭已有的电话线路,快速、方便、低成本地组建家庭内部局域网。目前,已经发布了三个技术标准:HomePNA V1.0 版本,传输速度为 1.0Mbps,传输距离为 150m;HomePNA V2.0 版本,并可兼容 V1.0 版本,HomePNA2.0 传输速度为 10Mbps,传输距离为 300m;HomePNA V2.0 版本(2005 年,ITU G.9954),将传输速率大幅提升到 240Mbps;HomePNA 3.0 提供了对视频业务的支持,除了可以使用电话线为传输媒体外,也可使用同轴电缆,为 HomePNA over Coax 奠定了基础。HomePNA 供应商是美国 CooperGate。各版本 HomePNA 使用的频谱情况如图 6-23 所示。

图 6-23 HomePNA 使用的频谱

HomePNA 采用 QAM/FDQAM(变频 QAM)调制方式,FDQAM 增加了信噪比边界,有较好的抗扰性。目前 HomePNA 系统主要工作在三个频段:4~21MHz,12~28MHz,36~52MHz,其大部分频点可以采用 256-QAM 调制技术,并可根据信道实际的 SNR 要求自适应地使用 128-QAM、64-QAM、32-QAM、16-QAM、8-QAM。HomePNA3.X 的覆盖能力及规划,主要依据为其传输距离和带宽的分配。目前 HomePNA3.0 的一般传输距离为300m(最大电平衰减 61dB),带宽最大提供 128Mbps。根据实际测试结果,在 300m 传输距离的前提下,一般可以覆盖 2~3 栋住宅楼。按照带宽分配计算,每用户可提供最大吞吐90Mbps;考虑同时在线率因素,每个在线用户可提供带宽 2Mbps 以上。在 HomePNA3.1标准中,调制带宽将提高到 160~320Mbps。

在 HomePNA3.0 技术中,CLT 作为局端设备,将从 GEPON 网络中的 ONU 收到的下行数据业务信息,调制成可以在同轴上传输的模拟信号,然后同电视信号混合后发送到同轴分配网上传输(反方向需将调制后模拟的上行数据信息解调成数字信号,送往 GEPON 网络中的 ONU);CNU 作为用户驻地设备,用于从同轴线缆上分离出电视信号和调制后的数据信息,并将调制后的下行数据信息解调成数据业务信息(反方向需将上行数据信息调制成可以在同轴网上传输的模拟信号,并送往同轴分配网)。CLT 和 CNU 所需的调制技术都是相同的,主要的区别在于 CLT 接受上行信号时面对的是多个 CNU,需要对多个 CNU 的上行信号的发送时刻进行控制,尽量避免在总线型网络中出现碰撞,降低网络效率。

HomePNA3.0网络是在现有HFC网络基础上,进行相应的改造,不仅能满足原有的广播业务需求,同时能实现双向互动服务,可以提供包括宽带上网、IPTV、语音等各种应用,是具备视频、语音、数据等各种业务。

HomePNA3.0全程支持二层的QoS。HomePNA3.0技术在广播信道上对识别的流可以应用不同的QoS策略:带宽、抖动和延时。在GEPON＋HomePNA3.0的网络架构下,可以实现基于MAC地址、VLAN、IP、UDP/TCP端口号等多种方式的用户识别和业务区分,从而保证了对网络中用户的管理控制,业务流的划分,不同业务的多等级服务。

HomePNA3.0对原有电视网络的网络结构、承载的业务没有影响;具备QoS能力;同时支持电视、语音和数据业务。

HomePNA3.0解决了HFC网络的IP联通性(对称速率、全双工、高带宽、QoS保证),可以利用IP技术的灵活性,在网络上开展基于IP的业务,包括现有的VOD/VOIP/VIDEO PHONE等业务。

HomePNA3.0技术适合于大规模、广覆盖、高并发的网络建设;网络建设可根据用户需要逐步建设、逐步改造。

6.4.3　MoCA、WiFi降频以及HiNOC

1. MoCA

MoCA(Multimedia over Coax Alliance,同轴电缆多媒体联盟)创立者为Cisco、Comcast、EchoStar、Entropic、Motorola与Toshiba等。

6-10　MoCA、Wi-Fi 降频以及HiNOC

它们希望能够以同轴电缆(Coax)提供多媒体视频信息传递的途径。2006年3月,MoCA发布MoCA 1.0标准。2007年年底,MoCA通过了MoCA1.1,把有效数据速率提高到175Mbps,为多媒体业务提供更好的QoS。

MoCA1.0规范的技术基础是基于美国Entropic公司的c-link技术,该技术使用800～1500MHz频段,所以对5～1000MHz的电缆网络来说还是具有相当大的挑战,它对MoCA的实际表现影响很大,但如果选择1GHz以下频段可以不用改造网络。MoCA也可选2～38MHz频段。如果系统中将来考虑传输卫星直播信号,则MoCA可用信道大大减少,其使用工作频段因地区而异,如美国使用860～1550MHz,日本使用770～1030MHz。MoCA每个信道带宽为50MHz,总共有15个频道,每个信道可以支持一个NC(局端)设备,每个NC支持31个CPE设备。

MoCA采用OFDM调制和TDMA/**TDD(Time Division Duplex,时分双工)**技术,MAC部分的TDMA是采用软件实现的。每个频道占用带宽50MHz,每个载波最高可进行128QAM调制,每个信道理论上最大的物理数据速率为270Mbps,最大的有效数据速率为130Mbps。随着链路损耗的加大或链路SNR的降低,依次降为64-QAM、32-QAM、16-QAM、8-QAM、QPSK、BPSK调制方式,实际有效数据速度就会成倍降低。MoCA设备典型发送电平3dBm,接收电平范围0～-75dBm,典型时延3ms。

支持MoCA的主要芯片厂家为Entropic,产品为c.LINK,目前,该产品可以跨越同轴电缆的无源分配器实现互连,直接实现端-端数据传输,距离可达600m/300m,c.Link优点如下:

MoCA 不影响原来的电视信号,与 CATV、DBS 及 HDTV 并存,不需要变动现有 CATV 布局、布线,即可极大提高其传输数据率,具有 QoS 安全性高、高可靠性、安装方便等特点。MoCA 技术在同轴电缆上进行传输双向交互数据的拓扑结构如图 6-24 所示。

图 6-24　MoCA 双向网络拓扑结构图

MoCA 能够通过分支分配器,但工作频率高,超过 1000MHz 需要更换分支分配器和电缆,对网络适应能力较差,家中还需安装 MoCA Modem,价格高。一个 MoCA 主机可带 31 个 MoCA Modem。

对 MoCA 样品实际测试的结果表明:在一个 NC(局端)设备和一个 CPE(终端用户)设备对联测试时,Smart bits 测试仪器显示最高速率达到 80Mbps(固定 1518 包长情况),对于中小包长情况,实际测试速率大大下降。

2. WiFi 降频

无线局域网技术是无线通信领域最有发展前景的技术之一。目前,WLAN 技术已经日渐成熟,应用日趋广泛。

WiFi 采用 IEEE 802.11 WLAN 的国际标准,该标准由很多子集构成,它详细定义了 WLAN 中从物理层到 MAC 层(媒体访问控制)的通信协议,在业界有广泛的影响。相关标准经历了 IEEE 802.11b、IEEE 802.11a 和 IEEE 802.11g,IEEE 802.11n 标准。IEEE 802.11n 使用 2.4GHz/5GHz 两种通用频段,互通性高,被看好是新一代的 WLAN 标准。

为了实现高带宽、高质量的 WLAN 服务,使无线局域网达到以太网的性能水平,推出了 IEEE 802.11n 标准。IEEE 802.11n 可以将 WLAN 的传输速率由目前 IEEE 802.11a 及 IEEE 802.11g 提供的 54Mbps 提高到 150Mbps。这得益于将 *MIMO*(*Multiple-Input Multiple-Out-put*,多入多出)与 OFDM 技术相结合而应用的 MIMO OFDM 技术。

WiFi over Coax 不同的厂家实现的方式略有不同,最大的差别在于使用的频段是否变频,有使用 2.4GHz 的频点,也有经过降频使用 1GHz 以下频点的,由于我国有线电视电缆分配网络的工作频段大多在 5～1000MHz,如果直接使用 2.4GHz 的频点,则需要对网络进行升级改造,如果经过降频使用 1GHz 以下频点,则无须对现有网络进行升级改造。

WiFi 降频解决方案是将 2.4GHz 下变频到 1GHz 左右的频段,这样虽然减小了电缆和无源分支分配器的损耗,但是带来了新的问题——标准化较差,不同厂家之间的设备不能互通;增加新的器件和设备,增加了成本,降低了可靠性;同时由于 WiFi 协议是针对无线网络要求设计,所以协议开销大,再加上其协议采用的是 CSMA/CA(Carrier Sense Multiple Access with Collision Avoidance,载波侦听多点接入/冲突避免)方式,所以随着用户数的增加,碰撞概率也随之增加,数据的实际吞吐量大大降低。

IEEE 802.11 标准系列中的 IEEE 802.11g 理论上最高数据传输速率可达 54Mbps,实际吞吐率也仅能达到最高传输速率的一半甚至更低,约为 20～26Mbps。IEEE 802.11n 物理层速率可达 150Mbps,但由于其 MAC 层效率较低,MAC 层速率只能达到 60～70Mbps。

WiFi 降频组网如图 6-25 所示,在小区光站部署前端设备,利用双工器与有线电视信号 CATV 混合到同轴电缆当中,无源中继用于跨接放大器,把有线电视信号分离给有线电视放大器,EoC 信号直接输出。EoC 有源中继将有线电视信号与数据信号分离,有线电视信号被送到原放大器放大后再送入 EoC 网桥,EoC 有源中继将数据信号放大或再生后与放大过的有线电视信号混合,输出给下游的电缆分配网络。而在用户家中安装一台 EoC 终端即可完成双向改造。

WiFi 降频技术优势如下:系统设备类型齐全,包括局端设备、终端设备、有源中继设备;系统工作于高频段,1 台局端支持 256 台终端,组网能力较强;系统以太网二层功能较全,系统稳定性高;系统支持 VLAN 划分和 VLAN 优先级,同一终端设备不同业务之间优

图 6-25　WiFi 降频组网方案

先级设置,保证高优先级业务传送带宽。

WiFi 降频技术缺点如下:系统工作于高频段,链路衰减较大;系统射频频谱较宽,频谱利用率不高;系统不支持多信道工作,可扩展性不强;共享同一频道的用户数增加,每一个用户的数据吞吐量会急剧下降;终端上线时间较长;WiFi 有标准,但降频方案没有标准,属于非标产品。

WiFi 降频主要芯片提供商为 ATHEROS,设备主要生产商有雷科通技术(杭州)有限公司、天柏集团、深圳市汤姆逊数码科技有限公司和北京六合万通微电子技术股份有限公司。

3. HiNOC

HiNOC(*High Performance Network Over Coax*,基于同轴的高性能网络)是一种基于同轴电缆的数字射频接入技术。该技术在 FTTB 的网络结构基础上,可以利用小区楼道和户内已经敷设、分布广泛的有线电视同轴电缆,构建高速的信息接入网。只需在楼道和户内添加相关的 HiNOC 调制解调设备头端(HiNOCBridge,HB)与终端(HiNOC Modem,HM),无须对入户电缆线路进行任何改造,就可实现多种高速数据业务的双向传输。HiNOC 用于解决家庭用户最后一百米的接入问题,可承载 IPTV、VOD、VoIP、高速上网等宽带业务。

HiNOC 可支持低频段、高频段“双模”工作,低频段可设置在 0~32MHz 范围内,中心频点连续可调;高频段可设置在 750~1006MHz 范围内,中心频点连续可调。其频谱利用率高,HiNOC 样机系统实测得到的 MAC 层频谱利用率可达 3.85bps/Hz;邻信道抑制性能(隔离度)较好,相邻信道能够同时使用。工作模式为 TDD/TDMA,动态分配信道资源,实现无冲突的信道接入和灵活的带宽分配。具有服务质量和管理,DBA、流分类、业务优先级;L2 至 L4 层关键元素过滤的功能,可以实现访问控制、报文捕获、QoS 处理、IGMP Snooping、黑白名单等功能。使用频段初步定在 750~1006MHz,保留更低和更高频段的可扩展性;信道带宽为 16MHz;为避免多径引发的码间干扰,同时考虑信道利用率,HiNOC 采用多载波 OFDM 体制传输数据,总子载波数目为 256,有效子载波数目为 210,循环前缀长度 16(1μs/16μs),采用子载波自适应调制,九种数字调制方式 QPSK、8-QAM、16-QAM、32-QAM、64-QAM、128-QAM、256-QAM、512-QAM 及 1024-QAM,采用高编码速率、实现复杂度低的 BCH 截短码纠错码,如 BCH(508,472)、BCH(504,432)、BCH(392,248)等。

PHY 层定义了信号传输模式,包括帧结构、信道编码以及调制技术;MAC 层实现媒质接入控制和业务适配功能,分为公共部分子层(CPS)和汇聚子层(CS)两个子层;CPS 实现 MAC 层的接入控制和信道分配等核心功能;CS 实现 MAC 层核心功能与高层功能的适配,如图 6-26 所示。

HiNOC 的头端设备(HB 或 HS)与处于同一信道的 HM 构成一个逻辑独立的楼内分配网络。HiNOC 也支持在多个信道同时构建多个相互独立的分配网络。HB 为单信道 HiNOC 头端设备,支持一个信道;HS 为多信道 HiNOC 头端设备,支持多个信道,如图 6-27 所示。

图 6-26 HiNOC 系统协议栈

图 6-27 HiNOC 两种连接分配形式

HiNOC 的 MAC 层采用以下架构:网络采用中心节点控制的星形拓扑结构,一个 HB 目前最多可支持 32 个 HM;采用全协同的 TDM/TDMA;采用预约/许可协议的 MAC 策略,保证各节点收发过程中无碰撞发生;支持不同级别的 QoS 和各节点灵活的带宽分配。每个信道的最高物理层速率 80Mbps,MAC 层速率 44Mbps。

6.4.4 BIOC、ECAN 和 DECO

1. BIOC

BIOC(Broadcasting and Interactivity Over Cable,广播交互同轴网络接入)技术是一种

基于有线电视同轴电缆分配网的广播交互信号传输技术,是针对 HFC 网络光节点后的最后一公里的双向接入解决方案,完全利用原有的分配网资源,承载广播电视信号(模拟/数字电视)与数据信号。BIOC 技术采用 900~1100MHz 频段传输数据信号,频道带宽 40MHz,可用信道 3 个,主信道采用 OFDM 调制,子信道采取 QAM 自适应技术,物理层速率 150Mbps,MAC 层速率 120Mbps,支持上下行带宽共享,一个局端可以管理 256 个终端,支持 VLAN 划分。从工作原理和网络形式上可以说 BIOC 是 WiFi 降频的另一种形式。

BIOC 技术提供了对网络设备管理的功能,基于 TMN 思想以及 SNMP 简单网络管理协议设计的 NMS(Network Management System,网络管理系统)是接入网络综合管理监控平台。多个本地或者远程客户端(NMS-client)可通过网管服务器(NMS-server)对网络设备进行远程配置、升级、管理与维护,可以提供对终端控制的接口满足业务扩展需求。

2. ECAN

ECAN(Ethernet Over Caox Access Network,基于同轴电缆接入网的以太网)技术将 IEEE 802.3ah 的 EPON MAC 协议移植到了无源同轴电缆用户分配网中,实现点对多点的以太到家的宽带接入,其 MAC 协议沿用了 EPON 的协议,具有动态带宽分配(DBA),可实现电信级的运营和维护,可以实现语音、数据和视频的三网融合。

ECAN 采用 TDD/TDMA 双工/多址方式。支持动态带宽分配(DBA)、网络管理、VLAN 和组播/过滤功能。支持 VoIP、HDTV/SDTV、VoD、高速上网等传统与新业态业务。

ECAN 系统物理层(PHY)采用低频 5~65MHz 的频谱,具有长距离大覆盖能力,可支持的最大链路损耗达 60dB。PHY 采用单载波残留边带调制技术,符号速率为 60Mbps 到 80Mbps,相应的信号带宽是 32~48MHz,调制级别为 2VSB,4VSB,可升级为 8VSB 和 16VSB。物理层的速率达到 170Mbps,有效的信息速率可达 145Mbps。利用先进的自适应数字信号处理技术,可靠地完成信号同步,有效地处理网络反射信号,抑制窄带入侵噪声的影响。

ECAN 的 MAC 协议沿用了 EPON 的 MAC 协议,摒弃了数字家庭网络中普遍采用的 CSMA 载波侦听协议,具有动态带宽分配(DBA)机制,可实现电信级的运营和维护,支撑所有业务(视频、语音和数据)的接入。

ECAN 在同轴电缆网络中采用 MPCP 的协议,下行采用广播式,所有数据经由无源同轴电缆到达每一用户,用户通过标识,取出属于自己地址的数据;上行采用 TDMA 方式,各用户单元在自己的时隙内发送数据报文。其工作原理与 EPON 非常相似,可以参考图 6-9。

3. DECO

DECO(Data transmission with EPON MAC and Coded OFDM,基于 EPON 媒体介入控制和编码正交频分复用的数据传输技术)是基于 EPON MAC 层协议以及编码 OFDM 调制的数据传输技术,它将 EPON 的 MAC 与 G.9960 的物理层(PHY)有机地结合在一起。

DECO 占用 5~80MHz 频段,物理带宽 20~60MHz 可选,频谱位置在 5~80MHz 范围内可选;采用 OFDM 调制,512/1024 个子载波,QPSK、16QAM、64QAM、256QAM 自适应;采用先进的 LDPC 纠错编码技术;采用了专利的带外管理技术。在 60MHz 带宽下,每端口物理层速率 ≥ 300Mbps(256QAM),MAC 层速率 ≥ 250Mbps,TCP/IP 速率 ≥ 180Mbps;支持 DBA(动态带宽分配);MAC 层时延 2~10ms 可配置(时延降低会牺牲一些带宽);支持组播、广播风暴抑制、流量监测、流量控制、VLAN 等;支持 MII/GMII 以太网接口；支持 SNMP，Telnet 以及 HTTP；开放式系统，用户可灵活设置各种 QOS 功能；有强抗噪、抗干扰能力的带外信道(OOB 信道)可作为头端和终端设备间的网络管理和固件远程升级信道；实际运营可支持最多 60 个 CNU 终端(速度可达 180Mbps)。

6.4.5　EPOC

EPOC(Ethernet Passive network Over Coax，基于同轴电缆的无源以太网络)，是基于同轴的下一代高速以太网技术，从光纤分配网到同轴分配网，充分利用和拓展了点到多点的 EPON 技术，其应用优势如下：

(1) 与 EPON 联合起来实现从前端到家庭的点对点双向以太连接，光纤不必到家，节省投资。

(2) EPON 的 OLT 不变，ONU 变成 CMC(同轴媒质转换器)，对数据包不作解读和处理，造价低。

(3) 家庭终端是 CNU(同轴网络单元)，它具有 EPON 的全部数据链路层，但物理层运行于同轴电缆，造价与 ONU 相当。

(4) 一套统一的网络管理从 OLT 一直管理到家庭，不像其他的 EOC 方案 EPON 和 EOC 各自有一套网管系统，很难集成。

(5) 先进的物理层保证传输速率到达 1Gbps(超越任何其他 EOC)，并容易随 10G-EPON 升级，发展潜力最大。

(6) 同一个光分配网(ODN)兼容 1550nm 广播电视平台。

6.5　双向 HFC 网络改造模式技术分析

现有的几种双向接入形式各有优缺点，DOCSIS 系统标准最规范，可以与 IPQAM 实现无缝连接和过渡，但汇聚噪声大，如果要减少汇聚噪声，必须降低覆盖用户数量，这样其户均覆盖成本会很高，而且对网络改造要求也最高，另外回传信道在 5～65MHz 在范围内，比较容易受干扰，目前在国内的普及度不太高。HomePNA 及 HomePlug AV 采用的是电力载波的协议，只是通过移植用到同轴电缆上，其标准的规范度不高，网改成本和要求都不高，主要问题是网络时延比和抖动都较大，有文献显示部分厂家设备的时延和抖动都在几百毫秒以上，对视频数据传输有较大影响。

6-11　网络改造模式分析

6.5.1　CMTS＋CM

(1) 适用网络：严格按双向 HFC 网络标准设计和建设的网络。

(2) 总体组网方案：采用基于 CMTS 技术的双向化改造技术。

分前端部署机房反向光接收机、搭建反向射频混合线路；增加光节点和放大器的反向模块；开通光节点至机房的 1310nm 反向光链路，在所有覆盖用户门头增加高通滤波器；配置机房 CMTS 设备，完成系统开通。网络拓扑结构为"环-星"形，光站输出带一级电放大器或直接覆盖用户，电缆网络采取"双向传输、集中接入"的原则设计。光站和放大器(可选)均需要配置回传模块。

CMTS＋CM 的光节点覆盖用户数范围为 500 户以内，其组网示意图如图 6-28 所示。

图 6-28 CMTS＋CM 组网示意图

分前端部署汇聚交换机和 CMTS 头端等设备,提供双向数据业务信号。分前端至小区接入线路占用 2 芯双向光纤。小区接入点放置光站,实现正向和回传的 1310nm 波长光信号进行光电和电光转换。楼栋接入点放置楼栋设备箱,箱内可配置电放大器。用户信息终端——数字机顶盒接收广播式或交互式数字电视信号,并可通过 Cable Modem 向用户提供数据业务。

(3)光纤和波长配置:采用 G.652 标准单模光纤。分前端以下采用 1310nm 波长,正向和回传向各占用 1 芯光纤。

(4)网络管理:CMTS 系统设备应支持 SNMP 网管功能。

(5)优劣势分析。

① 优点:可利用现有的 CATV 网络提供双向通信,适合稀疏模式网络覆盖区域;大面积覆盖低开通率情况下成本较低,少量前期投入即可在全网进行业务受理;技术标准及产品比较成熟。

② 缺点:需要对 HFC 光电传输链路部分进行双向改造;噪声汇聚效应影响系统的带宽和性能,同轴缆及接头质量要求较高,后续维护工作量较大;CMTS 下行信道带宽有限,为 38Mbps,可开通用户数较少;可承载业务有限,大带宽业务无法满足,无法提供全业务承载;后续系统扩容成本较高;产业化程度不高,可供选择的设备及系统数量较少。仅适用于已经严格按双向 HFC 网络标准设计和建设的网络。

(6)用户带宽优化:CMTS 系统是基于 DOCSIS 标准设计的,系统主要由前端设备 CMTS 和 Cable Modem 组成。CMTS 技术目前已成熟应用的是 DOCSIS 2.0 协议标准,可达到下行 38M、上行 30M 带宽(共享方式)。

随着用户带宽需求提高,考虑到 CMTS 技术用户带宽优化,可将 CMTS 头端设备下移靠近用户来扩展用户带宽。

CMTS 技术正在向 DOCSIS 3.0 协议标准发展,通过捆绑 4 个频道,实现下行 160M、上行 120M 带宽(共享方式),解决目前带宽不足的问题。

(7)投资分析如表 6-2 所示。

表 6-2　CMTS＋CM 接入技术投资分析

设　　备		CMTS＋CM	单价/元	数量	投资/元	说　　明
网 络 汇 聚 设备	集中设备	CE 口	0	1	0	数据干线网的集中设备端口,不计入比较范围
		CMTS	140 000	1	140 000	
	光设备	反向光收	6000	4	24 000	
		反向光发	1500	4	6000	
	光纤	2F＊1 光缆	2000	0	0	小区共享 1 对,利用旧的
小区机房	—	—	80000	0	0	
楼栋接入	放大器	双向	600	20	12 000	部分加反向模块,部分换新
楼内分配	分配网	分 支 分 配器	50	90	4500	
网络建设集成费用					14 920	集成费按网络系统建设费 8％计

20 栋 1000 户模型

续表

20栋1000户模型						
设　备		CMTS+CM	单价/元	数量	投资/元	说　　明
覆盖成本	全网成本				201 420	
	每户成本				**201**	
每户开通费用	线材辅材	线缆材料	10	1	10	每户独立
	终端设备	外置CM	360	1	360	
	接入施工	施工	10	1	10	
	小计				**380**	
最终每户平均成本			**201+380=581**			

6.5.2　EPON+LAN

(1) 适用网络：原有网络状况较差，入户线需改造，预期用户 ARPU 值较高的地区以及新建网络。

(2) 组网方案：采用"光纤到楼、双网覆盖、光机直带用户、点对多点连接"的网络结构。双向网络采用基于 EPON 的点对多点光以太网传输技术，楼栋至用户采用五类线方式。网络拓扑结构为"环-星"形，组网示意图如图6-29所示。

分前端部署汇聚交换机和 OLT 等设备，提供双向数据业务信号。分前端至小区接入线路，平均距离为3000～5000m。小区接入点放置光交接箱，在交接箱内对主干光缆和小区分配网光缆进行接续、分配和调度。楼栋接入点放置楼栋设备箱，箱内配置 ONU，楼栋接入点覆盖用户数平均为50户。楼栋接入点至用户终端线路采用五类线敷设，接入距离应小于80m。家庭网关用于为用户提供多端口数据业务。

(3) 光纤和波长配置：端口线采用 G.652 标准单模光纤。双向网络利用一根光纤，分别选用1490nm、1310nm 波长进行数据信号传输。

(4) 网络管理：EPON 系统网管功能支持对 OLT 和 ONU 的配置、故障、性能、安全等管理功能。OLT 的操作管理和维护功能通过 EPON 网元管理系统进行。OLT 的网络管理功能应支持 **SNMP（Simple Network Management Protocol，简单网络管理协议）**。

协议和 IEEE 802.3-2005 中规定的 OAM 功能。ONU 的操作管理和维护功能采取本地管理和远程管理两种方式。

(5) 优劣势分析。

① 优点：运营商不承担用户终端的投入，网络未来升级改造方便；网络接入带宽：1000Mbps 到小区，100Mbps 到楼道，10Mbps 到户，接入带宽高，可扩充性好，可以承载全业务运营；采用外交互方式，不占用同轴电缆的频率资源，光传输采用 EPON 技术，传输链路中实现没有有源设备，维护方便，两张网同时运营，单网故障相互不影响；目前的 LAN 产品异常丰富，价格也非常低；EPON 产品支持厂家众多，相关产品兼容性好，价格也在大幅降低。作为新建网络的统一标准和网络改造的优选标准。

② 缺点：需重新入户施工，施工量及施工难度都较大；两张网分开运营，维护人员素质要求高。

图 6-29　EPON+LAN 组网示意图

（6）用户带宽优化：EPON 目前是 FTTH/FTTB/FTTC(Fiber To The Home/Building/Curb,光纤到户/大楼/路边)的普遍解决方案。EPON 系统的基本组成包括光线路终端(OLT)、光分配网(ODN)、光网络终端(ONU)三大部分。其上下行带宽为 1.25Gbps。

鉴于建设初期用户较少的因素,考虑 EPON 技术用户带宽优化 OLT 的 PON 口用大分光比的光分路器连接 ONU,实现广覆盖。

远期用户带宽需求更高时可再进行网络优化提速,以尽量不更改用户端设备、保护线路投资为原则,缩小分光比,并适当增加 OLT 的 PON 口即可。所有 ONU 和用户端设备保持不变。10G EPON 将提供带宽为 10Gbps 的 PON 口。

（7）投资分析如表 6-3 所示。

表 6-3 EPON＋LAN 投资分析

设备		EPON＋LAN	单价/元	数量	投资/元	说 明
30 栋 1500 户模型						
网络汇聚设备	集中设备	CE 口	0	1	0	数据干线网的集中设备端口,不计入比较范围
	光设备	OLT	10 000	1	10 000	1 个 PON 口
	光纤	2F＊1 光缆	2000	0	0	小区共享 1 对,利用旧的
小区机房	—		80 000	0	0	无有源设备
楼栋接入	光纤	2F＊1 光缆	2000	30	60 000	每栋楼 1km
楼内部分	光设备	光分路器	4000	1	4000	
		ONT	1500	30	45 000	
楼内	施工费用	单元间施工	100	90	9000	集成费按网络系统建设费 8%计
		楼道内布线	30	1500	45 000	
	楼道设备	楼道短光纤	80	0	0	1 栋楼共享
		楼道交换机	210	120	25 200	
		单元箱子	200	120	24 000	1 栋楼共享
网络建设集成费用					17 776	集成费按网络系统建设费 8%计
覆盖成本	全网成本				239 976	
	每户成本				**160**	
每户开通费用	线材辅材	五类线	30	1	30	每户独立
	接入施工	施工	20	1	20	
	小计				**50**	
最终每户平均成本			**160＋50＝210**			

6.5.3 EPON＋EOC

（1）适用网络：干线网络改造工程量较大,用户接入段改造难度较大,同轴电缆网传输距离较远、网络状况较好的地区。

（2）组网方案：双向网络分前端至小区接入点采用 EPON 技术,小区接入点后采用 EOC 技术。网络拓扑结构为"环-星"形,光站输出带一级电放大器或直接覆盖用户。光节点覆盖用户数范围为 500 户以内。组网示意图如图 6-30 所示。

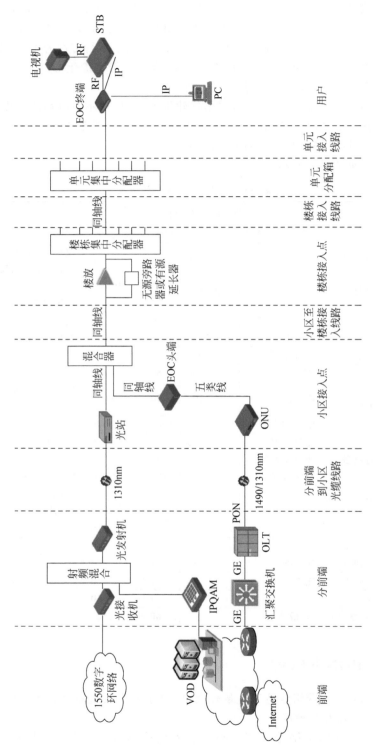

图 6-30 EPON＋EOC 组网示意图

分前端部署汇聚交换机和 OLT 等设备,提供双向数据业务信号。分前端至小区接入线路占用 2 芯光纤(其中,双向数据网占用 1 芯光纤)。小区接入点放置 ONU 和 EOC 头端。楼栋接入点放置楼栋设备箱,箱内配置楼栋放大器和 EOC 旁路器或 EOC 有源延长器。EOC 终端向用户提供数据业务。

(3) 光纤和波长配置:采用 G.652 标准单模光纤。双向网络利用一根光纤,分别选用 1490nm、1310nm 波长进行数据信号传输。

(4) 网络管理:EPON 系统网管功能支持对 OLT 和 ONU 的配置、故障、性能、安全等管理功能。OLT 的操作管理和维护功能通过 EPON 网元管理系统进行。OLT 的网络管理功能应支持 SNMP 协议和 IEEE 802.3-2005 中规定的 OAM 功能。ONU 的操作管理和维护功能采取本地管理和远程管理两种方式。

EOC 系统网管功能支持对 EOC 头端和终端的配置、故障、性能、安全等管理功能。EOC 头端的操作管理和维护功能通过 EOC 网元管理系统进行。EOC 头端的网络管理功能应支持 SNMP 协议。EOC 终端的操作管理和维护功能采取本地管理和远程管理两种方式。

(5) 优劣势分析。

① 优点:充分利用现有网络上的同轴电缆、分支分配器资源,入户施工难度小,节省建网成本;在小光站直接带用户的环境下,施工量大幅减少,改造速度快;基于 Cable 介质,实现较简单,基本不受同轴网络上的噪声对系统传输质量的影响,降低了工程施工中同轴电缆系统质量的要求;终端设备成本较低。

② 缺点:系统采用带宽共享机制,提供给用户的带宽随用户量增加而下降;由于需要在光站或放大器后混入,因此对电视信号有一定的插损。

(6) 用户带宽优化:EPON 目前是 FTTH/FTTB/FTTC 的普遍解决方案。EPON 系统的基本组成包括光线路终端(OLT)、光分配网(ODN)、光网络终端(ONU)三大部分。其上下行带宽为 1.25Gbps。10GB EPON 标准已于 2009 年 9 月发布,它可提供带宽为 10Gbps 的 PON 口。

鉴于建设初期用户较少的因素,EPON 技术用户带宽优化可考虑 OLT 的 PON 口用大分光比的光分路器连接 ONU,实现广覆盖。远期用户带宽需求更高时可再进行网络优化提速,以尽量不更改用户端设备、保护线路投资为原则,缩小分光比,并适当增加 OLT 的 PON 口即可。所有 ONU 和用户端设备保持不变。

EOC 是基于有线电视同轴电缆网使用以太网协议的接入技术。EOC 分为基带传输方式(无源 EOC)和调制传输方式(有源 EOC)。有源 EOC 根据调制技术不同,物理层速率为 54M,最大可至 270M。有源 EOC 包括 EOC 头端、旁路器和 EOC 终端。

考虑有源 EOC 技术用户带宽优化,每个 EOC 头端允许并发用户数有限,在网络改造初期,可将 EOC 头端布置在光节点上,实现广覆盖。随着用户并发数提高,可将 EOC 头端设备下移靠近用户,以满足不断增长的业务需求。

(7) 投资分析如表 6-4 所示。

表 6-4　EPON＋EOC 投资分析

设　备		EPON＋LAN	单价/元	数量	投资/元	说　明
网络汇聚设备	集中设备	CE 口	0	1	0	数据干线网的集中设备端口,不计入比较范围
	设备	OLT	10 000	1	10 000	1 个 PON 口
	光纤	2F * 1 光缆	2000	0	0	小区共享 1 对,利用旧的
小区机房	—	—	80 000	0	0	无有源设备
楼栋接入楼内部分	光纤	2F * 1 光缆	2000	0	0	
	电设备	EOC 局端	2500	30	75 000	
	光设备	光分路器	4000	1	4000	
		ONT	1500	30	45 000	
网络建设集成费用					10 720	集成费按网络系统建设费 8％计
覆盖成本	全网成本				144 720	
	每户成本				**96**	
每户开通费用	线材辅材	五类线	10	1	10	每户独立
	接入施工	施工	10	1	10	
	终端设备	EOC 终端	270	1	270	
	小计				**290**	
最终每户平均成本				**290＋96＝386**		

6.6　C-FTTH 双向网络

受宽带提速、光进铜退趋势推动,FTTH 已成为有线运营商双向网络改造和建设的技术方案和趋势：一方面,随着高清、超高清和 OTT 等新业务的出现,有线运营商对于带宽的需求愈演愈烈,而 FTTH 能够提供更高的传输带宽、更远的传输距离和更低的维护成本；另一方面,目前我国有线运营商主要采用 DOCSIS 或 PON＋C-DOCSIS、PON＋EOC 等技术方案进行双向 HFC 网络改造,基本上已实现或者可实现 FTTB,拥有光纤到小区或楼头的线路资源,同时积累了一定的光纤设计、建设和维护经验,已具备建设 FTTH 网络的条件。

6.6.1　C-FTTH 体系结构

6-12　C-FTTH 体系结构

有线电视网络光纤到户(C-FTTH)是指通过光纤媒质连接有线电视网络接入网头端和家庭住宅的接入方式。以 C-FTTH 构建的接入网如图 6-31 所示,其上联一侧通过业务节点接口(SNI)连接到城域网交换节点,下联一侧通过用户网络接口(UNI)连接到用户驻地设备(CPE)或家庭网络(HN)。

C-FTTH 和有线电视单向/双向 HFC 网络的关系如图 6-32 所示,在原有 HFC 网络基础上的 C-FTTH 网络建设是一个演进的过程,它应考虑原有 HFC 网络光纤光缆资源和接入系统的利用以实现网络平滑演进。C-FTTH 是 HFC 网络光节点前移的必然结果。

图 6-31 C-FTTH 在整个网络中的位置

1. C-FTTH 系统组成

按网络位置划分,C-FTTH 的基本组成可划分为广播与宽带接入系统、光分配网络(ODN)、配置系统和网络管理系统(NMS)四部分。有线电视 FTTH 接入网组成如图 6-32 所示。

图 6-32 C-FTTH 系统组成

1) 广播与宽带接入系统

广播与宽带接入系统由接入系统头端和接入系统终端两部分组成。接入系统头端和接入系统终端之间通过光分配网络(ODN)连接。接入系统头端连接城域网交换节点和ODN,负责它们之间的数据转发,并通过城域网接入运营商的配置系统及网络管理系统。接入系统终端连接 ODN 和用户设备,负责它们之间的数据转发。典型的用户设备包括机顶盒、PC 和家庭路由器等。用户设备可以和接入系统终端集成在一个设备之中,也可以作为独立的设备。

不论采用何种技术形式,接入系统头端和接入系统终端之间应能保证互通性。

2) ODN

ODN 是 FTTH 系统中位于光接入系统头端和光接入系统终端之间的部分,它为接入系统提供物理传输信道。ODN 是由光纤、光分路器、光连接器等无源光器件组成的点对多点的网络。根据应用场景不同,ODN 也可以加入有源器件。

ODN 由单模光纤和光分配点(ODP)组成,ODP 可以由一级或多级光分路器组成。

3)配置系统

配置系统为 C-FTTH 的业务和设备配置服务,实现配置文件的生成、下发、设备软件升级等功能。

4)网络管理系统(NMS)

网络管理系统(NMS)包括网元管理系统和 Syslog 服务器。

2. C-FTTH 技术方案

典型的 C-FTTH 技术方案包括:

1)RF 射频广播电视＋基带 PON 双平台叠加模式(RF-Overlay)

RF-Overlay 方案中,广播电视业务采用 RF 传输模式,宽带接入业务采用基带数字传输模式。在光传输上,广播电视业务和宽带接入业务分别调制至不同光传输信道。

2)基于 DOCSIS 协议的全 RF 射频传输模式(RFoG)

RFoG 方案中,广播电视业务和宽带接入业务都采用 RF 传输模式,它们可以通过频分复用方式调制至一个光传输信道上,也可以分别调制至不同光传输信道上。

3)基于以太网协议的全基带数字传输模式(I-PON)

I-PON 技术方案中,广播电视业务和宽带接入业务都采用基带数字传输模式。在光传输上,建议将广播电视业务和宽带接入业务调制至不同的光传输信道上。

6.6.2 RF-Overlay 技术方案

RF-Overlay 作为一种有线 FTTH 实现技术,它通过射频传输广播电视业务,通过基带数字承载宽带接入业务,是对宽带接入业务和广播电视业务分别调制至不同光传输信道,有线 FTTH 可以划分为 OBN (Optical Broadcast Network,光广播电视网络)和 OIN(Optical IP Network,光 IP 数据网络)。

6-13　RF-Overlay
技术方案

RF-Overlay 方案中,广播电视业务和宽带接入业务分别调制至不同光传输信道,光广播电视网络(OBN)和光 IP 数据网络(OIN)。其中,光广播电视网络(OBN)中的光广播发送平台(RTN)由光发射机(FTX)和光纤放大器组成;光 IP 数据网络(OIN)中的光数据传输平台(DTN)为光线路终端(OLT),终端为光网络单元(ONU)。RF-Overlay 的实现方案如图 6-33 所示。

RF-Overlay 有两纤三波和单纤三波两种组网方案。两纤三波组网方案是在两根光纤中分别传输广播电视信号和数据信号,单纤三波组网方案是在同一根光纤中传输广播电视信号和数据信号。

1. RF-Overlay 两纤三波组网方案

RF-Overlay 两纤三波组网方案中,PON 的上下行波长和广播电视光波长不复用在一起,数据传输信道和广播电视信道完全分开,避免了多波长间的干扰。

RF-Overlay 两纤三波的组网方案如图 6-34 所示。

RF-Overlay 两纤三波组网方案采用双纤入户,广播电视业务传输使用一纤,宽带接入

图 6-33 RF-Overlay 实现方案

图 6-34 RF-Overlay 两纤三波组网方案

业务使用另一纤。广播电视信号通过光接收机(ORx)接收,由 ORx 通过 RF 接口提供给机顶盒或内置机顶盒模块的电视。数据信号通过光网络单元(ONU)接收,由 ONU 通过以太网接口提供给 PC 终端、融合终端或者家庭网关等设备。

2. RF-Overlay 单纤三波组网方案

RF-Overlay 单纤三波组网方案中,OLT 通过波分复用/光合波器将广播电视光波长和 PON 的下行数据传输波长复用在一起,同时在上行方向分离出 PON 上行数据传输波长。ONU 端通过内置波分复用/光分波器将广播电视光波长和 PON 下行数据传输波长分离,同时在上行方向插入 PON 上行数据传输波长。ONU 将广播电视光波长和 PON 下行数据传输波长分离后,分别通过 RF 接口和以太网接口提供给机顶盒或内置机顶盒模块的电视和 PC 终端、融合终端或者家庭网关等设备。

RF-Overlay 单纤三波方案的特点是主体光纤共用,节省光纤资源。为了保证广播电视信号与数据信号不相互干扰,波分复用/光分波器的隔离度要达到 35dB 以上,并在 C-FTTH 网络设计时注意 PON 数据光波和射频电视光波的光功率配比以减小波长间串扰。

RF-Overlay 单纤三波的组网模式如图 6-35 所示。

图 6-35　RF-Overlay 单纤三波组网方案

RF-Overlay 技术方案适用于以下场景:

(1) 当前采用 PON+EoC、PON+C-DOCSIS 等技术方案实现双向接入的 HFC 网络,随着带宽需求增加逐步过渡到光纤到户网络。

(2) 农村、别墅等信号传输距离较远且传送链路无取电条件的场景下,利用 PON 的无源光网络实现远距离传输。此场景下建议在满足 SBS 的基础上适当提高入纤光功率。

RF-Overlay 组网方案中,双纤三波方案中 ORx 和 ONU 为可拆分的模块或设备,更适用于广播电视业务和宽带接入业务部署不同步的场景。

RF-Overlay 组网方案中,C-FTTH 可以通过减小分光比或者 PON 系统升级的方式实现带宽升级,以 EPON 系统向 10G EPON 系统演进为例,C-FTTH 网络带宽升级模式如图 6-6 所示。EPON 系统向 10G EPON 系统升级过程中,10G EPON 的 OLT 可以兼容 EPON 的 ONU,10G EPON 的 OLT 兼容 EPON ONU 时,需要牺牲相应端口的部分性能。

6.6.3　RFoG 技术方案

RFoG 是由 ANSI/SCTE 174 2010 标准所定义的一种技术方案,旨在一个全光纤构成的 PON 网络上,兼容 HFC 的所有信号传输,包括模拟节目、数字电视、互动电视、VoIP 和 DOCSIS 信号等。其原理如图 6-36 所示。

6-14　RFoG 技术方案

RFoG 是双向 HFC 网络进一步"光纤深入"或"光进铜退"并向 FTTH 演进的技术体现。其光结构由原 HFC 的点对点结构演变为点对多点结构。而传统的光站则演变为单个家庭用户使用(或少量用户共用)的微型光站,称为 RFoG ONU(可简写为 R-ONU)。在 R-ONU 之后信号还原为传统的射频方式,不但可以为单个家庭使用,而且可以为多个家庭共享。RFoG 采用突发方式回传光信号。

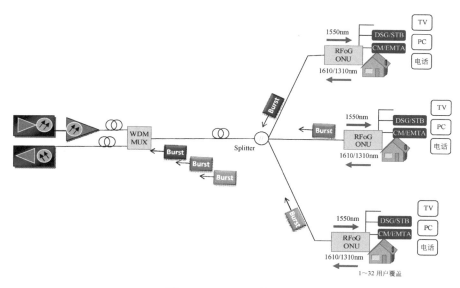

图 6-36　RFoG 系统原理

RFoG 方案通过在分前端增加合波器、在光节点增加分光器,并用皮线光缆替换原 HFC 网络中光节点到用户的同轴分配网,实现 HFC 网络向 FTTH 的过渡,它兼容 HFC 网络的所有信号。

1. RFoG 组网方案

RFoG 组网可以是单纤模式,也可以是双纤模式。

RFoG 单纤组网方案通过在分前端增加合波器、在光节点增加分光器,并用皮线光缆替换原 HFC 网络中光节点到用户的同轴分配网,实现 HFC 网络向 FTTH 的过渡。用户终端为微型的双向光工作站,内置 WDM。RFoG 单纤组网方案如图 6-37 所示。

图 6-37　RFoG 单纤组网方案

RFoG 双纤组网方案在原 HFC 网络的基础上光节点的位置增加分光器,并用皮线光缆替换原 HFC 网络中光节点到用户的同轴分配网,实现 HFC 网络向 FTTH 的过渡。用户终端为微型的双光口的双向光工作站。RFoG 双纤组网方案如图 6-38 所示。

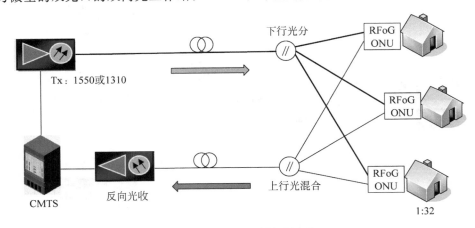

图 6-38　RFoG 双纤组网方案

2. RFoG 应用特点

RFoG 系统不仅可以运行在无源的 ODN(即 PON)上,还可以运行在有源的 ODN 上,使得传输距离和分光路数得以扩展。

RFoG 与传统 HFC 网络相比,上行方向 R-ONU 与反向光接收机构成一个"多点对一点"的系统,R-ONU 反向激光器同时开启时可能会出现 OBI 现象,OBI 现象解决方法:

(1) R-ONU 的回传激光器选用不同的光波长;

(2) 采用特殊的调度器使 CMTS 对 CM 的回传发送时间错开;

(3) 从物理原理上采用特殊的有源分光/合光器解决 OBI 问题,此方式涉及分光点取电问题。

在带宽升级上,RFoG 系统上所运行的数据系统采用 DOCSIS 技术,目前主流 DOCSIS 3.0 标准通过 24 个信道绑定可支持高达 1Gbps 的传输速率,随着带宽需求增长升级到 DOCSIS 3.1 标准后可以支持 10Gbps 以上的传输速率。所有的 DOCSIS 版本都是向下兼容的。

传统 HFC 网络采用 RFoG 技术向 FTTH 演进后,可以通过波分方式叠加 PON 系统。

6.6.4　I-PON 技术方案

在 I-PON 技术方案中,广播电视业务和宽带接入业务都采用 IP 方式承载,在不同的光传输信道中传输,其中广播电视业务采用 IP 基带广播方式,OBN 中光广播发送平台(RTN)为光交换机+光放大器,ORx 的核心技术为 IP Tuner(万兆网络转发器)调谐器,OIN 中的光

6-15　I-PON 技术

数据传输平台(DTN)为光线路终端(OLT),终端为光网络单元(ONU)。I-PON 的实现方案如图 6-39 所示。

1. I-PON 组网方案

与 RF-Overlay 相似,I-PON 也有两纤三波和单纤三波两种组网方案。

图 6-39 I-PON 实现方案

1) I-PON 两纤三波组网方案

I-PON 两纤三波组网方案中,PON 的上下行波长和广播电视光波长不复用在一起,数据传输信道和广播电视信道完全分开。

I-PON 两纤三波的组网方案如图 6-40 所示。

图 6-40　I-PON 两纤三波组网方案

I-PON 两纤三波组网方案采用双纤入户,广播电视业务传输使用一纤,宽带接入业务使用另一纤。广播电视信号通过光接收机(ORx)接收后,通过百兆或千兆网络接口,和通过ONU 接收的数据信号一起,统一接入到家庭网络中的机顶盒、PC 终端、融合终端或家庭网关等设备。

2) I-PON 单纤三波组网方案

I-PON 单纤三波组网方案中,OLT 通过波分复用/光合波功能器将广播电视光波长和

PON 的下行数据传输波长复用在一起,同时在上行方向分离出 PON 上行数据传输波长。ONU 端通过内置波分复用/光分波器将广播电视光波长和 PON 下行数据传输波长分离,同时在上行方向插入 PON 上行数据传输波长。ONU 将广播电视光波长和 PON 下行数据传输波长分离后,广播电视信号通过光接收机(ORx)接收,并通过百兆或千兆网络接口,和通过 ONU 接收的数据信号一起,统一接入到家庭网络,提供给机顶盒、PC 终端、融合终端或者家庭网关等设备。

I-PON 单纤三波方案的特点是电视广播与宽带接入光纤共用,节省光纤资源。

I-PON 单纤三波的组网模式如图 6-41 所示。

图 6-41　I-PON 单纤三波组网方案

2. I-PON 应用特点

I-PON 基带 FTTH 组网模式的主要特性如下:

(1) 全网统一构建成了一个基带的 IP 数据平台,构建的是一张全 IP 网,技术规范为 IEEE 802.3 系列。

(2) 基于 IP 化数字电视信号的基带全网直播,单节目带宽不受限制,可以无缝支持 4K、8K 超高清节目。

(3) 基于 IP 化数字电视信号的基带全网直播,也能达到广播级电视标准,保留了广播电视的特色和优势。

在 I-PON 组网方案中,C-FTTH 双向接入带宽的升级策略可以通过减小分光比或者 PON 系统升级的方式实现带宽升级。

6.6.5　C-FTTH 建网技术

1. ODN 覆盖方式

根据目前的广电现状,C-FTTH 建设初期,ODN 覆盖方式有"全覆盖"和"薄覆盖"两种,如图 6-42 所示。

图 6-42　ODN 覆盖方式

"全覆盖"集中施工,将光纤一次性布放到所覆盖的每个用户室内,光缆入户施工 C-FTTH 建设的阶段集中完成,后期业务开通时不需线路人员介入,初始施工难度较大,成本较高,投资风险较大,入户光缆存在线路被装修损坏的风险。

"薄覆盖"分阶段施工,在集中施工阶段完成从 CO 到 DP 的线路施工,在业务开通阶段完成引入光缆的敷设。引入段按业务开通情况按需敷设,分路器和 PON 设备端口按需投放,初始投资成本低,每户工程造价最低,后期根据用户需求在开通业务时候,分散施工存在种种困难,不利于业务的快速开通。

2. 分光方式

C-FTTH 分光方式主要有两种:集中分光和分散分光。

(1)集中分光:光分路器集中放置于小区机房、光缆交接箱、局端机房(OLT 机房)中,用户管理比较集中,通常是单级分光,PON 端口和光分路器的利用率高,维护方便。前期业务未全部开通的情况下可节省设备的投资,适合于 FTTH 建设初期阶段,但用光纤用量大。

(2)分散分光:光分路器分别设置于楼内、楼外、挂杆安装的分纤箱中,通常是多级分光,光纤用量少,链路损耗比一级分光高,在全覆盖情况下光分路器成本高,在 PON 端口和光分路器的利用率及维护操作方便性不及集中分光。

(3)在分光设计时还要同时考虑下述四个原则:

① 尽量采用一级分光,以简化网络结构,方便故障排查;

② 分光器尽量靠近用户,以节省光缆和管道资源;

③ 分光器宜集中放置,以方便维护;

④ 对于分光级别,数据双向平台的分光不宜超过 2 级,广播平台的分光不宜超过 3 级。

6.6.6　C-FTTH 建网案例

1. 高层住宅小区

图 6-43、图 6-44 分别为高层住宅小区 C-FTTH 接入系统图和布线图。

2. 多层住宅小区

图 6-45 为多层住宅小区 C-FTTH 接入布线图,其系统图同图 6-43。

3. 别墅区

图 6-46 为别墅区 C-FTTH 接入布线图,其系统图同图 6-43。

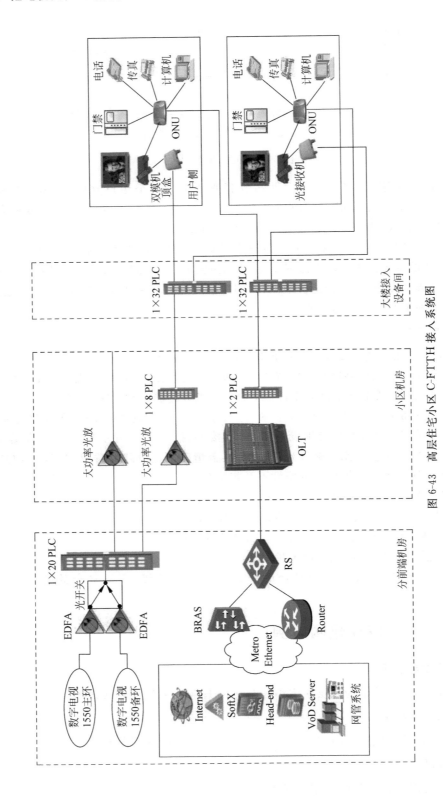

图 6-43 高层住宅小区 C-FTTH 接入系统图

图 6-44　高层住宅小区 C-FTTH 布线图

图 6-45 多层住宅小区 C-FTTH 布线图

图 6-46 别墅区 C-FTTH 布线图

思考题

1. 简述有线电视的双向网改模式。
2. 什么是 DOCSIS 标准?
3. 简述 CMTS＋CM 的双向 HFC 网络结构。
4. 简述 C-DOCSIS＋RFoG 的双向网络结构。
5. PON 的实用技术主要有哪几种?
6. 简述 EPON 的网络结构。
7. EPON 的技术优点主要有哪些?
8. 简述 EPON 的传输原理。
9. 简述 EPON 测距技术。
10. 简述 FTTX 技术分类。
11. 比较 EPON 和 GPON 的主要区别。
12. 简述常见的 EOC 技术。
13. 简述常见的双向 HFC 网络改造模式。
14. 简述 C-FTTH 系统组成。
15. 简述 C-FTTH 三种主要技术方案。
16. 简述 RF-Overlay 技术两种组网方案。
17. 简述 RFoG 技术原理。
18. 简述常见 FTTX 建网方式以及建网场景。

常用术语

本章测试

第7章

IPQAM和IPTV

学习要求

通过本章学习,建立对 IPQAM 和 IPTV 的基本认知。要求了解 IPQAM 技术、IPTV 技术演进,熟悉 IPTV 平台的组成和关键技术;掌握 IPQAM VOD 系统的工作原理;了解 IPQAM 规划的基本要领;掌握 IPQAM 的配置的计算方法;了解 IPQAM 的扩容方式;了解 IPTV 的重要组件;掌握 IPTV 基本工作流程和原理;掌握斜体部分的术语缩写。

IPQAM 在广播电视网络中广泛应用于 DVB 广播、VOD 点播、高清电视轮播以及 DOCSIS 系统的数据下发等场合,对于发展广电的三网融合模式 DVB+OTT 也起着重要作用。

7.1　IPQAM 概述

IPQAM 其实就是一种网络扩容技术,它可以在下行带宽远远大于上行带宽(上下行带宽严重不对称)时,用来保障用户的下行带宽,它可实现单点布置全网覆盖,特别适合视频和数据的下行传送。

7-1　IPQAM 概述

由于广电网络的数字化,单位节目占用频带资源变小,因此空余频点增多,如果加以利用,可以进行海量数据传输。IPQAM 就是在这样的基础上诞生的,它将控制信息与业务数据信息分离,交互控制信息在 IP 网传送,而大数据的下行通过 IPQAM 传送,既可以实现高速下行,同时又可以规避纯 HFC 网络无法回传的缺点。

7.1.1　IPQAM 在 NGB 网络中的作用

IPQAM 组成的互动点播系统如图 7-1 所示,IPQAM 承担着介于 IP 网和 HFC 网络间"网关"的角色,实现将通过 IP 网传输的 TS 节目流,将 DVB/IP 自 IP 骨干网输入的节目流重新复用在指定的多业务传输流中,通过复用、加扰,再进行 QAM 调制和频率变换,输出射频信号。

图 7-1 IPQAM 互动点播系统图

7.1.2 IPQAM 的优缺点

1. IPQAM 的优点

相比纯 IP 互动接入网,IPQAM 互动点播系统仅需在开通业务的分前端架设设备,初期投资较小,扩容方便,并可以随业务扩展逐步扩容,只需增加 IPQAM 设备即可提高并发率,它可以保证用户的下行带宽。回传信道只负责传输业务控制信息,信息量小,可以用 ADSL、Cable Modem 等方式实现。这种网络模式下的高清互动业务,可为每个用户开通单独信道,相比以太网"尽力而为"的机制,网络安全性能高,QoS 有保障。

2. IPQAM 的缺点

IPQAM 需要占用业务频点,使不同业务的频点构成"此消彼长"的关系,即同一张网里运行直播和点播两种业务时,彼此互相竞争频点,如果直播频点多,那么点播频点就少,反之亦然。

7.1.3 IPQAM 演进历程

PQAM 演进历经了传统 QAM、IPQAM、Edge QAM 和 Universal QAM 等阶段,其中 Edge QAM 和 Universal QAM 在未来会有更大的发展空间。

(1) 传统 QAM:仅应用于 DVB 广播,ASI 信号源输入,每 RF 端口输出一个 QAM 频道。

(2) IPQAM:应用于 DVB 广播、VOD 点播,TS over IP 信源输入,每 RF 端口可输出一个以上相邻 QAM 频道,对跨路由的 IP 网络特性支持略差,设备相对独立工作。

(3) Edge QAM:应用于 DVB 广播、VOD 点播、**SDV(*Switch Digital Video*,交换式视**

频广播）、**M-CMTS**（*Modular Cable Modem Termination System*，模块化的电缆调制解调器系统）；TS Over IP 信源输入，每 RF 端口输出四个或更多相邻 QAM 频道，对复杂的 IP 网络支持良好，支持对 ERM（Edge Resource Manager，边缘资源管理系统）系统的管理接口。

（4）Universal QAM：支持应用全面；可管理性更加完善；设备性能更高、设备密度更大。

7.1.4　IPQAM 原理简介

这里以 VOD 系统为例说明 IPQAM 工作原理。图 7-2 是 IPQAM 点播业务流程图，图中实线表示使用 IP 线路连接；虚线表示使用 HFC 同轴连接；箭头表示一个点播流程，其中箭头 1-4 表示数据信息，箭头 5 表示 7-2　IPQAM 原理 HFC 的 DVB 信息。

（1）用户通过遥控器操作机顶盒浏览 EPG 选择要点播的节目；EPG 告诉用户实际要播放的节目对应 **CRD**（*Content Routing Director*，内容路由导向器）入口的 **URL**（*Uniform Resoure Locator*，统一资源定位符）信息。

（2）用户向 CRD 请求播放节目，CRD 根据 STB 的 RID（Region ID，区域信息地址），选择对应的 CSG（Content Service Gateway，内容服务网关）节点连接上去，并返回给用户对应 CSG 入口的 URL 信息。

（3）用户向 CSG 请求播放节目；CSG 根据用户点播的节目内容，将用户分配到本地某一个 MSC（Media Service Controller，媒体服务控制器/媒体服务引擎）设备上，同时为该用户播放请求分配一个 MSC 播放的 **UDP**（*User Data Protocol*，用户数据报协议）端口，该 UDP 端口和 IPQAM 某一个播放频点的一个时段对应；CSG 告诉给 STB 在某一个频点的某个时段准备接受节目。

（4）MSC 将节目通过 UDP 端口发送给 IPQAM 设备；如果节目不存在，将从 OCS（Original Content Service，原始内容服务）通过代理方式发送。

（5）IPQAM 将 UDP 节目流转换为 HFC 信号，并将节目加载在对应的频点中的位置中，IPQAM 再将 HFC 信息混合调制到小区的 HFC 网络中，用户通过 STB 即可收看对应的点播节目。

一些中大型系统中会分别有负责传送数据的 QAM 调制器和负责传送视频的 QAM 调制器，即对数据和视频分别进行 QAM 调制。边缘 QAM 调制器可以接收 UDP 包并具有 UDP 包到 MPEG-2 流的转换功能。

由于目前的 IPQAM 调制器是 8～24 路输出的，能支持的用户数量有限，所以一些系统中会将 IPQAM 调制器放在小区，以实现对 IPQAM 频点的空分复用。

目前 IPQAM 既可以采用 MPEG-2 编码格式的音视频内容传输，也可以采用 H.264、H.265、AVS 等流媒体格式发挥高压缩比、带宽资源占用少的优势。于上行信道，物理网络可以采用 EOC 当作点播回传信道，上行通过 DSM-CC（Digital Storage Media-Command&Control，数字存储媒体-命令与控制）、SSP（Session Setup Protocol，资源会话协议）、LSCP（Lightweight Stream Control Protocol，轻量级流控制协议）以及 RTSP（Real Time Streaming Protocol，实时流协议）等各种协议信道完成与前端服务器之间的交互。

图 7-2　IPQAM 点播业务流程图

7.2　IPQAM 规划

IPQAM 的规划涉及多项内容,其中比较关键的有 IPQAM 设备业务 IP 地址、管理 IP 地址的规划、IPQAM RID 规划、主频点的规划等多项,下面进行单独说明。

7.2.1　业务 IP 地址、管理 IP 地址的规划

每一台 IPQAM 设备都有管理地址和业务地址两种 IP 地址,通常可以按需要配备多个业务 IP 地址(包含主备)、一个管理 IP 地址。IPQAM 设备的 IP 地址需要与中心 CDN 设备互通,并且与机顶盒 IP 地址互通。IP 地址的规划要考虑现有网络 IPQAM 设备的规划总数量。目前多数产品支持 Web 界面的地址配置,如图 7-3 所示。

7.2.2　IPQAM RID 规划

IPQAM RID(RegionID,区域信息)是指每一个光发机覆盖区域需要配置一个 RID,RID 为 256 进制数据,如 4.000~4.255。它通过 IPQAM 经 HFC 信道下送给机顶盒,具体发送方式可以通过设置并实时广播 DVB 网络参数至机顶盒,机顶盒根据预设的规则解析得到 RegionID。设置 RegionID 的相关参数可以有 TSID 方式或 NID 方式。

1. TSID 方式

按照系统的频段规划和部署完成对 IPQAM 中每个信道 TSID 的配置,确保 IPQAM 每个流的 TSID 在全网内是唯一的,机顶盒在开机后,通过扫描点播业务的频段获得能够接收到的 TSID 并保存。在所有的 IPQAM 中设置 TSID,由 IPQAM 通过实时广播 PAT 表来下传 TSID 信息。这样机顶盒将能够通过扫描方式,探测到能够到达该机顶盒所有的 IPQAM 的 TSID 信息。机顶盒可能获得属于一个 Region 的多个 TSID,机顶盒按照设定的规则解析 TSID 获得 RegionID。

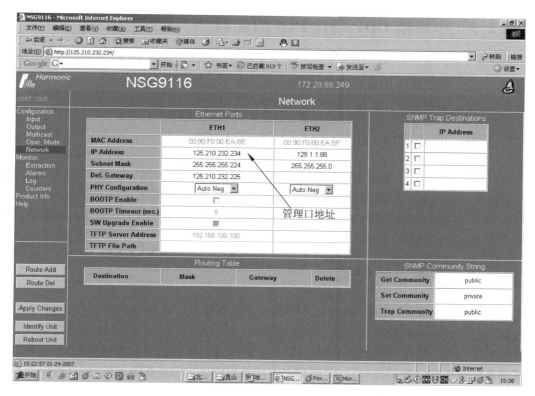

图 7-3　地址配置 Web 界面

2. NID 方式

在每个非点播频点的 NIT 表格插入服务入口描述符,STB 通过该描述符获得点播主频点信息,然后机顶盒根据点播主频点上的 NIT 信息获取到的 NetworkID 信息即为 RegionID。当无法读到描述符中的点播主频点信息或 RegionID 信息时,则采用机顶盒存储的信息。

7.2.3　AISP 管理 UDP 端口 PID 的规划

AISP 端口主要用于 AISP 系统向 IPQAM 设备相应的 UDP 端口发送强制插台指令。原则上,每台 IPQAM 设备上的每个输出频点上都需要规划 UDP 端口。PID 是 Packet IDentification(包标志符)的缩写。

7.2.4　点播业务 UDP 端口 PID 的规划

点播 UDP 主要用于配置 IPQAM 设备与中心 CDN 系统对接。点播 UDP 需要根据使用 IPQAM 设备不同而配置不同,UDP 端口从某特定地址开始,步长一般为 2。点播 PID 从另一特定地址开始,步长一般为 16。

7.2.5 小视频 UDP 端口 PID 的规划

小视频 UDP 端口主要用于向 IPQAM 设备播发 IP 首页面中间小视频数据流。原则上,每台 IPQAM 设备上的每个输出区域的主频点上都需要规划小视频的 UDP 端口,在 IPQAM 设备上小视频的 UDP 端口对应的类型应该设置为 DATA 类型。

7.2.6 网页信息 UDP 端口 PID 的规划

网页信息的 UDP 主要用于局端设备向 IPQAM 播发 IP 首页面。原则上,每台 IPQAM 设备上的每个输出频点上都需要规划网页信息的 UDP 端口,根据某系统的规划,网页 UDP 可以从 9000 开始,根据频点的增加,网页 UDP 相应增加 1。在 IPQAM 设备上网页信息的 UDP 端口对应的类型应该设置为 DATA 类型。

7.2.7 主频点的规划

点播主频点主要用于 RID 信息的下发及首个点播频点。点播主频点设置必须与 CDN 上的配置一致。频点规划包括主频点和点播频点(副频点)规划,在进行频点规划时要考虑原有网络中已经占用的频点资源的分布情况,必要时可以考虑进行分布部署规划,这样就可以实现有限频点的空分复用,同一个频点在不同覆盖范围中的多次重复使用,此外在进行频点规划时还应该考虑片源码流率的大小,以保证有足够的片源供用户点播。

7.3 IPQAM 配置

在 NGB 网络中 IPQAM 配置至关重要,主要包括基础配置、下带光发机数量配置和 IPQAM 数量配置等。

7-3　IPQAM 配置

7.3.1 IPQAM 基础配置

(1) IPQAM 参数配置:IPQAM 参数配置主要有 IP 地址、频率和输出电平。

(2) IPQAM 带宽分配原则:IPQAM 带宽分配时主频点应预留 5～10Mbps 带宽用于 EPG 等控制数据下行。主频点其他带宽可以用于数据流下行;副频点可全部用于点播流下行。带宽分配原则如图 7-4 所示。

(3) 数据下行占用 IPQAM 总带宽比例:如果设置 DATA_UDP 端口带宽 8Mbps,占比 $8/(4 \times 38) = 5\%$,故可忽略不计。

(4) IPQAM 输出:通常 IPQAM 有多路 RF 输出,每路 RF 内部会捆绑组合多个 8MHz 频点,例如一台 24 路 IPQAM 有 6 个 RF 输出端口,每个 RF 捆绑组合 4 个频点,每个频点 8MHz/38Mbps,这样一个 RF 端口就相当于 4 个标准 QAM 调制器,6 个 RF 端口相当于 24 个标准 QAM 调制器。IPQAM 端口特性和带宽分配原则如图 7-5 所示。

图 7-4 IPQAM 带宽分配原则

图 7-5 IPQAM 端口特性

7.3.2 配置下带光发机数量

IPQAM 所带的光发机数量与所覆盖用户数以及数据流并发率有直接关系,IPQAM 覆盖用户数的估算方法是:

$$n = abcd \tag{7-1}$$

式中:n 为单体 IPQAM 覆盖用户数;a 为 IPQAM 的 RF 端口数;b 为每端口拖带的光发机数;c 为每光发机拖带光点数;d 为每光点覆盖用户数。

数据流并发率:

$$\eta = [(aef - g)/(nh)] \times 100\% = (aef - g)/(abcdh) \tag{7-2}$$

式中:η 为数据流并发率;n 为覆盖用户数;a 为 IPQAM 的 RF 端口数;e 为每端口绑定组合频点数;f 为每频点调制带宽,Mbps;g 为主频点下行数据,Mbps(通常取 $5 \sim 10$Mbps);

h 为单路视频码率,Mbps(H.264编码标清情况一般可以取2Mbps)。

从上面式子可以看出,要确定数据流并发率需要考虑的因素比较多,几乎与上面两个式子中所有因子都有关系。而IPQAM所带的光发机数:

$$m = ab \qquad (7\text{-}3)$$

式中:m 为IPQAM所带的光发机数;a 为IPQAM的RF端口数;b 为每端口拖带的光发机数。

7.3.3　配置IPQAM数量

IPQAM的数量与用户总量以及单位IPQAM覆盖的用户有以下关系:

$$M = N/n \qquad (7\text{-}4)$$

式中:M 为IPQAM所带的光发机数;N 为覆盖用户数;n 为单体IPQAM覆盖用户数。

在确定IPQAM的数量时,还需要首先确定数据流并发率基本区间,以兼顾保证必要的点播效率和经济效益。

7.4　IPQAM部署与扩容

7-4　IPQAM
部署与扩容

7.4.1　IPQAM部署方式

IPQAM部署方式根据其所处的位置不同可以分为完全分布式、完全集中式和集中分布混合式三大类结构,如图7-6所示。完全分布式部署服务器与调制器都在分前端,适合小区用户密度高、用户信息需求量大的场合,其视频服务器服务范围相对较小,整体部署成本较高;完全集中式部署服务器与调制器都在总前端,适合小区用户密度较低、用户信息需求量较小的场合,其视频服务器服务范围相对较大,整体部署成本较低;集中分布混合式部署的各项指标介于前两者之间。实际工程中具体使用何种部署,应根据实地情况综合确定。

图 7-6　IPQAM部署使用形态图

7.4.2 1550nm 分前端 IPQAM 的部署

1550nm 分前端采用 EDFA 光放输出,光放大器输入输出均为光信号,而 IPQAM 输出是 RF 射频信号,需要把射频 RF 信号和 1550nm 光信号混合。

"1550nm 内置光发＋Overlay"组网技术能有效地解决 IPQAM 信号的插入,无须两次光电转换。Overlay 叠加技术就是在对的分前端通过增加 Overlay 光发射机,它们的输出与前端传来的广播节目经光复用器耦合进同一光纤线路,一起传送给各个光节点。这种叠加传输方式既适合当前的模拟电视广播,也适合未来的数字电视广播,两者都工作于副载波复用光纤传输系统,只是副载波频段和调制方式不同。方案原理如图 7-7 所示。

图 7-7 Overlay 组网原理图

7.4.3 1310nm 光网络 IPQAM 扩容

对于 1310nm 光网络 VOD 接入初期,用户开通率要求低时,可先将 IPQAM 设置在总前端进行集中部署,如图 7-8 的"低开通"位置,随着业务当开展,用户开通率要求逐步提高时,IPQAM 扩容分步进行,如图 7-8 的"扩容 1""扩容 2"位置,逐级靠近用户,IPQAM 越靠近用户越容易实现有限的频点资源的空分复用。由于 1310nm 网络不便于直接进行光放大,在进行扩容的时候要进行相应的"光-电-光"的转换,会劣化传输指标。

图 7-8 1310nm 光网络 IPQAM 扩容

7.4.4 1550nm 光网络 IPQAM 扩容

对于 1550nm 光网络 VOD 接入初期,用户开通率要求低时,可先将 IPQAM 设置在总前端进行集中部署,如图 7-9 的"低开通"位置,随着业务当开展,用户开通率要求逐步提高时,IPQAM 扩容分步进行,如图 7-9 的"扩容 1""扩容 2"位置,逐级靠近用户,IPQAM 越靠近用户越容易实现有限的频点资源的空分复用。1550nm 网络可以直接进行光放大,在进行扩容的时候则不需要进行"光-电-光"的转换,直接采用"1550nm 内置光发＋Overlay"组网技术能有效地解决 IPQAM 信号的插入,这对传输指标的影响较小,并且便于实现多次扩容。

图 7-9 1550 光网络 IPQAM 扩容

7.4.5 IPQAM 部署实例分析

1. 频点规划

例如某广电网络农网在规划时由于未停模拟电视信号,频点资源非常有限,点播初期节目源多是标清信号,采用 H.264 编码时,码流率在 2Mbps 就能满足要求,初期规划时只分配 4 个频点给 IPQAM,这样一个 RF 端口就可以输出 4 个 QAM 频点,采用 QAM64 调制,总带宽 $4 \times 38 = 152$Mbps。DATA_UDP 下行数据占用 8Mbps,主频点剩余带宽 30Mbps,3 个副频点带宽 $3 \times 38 = 114$Mbps,两者带宽总和 144Mbps 可以并发 72 路点播节目。

2. IPQAM 部署方式

IPQAM 分布部署于分前端,一台 48 路 IPQAM 有 12 个模块,即有 12 个 RF 输出端口,每个端口输出 4 个频点,负责一个区域。IPQAM 覆盖用户数每 4 个频点覆盖 1 个 1310nm 光发射机(或 1550nm 光放),每个光发射机(光放)带 6 个光节点,每个光节点覆盖用户 50 户,总覆盖用户数 300 户左右。1 台 48 路 QAM 覆盖用户数 $12 \times 300 = 3600$ 户。

3. 设计并发率

每个频点并发用户数 19 户,每个区域主频点预留 2 个流的数据作为窄带数据信道,每个区域(4 个频点)最大并发用户数 72 户。1 台 48 路 QAM 最大并发用户数 $12 \times 72 = 864$ 户。设计最大并发率 $864/3600 = 24\%$。

4. 局端安装配置信息

（1）管理 IP 地址：IP 地址、子网掩码、网关；

（2）VLAN：管理 VLAN，宽带 EOC 终端 VLAN，窄带 VLAN；

（3）IPQAM 转发参数：IPQAM IP 地址，频率、UDP 端口。

7.5 IPTV 概述

7-5 IPTV 概述

IPTV（Internet Protocol TV or Interactive Personal TV） 也叫交互式网络电视，ITU-T 焦点组（FGIPTV）于 2006 年 7 月的第一次会议上初步确定了 IPTV 的定义：即在 IP 网络上传送包含电视、视频、文本、图形和数据等，并提供服务质量/服务感受（QoS/QoE 质量体验）保证、安全、交互性和可靠性的可管理的多媒体业务。图 7-10 为 IPTV 系统示意图。

IPTV 优势表现在：用户可得到较高质量数字媒体服务；有广泛的自由度选择相关各网站提供的多媒体节目；可实现媒体提供者和媒体消费者的实质性互动；能为网络发展商和节目提供商提供广阔的新兴市场。

IPTV 业务核心框架主要由内容运营平台、业务运营平台、业务承载传输网络、用户终端网络等四大部分组成。IPTV 技术涉及视频编解码、网络分发、数字版权保护、终端接入等各方面的技术。

IPTV 的服务主要有直播式和点播式两种类型，用户可以以多种方式享受 IPTV 的服务，如智能手机、计算机以及网络机顶盒＋显示器等。IPTV 既不同于传统的模拟式有线电视，也不同于经典的数字电视。因为它们都具有频分制、定时、单向广播等特点。

图 7-10 IPTV 系统示意图

7.5.1 技术演进

（1）1999 年，英国 Video Networks 推出了全球第一个 IPTV 业务。

（2）2003 年，我国香港电讯盈科也推出 IPTV 业务，定名 now 宽带电视。

（3）2005 年，中国电信与上海文广合作在上海推出 IPTV 业务，获得中国大陆第一张 IPTV 牌照，以 BestTV 百视通为品牌。随后扩展到中国主要沿海省市。

（4）格兰研究数据显示，2011—2017 年，IPTV 用户规模年增长率接近 50%，2018 年用户数量可突破 1.5 亿。

7.5.2 业务类型

IPTV 系统提供的业务包括音、视频业务和增值类业务。

1. 音、视频业务

（1）直播电视（Broadcast Television, BTV）；

（2）视频点播（Video On Demand, VOD）；

（3）即时时移电视（Time Shift TV, TSTV）；

（4）菜单时移电视（TV On Demand, TVOD）；

（5）轮播电视（Near Video on Demand, NVOD）。

2. 增值类业务

（1）TVMS（电视消息发送系统）业务，包括滚动消息和交互业务消息；

（2）广告业务；

（3）游戏娱乐业务；

（4）互联网业务；

（5）多屏业务。

7.5.3 架构模式

在 NGB 网络中 IPTV 平台按架构式可分为纯 C/S 模式和 C/S 模式＋CDN 网络等两种。

1. 纯 C/S 模式（Client/Server）

纯 C/S 模式是指 IPTV 平台只由视频服务器和客户端组成，将所有影视节目上载到视频服务器，由视频服务器为客户提供视频流服务，而所有客户端都必须将请求发送给视频流服务器并获得服务。

2. C/S 模式＋CDN 网络

C/S 模式＋CDN 网络的 IPTV 服务系统，在 C/S 模式的基础上结合 CDN 技术。

CDN（Content Delivery Network，内容分发网络）的思路是尽可能避开互联网上可能影响数据传输速度和稳定性的瓶颈和环节，使内容传输得更快、更稳定。通过在网络各处放置节点服务器所构成的智能虚拟网络，CDN 系统能够实时地根据网络流量和各节点的连接、负载状况以及到用户的距离和响应时间等综合信息将用户的请求重新导向离用户最近的服务节点上。

7.6 IPTV 平台

7.6.1 关键技术

7-6　IPTV 平台关键技术

流媒体技术体系归纳为数据编解码和封装、数据传输、分发及系统架构等几个方面。

1. IPTV 编解码技术

国际上音视频编解码标准主要两大系列：ISO/IEC JTC1 制定的 MPEG 系列标准；

ITU 针对多媒体通信制定的 H.26x 系列视频编码标准和 G.7xx 系列音频编码标准。

1994 年由 MPEG 和 ITU 合作制定的 MPEG-2 是第一代音视频编解码标准的代表,也是目前国际上最为通行的音视频标准。

经过十多年演变,音视频编码技术本身和产业应用背景都发生了明显变化,后起之秀辈出。目前可以选择的信源编码标准有四个:MPEG-2、MPEG-4、MPEG-4 AVC(简称 AVC,或 JVT、H.264)和 AVS。前三个标准是由 MPEG 专家组完成的,第四个是我国自主制定的。从发展阶段分,MPEG-2 是第一代信源标准,其余为第二代标准,如图 7-11 所示。从编码效率来看:MPEG-4 是 MPEG-2 的 1.4 倍,AVS 和 AVC 相当,都是 MPEG-2 两倍以上。

图 7-11　国际信源编码标准的发展

1) MPEG-4

MPEG-4 于 1998 年 10 月定案,在 1999 年 1 月成为一个国际性标准。它主要应用于视频电话、视频电子邮件等,它对传输速率要求较低,利用很窄的带宽,通过帧重建技术,压缩和传输数据,以求以最少的数据获得最佳的图像质量。由于 MPEG-4 收费高,不被广大运营商和制造商所接受。

2) H.264/AVC

H.264/AVC 标准由 ITU-T 和 ISO/IEC 联合开发,定位于覆盖整个视频应用领域,ITU-T 给这个标准命名为 H.264,而 ISO/IEC 称它为 MPEG-4 高级视频编码(Advanced Video Coding,AVC)标准的第 10 部分。

AVC 是当前 MPEG-4 标准的拓展,受益于 MPEG-4 开发良好的基础结构,MPEG-4 AVC 优于 MPEG-4,主要应用于有高压缩率和分层次质量需求的方向。

3) AVS

AVS 标准的正式名称为"信息技术先进音视频编码"。AVS 标准包括系统、视频、音频、数字版权管理等四个主要技术标准和一致性测试等支撑标准。

AVS 编码效率比第一代标准(MPEG-2)高 2～3 倍,且技术方案简洁,芯片实现复杂度低,达到了第二代标准的最高水平,可节省大量的信道资源;2006 年 3 月 1 日,AVS 正式颁布成为国家标准。

4) HEVC/H.265 简介

HEVC(High Efficiency Video Coding,高效率视频编码)是一种视频压缩标准,被视为 ITU-T H.264/MPEG-4 AVC 标准的继任者。2004 年开始由 ISO/IEC Moving Picture Experts Group(MPEG)和 ITU-T Video Coding Experts Group(VCEG)作为 ISO/IEC 23008-2 MPEG-H Part 2 或称作 ITU-T H.265 开始制定。第一版的 HEVC/H.265 视频压缩标准在 2013 年 4 月 13 日被接受为国际电信联盟(ITU-T)的正式标准。HEVC 被认为不仅提升视频质量,同时也能达到 H.264/MPEG-4 AVC 两倍的压缩率(同等画质下比特率减少了 50%),可支持 4K 分辨率甚至到超高清电视(UHDTV),最高分辨率可达到 8192×4320(8K 分辨率)。

5) VP8 和 VP9

VP8 是一个开放的视频压缩格式,最早由 On2 Technologies 开发,随后由 Google 发布。同时 Google 也发布了 VP8 编码的函式库:libvpx,以 BSD 授权条款的方式发行,随后也附加了专利使用权。在经过一些争论之后,最终 VP8 的授权确认为一个开放源代码授权。目前支持 VP8 的网页浏览器有 Opera、Firefox 和 Chrome。VP9 的开发从 2011 年第三季开始,目标是在同画质下,比 VP8 编码减少 50% 的文件大小,另一个目标则是要在编码效率上超越 HEVC 编码。2013 年 6 月 Google 完成了 VP9 编码的制定工作。

2. 媒体封装

媒体封装可以理解为是媒体的容器,所谓容器,就是把编码器生成的多媒体内容(视频、音频、字幕、章节信息等)混合封装在一起的标准。容器使得不同多媒体内容同步播放变得很简单,并为多媒体内容提供索引,常见的几种封装格式有 AVI 格式(后缀为.avi,它的英文全称为 Audio Video Interleaved,即音频视频交错格式);DV-AVI 格式(后缀为.avi,DV 的英文全称是 Digital Video Format,是由索尼、松下、JVC 等多家厂商联合提出的一种家用数字视频格式);QuickTime File Format 格式(后缀为.mov,美国 Apple 公司开发的一种视频格式,默认的播放器是苹果的 QuickTime);MPEG 格式(文件后缀可以是.mpg、.mpeg、.mpe、.dat、.vob、.asf、.3gp、.mp4 等,它的英文全称为 Moving Picture Experts Group,即运动图像专家组格式,该专家组建于 1988 年,专门负责为 CD 建立视频和音频标准,而成员都是视频、音频及系统领域的技术专家);Real Video 格式(后缀为.rm.rmvb,Real Networks 公司所制定的音频视频压缩规范称为 Real Media);Flash Video 格式(后缀为.flv,由 Adobe Flash 延伸出来的一种流行网络视频封装格式);Matroska 格式(后缀为.mkv,是一种新的多媒体封装格式,这个封装格式可把多种不同编码的视频及 16 条或以上不同格式的音频和语言不同的字幕封装到一个 Matroska Media 文档内);MPEG2-TS 格式(后缀为.ts,是一种传输和存储包含音效、视频与通信协议各种数据的标准格式,用于数字电视广播系统,如 DVB、ATSC、IPTV 等)。

目前,我们在流媒体传输,尤其是直播中主要采用的就是 FLV 和 MPEG2-TS 格式,分别用于 RTMP/HTTP-FLV 和 HLS 协议。

3. 数据传输协议

数据传输协议比较成熟,主要包括 RTP、RTCP、RSVP、RTSP、MMS(Multimedia Messaging Service,多媒体信息服务),它们都是基于传输层提出的,由于增加了协议会话的

层数,协议转换的开销也比较大,没有根本解决 IP 网络中流媒体传输的 QoS 问题。它们的
结构关系如图 7-12 所示。

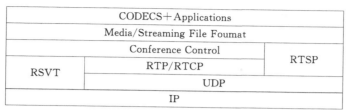

CODECS＋Applications		
Media/Streaming File Foumat		
Conference Control		RTSP
RSVT	RTP/RTCP	
	UDP	
IP		

图 7-12   流媒体网络协议分层结构

1) RTP(Real-time Transport Protocol,实时传输协议)

RTP 被定义为一对一或一对多的传输,其目的是提供时间信息和实现流同步。RTP
本身并不能为按顺序传送数据包提供可靠的传送机制,也不提供流量控制或拥塞控制。它
依靠 RTCP 提供这些服务。

2) RTCP(Real-time Transport Control Protocol,实时传输控制协议)

RTCP 和 RTP 一起提供流量控制和拥塞控制服务。在 RTP 会话期间,各参与者周期
性地传送 RTCP 包。RTCP 包中含有已发送的数据包的数量、丢失的数据包的数量等统计
资料,因此,服务器可以利用这些信息动态地改变传输速率。

当你收听实时广播时,流客户软件发送一个请求到流服务器。服务器查找 SDP
(Session Description Protocol,会话描述协议)文件,如找到,就开始通过 RTP 发送流媒体
到你的计算机。SDP 是一个文本文件,包含了将要发送什么和怎么收听的信息。SDP 由计
算机上的广播软件建立,它捕获实况媒体,但是 SDP 必须在媒体广播之前被复制到流服务
器。流客户软件就可以打开视频的 SDP。

3) RSVP(Resource Reservation Protocol,资源预订协议)

RSVP 允许为视频及其他高带宽消息的组播传送预留信道或路径。它是 Internet 综合
服务(IIS)模型的一部分,为尽力的服务、实时服务以及受控的链路共享提供保障。由于流
媒体数据比传统数据对网络的传输时延参数更为敏感,因此,使用 RSVP 预留一部分网络
资源(即带宽),能在一定程度上为流媒体的传输提供 QoS。

4) RTSP(RealTime Streaming Protocol,实时流协议)

RTSP 是由 Real Networks 和 Netscape 共同提出的,该协议定义了一对多应用程序如
何有效地通过 IP 网络传送多媒体数据。

RTSP 运行在传输层,在体系结构上位于 RTP 和 RTCP 之上,它使用 TCP 或 RTP 完
成数据传输。

5) RTMP(Real Time Messaging Protocol,实时消息传输协议)

RTMP 是目前最主流的流媒体传输协议,广泛地应用于 IP 直播领域,市面上绝大多数
的直播产品都采用了这个协议,它是一个基于 TCP 的协议族,包括 RTMP 基本协议及
RTMPT、RTMPS、RTMPE 等多种变种。RTMP 协议是一个专门为高效传输视频、音频和
数据而设计的协议,它通过建立一个二进制 TCP 连接或者连接 HTTP 隧道实现实时的视
频和声音传输。RTMP 比传统媒介服务器的媒介协议支持更多。它支持可能包含声音、影
像和脚本数据从服务器到客户和从客户到服务器多条线路的动态传输。支持该协议的软件

包括 Adobe Media Server/Ultrant Media Server/red5 等,主要用来在 Flash/AIR 平台和支持 RTMP 协议的流媒体/交互服务器之间进行音视频和数据通信,并对声音、影像和脚本数据分别处理。

共享对象是 RTMP 数据中一种比较重要的数据类型,任何客户端改变数据时,共享对象能够及时更新服务器端的数据,因此每个客户端都能够及时了解数据的变化。

RTMP 主要优点是 CDN 支持良好,主流的 CDN 厂商都支持;协议简单,在各平台上实现容易。主要缺点是基于 TCP,传输成本高,在弱网环境丢包率高的情况下问题显著,不支持浏览器推送。

4. CDN/VDN 视频分发技术

VDN(*Video Delivery Network*,*视频分发网*)是构建在数据网络上的一种分布式的视频分发网。

VDN 的基本工作原理是采用中心-边缘的层次组网结构,把热点视频内容预先分发到边缘节点,同时利用全局负载均衡技术和服务导向技术,使用户就近得到视频服务。

5. IPTV 组播技术

IP 组播是指在 IP 网络中将数据包以尽力传送的形式发送到网络中的某个确定节点的子集,该子集称为组播组。

IP 组播的基本思想是,源主机只发送一份数据,这份数据中的目的地址为组播组地址;组播组中的所有接收者都可接收到同样的数据副本,并且只有组播组内的目标主机才可以接收该数据,网络中其他主机不能收到。组播组用 D 类 IP 地址空间为 224.0.0.0~239.255.255.255 来标识。其中保留的组播 IP 地址空间为 224.0.0.0~224.0.0.255,公网组播 IP 地址空间为 224.0.1.0~238.255.255.255,私网组播 IP 地址空间为 239.0.0.0~239.255.255.255。

6. IGMP

IGMP(Internet Group Management Protocol,组管理协议)是因特网协议家族中的一个组播协议。该协议运行在主机和组播路由器之间,PC 向组播路由器发送报告去加入某个组播组,组播路由器通过发送查询报文来检查组播组的成员情况。IGMP 协议共有 3 个版本:IGMPv1、v2 和 v3,它们之间的特性如表 7-1 所示。

表 7-1   IGMP 三个版本之间的特性区别

特 性	版本		
	IGMPv1	IGMPv2	IGMPv3
成员离开方式	静默离开	主动发出离开报文	主动发出离开报文
指定组查询	不支持	支持	支持
指定源、组加入	不支持	不支持	支持

IGMP 可以实现 IGMP Snooping、IGMP Proxy 和 IGMP OFF 等三种组播状态。

(1) GMP Snooping 状态:IGMP 侦听,指二层设备对主机和路由器之间传送的 IGMP 报文进行监听和透传,以此在二层维护二层多播地址表。

(2) IGMP Proxy 状态:组播代理,从组播用户的角度看,主播代理设备是一台组播路由器,完成 IGMP 协议中路由器部分的功能。

（3）IGMP OFF 状态：该组播 VLAN 不能正常开展组播业务，主机不会对报文进行捕获，当所有组播 VLAN 的模式都为 OFF 时，单板也不捕获 IGMP 报文。

7.6.2 平台功能

7-7 IPTV 平台构成

从平面功能划分来说，IPTV 平台主要由内容制作、内容管理、流服务、增值业务、EPG 服务、OSS（业务的运营支撑）、**NMS（*Network Management System*，网络设备管理）**、**STB**、**DRM（*Digital Rights Management*，数字版权管理）**、CND 网络等十大系统部分。

1. 内容制作系统

内容制作包括视频采集、节目编辑和转码等环节，视频采集从视频源获取视频信号，经过编码、转码成为可供编辑的文件形式，输入为模拟或者数字信号，输出为 MPEG-2/WMV 等格式；节目编辑通过剪辑、视频叠加、添加转场效果等流程对视频、音频和字幕等素材进行加工处理，输入为 MPEG-2/WMV/ASF 等格式，输出为 AVI、MPEG-2、MPEG-4、QuickTime、WMV、ASF、RM 等格式，转码将编辑过的内容编码/转码成为流媒体文件格式，输入为 AVI、MPEG2、MPEG-4、WMV 等格式，输出为 MPEG-4/H.264、WMV 等格式。

同等资源占用的情况下，支持的点播用户比和存储的节目数量比 MPEG2：MPEG4 大约为 1：3。

2. 内容管理系统

内容管理系统负责对业务系统中的内容进行管理：按照一定的策略对媒体内容进行增加、删除、移动、查询和编播计划安排，对媒体内容或增值业务内容进行相关业务统计和报表生成；通过与内容制作系统、流服务系统和 EPG 服务系统的接口协调它们统一工作。

3. 流服务系统

流服务系统主要有两个作用：流媒体内容的存储和分发，以及为用户提供直接的媒体流服务。

4. 增值业务系统

增值业务系统主要为用户提供除了基本的流媒体服务外的其他增值业务，如互联网浏览、视频通信、网络游戏、即时消息、信息服务等。

5. EPG 服务系统

EPG 服务系统包括 EPG 系统和应用服务系统两部分。

（1）EPG 系统为用户提供业务服务的入口界面，通过此系统，用户可以完成节目的浏览、节目点播和收看，并可以完成一些与用户相关的自服务项目（如查询账户余额、服务类型修改等）。

（2）应用服务系统负责区域内用户认证、机顶盒的合法性检查并负责为区域内用户提供上层服务器的服务接口（如查询节目价格、生成使用话单等）。

6. OSS 系统

OSS 系统是业务的运营支撑系统，通过此系统，运营商可以完成用户管理（包括开户、认证与授权等）、计扣费管理、定价策略管理等。

7. NMS 系统

NMS 系统完成对全网设备的管理,包括机顶盒和 OSS 设备的管理。

8. STB 系统

STB 是放置在用户家中的机顶盒设备,通过与家中的电视机相连接,使用宽带网络接口,用户可以从运营商 IPTV 系统中获得相关服务。

9. DRM 系统

DRM 负责 IPTV 的数字版权管理,包括内容制作时的加密与权限描述,密钥管理盒用户的权限生成与管理,以及在机顶盒上的权限代理和解密处理。

10. CDN 网络

CDN 网络是基于 IP 网络的 IPTV 业务承载网,CDN 是新增加的一层网络架构,可把应用内容发布到网络"边缘",从而提高应用内容的服务质量和用户体验,缓解网络带宽紧张和网络出口拥塞。

CDN 的规模与用户数相关,根据经验 CDN 的并发率大约为 10%。图 7-13 是某运营商的 CDN 节点示意图。

服务器物理位置集中在GXS和GD机房,逻辑位置在4个核心节点

图 7-13　某运营商 CDN 节点示意图

7.6.3　平台网络架构

7-8　平台网络架构

IPTV 平台支持分层分级的网络架构,典型组网方式包括集中式组网、二级组网和三级组网。集中式组网,设备集中部署在中心节点;二级组网,设备分布式部署在中心节点、边缘节点;三级组网,设备分布式部署在中心节点、骨干节点和边缘节点。

IPTV 平台从纵向上看由后台支撑层、业务管理层、网络承载层和终端层等构成,如图 7-14 所示。

1. 后台支撑层

后台支撑层为运营商自有的后台业务支撑系统。包括运营商的统一网管平台、BOSS 系统,以及内容提供商的内容管理平台。IPTV 系统支持与后台支撑层的多个运营管理平台对接,并通过后台支撑层提供设备管理、内容管理、业务管理、产品管理、用户管理、计费账务管理和统计报表等功能。

图 7-14 IPTV 平台从纵向网络构架

2. 业务管理层

业务管理层为 IPTV 平台提供业务应用服务，主要包括 **CMS**（**Content Management System**，**内容管理系统**）子系统、**BSS**（**Business Support System**，**业务支撑系统**）子系统、网管子系统、报表子系统。业务管理层主要提供内容管理、业务管理、用户管理、账务处理和计费处理和报表统计等功能。此外，业务管理层负责配置管理 IPTV 核心部件，以及实时性能监控、提取设备日志、接收网元告警等。

3. 业务控制层

业务控制层主要包括 MDN 子系统和 MEM 子系统。

在 IPTV 网络架构中，**MDN**（**Media Delivery Network**，**媒体分发网络**，**广电习惯用 CDN**）、**MEM**（**Media Entertainment Middleware**，**媒体娱乐中间件**）采用分布式部署。位于中心节点和骨干节点的设备属于业务控制层，实现后台管理、控制和内容备份；位于边缘节点的设备属于服务网络层，提供 EPG 服务、流媒体服务和 STB 升级服务。

4. 网络服务层

网络服务层包括 IPTV 的边缘节点，如流媒体服务器 HMS、EPG 服务器、STB 升级服务器等。网络服务层在业务控制层的统一控制下，就近为用户提供流媒体服务、EPG 服务和 STB 升级服务。

此外，网络服务层还包括接入认证服务器、宽带接入服务器等网络设备，提供接入认证的功能。

5．终端展示层

终端展示层由接入设备和 STB 组成。接入设备负责为 STB 提供网络接入功能。STB 采用一体化的软硬件集成平台,内置通用浏览器、音视频解码模块、媒体播放器,使用电视机作为显示设备,为用户提供服务。

STB 通过接入设备,与 IPTV 系统的各个上层平台进行交互后,通过电视机向用户展示 EPG。用户通过 EPG 浏览节目信息、在线订购产品、播放音视频节目,并通过自助服务查询消费记录和账单信息。

7.6.4 业务承载网络

IPTV 业务承载网包括家庭驻地网、接入网络、城域汇聚网络、业务 POP 点和骨干网络几个部分组成。

7-9 业务承载网络

IPTV 内容数据流首先在骨干网络上承载。IP 城域网的网络结构分为城域网与宽带接入网两个层面。核心层由核心路由器组成,负责对业务接入控制点设备进行汇接并提供 IP 城域网到骨干网的出口;业务接入控制层由宽带接入服务器(BRAS)与业务路由器两种业务接入控制点设备组成,主要负责业务接入与控制。宽带接入网是层次上划分为汇聚层和接入层。典型 IPTV 业务承载网络如图 7-15 所示。

图 7-15 典型 IPTV 业务承载网络

(1) IPTV 业务系统一般采用中心系统、边缘系统二级分发架构,以降低部署成本及对骨干网及城域核心层的带宽需求,主要包括 BTV(直播电视)编解码器、VOD 服务器、NVOD 服务器、中间件、EPG 服务器、CA、DHCP 服务器、升级服务器等部件。

（2）AAA 服务器用于实现对终端的认证、授权和计费，全网部署一套。

（3）POP 点包括 MSCG（Multi-Service Control Gateway，多业务控制网关）、SIG（Service Inspection Gateway，业务监控网关）和 NPE（Network Provider Edge，面向网络的设备），MSCG 对 **PPPoE**（**Point-to-Point Protocol over Ethernet，基于以太网的点对点协议**）和 IPoE（DHCP）接入终结。POP 点通常部署在汇聚网和骨干网间，主要用来汇聚该区域所有的用户业务，根据部署规模和用户区域采用分布式结构进行部署规划，POP 点包含了 NPE（SR）和 BRAS。

（4）汇聚网是由 UPE（User facing-Provider Edge，面向用户的设备）/PE-AGG 组成的 IP/MPLS 网络，网络拓扑是半环形汇聚网。

（5）接入网主要包括 **DSLAM**（**Digital Subscriber Line Access Multiplexer，数字用户线路接入复用器**）、**MSAN**（**Multi-Service Access Network，综合业务接入网**）和 OLT（GPON/EPON）等形式。

（6）家庭驻地网，主要分为宽带接入终端（HG）和业务终端（IAD/可视电话、STB、PC 等）。

7.6.5　接入和骨干网络带宽需求

CMS（内容管理系统）子系统至骨干路由器的带宽即城域网核心层之间最大带宽＝直播流量＋点播流量＝直播频道数×码流＋并发用户数×点播用户比率×码流×未命中率。

EMS（相当于边缘级的内容管理系统）子系统至汇聚路由器的带宽即城域网汇聚层之间最大带宽＝直播流量＋点播流量＝直播频道数×码流＋并发用户数×点播用户比率×码流×命中率。

接入网上行带宽（DSLAM/LAN）＝并发用户数×点播用户比率×码流＋min（直播频道数，最大并发用户数）×码流。

为便于理解和说明，绘制接入和骨干网络示意图 7-16。

图 7-16　接入和骨干网络示意图

7.6.6 用户认证

IPTV 用户认证方案主要有 PPPoE 认证和 IPoE/DHCP＋认证。PPPoE 认证运营模式成熟,业务安全性高,对业务网关处理压力大,接入设备难以处理,小规模 IPTV 采用;IPoE/DHCP＋认证,对业务网关处理压力小,需新部署 DHCP Server,增加安全保障,IPTV 规模应用时推荐采用。

7-10 用户认证

IPTV 规模发展时采用 IPoE/DHCP＋认证,部署统一的 DHCP Server;IPTV 机顶盒终端地址采用受限公网 IP 或私网 IP,私网 IP 可省网统一规划;DHCP＋认证的安全性由 QinQ/Opt 82 以及业务网关的 DHCP Snooping 保证。IPoE/DHCP＋认证过程如图 7-17 所示。

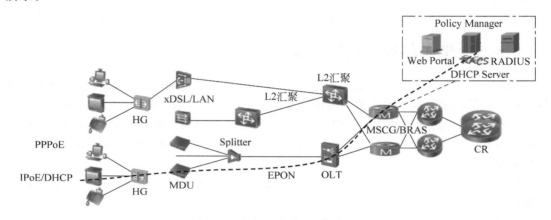

图 7-17　IPoE/DHCP＋认证过程

(1) 机顶盒向 DHCP 服务器发出请求,请求路径如图 7-17 中虚线所示。

(2) **MDU(Message Decoder Unit,报文译码单元)** 采用 DHCP opt82 标识用户位置。

(3) **MSCG(Multi-Service Control Gateway,多业务控制网关)**/BRAS 负责进行 DHCP 中继代理。

(4) DHCP 服务器把请求报文中的 Opt82 和 Opt60 属性转变为 RADIUS(Remote Authentication Dial In User Service,远程认证拨号用户服务)报文中的附加属性,发往 RADIUS。

(5) DHCP 服务器根据 RADIUS 结果决定是否给终端分配 IP 地址。

(6) BRAS 或 SR 生成相应的主机路由,DHCP Snooping(侦听)。

7.7　IPTV 工作流程及案例

7.7.1　点播流程

7-11　IPTV 工作流程

点播流程如图 7-18 所示。

(1) STB 开机自检通过后,发起 DHCP 请求,通过认证后从 DHCP 服务器获取 IP

地址。

（2）成功获取 IP 地址后，把烧入机顶盒的域名地址发送给 DNS 服务器，要求解析为 IP。

（3）机顶盒根据该 IP 访问 EPG 服务器。

（4）EPG 服务器把机顶盒 STBID 发送给 LDAP 服务器，检查用户机顶盒是否有权限访问 EPG 页面。

（5）用户点播请求被重定向到 CRD，由 CRD 根据全局负载均衡策略分配最佳 CSG 节点。

（6）用户被重定向到 CSG，由 CSG 根据本地负载均衡策略选择服务引擎，当本地节点没有用户所点的媒体时，CSG 根据本地 MSC 负载及健康状况选择服务引擎。

（7）CSG 根据策略把用户定位到 MSC 服务器。

（8）用户被重定向到 MSC，MSC 把播放详单发送给 AuthorView 服务器防盗链认证。

（9）MSC 向用户播放点播的节目。

（10）如果 MSC 本地没有节目，则 MSC 向 OCS 发送 RTSP（Real Time Streaming Protocol，实时流传输协议）请求，并启动 RTSP 透明代理为 STB 提供服务，同时启动 FTP 进程下载。

（11）服务结束后，MSC 将服务详单发送给 BOSS，由 BOSS 进行计费。

图 7-18 IPTV 点播流程示意图

7.7.2 直播流程

直播流程如图 7-19 所示。

图 7-19　IPTV 直播流程示意图

　　IPTV 直播主要是以组播的方式实现的,在机顶盒还没有开机时,IPTV 承载网一直在进行节目收视权限发放和组播内容的分发。

　　(1) STB 开机自检通过后,发起 DHCP 请求,向最近的 BAS(宽带接入服务器)发起用户接入认证,认证通过后,从 DHCP 服务器获取 IP 地址,成功获取 IP 地址后,把烧入机顶盒的域名地址发送给 DNS 服务器,要求解析为 IP。

　　(2) 机顶盒根据该 IP 访问 EPG 服务器,EPG 服务器把机顶盒 STBID 发送给 LDAP 服务器,检查用户机顶盒是否有权限访问 EPG 页面,通过则 EPG 服务器把 EPG 发给该 STB。

　　(3) 用户通过向 BAS 申请加入频道。

　　(4) BAS 向该 STB 转发组播的直播电视 IP 流。

7.7.3 典型案例

　　(1) 安徽某运营商 IPTV 网络拓扑,如图 7-20 所示。

　　(2) 云南某运营商 IPTV 网络拓扑,如图 7-21 所示。

　　(3) 北京某运营商 IPTV 网络拓扑,如图 7-22 所示。

图 7-20 安徽某运营商 IPTV 网络拓扑

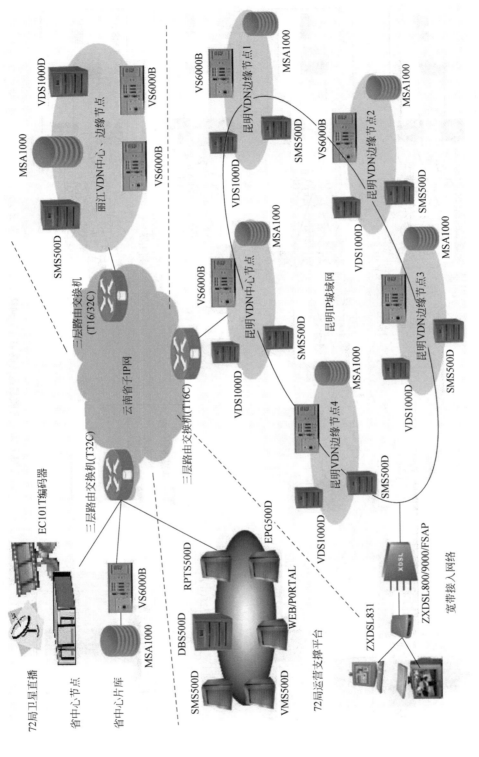

图 7-21 云南某运营商 IPTV 网络拓扑

图 7-22 北京某运营商 IPTV 网络拓扑

思考题

1. 简述 IPQAM 在有线电视系统中的位置及其主要功能。

2. 简述 IPQAM 参数配置内容。

3. IPQAM 部署方式根据其所处的位置不同可以分哪几大类？

4. IPQAM 有何优、缺点？如何克服它的缺点？

5. 对于 64QAM 的 DVB-C 系统,若该 IPQAM 设备有 2 个 RF 输出口,每口捆绑 6 个频点,假设单路视频码率为 4Mbps,则可以同时并发多少路视频点播节目？

6. 简述 IPTV 业务类型。

7. IPTV 平台的关键技术有哪些？

8. IPTV 平台由哪些功能系统组成？

9. 简述 IPTV 平台网络构架。

10. IPTV 业务承载网包括哪几部分？

11. 简述 IPoE/DHCP＋认证过程。

12. 简述 IPTV 平台的点播工作流程。

13. 简述 IPTV 平台的直播工作流程。

常用术语

本章测试

第8章

NGB网络支撑系统

学习要求

通过本章学习,建立对 NGB 网络支撑系统的基本认知。要求了解 BOSS 系统、IPCC 系统的概念;掌握三户模型的概念;了解 BOSS 系统、IPCC 系统基本结构;了解 BOSS 系统、IPCC 系统业务应用和主要功能;了解网管系统功能、结构、协议以及相关技术。掌握斜体部分的术语缩写。

网络支撑系统是 NGB 网络必不可少的管理软件系统,它们对现代广电网络服务质量的保障以及网络的正常运行起着至关重要的作用,目前 NGB 网络支撑系统主要有 BOSS 系统、IPCC 系统以及设备网管系统。

8.1 BOSS 系统

8.1.1 BOSS 概念

8-1 BOSS 系统

BOSS 是业务运营支撑系统的简称,它涵盖了计费、结算、营业、账务和客户服务等系统的功能,它可对 NGB 网络上各种业务功能进行集中、统一的规划和整合,是一体化的、信息资源充分共享的支撑系统。

BOSS 系统是一套全面应对网络综合业务运营需求的支撑系统,将为广电运营商完成业务转型及拓展提供有力的支持;BOSS 系统同时是一个高效的运营与管理平台,将大幅度提高广电行业的管理、运营、服务水平,为决策层提供强大的战略分析和执行工具,实现科学、灵活的发展战略,从而提升广电网络的核心竞争力。

BOSS 系统对多业务进行整合,实现统一的客户模型、账务模型、产品模型,在计费和优惠上通常参考电信运营商成熟的按账期计费、出账模式。在业务流程上可以通过人工工单和电子工单流转对业务流程进行定制,实现对不断变化业务流程的支持。

对 BOSS 系统不应理解为仅仅是一个纯软件系统,更是一套运营理念和管理思想,BOSS 系统是一套逐步建立的与运营商共同成长的系统。广电 BOSS 系统的首要任务是管理好客户、管理好基本收视费。

8.1.2　三户模型

广电 BOSS 系统多采用"客户,用户,账户"三户模型;支持现金、银行代收、银行托收、网上转账、客服转账(充值卡业务)等多种付费方式,数字电视客户缴费后,系统自动对客户进行 CA 授权,不需要人工单独授权。

广电 BOSS 中三户模型概念与电信 BOSS 系统中三户概念没有太大的区别,但广电领域以家庭进行消费的特性(一个家庭可以有多个终端,统一计费、统一缴费),决定在广电 BOSS 中用户可以被多产品、主副产品所替代。图 8-1 为 BOSS 三户模型示意图。

图 8-1　BOSS 三户模型示意图

8.1.3　BOSS 系统结构

1. BOSS 系统体系结构

BOSS 系统按体系层次可以分为四层:界面层、接入层、业务逻辑层、数据逻辑层,如图 8-2 所示。界面层主要是用户界面,负责直接与用户交互;接入层提供界面层与业务逻辑层的物理(网络、硬件)信道;业务逻辑层负责进行业务调度和数据调度;数据逻辑层负责对原始的数据进行统一管理和存储。

2. BOSS 系统模块结构

BOSS 系统通常采用模块化设计,BOSS 模块的划分是按照实际运营时各部门操作的流程来设计的,每个模块都自成一体,对其中一块的更改或升级,对其他模块没有影响。通常 BOSS 系统按功能可分为多个模块子系统,如营业管理、运营管理、资源管理、计费处理、账务管理、查询统计、工程管理、接口管理、系统管理等主要子系统,图 8-3 为某大型广电网络运营上设计的 BOSS 功能结构图。不同的 BOSS 系统对子系统的称呼可能会有所不同,这里以某具体的 BOSS 系统为例加以说明。

图 8-2　BOSS 系统体系结构图

8.1.4　BOSS 主要功能

广电 BOSS 系统功能主要包括：支撑将资源转化成利润的企业流程；支撑市场、销售、客户服务（如：产品开发与管理、业务受理、工单处理、账务处理等）；支撑资源运行维护的企业流程；支撑网络管理（服务提供、服务保障、服务计量，如：联机指令、专业计费、网管等）。其核心功能是高效管理客户、资金、CA、信息、机顶盒和卡设备。

广电 BOSS 系统通常采用模块化设计，模块的划分是按照实际运营时各部门操作的流程来设计的，每个模块都自成一体，对其中一块的更改或升级，对其他模块没有影响。主要有 10 个模块子系统。

1.　系统管理

系统管理包括权限控制、系统的维护（应用程序的启动、监控、系统备份等功能）、操作日志的管理；此外，还包括对系统运行所必需的基础数据（局数据）的管理。

2.　客户管理子系统

融合多业务的统一客户资料管理，包括客户群维护、客户资料维护、客户新增、客户关系维护、客户与群关系维护以及预受理客户到期查询。

3.　业管理

营业管理主要完成在营业窗口接受最终用户的各种业务申请，包括新装、新装返销、新装撤销、定购修改、移机、移机返销、拆机、用户过户、用户转移、设备变更、设备变更返销、用户信息修改及批量新装等，在业务受理过程中，系统根据资费计划计算业务受理所产生的各项费用。

图 8-3　BOSS 系统功能结构图

4. 产品管理

产品管理是对用户使用运营商所提供服务定价过程的管理,产品中的价格分为几个类别:服务使用费、业务受理费、周期定购费、资源使用费。

5. 计费管理

计费管理包括缴费管理、集中缴费管理、计费管理和欠费催费管理。

6. 资源设备管理

资源设备管理是对终端资源和设备的管理,具体的资源类型包括:终端资源(机顶盒、智能卡)、号码资源、赠品/物品资源、标准地址资源、卡/凭券资源、IP 地址、纸质合同资源。

7. 统计报表管理

统计报表管理是周期的数据统计,并展现为报表;此处需要考虑统计报表与查询之间的区别,以及功能划分。统计报表偏向于处理周期性的、具有固定格式输出的查询,并且其结果通常需要在系统中保持一段时间。

8. 账务管理

账务管理完成系统各种账务参数设置、费用项目设置以及业务及设备资费设置,还包括发票管理、账单管理、欠费管理以及分账结算等功能。

9. 客服与工单管理

客服与工单管理提供对订户的售前售后服务,包括订户业务咨询、派工维修、投诉处理、消息处理等。处理已生成工单的执行过程,进行跟踪记录、工单分发、工单回执管理等,确保对客户上门服务的质量和效率。

10. 对外接口管理

对外接口管理是 BOSS 系统与所有外部系统之间的接口,保证 BOSS 系统有很强的扩展功能,并且各个接口模块的加入不会影响原先逻辑业务的运行,如 CA 接口和银行接口的管理。

8.2 IPCC 系统

8.2.1 IPCC 概念

8-2 IPCC 系统

IPCC 是 IP 呼叫中心的简称,本质上是以 IP 为主要应用技术的呼叫中心构建方式,即利用 IP 传输网来传输与交换语音、图像和文本等信息,也是 NGB 网络中正在发展并且不可缺少的支撑系统,它与 NGB 的结合更加紧密。图 8-4 为当前的 IPCC 系统构架图。

IPCC 历经了小型交换机+普通电话机、语音自动应答+呼叫自动分发、CTI(Computer Telecommunication Integration,计算机电信集成)技术和 All Over IP 四个阶段才逐步形成发展起来,是相对于以往呼叫中心而形成的一种新的建设思路,其主体架构从传统的电信交换网及专有应用服务器转变为开放式、基于 IP 的语音、数据集成网。IPCC 的内部以 IP 数

图 8-4 IPCC 系统构架图

据包的形式处理所有视频、音频、数据、传真等信息,内部组成部件全面实现 IP 化。

另外,IPCC 将传统呼叫中心的技术特征与 Internet 技术融合起来,支持从门户网站、电话、E-mail、传真、短信、即时通讯、视频、微博、WebCall 等各种媒介接收信息,由 IPCC 统一受理后再反馈到各种媒介上。

随着三网融合的推进,IP 网络正在成为各类通信系统与通信设备交互信息的唯一承载网络,IPCC 也正在成为呼叫中心系统架构和建设的主要模式,目前国内外主要的代表厂商有 AVAYA、华为、中兴、集时通信、Cisco 等。

8.2.2 业务应用

IPCC 支持传统架构呼叫中心所涉及的所有业务,业务类型如技术支持、业务受理、信息查询、电话营销、市场调研等;应用领域涵盖电信、金融、政府、公共事业、制造业、零售业、物流、外包、IT、电子商务及其他;可以实现的业务功能包括查询、咨询、投诉、报修、电话营销、客户关怀、市场调研、催收催缴、信息服务、业务受理、紧急通知及其他。

同时,IPCC 又不局限于传统架构呼叫中心的业务范围,因为 IPCC 的业务应用系统可以从接入与控制系统中完全分离出来,通过 IP 网络与它们结合构成呼叫中心。这样,在传统架构呼叫中心的基础上,IPCC 又衍生出很多新的业务,特别是基于 IP 网络的应用,如在线客服、呼叫中心托管、网站总机、WebCall、视频呼叫、IP 调度等。

8.2.3 架构模式

IPCC 将传统的程控电话交换机的业务接入、路由选择(交换)和业务控制三个功能模块独立出来通过不同的物理实体或系统分别实现,同时进行一定的功能扩展,并通过 IP 网络将各物理实体连接起来构成基于 IP 的体系层次，如图 8-5 所示。

图 8-5　IPCC 层次体系

1．接入层

接入层由各种网关或者类似于网关的设备组成，负责将各种不同的网络及终端设备接入到 IP 网络中，功能类似于传统程控交换机上的用户模块和中继模块。接入层支持多种媒体接入，包括 VoIP 语音、Web、E-mail/FAX/SMS 等接入。

2．传输层

传输层以 IP 承载网代替了传统电路交换中的交换矩阵，负责将 IP 网络内各类信息由信息源传送到目的地。对接入的不同媒体的呼叫进行处理，将其抽象为统一的呼叫，使得各种媒体可以媒体无关的方式与功能支撑层进行通信。

3．控制层

控制层实际上就是 IPCC 中心控制服务器，主要负责进行呼叫控制，是 IPCC 系统的业务支撑系统，负责提供业务的解释、生成及控制功能。业务支撑层提供实现具体业务的资源，与业务交换层紧密关联，通过选配和组合，可以灵活地构造与具体业务相关的设备或模块。

4．应用层

应用层的主要功能是在纯呼叫建立之上为用户提供附加增值业务。可以实现自动、人工业务,满足用户的需求。业务应用层采用了三层结构的设计模型,即程序逻辑与用户界面分离。

8.2.4 组建方式

目前 IPCC 从 20 座席以下小型呼叫中心,到 20～100 座席的中型呼叫中心,再到 100～800 座席的大型呼叫中心,以及 800 座席以上超大型呼叫中心都有应用。

1. 小型 IPCC

对于小型呼叫中心,IPCC 大多采用一体机方式实现,就是一台机器解决所有接入、路由、IVR(Interactive Voice Response,交互式语音应答系统)、ACD(Automatic Call Distributor,自动呼叫分配系统,也称自动排队机)、录音、报表、客户管理、业务操作等相关业务与功能。从分层架构角度看,控制层与应用层可在一台机器上实现。

2. 大中型 IPCC

对于 20～800 座席的中等规模呼叫中心和大型呼叫中心,既可采用一体机方式实现,也可采用两台服务器或多台服务器方式实现。如交换控制在一台服务器上实现,另配一台服务器负责 CTI 及数据存储,或者备置一台服务器用作系统热备。如果业务量比较多,业务模式比较复杂,也可以再增加一些诸如业务系统服务器、Web 服务器、报表服务器、录音服务器等将对应业务单独处理,所有服务器的连接都采用 IP 承载网进行数据传输和交互。从分层架构角度看,控制层与应用层可以在一台机器上实现,也可以分别在不同的服务器上实现。

3. 超大型 IPCC

对于 800 座席以上的超大型呼叫中心,呼叫控制与业务需要完全分离,IPCC 控制服务器只负责呼叫连接的建立、监视和拆除,其他所有呼叫中心的系统功能与业务功能都在多台业务系统上实现。例如:负责完成 IVR 的实现与设置采用 IVR 服务器;负责完成队列的实现与设置采用 ACD 服务器;负责完成 CTI 的实现与设置采用 CTI 服务器;负责完成业务实现的采用应用软件服务器,另外还有数据存储服务器、录音服务器、报表服务器、交易服务器等。

呼叫控制与业务分离的 IPCC,对接口要求更加标准化、规范化,目前所有云呼叫中心都属于呼叫控制与业务分离的 IPCC。

8.2.5 系统特点

1. 地理位置无关性

IPCC 支持分布式部署,无论是中继线路还是座席都是远程分布式部署,如图 8-6 所示。用户可以通过设在不同的地理位置的语音网关接入系统,而座席的分布则完全可以按照业务的需要在全网络任意位置设置 IP 电话座席。这一点是 PBX(Private Branch Exchange,用户级交换机)方案所无法随意实现的。PBX 可以通过放置远端扩展模块或 IP 远端座席实现,但其有如下不足:①支持的远程节点数量和 IP 远程电话数量有限;②占用带宽资源大；③路由优化功能不足。

图 8-6　IPCC 的分布式部署

采用 IPCC 完全可以建成一个集合有集中式普通座席群、适量分布适合地方的本地座席，以及灵活的拥有特殊技能的移动座席作为补充形式的呼叫中心。这样，企业就可以在人力成本较低、租金成本较低、管理方便的地方部署普通座席群，可以在与数据源近或联系方便的地区设立本地座席，同时将呼叫中心的主要设备及策略管理和专业技能座席放置在企业总部。

2. 媒介无关性

IPCC 采用多层架构模式，在决策机制所在的应用层可以有效地屏蔽接入线路、设备属性，从而使得基于各种媒介的多种联系在统一的平台上得以充分整合。企业可以通过统一的路由策略，接收来自客户的各种方式的请求，包括 Internet、Email、传统电话、IP 电话、数字电视、移动电话、可视电话、传真、短信、微博、IM（Instant Messenger，即时通讯）等。当然，在满足客户通过多种媒介方式的请求的同时，使得客服人员也能够透过 IPCC 用同样的多种方式，方便地应答请求或提供主动服务。

3. 全网的监控管理

IPCC 一般采用基于 Web 的多级化全网管理体系，所以每级管理人员可以极为灵活地接入系统获得本权限的管理信息，中心监管平台可以实现同步不同地区的呼叫中心系统信息，无论在任何节点，不管是本地还是远程，只要该点可以与所有需要管理的服务器相连，就可以真正实现呼叫中心的物理分布，集中管理，多座席、多站点参与服务，方便整个系统调度和监控的集中管理。

4. 网络化 ACD

IPCC 提供网络化 ACD 的能力,通过网络合理地安排各地话务员资源,自动将呼叫分配给最合适地点和话务员进行处理。网络化 ACD 可以有效分配来电、WebCall、短消息等呼入,实时跟踪话务台状态,总中心、重要的分中心甚至是每个分中心都可以知道其他中心的座席的状态,从而生成有效话务队列,并可随时按照来话信息充分地利用系统资源,提高系统处理能力。

5. 移动性

IPCC 体现了 IP 的移动性,IPCC 的认证与配置方式可以实现业务零配置,即插即用,最大地减少了管理维护费用以及管理维护难度。内部电话移动不再需要修改任何配置和物理跳线,可以使企业彻底摆脱物理空间限制,真正实现办公空间的虚拟化。

6. 建设成本低

IPCC 相对于 PBX 传统呼叫中心,成本优势非常明显,主要体现在:①硬件设备投入相对较低,而且座席数量越多,差距越大;②布线简单、安装方便,可以降低实施、维护成本。

7. 系统扩容能力强

IPCC 的核心是"软交换",突破了传统"交换机式呼叫中心"和"板卡式呼叫中心"在通信原理、核心体系、系统架构等方面的局限。传统呼叫中心升级往往带来巨大的设备投资,由于技术瓶颈限制,系统扩容往往是电路和设备单元的扩容,随之带来机房空间、配套设备的大量投资,成本高昂;相比之下,IPCC 通过软件来代替硬件设备实现系统功能,如排队机通过软件实现,话路控制也通过软件实现,极大降低扩容成本。

8. 兼容性强

传统架构呼叫中心,语音交换以及业务控制所有功能,各个厂家纷纷采用自由协议,不同厂家的产品难以兼容。而 IPCC 实现信令和控制、业务分离,SIP 协议贯穿整个系统,不同组成模块即使采用不同厂家的产品,也可以进行无障碍互通,使得用户配置与部署更加灵活,强大的兼容性使得用户可以在不影响原有通信业务情况下平滑扩容、升级。

9. 节省长途电话费

IPCC 基于 VoIP 基础架构,允许用户通过互联网传输语音信息,企业可以充分利用已有的网络资源,节省大量长途电话通信成本,同时也避开了公网电话的高峰阻塞,有效地提高了工作效率。

8.2.6　线路接入

IPCC 支持传统架构呼叫中心的所有线路接入,如数字中继线、模拟中继线、*GSM*(*Global System of Mobile communication*,**全球移动通信系统**)、*CDMA* 等作为接入线路。目前各地电信运营商都在架设基于 IP 网络的 IMS(IP Multimedia Subsystem,IP 多媒体子系统)平台,它可以提供适合 IPCC 的 *VoIP*(*Voice over Internet Protocol*,**模拟音频数字化**)、SIP(Session Initiation Protocol,会话启动协议)业务,如图 8-7 所示。

图 8-7　线路接入

目前 IMS 线路通常通过光纤专线接入，随着网络质量与带宽的提升，普通宽带网络和 3G 网络也可以提供 IMS 线路接入，如表 8-1 所示。

表 8-1　IMS 接入形式特点

用作 IMS 接入的网络传输形式	线路类型	所需设备
光纤专线或者宽带网络	有线网络	直接网络对接即可
3G	无线网络	3G 路由器或者 3G 网关
WiFi	无线网络	WiFi 路由器

8.2.7　典型方案

1. AVAYA IPCC 方案

AVAYA IPCC 方案系统图如图 8-8 所示，该系统由核心服务器：AVAYA S8730 媒体服务器 2 台，互为备份、接入网关 G650/G700、CTI 接口服务器 AES、CTI 服务器 AIC；录音服务器 NICE PERFORM、报表服务器 CMS、IVR 服务器 VPMS/MPP、数据库服务器以及应用服务器等组成。

2. 华为 IPCC 方案

华为 IPCC 方案系统如图 8-9 所示，该系统由 ACD 服务器 UAP 8100、接入网关 IAD（Integrated Access Device，综合接入设备）网关、CTI 服务器 SmartCTI、录音服务器、IVR（Interactive Voice Response，互动式语音应答）服务器、数据库服务器和应用服务器等组成。

3. 即时通讯 IPCC 方案

即时通讯 IPCC 方案系统如图 8-10 所示，该系统由 JUST 服务器集群组、中继接入 TG 网关（在 IMS 中继接入环境下无须此项）、CTI 及 Proxy Server 服务器热备、数据库服务器、

图 8-8　AVAYA IPCC 网络结构图

图 8-9　华为 IPCC 网络结构图

录音服务器、业务系统服务器、TTS/ASR 服务器和应用服务器等组成。

图 8-10　即时通讯 IPCC 网络结构图

8.3 网络管理系统

8.3.1 网络管理功能

8-3 网络管理系统

网络管理对于 NGB 网络的正常运行起着至关重要的作用,其功能有故障管理、配置管理、性能管理、安全管理以及计费管理等,针对广播电视网络其具体功能可如图 8-11 所示。

(1)故障管理:对传送网络及运行环境的异常进行动态检测、隔离和校正的过程。是五大功能中最基础的管理。

(2)配置管理:对网络单元、网络设备进行整体管理,收集、鉴别、控制来自代理的数据,将配置参数传送给代理及实时修改参数的过程。是最重要的网络管理功能。

(3)性能管理:对网络、网络单元、网络设备进行有效性评估和报告的过程。通过收集网络中各资源使用情况的统计数据(如网络的可用性、资源利用率、响应时间、阻塞情况和运行趋势),来分析网络的运行情况。

(4)安全管理:对事务处理、传送网络、管理网络和组织管理 4 个方面的安全进行管理。

(5)计费管理:测量网络中各种业务使用量,确定使用成本的过程。

图 8-11 网络管理的基本功能

8.3.2 网络管理体系结构

网络管理体系结构自下而上可以分为网元层、网元管理层、网络管理层、业务管理层、事务管理层等 5 个层次,如图 8-12 所示。

(1)网元层:由单个网元构成的管理层次。

(2)网元管理层:对网络中的一组被管理对象进行管理的层次。

(3)网络管理层:对多个网元管理系统集中进行管理并统一向上提供信息的层次。

(4)业务管理层:网络管理层和商务管理层之间的接口层,收集并处理来自网络管理层和商务管理层信息的层次。

(5)事务管理层:全面支持高层管理人员的研究和决策,提高工作效率的层次。

图 8-12　网络管理体系结构

8.3.3　网络管理标准协议

（1）电信管理网（**Telecommunication Management Network ,TMN**）：ITU-T 为适应现代通信网综合、宽带等特点而提出的一种新型的管理电信网的网络。TMN 包括 4 个关键元素：

① 操作系统（Operation System,OS）：实现各种管理功能的处理系统,通常由一组计算机组成。

② 工作站（Work Station,WS）：实现人机界面的装置,它是网管中心的操作终端。

③ **数据通信网**（**Data Communication Network ,DCN** ）：用来传递网管信息,提供管理系统与被管理网元之间的数据通信能力。

④ 一部分电信网设备：电信网中状态收集、网管指令执行和实施监控的设施。

（2）**简单网络管理协议**（**Simple Network Management Protocol ,SNMP** ）：由因特网工程任务组（IETF）定义的一套组织管理 TCP/IP 网和以太网的网络管理协议。具体来说,是一个标准的用于管理 IP 网络上节点的协议。SNMP 包含四个关键元素：

① 管理者（Manager）：管理指令的发起者。

② 代理（Agent）：驻留在被管设备中的软件模块。

③ 管理信息库（MIB）：由 SNMP 代理维护的一个信息存储库。

④ 网络管理协议（SNMP）：一个异步式请求/响应协议。

8.3.4　广电网络管理系统建设

广电网络管理系统在建设中需要进一步完善专业网元管理系统,增加对网络性能的监视。基于开放式标准的网管模型图如图 8-13 所示。

图 8-13　基于开放式标准的网管模型图

1. 网管系统结构

（1）网管系统的上层管理软件：完成网络及网络设备的配置管理、故障管理、性能管理、信道状态及安全管理和用户信道管理等。

（2）网管前端控制器：完成上层管理系统与被管理设备之间的协议转换。包括接口单元、数据收发单元和数据调整解调单元。

（3）被管理设备的网管单元或部件：由内置在被管设备内的网管应答器或外置式应答器组成。完成设备运行数据采集、报告以及执行配置管理指令。

2. 地理信息系统

GIS（**Geographic Information System，地理信息系统**）是一种能把图形管理系统和数据管理系统有机地结合起来，对各种空间信息进行收集、存储、分析和可视化表达的信息处理与管理系统。在 NGB 网络设备用户管理中所起的作用巨大。主要由 GIS 硬件、GIS 软件、地理空间数据、系统开发、管理和使用人员等构成。

8.3.5　机房设备网管的技术

1. 第一阶段——本地监控

基于 RS-232、RS-485 模式与 PC 直连，已经不能满足运维的需求，如图 8-14 所示。

图 8-14　本地监控示意图

2. 第二阶段——远程监控

基于 RS-232、RS-485 转 IP 传输，可以同时监控多个机房，如图 8-15 所示。

图 8-15　远程监控示意图

3. 第三阶段——纯以太网监控

设备提供以太网 IP 网管接口,可以基于 SNMP、Web 或自定义协议远程访问协议层逐渐向 SCTE HMS 开放式标准靠拢,如图 8-16 所示。图 8-17 是一个基于开放式标准的机房网管解决方案。

图 8-16　纯以太网监控示意图

图 8-17　基于开放式标准的机房网管解决方案

8.3.6　外围设备网管

外围设备网管与机房里的设备的网管有些类似,但由于设备到机房距离远了,通常不采用机房网管的本地监控方案,将 RS-232 或 RS-485 总线直接连接,而通常会采用图 8-18 所示的基于开放式标准的网络外围设备网管方案。

图 8-18 基于开放式标准的网络外围设备网管方案

思考题

1. 什么是 BOSS 系统？
2. BOSS 系统的主要功能有哪些？
3. BOSS 系统按体系层次可以分为哪几层？
4. 什么是 IPCC 系统？
5. 简述 IPCC 系统构架。
6. 网管主要功能有哪些？
7. 网络管理体系结构自下而上可以分哪几层？
8. 简述综合网络资源管理的范围。

常用术语　　　　　**本章测试**

第9章

网络设计与规划

学习要求

通过本章学习,建立对 NGB 网络设计与规划的基本认知。要求了解熟悉网络设计规划的基本内容和步骤;学习掌握网络设计的基本方法;学习掌握机房和前端、电源系统、防雷与接地系统的基本设计方法和步骤;学习掌握骨干网和接入网的基本设计方法和步骤;掌握斜体部分的术语缩写。

NGB 网络设计与规划需要考虑多类因素,包括网络结构、设备功能、机房配电、避雷接地以及工程成本、预算多项相关知识。

9.1 NGB 网络的规划设计

NGB 网络是一个由多种设备和复杂传输线路组合而成的完整体系。要使这个体系达到预期目的并充分地发挥效能,必须事先进行周密的系统规划设计。

9-1 网络规划设计前期

NGB 网络的规划设计,必须依据客观环境、条件以及建设和发展的基本要求,通观全局,周密考虑,正确选用各种器件和设备,确定技术先进、经济合理、安全适用的系统方案。

规划设计可分为两个阶段:初步设计(网络的总体规划)阶段和具体设计(确定各组成部分的实施方案)阶段。

初步设计为宏观设计,其主要任务是根据客观要求确定系统的最优结构组成方式。从工程设计规范来看,它的内容包括设计技术说明书、系统总体方案以及必要的方案图。

具体设计为微观设计,其任务具体包括:确定各部分的具体组成、设备选型,完成各类施工图表、设备材料清单及施工日程进度的设计编制工作。

9.1.1 前期准备

前期准备主要体现在前期调研上,包含调研目的、内容及资料整理。

1. 调研目的

通过对系统服务区域和对象的详细调查,获取有关城市规划、人口数量及分布、用户要求等直接影响系统整体构成和功能的信息,依据这些信息制订一个符合当地文化和经济总体水平的总规划。

2. 调研内容

为完成一个性能价格比高而且是切实可行的总体规划,需收集各方面的基础资料。

(1) 人口数量及用户分布:人口数量确定了网络的最大可能服务能力;用户分布直接关系到节点设置和网络结构。用户包括一般住宅用户和政府机关、企事业单位等团体用户。

(2) 城市总体规划:包括现在和将来的行政区域划分、住宅区布局、道路网络等,与网络形式、拓扑结构有直接关系。

(3) 当地社会经济总体水平及市民收入水平:网络建设规模、功能设置、网络档次都与当地的经济总体水平有关,广电网络经济效益和投资回收期与市民收入水平相关。

(4) 当地民众对文化欣赏的主流及对收视节目的要求:频道的设置、自办节目的数量及风格、节目源类型、交互节目的需求等。

(5) 气象条件:包括风、雨、雷电、气温、湿度、酸雨、水灾等内容。

(6) 地面线杆路由、地下管路路由分布:规划及设计网络的拓扑结构及路由,应尽量利用已存在并有可能使用的设施,避免重复架杆、挖沟。

(7) 供电条件:电网电压、频率的稳定程度与系统指标及运行的安全是有关系的,也影响网络采用的供电方式。

(8) 无线电干扰情况:如雷达、干扰台、大功率发射台、工业辐射等无线电干扰的存在,有可能影响 CATV 系统特别是双向网络的正常运行,因此必须对此有充分的准备和有效的防范措施。

(9) 开路电视及调频广播情况:包括节目套数、发射功率、坐落地点、收视效果、接收点场强等,是系统规划和设计中不可缺少的部分。

(10) 其他网络运营商的业务开展情况及发展水平:开展宽带综合业务应对社会上现今状况有所掌握,对未来市场有所预测。

(11) 运营者财力投入能力:与网络的规划重点、设计分期及建设分期有关。

3. 调研方法

主要采取调查访问的手段,对相关的城市规划部门、气象部门、电力部门以及部分用户进行走访,了解相关的基础技术参数以及用户需求。

4. 数据整理及书面报告

认真整理在调查中取得的数据并形成一个书面报告,为编制项目规划文件和进行工程设计提供真实可靠的资料,是确保规划质量的基础。数据整理中应注意以下几点:

(1) 数据的真实性:包括数据来源的可靠性(新鲜度)和数据本身的稳定性(测量可重复性)。

(2) 数据的对比性:汇总具有相同性质而在不同条件下取得的数据或虽然是相同条件但由于其他原因造成不同结果的数据时注意突出其对比结果,借此把实际情况反映得更加清楚。

（3）数据的全面性：取得的数据应尽可能地全面。任何一个相关信息都有可能成为制订规划的参考资料。

（4）合理分类：对收集到的数据按性质、用途进行分类，以便于阅读和查询。数据整理完成后，必须形成一个书面调查报告，在形成书面报告时应注明时间、地点、参加人员；文字简洁，条理清楚；图表及数据有相关说明；官方和民间提供的文件、材料应附后。

9.1.2　规划与设计原则

网络总体规划是系统具体设计的主要依据，制订高质量的网络总体规划是建设 NGB 网络的关键，这既是决策过程又是科学论证的过程。一般来说，网络总体规划应遵循以下基本原则：

（1）网络应具备开放性和兼容性。采用的技术体系应符合相关国内标准和国际标准，不宜采用私有协议。新建或改建的有线电视网络应对原有业务系统向下兼容。

（2）网络应具备技术先进性。应采用成熟、先进的国内、国际通信和网络技术，将网络规划设计成双向、交互式、多业务网络，满足三网融合的技术要求。

（3）网络应具有可扩展性。网络服务的用户数量和网络所提供的业务平台应具备可扩展性。物理网络(包括光纤网络和同轴电缆网络)应满足网络升级、扩展的要求，符合光进铜退、光纤到户的技术发展趋势。

（4）网络应具备良好的生存能力。网络设计应充分考虑网络的稳定性，支持网络节点设备的冗余、备份、软硬切换和网络线路保护，当设备或线路发生故障时，网络可采用灵活的保护策略和保护机制恢复运行。

（5）网络应具备良好的安全性，保证在网上运行的各业务系统的安全。

（6）网络应具备可管理性。

9.1.3　规划内容

1. 系统规模

系统规模包括系统用户数量、服务延伸半径(最远距离)频道、带宽、IP 地址资源分配和网络结构形式等。

（1）用户数量：根据调查报告中取得的人口数据确定入网用户的数量，并适当考虑递增幅度。确定入网户数时应考虑到因经济承受能力、人口群体职业差异而使实际入网户数低于实际现有户数的情况，并根据上述情况绘出用户分布规划图。

（2）服务延伸半径(最远距离)：从网络中心前端(分中心)至最远端的用户，构成了系统的服务半径。确定这个距离就是要选择一个合理的中心位置。除了在地理位置上尽量选择居中外，还要做到远离无线电干扰、高强度噪声源、震源及其他工业辐射和各种污染源。

（3）频道、带宽、IP 地址资源的合理规划：播出频道多是广播电视的主要特点之一。随着数字电视推广应用，电视节目更加丰富多彩，但带宽资源仍然是有线电视网络发展的瓶颈，广电网络上往往既要传输单向电视节目，还有传输双向交互数据，所以合理分配和规划频率、带宽、IP 地址资源是十分重要的。

（4）广电网络结构：原有网络通常采用 HFC 星-树形，目前则多结合 PON 技术和

EPON 技术实现电视与数据的传输。NGB 网络在广域网上和城域网上则会采用 OTN、SDH 以及 IP 技术,这样网络结构多以星-环形为基础,设置保护网络,以确保网络的持久稳定工作。

2. 业务类型规划

NGB 网络承载的业务类型可分为广播电视类、互动电视类、网络服务业务、互联网接入业务类、互联网数据传送增值业务类、多媒体通信类、媒体内容服务类等。

(1) 广播式电视、声音和数据业务:包括模拟电视/声音广播、标清/高清数字电视广播、数字音频广播、数据广播、信息服务等的规划。

(2) 交互式电视业务:包括视频点播、频道回放和时移等的规划。

(3) EPG 业务:广播式、交互式电子节目指南的规划。

(4) 宽带 Internet 接入业务的规划。

(5) 交易支付业务:包括购物、订单生成、订单支付、金融服务、交费充值等的规划。

(6) 多媒体通信业务:包括视频电话、VoIP、多媒体彩铃、视频会议、视频共享等的规划。

(7) 媒体内容服务:包括媒资的采集、处理、存储和播发等的规划。

9.1.4 网络设计的步骤

一个好的网络设计,应严格按照标准的设计流程,才能保证工程建设能顺利实施,达到预期效果。规划设计共分 6 大流程:初步设计与工程造价估算编制;技术设计与工程造价概算编制;施工图设计与工程造价预算编制;编制系统抢修、维护、使用手册;工程造价估算、概算、预算编制办法;设计文件的会审、批准。

9-2 网络规划
设计步骤

1. 初步设计与工程造价估算编制

初步设计与工程造价估算编制流程的实施分为 8 个步骤:绘制平面图纸;调查现场情况;规划网络和用户管理方案;初步确定光/电缆线路的路由;设计初步方案;初步确定设备/材料数量;初步确定其他工程造价;编制工程造价估算。

(1) 绘制平面图纸包括以下内容:大地原点,一定数量的参考点;图纸比例、图例;图层说明;图纸合并基准线等的设定工作;以及人员分工、现场踏勘、现场测绘草图、绘制平面图纸等。

(2) 调查现场情况包括以下内容:用户分布情况(含名列清单);现有路由情况;现有电源分布情况;电力变压器分布情况;地上/地下障碍物分布情况;区域自然情况(雷击、地质、气象);现有用户管理方案等的调查工作。

(3) 规划网络和用户管理方案包括以下内容:分前端位置;光缆交接箱位置;光节点位置;电源和供电器位置和用户管理方案等的规划。

(4) 初步确定光/电缆线路的路由包括以下内容:环网路由;二级主干光缆路由;二级支线光缆路由;电缆线路路由等的初步确定。

(5) 设计初步方案包括以下内容:用户接入网;电缆网络;二级光网;环网;供电电源;机房;交接箱;光节点;迁移和动迁工程;杆路和管道工程等的初步设计。

(6) 初步确定设备/材料数量包括以下内容:用户接入网设备/材料清单;电缆网络设备/材料清单;二级光网设备/材料清单;环网设备/材料清单;供电电源设备/材料清单;

机房设备/材料清单；交接箱设备/材料清单；光节点设备/材料清单；迁移和动迁工程设备/材料清单等工作。

（7）初步确定其他工程造价包括以下内容：管道工程；直埋工程；土建工程；绿化工程(补偿)；道路工程(补偿)；迁移工程(补偿)；杆路工程；征地；青苗补偿；其他补偿等的造价估算。

（8）编制工程造价估算包括以下内容：设备/材料部分购买成本；基本人工费；施工机具台班费；仪器仪表使用费；辅助材料费；其他直接费；间接费用；法定利润和税金；成建制施工队调遣费；上级管理费和质量监督费(检验费)等的造价估算。

2. 技术设计与工程造价概算编制

技术设计与工程造价概算编制流程的实施分为 7 个步骤：

（1）环网光链路的分光比、光功率计算和设计、波分复用计算。

（2）二级光链路的分光比、光功率计算和设计、波分复用计算。

（3）电缆网正向、反向链路损耗计算和设计。

（4）用户分配网正向、反向链路损耗计算和设计。

（5）反向链路损耗应严格控制在 30dB 以内，反向链路损耗差应小于 6dB 问题。

（6）全网技术参数计算和设计，非线性失真参数和噪声的平衡问题。

（7）本单位内部协商、相关单位问题协商、相关人协商。

以上步骤可能需要反复修改并调整设计，直到完成编制技术设计方案和工程造价估算书等工作。

3. 施工图设计与工程造价预算编制

施工图设计与工程造价预算编制流程的实施分为 12 个步骤：

（1）确定准确位置，做出现场记号，包括以下内容：分前端位置、光缆/电缆/电源线进出口和余缆盘缆井(人孔)位置、光缆交接箱位置，光缆交接箱光缆进出口和余缆盘缆井(人孔)位置、光节点位置，供电器位置、光电缆引上/引下/引入/引出位置等的准确确定。

（2）确定准确路由，做出现场画线，包括以下工作容：环网路由、二级光网路由、电缆网路由、管道开井位置，做出现场标记(标明人孔、手孔)、杆路的杆位，做出现场标记(标明过道杆等级)、墙壁支撑点位，做出现场标记(标明负重等级)、预留光、电缆位置(支撑点或井位)和长度、光/电缆标志顺序号码、光/电缆长度和功率(电平)损耗值等的准确确定。

（3）优化设计方案，验算设计参数包括以下内容：一级光网分光比、一级光网光发射机功率；二级光网分光比、二级光网光发射机功率；光节点参数、电源参数等的优化验算。

（4）明确主材参数规格，提出书面要求，包括以下内容：架空线路主材(线杆、钢绞线、五金件)、直埋光/电缆、保护材料、地下管道、保护材料、墙壁线路支撑物、钢绞线、五金件、光缆交接箱(落地、架空、墙壁)、支撑物的参数和规格、光节点保护箱(落地、架空、墙壁)、支撑物、供电器保护箱(落地、架空、墙壁)、支撑物、避雷地极和引上材料等的参数和规格的确定。

（5）明确设备参数规格，提出书面要求，包括以下内容：一级光网发射机、一级光网分光器、二级光网发射机、二级光网分光器、二级光网光节点、电源、其他配套设备等参数规格的明确。

（6）书面规定施工工艺，包括以下内容：工艺的图号(编号)、工艺图纸(新编号)、工艺图纸适用说明、工艺施工工装图纸、工艺施工工装使用说明等的编制。

（7）规定特殊做法和细部做法，包括以下内容：特殊工艺图纸、特殊工艺说明、细部做法图纸、细部做法说明。

（8）明确施工工序和交叉施工的主从关系，包括以下内容：工程形象进度、物料进场顺序、施工工序、交叉施工的主从关系等的明确。

（9）规定光电缆线路的标志和编号方案，包括以下内容：二级光网支线光缆、二级光网主干光缆、一级光网光缆、电缆网、上架光纤、电源、光节点、光缆交接箱等的标志和编号办法。

（10）规定光缆（尾缆）的配纤、配色、配盘、编号方案，包括以下内容：尾缆光纤、二级光网支线光缆光纤、二级光网主干光缆光纤等的配色方案和一级光网、二级光网分前端机房、二级光网光缆交接箱等的配纤方案以及光缆/光纤编号方案。

（11）分配子工程工作量，包括以下内容：架空杆路工程、管道工程、直埋工程、墙壁敷设工程、架空敷设工程、管道敷设工程、设备安装工程、避雷工程、其他工程等的工作量。

（12）编制施工图设计书和工程造价预算书，包括以下内容：施工图设计图册、施工图设计说明、施工工艺图册、施工工艺说明、设备汇总表、材料汇总表、工作量清单、工程预算书。

4. 编制系统抢修、维护、使用手册

编制系统抢修、维护、使用手册流程的实施分为 5 个步骤，分别为编制易耗品清单、编制备品备件清单、编写系统使用手册、制订系统紧急抢修预案、制订系统维护规程。

5. 工程造价估算、概算、预算编制

流程的实施分为 5 个步骤，分别为工程概预算总表（表一）、工程概预算综合取费表（表二）、工程概预算工作量表（表三）、工程概预算设备/材料表（表四—甲/乙）、工程概预算其他工程汇总表（表五）。

6. 设计文件会审、批准流程的实施

设计文件会审、批准流程的实施分为 6 个步骤，分别为：现场实地踏勘（原始）文件，初步设计和工程估算，技术设计和工程概算，一阶段设计文件会审结论，施工图设计和工程预算，二阶段设计文件会审结论。

9.2 设计方法

9.2.1 广电网络设计目标和主要内容

9-3 设计目标
和主要内容

1. 广电网络设计的目标

广电网络在中国是受众最广泛的系统，联系着千家万户。要建立一个优质的广电网络，必须做好技术方案的设计。

评价一个技术方案的优劣，常用技术和经济两个指标衡量。对技术指标的要求：一是系统的质量、功能满足要求，且满足今后的发展要求；二是在满足这些要求的同时核算其投资额是否已经达到最低。必须看到，系统的指标并不是越高越好，满足要求即可；功能并不是越多越好，满足使用要求即可；这样投资额才能降低下来。投入越少，将来获利越多，而且回报的时间越短。

广电网络设计的主要目标：一是保证系统的指标达到或超过国家标准或行业标准的要求；二是系统的经济指标最优。

2. 广电网络设计的主要内容

(1) 相关技术资料的收集在前面规划中已经涉及,这里不再赘述。

(2) 总体技术方案的制订包括以下内容:

① 前端位置的确定。

② 传输方案的选择。

③ 用户小区的划分。

④ 网络路由走向的决定。

⑤ 系统指标的分配。

⑥ 系统电源供电系统的考虑。

⑦ 系统费用的预算。

(3) 总体技术方案的评价内容:

① 方案的技术性指标的评价内容:一是系统的质量是否达到或满足国家标准或行业标准的要求;二是系统的功能是否满足当前和今后发展的需要。

② 经济性指标指的是在相同的技术性指标的前提下,投资额是否已经达到最低。

9.2.2 广电网络指标分配

1. 广电网络系统指标分配的原则

广电网络系统的技术指标中,一些指标是由设备本身保证的,如微分增益、微分相位、色亮度时延差等;另一些指标则是由系统中的许多设备累积而成的,如载噪比、非线性失真和频道的电平差等。分配时可按子系统来分配,即前端、干线、支线和用户接入等来分配系统指标。指标的分配不但可以使系统的总要求满足国家标准要求,而且可使设计更经济合理。各子系统所分得的指标是各子系统设计计算时的初始要求,没有这些要求就无法进行技术设计。

2. 载噪比(C/N)指标的分配

载噪比指标主要的份额应分给前端和干线,因为这些部分的电平比较低,载噪比不容易做好,尤其是前端和干线要分得多一些。支线中的分配放大器或者楼栋放大器则由于输入、输出电平都比较高,不会造成较大的噪声干扰,载噪比的份额可以分配少一些。至于用户分配部分的设备都是无源部件,不会引起噪声,甚至可以不分配载噪比指标。载噪比指标的分配公式如下:

$$(C/N)_1 = -10\lg q_i + (C/N)_0 \tag{9-1}$$

式中:$(C/N)_0$ 为系统的总载噪比指标;$(C/N)_1$ 为第1个设备的载噪比;q_i 为分配给第 i 个设备的份额,如份额为 30%。

根据这个公式可以求得相应任何份额的载噪比值。表 9-1 给出一个典型的载噪比指标的分配方案。

表 9-1 典型的载噪比(C/N)指标的分配

名　　　称	份额/%	指标值/dB
前端	30	48.2
干线	45	46.5

续表

名　称	份额/%	指标值/dB
支线	20	50
分配放大	5	56
总计	100	43

3. 非线性失真指标的分配

现今的广电网络中多数采用 CTB 和 CSO 两项指标来衡量系统的非线性失真。CTB 和 CSO 在系统中主要是分给干线、支线和分配放大器。前端基本上可以不分配指标,因为前端设备都是单频道设备,混合部分采用无源电路混合器,不会产生非线性失真;分配网要推动较多的用户,输出电平必须高。干线则因为传输距离长(即使是光传输设备,多少会产生一些非线性失真)也要占较多的指标。支线也有一定的距离,而且要分出许多支路信号,可能有 1~2 级放大器,当然也要占一定分量的指标(如果支线也光纤化了,则可少分一些)。所以这三者几乎等分了全部的指标。非线性失真指标的分配满足下面的公式:

$$CSO_1 = -10 \lg q_i + CSO_0 \qquad (9\text{-}2)$$
$$CTB_1 = -20 \lg q_i + CTB_0 \qquad (9\text{-}3)$$

典型的非线性失真指标的分配方案如表 9-2 所示。

表 9-2　非线性失真(CSO 和 CTB)指标的分配

项目名称	占比份额/%	CSO 指标值/dB	CTB 指标值/dB
前端	5	67	80
干线	30	59.2	64.5
支线	25	60	66
分配放大	40	58	62
总计	100	54	54

4. 频道间电平差的分配

国家标准规定,频道间电平差在全波段中不能大于 15dB,还有一些分波段的规定,根据目前的经验只要不大于 10dB 就可以通过。频道间的电平差是由系统中所有部分的频率特性的不平坦造成的,它们中间有的部分是随机起伏的,有的则是单调下降的,相加的时候也就不能简单地得出结果。这种不定性使我们在设计的时候不能预计其数值,只能对各个部分规定一个比较合理的指标,使得最终在输出口上满足规定的电平差,如果实测达不到时再做一些调整。

前端部分的各频道电平应该是平坦的,它可以通过调整各频道设备的输出电平达到所需要的标称电平,标称电平以混合器的输出为准,这样就消除了混合器的不平坦度;一般经过调整以后可以达到±0.5dB 的平坦度,其起伏则是随机的。电平能调得精确些当然更好,但与设备稳定性有关。所以前端部分频道间电平差取±0.5dB 或 1dB 是必要的。

干线部分如果由一段光缆组成则可以分给±1dB,如果由两段光缆组成则可以分给±2dB,如果由全电缆组成则可以分配给±2dB。

用户分配部分的频道间的电平差是由电缆的倾斜特性和无源器件的倾斜损耗等造成的,所以它的特性并不完全符合电缆的倾斜特性,但基本符合。另外电缆还有温度特性,在不同的环境温度下,损耗和斜率都会有些变化。总体来看,倾斜特性的频道间的电平差是最主要的,我们希望用户分配部分的频道间电平差不超过±3.5dB 或 7dB。其中温度变化引起 1.5dB 的电平差,常温下只允许 5.5dB 的电平差。

总结以上的要求,频道间的电平差的分配如表 9-3 所示。

表 9-3　频道间不平度指标的典型分配

名　　称	不平度/dB
前端	1
干线	4
支线	2
分配放大	1
用户分配	5.5
总计	10

5. 信号交流声比的分配

国家标准规定信号交流声比(HM)指标值应不小于 46dB。一般情况下,如果用主观测量法来测量时,即使低到 36dB,也不能发现交流声干扰,但是,如果交流声干扰是尖形脉冲波形时就很容易感觉出来,例如可控硅的干扰、日光灯的干扰等。要达到不小于 46dB 这个指标是比较困难的,在干扰不是尖脉冲的情况下,可以降低要求。

信号交流声比(HM)的指标分配公式为

$$HM_1 = -20 \lg q_i + HM_0 \tag{9-4}$$

典型的信号交流声比的分配方案如表 9-4 所示。

表 9-4　信号交流声比(HM)指标的分配

名　　称	份额/%	指标值/dB
前端	5	59
干线	70	47.5
支线	20	53
分配放大	5	59
总计	100	46

用户分配部分不分配指标是因为都是无源器件组成,原则上不会产生交流声,但安装施工时必须将所有的接头接好,否则也可能产生交流声。

9.2.3　主要设备符号及设计文件编制

有线电视系统常用图形符号如表 9-5 所示。

9-4　设计文件编制

表 9-5　有线电视系统常用图形符号

名　　称	符　　号	说　　明
天线		天线(VHF、UHF、FM 调频用)
		矩形波导馈电的抛物面天线

续表

名　　称	符　　号	说　　明
放大器		放大器,一般符号
		具有反向信道的放大器
		具有反向通路并带自动增益/自动斜率控制的放大器
		带自动增益/自动斜率控制的放大器
		桥接放大器(示出三路分支线输出)
		干线桥接放大器(示出三路分支线输出)
		线路(支线或分支线)末端放大器
		干线分配放大器
混合器或分路器		混合器(示出五路输入)
		有源混合器(示出五路输入)
		分路器(示出五路输入)
分配器		二分配器
		三分配器
		四分配器

续表

名 称	符 号	说 明
分支器		用户一分支器
		用户二分支器
		用户四分支器
供电装置		线路供电器(示出交流型)
		电源插入器
匹配终端		终端负载
均衡器与衰减器		固定均衡器
		可变均衡器
	dB	固定衰减器
	dB	可变衰减器
调制器解调器		调制器、解调器、一般符号
	$\frac{v}{s}$	电视调制器
	$\frac{v}{s}$	电视解调器
	$\frac{n_1}{n_2}$	频道变换器(n_1 为输入频道,n_2 为输出频道)

续表

名　称	符　号	说　明
光电设备		光工作站
		光发射机
		光接收机
		光放大器

设计文件编制方法如下。

设计文件由封面、目录、设计说明、用户分布表、地理位置图、干线系统安装图、干线系统原理图、分配系统图、干线系统器材表、分配系统器材表组成。

1. 封面的要求

（1）封面的幅面通常为 A4 幅面规格。

（2）封面的格式及内容如下：

① 页眉取 4cm，页脚取 4cm，左边距 2.5cm，右边距 2.5cm；

② 设计文件名称，位于幅面上方、居中；

③ 光覆盖区域规划编号（供参考）：

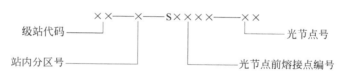

④ 批准人；

⑤ 设计单位全称并加盖公章；

⑥ 完成日期。

2. 设计说明的要求

（1）设计说明的幅面为 A4 幅面规格。

（2）设计说明的内容如下：

① 说明设计图系统具体属地名称：行政区名＋街道办事处名＋社区名或单位名；

② 简述需特别说明的情况；

③ 说明此设计中分配网是否调整改造，干线调整情况；

④ 补充图纸中表达不完整的系统情况；

⑤ 经过修改的设计要说明原设计的问题并说明个性的必要性；

⑥ 新建楼房需说明设计每户终端数等。

3．用户分布表的要求

（1）列出系统所涉及的户型（1 型——高层建筑、2 型——多层建筑、3 型——筒子楼、4 型——平房）情况。

（2）列出各楼的名称、楼号、层数、门数、每门每房的户数及全楼的总户数。

（3）统计出总户数。

4．地理位置图的要求

（1）选取比例为 1∶5000，能反映光节点位置及相关环境信息的地图，幅面为 A4 及以上幅面。

（2）用点画线框出光节点所覆盖的区域，在框内标注光节点编号。

（3）图中的街道、胡同及主要单位应用文字标出。

5．干线系统安装图的要求

（1）幅面，工程图纸的幅面应符合 GB/T 148—1997 的规定，如表 9-6 和图 9-1 所示。

表 9-6　GB/T 148—1997 规定的图幅表　　　　　　单位：mm

尺 寸 代 号	图幅代号				
	A0	A1	A2	A3	A4
$b \times L$	841×1189	594×841	420×594	297×420	210×297
a	25	25	25	25	25
c	10	10	10	5	5

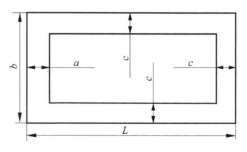

图 9-1　幅面格式图

（2）参照 GB/T 10609.1—2008，标题栏应布置在图框内右下角，外框线为粗实线，图标内分格线为细实线，如表 9-7 所示。

表 9-7　参考标题栏

××××××××（工程设计文件具体名称）			
	签　　名	日　　期	图　　号
设计			
制图			比例
审核			
批准			第　张共　张
××××××××（设计单位名称）			

（3）在比例为1∶2000的地理信息图上绘制干线电/光缆敷设、干线设备安装图,地理信息只选取与系统相关的建筑、道路、杆或管井等情况。

① 以图形符号表示干线电/光缆敷设方式,粗实线表示电/光缆,粗实线上方标注电缆型号,下方标注电/光缆长度(改造网中,粗实线表示要改造的电/光缆,细实线表示不改造的电/光缆,供参考);

② 以图形符号表示干线设备的安装位置图中所涉及的光收机、延放、供电器、分配放大器、过电型分支分配器应标注排列编号,并在图标框上方或左侧注明具体位置;

③ 干线电/光缆长度的确定,路由勘测实际距离的准确长度乘以110%为设计敷设电/光缆长度。

6. 干线系统原理图的要求

（1）图幅、图标要求同干线系统安装图。

（2）干线系统原理图所采用的图形符号应符合相关国家标准的规定。

（3）光收机、延放、分配放大器应画出工作参数框并标注编号型号及输入、输出电平、衰减值、均衡值等。电平高端以860MHz为参考点,电平低端以70MHz为参考点。

（4）供电器应标出型号及规格。

（5）原理图中标出供电电源流向,在供电末端以供电阻断器表示,要求根据电缆环路电阻计算供电电压压降及电流过流值,以A为单位,精确到小数点后3位,标在工作参数框中。

（6）分支、分配器要求标注编号及规格。

（7）光端机编号通常可以"[局站代码]＋[/]＋[N]＋[序号]"表示,如 CB.JWL/N023;放大器编号以"[光站代码]＋[/]＋[A]＋[序号]"表示,如 CB.JWL/A001;光分路器编号通常可以"[局站代码]＋[/]＋[POS]＋[序号]"表示,如 CB.JWL/POS023 分支;EOC 局端编号以"[光分路器代码]＋[/]＋[HS]＋[序号]"表示,如 CB.JWL/POS023/HS002。

7. 分配系统图的要求

（1）图幅、图标要求同干线系统安装图。

（2）在图幅左侧作建筑物层高标尺、在图幅上方对应分支轴向位置标注楼门号。

（3）分支器的规格标注在图形符号的半圆上方或左方,如图 9-2 所示。

图 9-2 分支器规格的标注

（4）分配放大器标注编号、规格及输出电平,高端电平对应最高工作频率,如 1000MHz,低端电平对应最低工作频率,如 5MHz。

（5）电平不够时,分配放大器至各分支轴间的电缆可以采用－7或－9规格,缆线图符上方标注规格,下方标注长度。楼层间及分支器至终端盒的电缆一般采用－5规格,缆线图符上方可不标注规格,下方标注长度即可,也可在标注中统一说明用缆情况。

（6）楼门结构相同的,可只标注一个楼门分支串的规格、型号、长度,其他楼门可不标注,但要在图中说明。分支结构不同的必须标注清楚。

（7）图中需更换的器件用双圈表示。

（8）新建双向网中要画出分配系统安装图(打孔的具体位置平面图)。

8．系统器材表和分配系统器材表的要求

（1）系统器材表内容包括序号、材料名称、规格、单位、数量、代用型号、备注。幅面为A4幅面。

（2）表标位于幅面下方与表格相连，如表9-8所示。

表 9-8　参考表标

系 统 名 称	"××××系统器材表"		分 区 编 号	
设计		审核	领料日期	
制表		批准	领料人	
设计单位	××××（设计单位名称）		发料人	

9.3　前端和机房的设计

9-5　前端和机房的设计

9.3.1　前端设计

前端系统无论是模拟系统还是数字系统的设计都应根据功能和规模的要求进行考虑，包括系统构成、设备选择、电平核算和指标核算。

1．系统构成

前端系统的构成主要取决于整个网络的功能设置。功能越多，前端系统也就越复杂。

2．设备选择

设备选择与系统构成有直接的关系，因此，对于前端设备的选择一般有两种情况。

一种情况是：对于通用设备（如卫星接收机、调制器、交换机、服务器、路由器、OLT、ONU、CMTS等）可以考虑完成系统设计后，根据分配给该部分的指标选择满足要求的设备。选择时应在充分调查制造商和设备的基础上，遵循如下原则进行：① 满足功能要求；②满足技术指标要求；③优先考虑环境适应性强的产品；④通用性强，有发展余地；⑤在市场上质量信誉好；⑥售后服务有保证；⑦有可接受的价位。

另一种情况是：设备选择的余地较小，或者需特殊订货，或者专为本系统而设计的设备，这一类设备包括节目监测系统、数字会议电视系统及数字视频监控系统方面的设备。在这种情况下，选择设备应与系统设计结合起来，在设备可能满足功能和指标的基础上，与其他设备构成的系统。

3．电平核算

电平核算主要检查该部分是否满足必要的设备运行条件。这个电平值在有些部位是可以调整的，但有些部分则应尽可能地设定在额定值上，如光发射机的输入电平、调制器的输出电平等。在电平不能满足设备的给定值时，压应采取措施，通过加减必要的设备或部件，使电平符合要求。通过计算和调整系统设计，使各部分的电平值都运行在设备的最佳工作范围。

4. 指标核算

虽然在指标分配和设备选择时,参照了给定的指标,但组成系统后,还要根据设备的实际数据再核算信号链路的重要技术指标。核算时应遵循下列原则:

(1) 要选择不同的信号通路分别计算,最好选择有代表性的几个链路进行验算。

(2) 要验算最好的一路和最不好的一路信号。

(3) 使用设备数据时应取用典型值(额定值)而不能用最佳值。

(4) 核算结果应优于分配指标。

(5) 在核算中,有些数字设备需要的是 S/N(信噪比)而不是 C/N,计算总 C/N 时,可将 S/N 转算成 C/N。

9.3.2 机房设计

在前端系统设计基本定型后,即可开始前端机房的设计。一般情况下,机房部分的设计不会影响信号系统的构成,只有在个别情况下,有可能需要稍微调整信号系统的设计。广电网络机房往往包括电视机房和数据机房,一些电视机房可能设在大型有线电视中心,并不是独立出来的,而是与诸如演播室、主控、播出机房等技术用房一起组成一个电视中心。这种情况下,应与所有技术用房一起综合考虑、统筹布局,形成一个符合工艺流程、易于技术分区的总体结构,而数据交换机房往往是独立的。对于改造型或中小型电视中心,往往只有一个独立的前端机房,这种情况下,要充分考虑周围环境的影响,避免外界对信号系统造成的各种干扰,例如振动、噪声、电磁辐射、尘土等,下面分别叙述。

1. 机房选择

作为机房,其主要技术功能就是汇集视、音频信号及数据信号,进行相应处理后送入传输网络中。因此,在机房选择上要依据其功能予以考虑。新建有线电视中心时,在一个综合建筑物内确定机房或改建一个系统选择机房时,主要掌握以下原则。

1) 位置适当

位置的选择要考虑到进线和出线的需要,不宜与信号源相距过远,以免信号受到干扰造成较大损失。考虑到信号输出是送入电(光)缆网络居多,因此,在机房高度上选择一个地面上第二层的房间是较理想的,这样,出线的高度与室外电缆工程的高度接近,易于安装和维护。

另外,前端机房内若有卫星接收设备,还应考虑与卫星天线保持较近的距离。因为卫星接收信号经下变频器输出的信号频率在 1GHz 左右,电缆或波导的损耗较大,线路过长会劣化信噪比,一般长度不宜超过 40m。此外,还要重视 5G 信号对 C 波段卫星信号产生的干扰及抗干扰措施。

2) 远离干扰源

由于前端系统是低电平小信号系统,且运行频带较宽,若存在恒定干扰源,即便采取相应措施,也难免串入干扰。因此,在选择房间时应从根本上消除隐患。机房主要考虑以下几种干扰源。

(1) 电源干扰:应与变配电室保持一定的距离和隔离,例如 10m 以上的距离和两层钢筋砼墙的隔离。

（2）高压线干扰：机房墙外应避免与 10.5kV 以上的高压线路接近。目前我国尚无此方面的国家标准,根据经验应在 50m 以上的距离。

（3）工业辐射干扰及其他无线电干扰：应避开诸如大型电机、雷达等造成的辐射干扰,特别是附近的永久性工业设施,应尽量回避或保持一定的距离,一般宜在 500m 以外。

（4）同频干扰：这里主要指的是机房对外朝向上应避免直接面对开路信号发射台的方向。

3）远离振动源

前端机房应与具有强烈机械振动或持续机械振动的振动源保持一定的距离,例如大型泵站、车间、铁路、高速公路等。因为机械振动转换成电路系统中的寄生调幅的可能性也是存在的。因此选择机房时,应注意回避或与之保持相当距离。参照相应标准,距离应保持在 500m 以上。

2. 机房面积

前端机房的面积要求不是很严格。根据使用要求可设置设备机房、监控机房和管理控制室。

（1）设备机房是必需的,主要放置接收机、调制器、复用器、复合分离设备等机柜。小型前端设备机房,其面积可掌握在 $35\sim50m^2$,中型机房,其面积可掌握在 $50\sim80m^2$。

（2）监控机房主要放置切换控制设备、监听设备、监视设备和网管设备(如状态监测系统)。监测系统设备主要实现节目送出监视监听及网络监测等功能,机房可独立设置(一般与设备机房壁为好),也可与设备机房合并。独立设置该机房时,面积可控制在 $30\sim50m^2$ 范围内;与设备机房合并时,可在原设备机房面积基础上扩大 30% 左右。

（3）管理控制室主要实现用户计费管理功能,放置计费系统设备和周边设备,一般可掌握在 $20m^2$ 左右。

（4）除上述三个主要技术用房外,还有一些辅助技术用房,可酌情考虑。

3. 室内环境

所谓室内环境就是为使系统稳定运行而要求的各种条件。

1）建筑方面

应保留一定的建筑层高,一般室内净高要保证在 3.2m 以上,以满足设备的安装、维护、散热等方面的要求。

室内可考虑一部分自然采光(光线),但应尽量少开窗,特别是大型窗。窗、门应选用密封型,防止尘埃大量侵入,损坏设备。

适当做隔声处理,避免外界噪声大量传入。室内适当做消声处理,避免噪声积累过大,形成长回音空间和共振。

2）结构方面

在结构设计时应考虑以下几点:

（1）开间内尽量避免支撑柱。因为支撑柱的存在对机房的使用带来诸多不便,且不利于面积有效利用。

（2）尽量避免宽梁高梁。宽梁高梁容易造成室内有效净空和净高的降低,且对通风等系统带来不便,从而影响机房的综合效果。

3）其他

室内工作照度在任何时间应不低于150lx(距地面1m高处)。

为保证设备的正常运行,室内应保持较好的通风条件,机房内温度应常年控制在15～32℃之间,湿度控制在30%～80%。应考虑到设备散热对室内温度的影响。

4. 土建处理

机房一旦选定后,要依据前端系统的需要进行土建处理。

1）电缆通路

为使传输信号的电缆能便捷地与有关机房连接起来,需要向土建有关专业提出通路预留要求。这些通路主要安装视频电缆、音频电缆、射频电缆、数据通信电缆、电源电缆、控制电缆及土建本身的各种电缆。通路主要有以下方式:

(1)线管预埋:根据设备布置及电缆数量,将相应管径的钢管预埋在地面下或墙壁内。管线应在土建设计时明确向土建专业提出预埋要求,包括路由、管径、数量、标高等。

(2)电缆桥架:此方法简便易行,安装和维护都很方便,如果电缆总重量不是特别重,可不必向结构专业提出承重要求,安装时直接用膨胀螺栓吊装在顶板或安装在侧墙上(须是承重墙)。

(3)地面电缆沟:在机房做电缆明沟或暗沟,沟宽可掌握在20～50cm,沟深一般在20cm,减去盖板厚度净高应保证在15cm以上。地面垫层可用焦渣或陶粒砼土。明沟盖板应尽量与地面协调好;暗沟不影响地面美观和整齐,但使用起来有不便之处。一般采用明沟与暗沟相结合的做法。

(4)活动地面(架空地面):此方法具有很大的灵活性,电缆可任意敷设在架空地面下,且不需做任何土建预先处理和预留,可在土建完全完工后再做地面安装,具有较好的自由度。

2）荷载要求

一般情况下,前端设备属常规设备,不会有较大荷载,可不做特殊处理,按300kg/m²向结构专业提出荷载要求即可满足使用,最多不超过400kg/m²。与此同时,应将设备分布告知结构专业,以便结构设计人员在做设计时予以考虑。

3）防水处理

一般要求室内地面标高应不低于室外走廊地面标高。机房内不得存在水源,由于机房内全是精密电子设备,一旦水源失控将会造成重大损失。另外,出墙电缆预埋管应保持内高外低,管口高差大于5cm,以免雨水倒灌。

5. 设备布局设计与安装设计

(1)设备布局的好坏,会给系统造成一定程度的影响,例如连接电缆过于冗长造成阻抗失配或串入干扰,光线直接照射设备造成设备过热而不稳定等。因此,在设备布局设计时,首先要满足系统稳定运行所必须的条件;其次要为今后的维护工作提供方便;第三要合理实用、美观大方,营造一个好的工作环境。具体应考虑以下几点:

① 提高面积使用效率,尽量留出较大的自由空间,以利于设备的维护、散热及事业发展。

② 与墙壁保持一定的距离,一般可按1.5m左右,最低应保持不小于1m,以便于设备

的安装、维护和散热。

③ 设备之间及与外部设备保持较小的电缆距离,尽量减小信号损失和干扰串入的可能性。

④ 避免置于窗前、阳光直接照射和室外空气直接吹入机柜。长时间阳光直接照射易使设备持续过热,造成设备损坏或加速设备老化,降低寿命;室外空气直接吹入设备,设备易受外界温、湿度和尘埃的影响,使故障率增加。

⑤ 重量较大的设备应尽量坐落在结构梁上。

(2) 设备安装的质量对系统的稳定运行有重要意义。在安装设计时应注意以下几点:

① 安装设计中要考虑到可行性和易于操作性,本着先下后上、先里后外、统筹考虑、有序进行的原则,特别要考虑到今后维护工作的方便性,避免一次有效性。

② 有效固定机架及机架内设备。为使设备与地面牢固固定,应考虑用地脚螺栓将机架固定在地面上,以避免自然界横向冲击力、地震力造成的位移,保证设备在非常条件下依然能正常运行。机架内设备要全方位固定,不得放弃任何固定点。电缆桥架安装应坚实可靠,有足够的承重余量。

③ 电缆连接部件牢固可靠,电缆路由短而有序,最好依信号性质排列,合理分路由、分捆,并做牢固安装处理。

以上内容都需在图纸上明确清楚表达出来。

6. 消防

消防设计是任何建筑物都应考虑的。前端机房内设有贵重设备,且有一定的用电量和散热量,为避免火灾,室内装修不宜使用可燃材料,消防设施不使用消火栓,而应设置气体灭火器材,如"1301 灭火器"。具体设计时应执行《广播电影电视建筑设计防火标准》GY 5067—2017。

7. 供配电

机房供配电主要掌握以下几个原则:

(1) 申请功率容量要有一定的余量,但也不宜过大,总功率容量一般可按所有设备额定消耗功率之和的 1.5 倍提出。分线(回路线)容量可再大一些。

(2) 配电盘(箱)应安装于易于操作和维护的部位,如进门两侧的墙壁或其他开阔的地方,不宜安置在死角或不便操作的位置。配电盘(箱)的回路数应满足实际设备数量的需求,并考虑到维护和发展的需要,留有备用容量和回路。设备用电源配电盘(箱)应与照明和其他配电盘(箱)分别设置,不宜共用。

(3) 对供电的质量要有所控制,如:频率稳定度,特别是幅度的波动应控制在 $\pm 5\%$ 以内,应考虑使用 UPS。

(4) 前端机房是所有信号的送出中心,且有许多网络设备,应保证在任何时候有电源供应,即:设置两路电源,在其中一路故障时,另一路能自动投入;或者设置 UPS,但应考虑足够延续时间。

8. 电磁辐射与干扰防护

由于前端系统属低电平运行系统,最高电平一般不超过 $120\mathrm{dB}\mu\mathrm{V}$,机房的辐射一般不存在问题。防外界辐射、抗干扰是前端机房应该考虑的问题。

但当室外场强超过一定强度,不能做到十分有把握时,就要采取必要的干扰防护措施。防护措施可以从以下几个方面考虑:

(1)首先应选择抗干扰性能好的前端设备;从接插件外观到整机屏蔽特性都要选择较考究的,标上"带外抑制(衰减)"性能高者应优先选用。

(2)电缆通路上采取防护措施。如电缆穿金属管(管应良好接地);信号电缆与其他电缆分开、走不同的路由;电缆沟道做屏蔽处理;电缆桥架选用金属密封度大的产品;选用有屏蔽特性的电缆等。

(3)认真做好设备、管线金属外皮的接地,确保与接地干线的连接要紧密可靠。

(4)对机房做整体屏蔽处理,对今后开展三网融合业务更为重要。

9.4 广电网络电源设计

9-6 电源设计

广电网络的电源要求供电连续、可靠,包括正常工作状态下的供电电源和应急状态下的备用电源。正常工作状态下的供电电源包括主电源;独立设置的稳流、稳压电源。备用电源主要是指不间断电源(UPS)和应急发电装置等。整个电源系统还包括供电、配电、操作、保护和改善供电质量的其他设备。

图9-3描述了电源系统中各类设备的关系。

图 9-3 广电网络供电系统图

9.4.1 电源系统的供电质量

供电质量是指供电系统的电压、电流和频率的质量,它们是整个广电网络系统正常运行的保证。对广电网络系统供电质量的要求如下:

(1)供电系统应采用频率50Hz,电压220V/380V,TN-S系统,如图9-4所示。

(2)安全可靠,技术先进,可靠性:不可用度$\leqslant 5 \times 10^{-6}$。

（3）一般网络交流电源要求：电压偏离范围 220V±10％；频率偏移 50Hz±1％，电压波形畸变率≤7％；允许断电持续时间 4～200ms。如电源参数不符合上述要求，应采用 UPS 供电，并进行相关检测；电压波形畸变率达不到标准时应采用稳压或稳频措施。在电源污染严重，影响系统正常运行时，应采取电源净化措施。

图 9-4　TN-S 系统

9.4.2　电源供电方式

（1）电源按用户负荷要求性质的不同，可分成三类供电方式：

① 一类供电：指供电如突然中断，将会导致重大的事故、人身危害、设备损坏等难以弥补的损失。省级以上广播电视系统适用。这类负荷应建立不间断供电系统。

② 二类供电：指供电如突然中断，将会导致重大的事故，计算机将不能正常运行，在一定程度上影响生产、通信、运输等，给用户带来一定的损失，对这类负荷应建立备用电供电系统。

③ 三类供电：指供电如突然中断，不会引起重大的损失，一般用户都属此类。

（2）广电网络电源按供电介质不同，可分成两类供电方式：

① 220V 交流专线供电，一般不需要专门的供电设备。

② 60V 交流芯线供电，需要 60V 供电器和电源插入器。

9.4.3　不间断电源

UPS（Uninterruptible Power System，不间断电源系统）是随着计算机设备普及而发展起来的，它能在 10ms 内对原负荷继续供电，使整个系统不丢信息、不损伤设备，保证广电网络的正常运行。

1. UPS 电源作用

1）提高供电的可靠性

采用 UPS 供电后，当电源切换时，不仅供电不会中断，也不会产生电弧干扰。

2）提高供电质量

当市电供电时，经 UPS 处理后，可将电网的谐波、电压波动、频率波动以及电压噪声等干扰隔离在负载之前，提高输出电压的精度（误差±1％内）；降低输出电压波形失真度和不平衡度；过滤和消除高次（11～13 次）谐波，对电源起净化作用。

2. UPS 的实施方式

不间断电源的实施有两种方式：一种是集中式不间断电源，各分项系统从统一的不间断电源系统引接；另一种是分散式不间断电源，它由各分项工程独立配套。

3. UPS 的分类

UPS 按其工作原理可分成在线式、后备式；按电压相数的输入、输出可分成单进-单出、三进-单出、三进-三出；按输出波形可分成正弦波（按内部处理方式又可分为工频和高频）、方波。

4. UPS 系统设计计算

1）UPS 容量计算

UPS 容量计算时，需要考虑交流电路的功率因数（这里取 0.8）以及 UPS 运行在 60%～80% 的区间是最佳运行状态（这里取 70%），采用以下转换关系：

$$P_{视在} = \frac{P_{有功}}{0.8 \times 70\%}\tag{9-5}$$

式中：$P_{有功}$ 为有功功率，W 或 kW；$P_{视在}$ 为视在功率，VA 或 kVA。

根据计算结果在产品手册中选取最靠近的又不小于以上计算功率的规格产品。

2）电池配置计算

电池配置计算，需要考虑 UPS 容量 $P_{视在}$、UPS 直流工作电压 U_{UPS}、电池节数 n 以及持续工作时间 T，它们之间的关系：

$$n = \frac{U_{UPS}}{U_{电池}}\tag{9-6}$$

$$C = \frac{P_{视在} T}{U_{UPS}}\tag{9-7}$$

式中：U_{UPS} 为 UPS 直流工作电压，V；$U_{电池}$ 为单节电池的标称电压，V；$P_{视在}$ 为视在功率，VA 或 kVA；T 为持续工作时间，h；C 为电池容量，A·h。

3）**案例 9-1** 机房 UPS 容量计算

机房里的主要设备有：机房管理控制主机 4 台，计 800W；显示器 4 台，计 240W；调制器 20 台，计 600W；复用器（带加扰）20 台，计 1200W；卫星接收机 60 台，计 1800W；编码器 10 台，计 600W；大屏监视器 9 台，计 1350W；数字切换器 1 台，计 60W；前端放大器 1 台，计 50W；光发机 5 台，计 300W；服务器 2 台，计 1000W；三层交换机 12 台，计 1200W；ONU 设备 5 台，计 1500W，其他 500W。以上设备功率总计 11 200W。断电后要求延续工作 1 小时以上。

（1）视在功率计算。这里 11 220W 是有用功率，转换成视在功率时，还需考虑其功率因数 $\cos\varphi$。一般 $\cos\varphi$ 的取值为 0.7～0.9，利用式（9-5）计算，机房负荷的视在功率为

$$P_{视在} = \frac{P_{有功}}{0.8 \times 70\%} = \frac{11\,220}{0.8 \times 0.7} = 20\,000(\text{VA})$$

这里建议选用 20kVA 三进-单出的 UPS。

（2）蓄电池的选配。20kVA 的 UPS 内部工作电压标称值为直流 240V。根据公式（9-6）计算，每组至少需配 20 节 12V 蓄电池。下面来计算需要的电池容量：

$$C = \frac{P_{视在} T}{U_{UPS}} = \frac{20\,000 \times 1}{240} = 83.3(\text{A·h})$$

因此，需选择 100A·h 的电池来作为后备电池使用。

我们可以计算一下 20 块 12V100A·h 的电池在市电断电以后可以维持系统运行的时间：

$$12\text{V} \times 100\text{A·h} \times 20 \times 0.7 \div 11\,200\text{W} \approx 1.5\text{h}$$

也就是说市电断电后该 UPS 可以继续运行 1.5 小时，完全满足标准的要求。这里已经考虑了系统运行效率（取 0.7）。

9.4.4 应急发电系统

应急发电系统是广播电视网络中心主要的备用电源设施。对其主要要求是：能随时启动、可靠运行、性能达标、保障供电。通常采用快装式高速柴油机组作为备用电源。

柴油发电机组由柴油机、封闭式水箱、油箱、消声器、三相交流无刷同步发电机、电压调节装置、控制屏、联轴器和底盘等组成。一般系统设置的 UPS 只能保证一定时间的电源供给，真正较长时间的电源供给需要应急发电系统。在设计 UPS 时一般要考虑从市电停止到应急发电机组启动完成所需要的时间，并预留足够的余量。

9.5 NGB 骨干网络设计

就目前的情况而言，NGB 骨干网络设计主要包括两个方面：广播信道骨干网设计和交互信道骨干网设计。

9-7 NGB 骨干网络设计

9.5.1 NGB 广播信道骨干网设计

随着 1550nm 外调制光发射机、色散补偿、前置 EDFA、RFA(Raman Fiber Amplifier，拉曼光纤放大器)等一系列技术的突破和成熟应用，广电干线光链路传输突飞猛进，DVB-C 数字电视传输已经成功达到 700km。加之通过光电再生中继，传输距离则可以近乎无限制延伸。

1. 模拟电视指标分配

(1) 系统载噪比 CNR≥43dB，预留 1dB 余量，CNR≥44dB；

(2) 系统载波组合三次差拍 CTB≤−54dB，预留 1dB 余量，CTB≤−55dB；

(3) 系统载波组合二次失真 CSO≤−54dB，预留 1dB 余量，CSO≤−55dB。

CTB、CSO 指标主要受有源器件非线性失真影响，分配时有源器件考虑多一些，前端设备位于混合器之前，当采取无源混合时，可以不考虑 CTB 和 CSO 指标分配，仅考虑 CNR 的分配。

2. DVB-C 数字电视指标分配

到用户的数字电视相关测试标准为：64QAM 要求 MER≥25dB，预留 1dB 余量，MER≥26dB；256QAM 要求 MER≥28dB，预留 1dB 余量，MER≥29dB。

3. 1550nm 系统光链路指标设计

对于 1550nm 光纤损耗系数 α 为 $0.20\sim0.22$dB/km，工程施工之后光纤损耗系数 α 为 0.25dB/km。L_1、L_n 为每个分路所对应的光纤传输距离。

$$A = 10\lg(10^{\frac{\alpha L_1}{10}} + 10^{\frac{\alpha L_2}{10}} + \cdots + 10^{\frac{\alpha L_n}{10}}) \tag{9-8}$$

系统光链路损耗＝A＋附加损耗＋活动接头损耗

光缆损耗控制：总的光链路损耗＜光纤长度×0.25dB/km＋2dB＋工程余量。

对于 1550nm 骨干传输系统，在设计时需要考虑采用双环路由，以提高整个系统的可靠性,此外还要考虑影响系统的 CNR、CSO 及 CTB 指标,具体内容在 4.2.7 节中有详细阐述。

9.5.2 NGB 交互信道骨干网设计

1. 制定设计原则

就目前的技术和水平,打一定的前瞻量,制定一个有线电视宽带骨干网络的设计原则:

(1) 宽带 IP 技术必将成为通信网络的新技术基础,是未来"三网融合"的核心技术,可以集成视频业务、语音业务和数据业务,成为下一代广电承载网络;

(2) 光纤在未来的 15~20 年将走进千家万户,而且承载着视频、语音和数据多种业务,因此拥有光纤接入网络就可能掌握未来竞争的主动权;

(3) 建设一个城域光纤宽带 IP 网,在网上为用户提供各种传统服务及新兴的增值服务。

2. 制定设计目标和技术需求

就目前的技术和水平,制订一个广电宽带骨干网络的设计目标和技术需求:

(1) 构造一个大吞吐率高带宽的 IP 网络交换核心,能够满足各种宽带应用的需求。

(2) 网络能够提供大量低成本、高带宽的接入端口,以用户能够接受的价格,提供高带宽网络服务。

(3) 核心、骨干网络应具有极强的稳定性和容错性能,满足作为通信服务运营商的要求。

(4) 从骨干网络到接入网络都要具有不同方式、不同等级的服务质量(QoS)保证,使网络能够支持视频、音频点播、实时监控、语音、网上教学等多种应用。

(5) 作为运营服务平台,网络设计应考虑安全性、计费等功能。

(6) 网络应具有极大的扩展能力,以满足日益发展的网络用户规模和应用规模。

(7) 网络应具有全面的可管理性,能够在大规模的网络上迅速实现故障隔离及各种网络应用、不同方向网络流量的分析,及时进行网络优化。

3. 进行骨干网络的模式比较

(1) 直接采用 IP 技术建设骨干网可行性。由于 Internet 的蓬勃发展,IP 协议已经成为政府机关、金融行业、科研教育、新闻媒体等各行业进行业务处理、信息交换和信息发布的主要载体协议,具有强大的市场基础。同时,随着 IP 技术自身的发展,CoS(Class of Service,服务等级)、QoS、RSVP(Resource ReSeraVation Pratacal,资源预留协议)等技术的标准化和商品化,在 IP 上开展语音、视频等多媒体实时业务已经达到完全实用的程度,IP 作为统一的应用平台市场占有率会越来越高。此外,直接采用 IP 技术建设骨干网可以避免协议转换所带来的损耗,起到降低网络建设和维护的成本、提高网络交换速率、通信效率、扩展升级能力、QoS 保证以及最大限度保护现有投资,实现网络的无缝连接和平滑升级作用。

(2) 对目前较为成熟的骨干网模式进行相应的比较,如 IP over ATM、IP over SONET/SDH、IP over DWDM 以及 IP over OTN 等,分别权衡它们在传输、网络结构、工程实施等方面的优缺点,然后进行综合裁定。

4. 网络现状分析

分析网络路由图,确定数据骨干网一级节点数目、二级节点数目。在一级节点中,确定整个网络的核心,各一级节点之间的网络连接形成网络主干线,当然具体网络还要依据各地地理分布特点确定。

以图 9-5 为例来说明,A 区、G 区原本是二级节点,但由于处于两个一级节点之间,网络主干线要贯穿这两个二级节点,为保证网络干线的带宽和性能,A 区、G 区当作一级节点处理。一级节点之间拟提供千兆互连,二级节点拟提供千兆上连,每个节点应提供一定数量的千兆端口作为服务器连接端口,同时提供大量 10/100M 端口用作下连网络或者用户接入。

图 9-5　某市网络节点布局图

5. 路由交换网络配置及设计

路由交换网络的配置和设计是在前面对网络路由现状进行分析和判断后,根据网络自身的特点以及网络建设方对网络的近期以及相对较长远一点时间内对网络功能的需求而作出的,一般包括一级节点配置和二、三级节点配置,下面仍然用上面的例子进行说明。

1) 一级节点配置

一级节点之间的连接构成广播电视数据骨干网的主要干线,应具有高带宽、高端口密度、高性能保证的特点,一级节点所构成的网络拓扑结构如图 9-6 所示。由于中心节点结构比较特殊,其内部配置拓扑结构如图 9-7 所示。

2) 二级节点配置

二级节点与一级节点的互连以及二级节点之间的互连构成广播电视数据骨干网的分支部分,二级节点通过一个千兆口与一级节点或另一个二级节点互连,提供全双工 2GB 的传输带宽,其中图 9-8 为一级节点与二级节点互连的情况,图 9-9 为二级节点之间互连的情况。

图 9-6　网络拓扑结构

图 9-7　中心配置结构图

图 9-8　一、二级节点互连　　　　　　　　　图 9-9　二级节点间的互连

　　每个二级节点配置多台可堆叠的高性能交换机,提供高密度的 10/100M 端口,用于下连网络和用户接入。每个一级节点总共配置 6 台交换机,通过堆叠模块以菊花链的方式相连,堆叠总线速率可达 8Gbps,如图 9-10 所示。为保证网络的可靠性,每个堆叠提供两个备份电源。二级节点所构成的网络拓扑如图 9-11 所示。

图 9-10　菊花链方式的堆叠模块

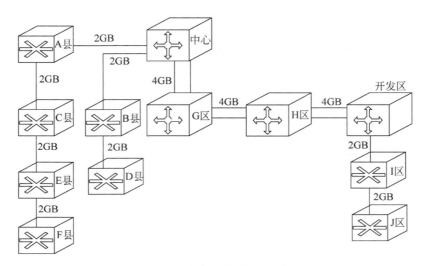

图 9-11 二级节点构成的网络拓扑

9.6 接入网络设计

接入网的设计主要涉及光分配网络参数的计算以及带入户网络电平的计算(含双向参数的计算)。

9.6.1 HFC 分配网的设计

1. 光分路器分光比的设计

由于有线电视接收装置对输入光功率的要求较高,所以全等比分光的 FTTX 方式并不适于全网推行,因为这样会造成光功率的浪费,从而也造成设备和资金的巨大浪费,特别是在广大农村的传输分配方面,更是如此。因此为了提高光功率的利用率,还需要采用非等比分光方式,而非等比光分路器的设计往往要根据所在地的具体数据进行相应的设计和计算。

案例 9-2 分光比计算

图 9-12 为某村村通工程要用到的一个九路光分路器,其分路输出到各村的距离都是不一样的,分别是 4km、3km、4km、3.2km、5.1km、9km、4km、4.5km、13km,可以看出有的距离相差很大,为了提高光发射机光功率利用率,必须对该分路器的分光比例进行较精确的计算,光发机工作波长为 1310nm。

9-8 HFC 分配网的设计

设定目标接收光功率为 −2dBmW,传输光缆损耗为 0.4dB/km(包括熔接头损耗),每对活动接头损耗为 0.3dB,九分路器附加损耗为 0.7dB。

A 到前端总损耗为(考虑到分路器附加损耗及活动接头损耗)

$$L_{A总} = 线路损耗 + 分路器附加损耗 + 活动接头损耗$$
$$= 0.4 \times 4 + 0.7 + 0.3 \times 2 = 2.9(dB)$$

图 9-12　光分路器路由参数图

则分路器需向 A 提供的光功率为

$$P_{A} = 10^{\frac{2.9-2}{10}} = 1.230 (mW)$$

B 到前端总损耗为（考虑到分路器附加损耗及活动接头损耗）

$$L_{B总} = 1.2 + 0.7 + 0.3 \times 2 = 2.5 (dB)$$

则分路器需向 B 提供的光功率为

$$P_{B} = 10^{\frac{2.5-2}{10}} = 1.122 (mW)$$

同理可以得到：

$$P_{C} = 10^{\frac{2.9-2}{10}} = 1.230 (mW)$$

$$P_{D} = 10^{\frac{2.58-2}{10}} = 1.143 (mW)$$

$$P_{E} = 10^{\frac{3.34-2}{10}} = 1.361 (mW)$$

$$P_{F} = 10^{\frac{4.9-2}{10}} = 1.950 (mW)$$

$$P_{G} = 10^{\frac{2.9-2}{10}} = 1.230 (mW)$$

$$P_{H} = 10^{\frac{3.1-2}{10}} = 1.288 (mW)$$

$$P_{I} = 10^{\frac{6.5-2}{10}} = 2.818 (mW)$$

这样可以得到分路器后的净光功率之和：

$$P = P_{A} + P_{B} + P_{C} + P_{D} + P_{E} + P_{F} + P_{G} + P_{H} + P_{I} = 13.374 (mW)$$

并求出分光比：

$$\eta_{A} = \frac{P_{A}}{P} \times 100\% = 9.20\%$$

$$\eta_{B} = 8.39\% ; \quad \eta_{C} = 9.20\% ; \quad \eta_{D} = 8.55\% ; \quad \eta_{E} = 10.18\% ;$$

$$\eta_{F} = 14.58\% ; \quad \eta_{G} = 9.20\% ; \quad \eta_{H} = 9.63\% ; \quad \eta_{I} = 21.07\%$$

考虑到分光器前的光缆损耗及一个活动接头：

$$L = 0.3 + 0.4 \times 0 = 0.3 (\text{dB})$$

光发机功率为

$$P_\text{总} = 10^{\frac{10\lg P + L}{10}} = 14.33 (\text{mW})$$

以上介绍的计算方法比较繁琐,读者也可采用我们开发的专门软件进行计算,这样效率更高,可参阅 10.3.3 节的相关内容。

2. 用户分配网的设计

用户分配网是整个 CATV 网络直接面对用户的最后一个环节,它具有工作电平高、分布范围大、影响面广等特点,因此具体设计时,在保证性能参数指标的前提下,还必须结合实际情况充分考虑性能价格比、分配效率和便于发展、维修等因素。

1) 分配网络的结构

应根据用户分布的特点并结合网络特点、设备特点进行灵活选择,是单向网络还是双向网络,如果是双向网络,那么是基于 EOC 还是基于 DOCSIS。

2) 分配线路的设计考虑

(1) 遵循最短路径设计原则和均等、均衡设计原则。

(2) 避开直射波、干扰波严重及易受损害的场所,并尽量减少与其他管线的交叉跨越,应到预定现场仔细勘察,以判断施工难易程度。

(3) 分支放大器尽量设于服务区中心,各条支线尽量采用星形分配方式。

(4) 合理搭配分配方案,必要时可考虑辅以衰减器。

(5) 根据线路的长短合理选择电缆规格,综合考虑性价比因素。

(6) 无源部件的短距串接数应尽量不大于 8 个。

3) 用户电平的选择

对大多数电视接收机来说,其正常接收电平的范围是 $57 \sim 83 \text{dB}\mu\text{V}$,考虑到一定的余量,国家标准要求有线电视网提供的用户电平范围是 $60 \sim 80 \text{dB}\mu\text{V}$。在系统设计时,必须充分考虑到有线电视网络可能出现的各种电平波动和不稳定(温度、频响、时间)因素,选取一个合理的用户电平设计值。

一般来说,考虑到邻频传输系统的特殊性和分配效率的要求,将用户电平的设计范围定为 $66 \pm 6 \text{dB}\mu\text{V}$,按 3dB 预留老化余量后,用户电平应设计在 $69 \pm 6 \text{dB}\mu\text{V}$ 范围内,留出 1dB 网络随机性、复杂性不稳定因素余量,再加上温度变化引起的电平波动和线路偏差 2dB 左右,故用户电平最好应按 $69 \pm 3 \text{dB}\mu\text{V}$ 设计。

4) 无源分配网络的设计原则

(1) 不同的用户群离前端的距离以及信号经过放大器的数目等都是不同的,设计时应分别进行计算。

(2) 为做到均衡分配,一般都从楼房中间输入信号,经过分配器均匀送出;对距离较远处,则采用较粗的电缆,使各串分支器输入电平的差别尽可能小。

(3) 为了带动更多的用户,设计时应选择分配损失尽可能小的分配器,尽量减少分支线的电缆长度。

(4) 计算用户电平时应把最高频道和最低频道分开计算,使它们都符合设计要求。

(5) 一串分支器的数目不能超过 4 个。

（6）为了保证用户端相互隔离大于 30dB 的要求，邻频系统中每一串分支器最后两个分支器的分支损失之和不能小于 20dB。

5）**案例 9-3**　EoC 无源分配网络的设计计算

在邻频传输 110~860MHz 的 EoC 接入网中，有一栋七层楼，共 3 个单元，单元与单元之间的距离是 6m，每单元 1 层 3 户，2~6 层 2 户，层高为 3.5m，如果单元二分配放在单元 4 层，总分配放在中间单元的 1 层，假设 EOC 局端输出电平 97/101dB，设计各点用户电平，并计算 50MHz 左右的 EOC 链路损耗。按照上述数据，可以设计出如图 9-13 所示的系统方案图。

图 9-13　分配线路设计方案图

根据相关要求，在计算设计电平的时候，往往选取路距最远、用户最多、条件最差的分配线路进行计算，因此针对图 9-13，应该选取最靠边的线路。利用第 4 章中的公式 $S_A = S_B - L_d - a \cdot l_{AB}$ 进行计算，计算中需要用到表 9-9 中的数据。

表 9-9　部分电缆分支分配器参数

	型号	插入损失	分配/分支损失		型号	插入损失	分支损失
分配器	204		3.8dB		324	1dB	24dB
	306		5.8dB		322	1dB	22dB
分支器	220	1.0dB	20dB	分支器	320	1.2dB	20dB
	218	1.3dB	18dB		318	2dB	18dB
	216	1.5dB	16dB		316	2.2dB	16dB
	214	1.8dB	14dB		314	2.8dB	14dB
	212	2.3dB	12dB		312	4dB	12dB
		50MHz	110MHz			860MHz	
−5 电缆损耗/100m		5.1dB	7.2dB			19.2dB	
−7 电缆损耗/100m		2.8dB	4.1dB			12.2dB	

一层：

低端电平：$97-5.8-0.2\times4.1-3.8-0.12\times4.1-1.5-1.8-2.3-10=70.5(\text{dB}\mu\text{V})$

高端电平：$101-5.8-0.2\times12.2-3.8-0.12\times12.2-1.5-1.8-2.3-10=71.9(\text{dB}\mu\text{V})$

EoC链损：$10+2.3+1.8+1.5+0.12\times2.8+3.8+0.2\times2.8+5.8=26(\text{dB})$

二层：

低端电平：$97-5.8-0.2\times4.1-3.8-0.08\times4.1-1.5-1.8-12=71.0(\text{dB}\mu\text{V})$

高端电平：$101-5.8-0.2\times12.2-3.8-0.08\times12.2-1.5-1.8-12=72.7(\text{dB}\mu\text{V})$

EoC链损：$12+1.8+1.5+0.08\times2.8+3.8+0.2\times2.8+5.8=25.6(\text{dB})$

三层：

低端电平：$97-5.8-0.2\times4.1-3.8-0.04\times4.1-1.5-14=70.9(\text{dB}\mu\text{V})$

高端电平：$101-5.8-0.2\times12.2-3.8-0.04\times12.2-1.5-14=73.0(\text{dB}\mu\text{V})$

EoC链损：$14+1.5+0.04\times2.8+3.8+0.2\times2.8+5.8=25.7(\text{dB})$

四层：

低端电平：$97-5.8-0.2\times4.1-3.8-16=70.6(\text{dB}\mu\text{V})$

高端电平：$101-5.8-0.2\times12.2-3.8-16=73.0(\text{dB}\mu\text{V})$

EoC链损：$16+3.8+0.2\times2.8+5.8=26.2(\text{dB})$

五层：

低端电平：$97-5.8-0.2\times4.1-3.8-0.04\times4.1-16=70.4(\text{dB}\mu\text{V})$

高端电平：$101-5.8-0.2\times12.2-3.8-0.04\times12.2-16=72.5(\text{dB}\mu\text{V})$

EoC链损：$16+0.04\times2.8+3.8+0.2\times2.8+5.8=26.3(\text{dB})$

六层：

低端电平：$97-5.8-0.2\times4.1-3.8-0.08\times4.1-1.5-14=70.6(\text{dB}\mu\text{V})$

高端电平：$101-5.8-0.2\times12.2-3.8-0.08\times12.2-1.5-14=72.5(\text{dB}\mu\text{V})$

EoC链损：$14+1.5+0.08\times2.8+3.8+0.2\times2.8+5.8=26.6(\text{dB})$

七层：

低端电平：$97-5.8-0.2\times4.1-3.8-0.12\times4.1-1.5-1.8-12=70.8(\text{dB}\mu\text{V})$

高端电平：$101-5.8-0.2\times12.2-3.8-012\times12.2-1.5-1.8-14=72.2(\text{dB}\mu\text{V})$

EOC链损：$16+0.04\times2.8+3.8+0.2\times2.8+5.8=26.3(\text{dB})$

其他单元同样计算即可。

6）指标验算和方案调整

设计完成后，应对用户分配网的载噪比指标和非线性失真指标进行验算，看是否能够满足全系统分配的指标要求，一般来说用户分配网的载噪比不会出现什么问题，如出现极个别不符合要求的情况，应进行综合分析，找出原因并采取相应的调整措施；如果非线性指标不满足要求，应先考虑降低输出电平，并对无源分配网络作相应调整，看是否能满足用户电平的要求，如果不行，则应考虑选用更高档的放大器，以改善非线性失真指标。所有分支、分配器的空闲端口均应终接负载，以防系统的不匹配和反射。

上面的计算也比较繁琐，读者也可采用笔者开发的专门软件进行计算，见10.3.3节相关内容，这样效率更高，并且可以进行低频回传损耗计算以及具有多项指标先期设置等功能。

9.6.2　DOCSIS 双向网络设计

1. DOCSIS 双向 HFC 网络概述

在研究双向 HFC 网络时,通常按其反向信道划分为四块分别进行分析,以便得出建立双向 HFC 网的相关要求及正反向信道的具体设计思路和方法。这四块分别为用户分配部分、电缆传输部分、光缆传输部分、前端接入部分,如图 9-14 所示。其网络结构以及各部分工作要点第 6 章已经做过介绍,这里不再赘述。

9-9　DOCSIS
双向网络设计

图 9-14　DOCSIS 双向网络结构

2. 双向 HFC 网络电平的描述方法

在双向 HFC 网络中,通常采用两种方法描述两点或多点之间的电平关系:第一种是描述信号绝对电平值的"信号电平",对于下行信号采用这种方式描述比较合适;第二种是描述信号相对电平值的"增益"或"损耗",对于上行信号通常采用这种方法描述,这是因为上行信号是突发的,一般的仪器很难测量上行信号的电平值,因此通常用测量某个设备端口到 CMTS 上行接收端口的链路损耗的办法,来推算上行信道在这个端口的电平值。

3. 双向 HFC 网络的设计原则

1)下行信道

在设计时,主要考虑到达用户的下行信号电平的高低及网络分配情况,基本设计方法可参照单向网。

2)上行信道

在设计时,对于上行信道考虑的主要是链路的损耗,要求:

(1)上行信道的链路损耗在一定范围内实现平衡和协调。

(2)从光站到延放,从延放到楼放或从光站到楼放的任何一级有源器件之间的链路损耗必须比担当上行放大的反向模块增益低 5~6dB,以确保调试中有一定的余量,如图 9-15 所示。

图 9-15　链路损耗与模块增益的关系

（3）同轴电缆的使用的问题。通常多数人认为,在双向 HFC 网络中应该使用铝管电缆（主要是主干网络）或是四屏蔽电缆（主要是分配网络）,但这还应视情况而定,铝管电缆和四屏蔽电缆的屏蔽系数约为 110dB,而质量好的二屏蔽电缆的屏蔽系数也可以在 90dB 以上,两者相差约 20dB,因此在用户不太多的分配网络中（300 户以下）,在电缆接头制作和连接质量保证的情况下,采用二屏蔽的电缆也未尝不可,这是因为用户分配网的无源器件对噪声与反向信号有一定的衰减作用。而在主干电缆传输部分,由于它对反向信号没有衰减作用（增益衰减相抵后约为 0dB）,因此在这部分还是建议采用铝管或四屏蔽电缆,如果主干电缆全部地埋,也可以考虑采用质量好的二屏蔽电缆。

（4）分配网拓扑结构。在具体设计中,光站以下尽量采用星形结构,但也不排除局部采取低分支损耗的树形结构,从本质上讲就是从光站出发到每个用户的电缆的电气长度尽量短、长度差距尽量小。

（5）双向放大器增益。在我们设计的 HFC 双向网络中,一个四端口光站下带的用户一般不超过 1000 个,即每端口带的用户最多只有 250 户左右,这样光站下最多只有两级放大器,有的则是光站下直接带楼放,因此放大器的正向增益可以根据下行链路的最大损耗选择稍大一些的,如延放模块增益可在 30dB 左右,楼放模块增益可为 35～40dB,反向模块的增益则要根据上行链路最大损耗,选择高出 5～6dB 的反向放大模块,但反向放大模块的增益也不是越大越好,选得过大,一是浪费,二是不利于调试。

（6）用户盒。用户盒是专门为双向 HFC 网设计的,有单一的,也有串-分支、二分配的,其内部电路如图 9-16 所示,其特点是不同的输出口设置不同的滤波器。

综上所述,在实施设计的过程中,要上下行信号一并考虑,并且当二者出现矛盾时应优先考虑上行信号的要求,必要时不惜牺牲一些工程设计中的经济指标——浪费一些光站和放大器输出的电平。但在一般情况下,如果按以上原则设计,只要下行高端信号能满足设计要求,上行参数基本上也能满足设计要求。

图 9-16 专用用户盒

9.6.3 EPON 设计

1. OLT 每千兆光口可带用户数

OLT 既是一个交换机或一个路由器,又是一个多业务提供平台, 它为 PON 提供光纤接口,根据以太网向城域网及广域网发展的态势, OLT 在提供千兆光口的同时,还提供多个 2Gbps 和 10Gbps 的以太网接口。在目前的系统中,每个 OLT 提供 2～4 个千兆光口。每个千兆光口可带的用户数目计算如下:

9-10 EPON 网络设计

设每个用户的业务为标清 IPTV+宽带数据,由此可以计算出每个用户的业务量和带宽:

(1) 媒体流数据量=VOD 视频流(2Mbps)+VOD 音频流(64Kbps)+编码器编码误差(100Kbps)=2.15Mbps。

(2) 媒体流输出带宽=媒体流数据量+MPEG 的 PS 流封装报文头和 PES 开销(平均150Kbps)=2.3Mbps。

(3) 业务流网络带宽=媒体流输出带宽×(1+网络协议封装开销(5%))=2.4Mbps。

(4) 网络总流量=业务流网络带宽×(1+网络流量平均抖动(5%))=2.5Mbps。

(5) 如果再加上宽带数据业务,每用户所需带宽为 3～4Mbps。

(6) 按 4Mbps/户计算,每千兆光口可带 250 个用户。

(7) 按 20%的使用率计算,可覆盖用户 1250 户。

(8) 按每栋楼(6 层、4 单元、一层 2 户)50 户计算可覆盖 25 栋楼。

(9) 如果考虑同时使用率,其覆盖范围还将扩大。例如,同时使用率为 50%,则可覆盖50 栋楼。

上述考虑对于我们合理设计 ODN 结构和 ONU 的数量是很有参考价值的。

2. OLT 的最佳安装位置

OLT 以放置在城域网络的分前机房为佳,它上连汇聚交换机,下连无源光网络,通过光纤连接到小区后,再经过光分路器连接到多个 ONU。把 OLT 放置在分前端机房,则可以通过 OLT 连接多个小区,充分利用 OLT 的端口和分前端的大量光纤资源。

如果把 OLT 放在小区内,通过 1 或 2 个千兆上连端口连接到端局的汇聚交换机,干路光纤的需求量与以上方案基本相同。但还需要在小区内提供机房并解决供电及环境保证。另外,由于设备远离机房,运行维护不方便,会造成运维方面支出的提高。此外,一个小区的用户数量可能与 OLT 的支持数量不匹配,如果把 OLT 放在小区机房内,很可能会造成一些 OLT 端口的闲置,造成设备总投资的浪费。所以通常情况下,不建议把 OLT 放在小区。

3. 光分配网(ODN)的设计与应用

EPON 系统中 ODN 位于分布的光网络中,包括单模光纤、光分路器等。OLT 采用单纤波分复用技术,通过光纤与分光器与 ONU 连接,最大传输距离可达 20km。在 ONU 则通过光分路器分送给多达 32/64 栋楼的用户。

在 ODN 的设计中主要涉及到光缆布线、安全保证、光分路器的级联等问题。ODN 系统的设计主要与城市居民小区的物理分布有关。常规结构的 ODN 设计较为简单,如下列举了 ODN 设计中的两种光分路器级联的方案供参考。

案例 9-4　4 个小区,每小区 16 栋楼,各小区相距最大距离 2km。

可采用下列光分路器级联的方式进行设计,由于光分路器的级联与其级数无关,而与整个 ODN 系统的损耗有关,4 个小区,每小区 16 栋楼共计 64 栋楼,可用 2 个 PON 口进行覆盖即可,如图 9-17 所示。

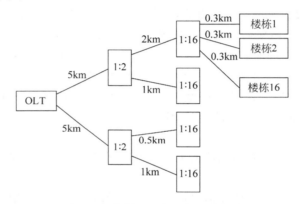

图 9-17　案例 9-4 小区布局示意图

此设计案例可大量节省光纤,使布线更加灵活,减少了布线过程中所遇到的各种麻烦。其链路损耗如下:

1×2 光分路器损耗:3.2dB;

1×16 光分路器衰损耗:13.5dB;

光纤损耗:0.3dB/km;

链路总损耗:$3.2+13.5+7.3\times0.3+6\times0.5=21.89$(dB)。

如 OLT 发射功率为 0dBm,ONU 接收光功率为 -26dBm,$0-(-26)=26$dB>21.89dB,链路总损耗满足要求。

案例 9-5　16 个小区,每小区 4 栋楼,各小区相距 0.5km,设计方案如图 9-18 所示。

案例 9-5　虽然形式上看与案例 9-4 有区别,但其设计理念及出发点却是基本相同的。

EPON 系统设计中对 ODN 的一项最重要要求是可逆性要好,输入/输出口对调后不能导致通路损耗的重大变化,这样上下行通路的设计就简单了。

为了实现这一目的,分光器的选择极为重要:

(1)对于光纤融熔拉锥型分光器,其光分支必须为等分光比。不能采用不等分分光比的光纤融熔拉锥型分光器,因为这种分光器的输入/输出口对调后,光通路损耗将产生重大变化。

（2）如果系统中一定要用不等分分光比的分光器,应选用分立光学元件制造的分光器,或波导型分光器。

（3）光分路器等无源器件应能支持 1310～1550nm 波长区内的任一波长的信号传输,以支持 WDM 应用。

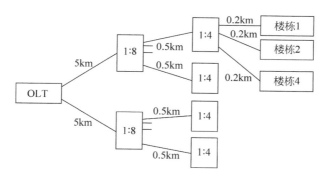

图 9-18 案例 9-5 小区布局示意图

4. 带宽计算

单个 PON 系统内的带宽测算:需要考虑该 PON 系统内所有 ONU 所产生的流量系统是否能够满足要求;对 OLT 上行的带宽测算,需要考虑该 OLT 所有 PON 口所带的全部 ONU 产生的流量(一般 OLT 包含多个 PON 口)。带宽的计算公式如下:

$$B = \sum_{i=1}^{n} \frac{b_i \cdot \rho \cdot \alpha \cdot \beta \cdot N}{\eta} \qquad (9\text{-}9)$$

式中:B 为总的带宽需求;b_i 为单一业务所需带宽/户,各种业务带宽需求参照表 9-10 取定;ρ 为每一种业务用户占总用户的比率,不同区域、不同的人群使用各种业务的比率不同;α 为集中比,可根据不同地区、不同客户群实际情况进行设定,可取 0.5;β 为流量占据比,一般可取 50%;N 为总的宽带用户数,测算 OLT 上行带宽时,N 为 OLT 所有 PON 口连接的所有用户数,测算 PON 系统内带宽时,N 为 PON 系统内所连接的所有用户数;η 为带宽冗余系数,建议 PON 系统内取 90%、OLT 上行取 65%;n 为业务类别的总数。

对于 PON 系统内带宽规划,考虑到 EPON 对 TDM 业务承载效率约为 50%,因而对 PON 系统内 TDM 专线业务分配带宽要相应地按照专线带宽×2 来考虑;对于 OLT 网络则以太网上行带宽测算时,不计 TMD 专线业务带宽;对于 IPTV 组播业务,其占用带宽依据 IPTV 内容分发所需带宽测算。

表 9-10 典型业务带宽需求参考模型

业务类型	下行带宽	上行带宽
互联网业务/Mbps	2	1
网络游戏/kbps	300	300
IPTV 视频(标清)/Mbps	2	
IPTV 视频(高清)/Mbps	6	
VoD/Mbps	3	
语音电话/kbps	100	100

续表

业 务 类 型	下 行 带 宽	上 行 带 宽
可视电话/Mbps	1	1
P2P/Mbps	4	4
TDM 专线	$n \times 64$kbps 或 2Mbps	$n \times 64$kbps 或 2Mbps

注：互联网业务带宽视不同地区、不同用户群实际情况而定，P2P 带宽视运行情况而定。

案例 9-6 某业务用户比率为：上网业务 45%、网络游戏 20%、IPTV 视频(标清)10%、VoD 业务 10%、可视电话业务 15%。PON_1 口总的宽带用户 800 户，PON_2 口总的宽带用户 750 户。

(1) PON_1 系统内带宽为(依据式(9-9))：

$$B_{上网} = \frac{800 \times 2 \times 0.45 \times 0.5 \times 0.5}{0.9} = 200 \text{Mbps}_{(下行)} / \frac{800 \times 1 \times 0.45 \times 0.5 \times 0.5}{0.9}$$

$$= 100 \text{Mbps}_{(上行)}$$

$$B_{游戏} = 13.3 \text{Mbps}_{(下行)} / 13.3 \text{Mbps}_{(上行)}$$

$$B_{IPTV} = 44.4 \text{Mbps}$$

$$B_{VoD} = 66.7 \text{Mbps}$$

$$B_{可视电话} = 33.3 \text{Mbps}_{(下行)} / 33.3 \text{Mbps}_{(上行)}$$

$$B_{总} = 200_{(下行)} / 100_{(上行)} + 13.3_{(下行)} / 13.3_{(上行)} + 44.4 + 66.7 + 33.3_{(下行)} / 33.3_{(上行)}$$

$$= 357.7 \text{Mbps}_{(下行)} / 146.6 \text{Mbps}_{(上行)}$$

由计算结果可知，带宽与各种业务的接入比率密切相关。所以，在计算时应根据当地的实际情况设置各种业务的接入比率。

(2) PON_2 系统内带宽为：

$$B_{上网} = 187.5 \text{Mbps}_{(下行)} / 93.8 \text{Mbps}_{(上行)}$$

$$B_{游戏} = 12.5 \text{Mbps}_{(下行)} / 12.5 \text{Mbps}_{(上行)}$$

$$B_{IPTV} = 41.7 \text{Mbps}$$

$$B_{VoD} = 62.5 \text{Mbps}$$

$$B_{可视电话} = 31.2 \text{Mbps}_{(下行)} / 31.2 \text{Mbps}_{(上行)}$$

$$B_{总} = 187.5_{(下行)} / 93.8_{(上行)} + 12.5_{(下行)} / 12.5_{(上行)} + 41.7 + 62.5 + 31.2_{(下行)} / 31.2_{(上行)}$$

$$= 335.4 \text{Mbps}_{(下行)} / 137.5 \text{Mbps}_{(上行)}$$

(3) OLT 上联带宽(两个 PON 口总用户数 1550 户)为(依据式(9-9))：

$$B_{上网} = 536.5 \text{Mbps}_{(下行)} / 268.3 \text{Mbps}_{(上行)}$$

$$B_{游戏} = 35.8 \text{Mbps}_{(下行)} / 35.8 \text{Mbps}_{(上行)}$$

$$B_{IPTV} = 119.4 \text{Mbps}$$

$$B_{VoD} = 178.7 \text{Mbps}$$

$$B_{可视电话} = 89.4 \text{Mbps}_{(下行)} / 89.4 \text{Mbps}_{(上行)}$$

$$B_{总} = 536.5_{(下行)} / 268.3_{(上行)} + 35.8_{(下行)} / 35.8_{(上行)} + 119.4 + 178.7 + 89.4_{(下行)} / 89.4_{(上行)}$$

$$= 959.8 \text{Mbps}_{(下行)} / 393.5 \text{Mbps}_{(上行)}$$

OLT 上行带宽比 PON 系统内带宽要高 38%。

5. ONU/ONT 设计中的注意点

(1) 在 EPON/FTTB+LAN 的系统应用中,以楼为单位安装 ONU,即每栋楼一个 ONU。ONU 一般安装在楼栋中间单元,这样布局有利于对其他单元交换机的业务进行汇聚,因为楼内的 LAN 系统采用 5 类线,最远传输距离为 90m(100m 去除两头各 5m 余量)。

(2) EPON 系统设计中,由于不同 ONU 距 OLT 的距离相差较大,会对 ONU 产生两方面的影响:

① 光路传输产生的不同时延:EPON 系统通过时间同步与测距补偿机制来控制光路传输产生不同时延的影响,对距离差没有特殊要求。

② 光功率的限制:对于光功率的限制主要是经过光路的各类损耗后(光传输光纤的损耗、光分路器的分光损耗、各类光器件的插入损耗等),光功率值应控制在 ONU 光器件的过载光功率与接收灵敏度范围内的。

实际 ONU 光器件过载光功率典型值为 $-5\mathrm{dBm}$,ONU 光器件接收灵敏度典型值为 $-26\mathrm{dBm}$,此时可保证 ONU 正常工作。虽然,ONU 的接收光功率有一个较大的跨度范围,从 $-5\mathrm{dBm}$ 到 $-26\mathrm{dBm}$,但是,实际系统应尽可能保证每个 ONU 处的光功率保持在一个均匀的范围内(3dB),这样可以有效延长网络寿命,增加网络稳定性。

部署 ONU 时一定要测量实际光功率值,并将测量值与设计值比较,二者相差过大的必须排查原因。

分光系统设计最好将分光器控制在 3 级之内,过多的分级会使衰减明显增大,且使网络结构过于复杂。

OLT 到距 OLT 最远的 ONU 的光损耗 L 为

$$L = \alpha(l_1 + l_2 + l_3 + l_4) + L_{s1} + L_{s2} + L_{s3} + a \times 0.5$$
$$\leqslant P_T - P_R = 26 \text{(dB)}$$

$$(9\text{-}10)$$

式中:α 为光纤损耗系数,dB/km;l_1 为 OLT 到第一个分光器的距离,km;l_2 为第一个分光器到第二个分光器的距离,km;l_3 为第二个分光器到第三个分光器的距离,km;l_4 为第三个分光器到距第三个分光器最远的 ONU 的距离,km;L_{s1}、L_{s2}、L_{s3} 分别为第一级、第二级、第三级分光器的损耗,dB;$a \times 0.5$ 为 a 个活动光连接器的总损耗,dB;P_T 为 OLT/ONU 的发射光功率,dBm;P_R 为 OLT/ONU 的接收光功率,dBm。

无源光网络设计时,在设计光路结构方面,不能按照设备的接收极限值设计,通常需留出至少 3dB 余量,如果 OLT 发射功率 P_T 为 0dBm,ONU 接收光功率 P_R 为 $-26\mathrm{dBm}$,则

$$L = \alpha(l_1 + l_2 + l_3 + l_4) + L_{s1} + L_{s2} + L_{s3} + a \times 0.5$$
$$\leqslant (P_T - P_R) - 3 = 26 - 3 = 23 \text{(dB)}$$

由于不同厂家选用的光模块不同,所以,$P_T - P_R$ 的值也不同。实际设计时应根据所选用的设备参数来确定 $P_T - P_R$ 的值,并由此确定总损耗 L 的值。

(3) 光波长光路损耗的验算。

在计算公式 $L = \alpha(l_1 + l_2 + l_3 + l_4) + L_{s1} + L_{s2} + L_{s3} + a \times 0.5$ 中,光纤的损耗系数 α 在 1490nm 光波长时应取 $\alpha = 0.21 \sim 0.26\mathrm{dB/km}$,公式中的其他项意义不变。

如果,1310nm 时 α 平均取 0.36dB/km,1490nm 时 α 平均取 0.24dB/km,则二者损耗相

差约为 0.12dB/km。对于光路总损耗 L 而言,第一项 $\alpha(l_1+l_2+l_3+l_4)$ 占的比例较小,对于光路总损耗 L:

第一项 $\alpha(l_1+l_2+l_3+l_4)$ 中,$(l_1+l_2+l_3+l_4)=20\text{km}$ 时,

$$\alpha(l_1+l_2+l_3+l_4)=0.36\times20=7.2\text{dB}(1310\text{nm});$$
$$\alpha(l_1+l_2+l_3+l_4)=0.24\times20=4.8\text{dB}(1490\text{nm})。$$

第二、三、四项 $L_{s1}+L_{s2}+L_{s3}$

三级分光:1×2、1×4、1×4 损耗 $16.0\text{dB}=3.2+6.4+6.4$;

二级分光:1×4、1×8 损耗 $16.1\text{dB}=6.4+9.7$;

1×2、1×16 损耗 $16.7\text{dB}=3.2+13.5$;

一级分光 1×32 损耗 18.3dB。

第五项 $a\times0.5$

三级分光:$a\times0.5=8\times0.5=4\text{dB}$

二级分光:$a\times0.5=6\times0.5=3\text{dB}$

一级分光:$a\times0.5=4\times0.5=2\text{dB}$

① 1310nm 三级分光

$L=7.2+16.0+4=27.2\text{dB}$; $L=7.2+16.0+0=23.2\text{dB}$(无连接器)

② 1310nm 二级分光

$L=7.2+16.1+3=26.3\text{dB}$; $L=7.2+16.1+0=23.3\text{dB}$(无连接器)

③ 1310nm 一级分光

$L=7.2+18.3+2=27.5\text{dB}$; $L=7.2+18.3+0=25.5\text{dB}$(无连接器)

④ 1490nm 三级分光

$L=4.8+16.0+4=24.8\text{dB}$; $L=4.8+16.0+0=20.8\text{dB}$(无连接器)

⑤ 1490nm 二级分光

$L=4.8+16.1+3=23.9\text{dB}$; $L=4.8+16.1+0=20.9\text{dB}$(无连接器)

⑥ 1490nm 一级分光

$L=4.8+18.3+2=25.1\text{dB}$; $L=4.8+18.3+0=23.1\text{dB}$(无连接器)

两种波长的 L 相差 2.4dB,因此,设计时必须注意功率容限,即 $L\leqslant P_T-P_R=23\text{dB}$。

(4) 采用单光纤三波长 EPON 系统,应该注意的问题。

1550nm 电视系统的光损耗为

$P_T-P_R=19-(-3)=22\text{dB}$(模拟电视) $P_T-P_R=19-(-10)=29\text{dB}$(数字电视)

WDM 器件的损耗 0.5dB,两个 WDM 器件的损耗 1dB,系统其他部分的光损耗只允许有:$22-1=21\text{dB}$(模拟电视),$29-1=28\text{dB}$(数字电视),取 1550nm 的 α 平均值为 0.21dB/km,则 20km 损耗为 4.2dB。

① 1550nm 三级分光

$L=4.2+16.0+4=22.2\text{dB}$; $L=4.2+16.0+0=20.2\text{dB}$(无连接器)

② 1550nm 二级分光

$L=4.2+16.1+3=23.3\text{dB}$; $L=4.2+16.1+0=20.3\text{dB}$(无连接器)

③ 1550nm 一级分光

$L=4.2+18.3+2=24.5\text{dB}$; $L=4.2+18.3+0=22.5\text{dB}$(无连接器)

这表明三波长 EPON 系统传输模拟电视还是不行的,即便把前面 3dB 余量考虑小点还是有些勉强,但传输数字电视是没有问题的。

9.7 防雷与接地设计

接地和防雷是广电网络工程中的重要配套项目,其安全性、可靠性直接影响各子系统的正常运行,甚至直接影响人身安全。

9.7.1 防雷

广电网络中有接收机、调制器、监视器、计算机以及通信等小信号设备,它们中的多数工作电压低、绝缘强度低、耐受过压能力差,抗干扰、抗电涌能力差,一旦遭雷电干扰,其后果往往是"机毁网瘫"。

9-11　防雷

广电网络防雷工程的作用是防止网络设备、机房受直击雷和感应雷的破坏,它主要涉及建筑防雷设计、电气设计等专业,当然和弱电系统设计也有关,需综合考虑。

1. 建筑物防雷的基本知识

1) 雷电防护区

LPZ(Lighting Protected Zone,雷电防护区)的划分是将需要保护和控制雷电电磁脉冲环境的建筑物,从外部到内部划分为不同的防护区,防护区序号越高,预期的干扰能量和干扰电压越低,如图 9-19 所示。①直击雷非防护区(LPZ0A,属完全暴露的不设防区);②直击雷防护区(LPZ0B,属充分暴露的直击雷防护区);③第一防护区(LPZ1,各类物体不可能遭受直接雷击);④第二防护区(LPZ2,可减小所导引的雷电流或电磁场的后续防护区);⑤后续防护区(LPZn,可以保护敏感度水平高的设备)。

图 9-19　建筑物雷电防护区划分

根据雷电保护区的划分,建筑物外部是直击雷的区域,危险性最高。通过建筑物的钢筋混凝土及金属外壳等构成的屏蔽层保护,使建筑物内部及数据通信计算机房、有线电视中心等处于非暴露区,危险程度降低,而且越往内部,危险程度越低。

2）建筑物雷电防护的等级

建筑物的雷电防护分为三个等级，根据建筑物的性质、功能、重要性等因素确定。建筑物电子信息系统雷电防护等级见表 9-11。

表 9-11　建筑物雷电防护等级

雷电防护等级	电子信息系统
一级	特别重要用途的属于国家级的大型建筑物，如国家级的会堂、办公建筑、博物馆、展览馆、火车站、国际航空港、广播和通信枢纽、国宾馆、大型旅游建筑、超高层建筑、国家重点保护文物类的建筑物和构筑物等
二级	重要的或人员密集的大型建筑物，如省部级办公楼，省级大型集会、展览、体育、交通、通信、商业、广播、剧场建筑等。省级重点文物保护的建筑物和构筑物；19 层及以上的住宅建筑和高度超过 50m 的其他建筑物
三级	不属于以上防雷建筑，称为三类防雷建筑

3）直击雷和感应雷

雷电作为一种大气物理现象，都是由一系列的放电形成的，可分为直击雷和感应雷两类。

（1）直击雷。直击雷是指带电云层和大地之间放电，瞬时电流可达几百千安，放电时间为 $50\sim100\mu s$，可直接摧毁建筑物、构架或引起人员伤亡等。但其占比较低（约 10%），可通过避雷针和避雷线等来有效防护。

（2）感应雷。感应雷是由静电感应和磁感应两种原因所引起的，当带电的雷云靠近设备附近的导体线路时，会在上面感应出被雷云电荷束缚的异性电荷，当雷云对附近的目标等放电时，其电荷被中和，而金属导体上被束缚的电荷获得自由，可形成局部可达 $40\sim60kV$ 的感应高电位。该高压很容易通过导体击穿电子设备。此外雷击大电流在空间产生交变磁场，会使附近设备感应出高压，从而击穿设备。处于避雷针保护范围内的电源保险丝、集成电路等元件遭损，就是感应雷击的明证。

感应雷击对广电网络设备和计算机设施等的危害最大。据资料显示，约有 80% 以上电子设备雷击损坏是由感应雷击引起。所以广电网络防雷主要需考虑防感应雷（二次雷击）引起的浪涌破坏。

4）感应雷引入建筑物的信道

（1）电源线和各种电子设备的供电线路：据统计约占感应雷击 60% 以上。

（2）建筑物中的天线馈线：广电前端的卫星地面收发天线、电视、调频接收天线、广电发射天线等，这些天线的馈线容易引入感应雷。

（3）引入建筑物的网络接入线：电话线、局域网和通信设施接入线也容易引入感应雷。

（4）室外安装的电子设备引入建筑物的信号线缆也是引入感应雷的信道。

（5）建筑物内"长"距离布设的各种信号线缆。

（6）具有公共接地的建筑物中的一切金属管道，在直接雷电流流经其上时，其周围产生的磁场涡流在金属表面感应出雷电冲击波。

（7）雷电放电在金属表面感应出来的雷电冲击波。

5）雷电防护的核心措施是泄放和均衡

泄放是将雷电与雷电电磁脉冲的能量通过大地泄放，并且应符合层次性原则。即尽可能多、尽可能远地将多余能量在引入广电网络之前泄放入地；层次性就是按照所设立的防雷保护区分层次对雷电能量进行削弱。

均衡就是保持系统各部分不产生足以致损的电位差。采用可靠的接地系统、等电位连接用的金属导线和等电位连接器(防雷器)组成一个电位补偿系统,在瞬态现象存在的极短时间里,这个电位补偿系统可以迅速地在被保护对象所处区域内所有设备之间建立起一个等电位,使保护区域内的所有设备之间不存在显著的电位差。

有效的防雷系统包括直击雷防护、一点接地网络以及暂态浪涌电压抑制三部分。

(1)直击雷防护:一般都是由建筑的防雷设计解决,主要通过避雷针(或避雷带、避雷网)、引下线和接地装置构成。

(2)一点接地网络:除独立避雷针外,其他交流地、保护地、信号地和防雷地等不同的接地接成一点接地网络系统,使其电位差不随雷击电流的变化而变化。是抑制雷电电磁脉冲对建筑物内电子设备干扰的有效措施。

(3)暂态浪涌电压抑制(避雷器):电子设备的雷电主要是通过引线引入的,电子设备群体的防雷保护,主要是通过加装不同类型的 **SPD(Surge protection Device,浪涌保护器)** 抑制雷电入口的脉冲过电压,同时处理好子系统引线的屏蔽及均压接地。

2. 等电位连接

等电位是用连接导线或过电压保护器将处在需要防雷的空间内的防雷装置、建筑物的金属构架、金属装置、外来的导体物、电气和电信装置等连接起来。

等电位连接有总等电位连接和系统机房的等电位连接。前者是将建筑物柱内主筋、各层楼板内的钢筋、基础内钢筋等连成一体,在每层(包括机房、弱电间等)都设有等电位连接的端子板;广电网络机房的等电位连接是在建筑物总等电位连接的基础上对重点防护对象的防护。机房的等电位连接方式如图 9-20 所示,典型接地系统如图 9-21 所示。

图 9-20 机房等电位连接示意图

图 9-21　接地系统图

等电位连接中的一些具体措施如下：

（1）等电位体要求将机房内的机柜、机架、金属管、槽、屏蔽线缆外层、电子设备的金属外壳、防静电接地、安全保护接地、浪涌保护器（SPD）接地端均以最短的距离与等电位网络的接地端子连接，接地干线宜采用截面积不小于 $16mm^2$ 的多股绝缘铜芯导线。

（2）由于电气信道以及金属管路穿过各级雷电保护区，因此要求它们的金属构件必须在每一穿过点做等电位连接。

（3）进入建筑物的所有管线（包括电缆金属外皮、燃气、水、消防干管）和金属构件等，在进入大楼前要进行等电位连接。

（4）室内外进出的信号线、电源线和控制线等均应穿金属管，并在管两端分别和大楼的钢筋焊接。

（5）楼内的强电、弱电竖井的桥架、水平线槽、电梯轨道、电线暗管等必须进行等电位连接。

（6）机房内的抗静电地板的金属支架应每 5m 用 $6mm^2$ 铜线与等电位连接端子排连接。

（7）机房内的配电箱、柜、桥架、线槽、控制操作台、机柜、空调机等机壳必须接地。

（8）由于电感越大，瞬变电流在电路中产生的电压就越高，而电感主要与导线的长度成正比，因此，应使连接导线尽可能短，必要时可采用多条导线并联或星形连接。

（9）对于系统中无法使用连接导线进行等电位连接的地方，应使用浪涌保护器（SPD）实现瞬态等电位连接。

在建立了由连接导线和浪涌保护器组成的等电位连接网络后，当网络出现瞬态浪涌过电压甚至受到雷击时，可以认为在极短的时间内形成了一个等电位岛，这个等电位岛对于远处的电位差可高达数十万伏，而岛内由于实现了等电位连接，所有导电部件之间不会产生有害的电位差。

3．浪涌保护器

浪涌保护器（SPD）用于保护电子设备和装置免受浪涌的危害，以及为电子传输系统提供等电位连接。浪涌保护器根据其应用主要分为电源系统防雷器、信号系统防雷器和绝缘火花间隙三种,实物照片如图 9-22 所示。

(a) 电源SPD　　(b) 射频SPD　　(c) 视频SPD　　(d) RS-232、RS-485 SPD　　(e) 网络SPD

图 9-22　部分浪涌保护器

1) 电源系统的防浪涌保护

广电网络通常采用 TN-S 系统的接地方式,对电源系统的防雷一般可采用四级防护,最大限度地保护机房设备的安全性。

第一级保护:可装于室外,在电力变压器的副边端,保护电力电缆及整个建筑全部用电设备,每根电源线分别独立保护(此部分由建筑电气设计考虑)。

第二级保护:安装于分配电柜(楼层配电柜)(此部分由建筑电气设计考虑)。

第三级保护:安装于广电网络机房的主配电柜,保护通过此配电柜的所有用电设备。

第四级保护:安装于需要特殊保护的设备,如计算机网络系统的主交换机、UPS 电源、机房空调电源等。安装在重要机器及设备的专用开关电源进线端,保护主机电源及用电设备(若所有机器均使用被保护的 UPS 的电源,则此保护可不设)。

电源线路的 SPD 应分别安装在被保护设备电源线路的前端,并联安装在各级配电箱的开关之后,如图 9-23 所示。

图 9-23　配电箱浪涌保护器连接

各级浪涌保护器的连接导线应平直,导线长度不宜超过 0.5m,连接导线的截面积参见表 9-12。

表 9-12　SPD 连接导线截面积

保护级别	SPD 类型	导线截面积/mm²	
		SPD 连接相线铜导线	SPD 接地端接铜导线
第一级	开关型或限压型	16	25
第二级	限压型	10	16
第三级	限压型	6	10
第四级	限压型	4	6

注：组合型 SPD 参照相应保护级别的截面积选择。

2）信号线路的防浪涌保护

广电网络的信号线种类较多，各种不同的信号应选择不同的浪涌保护器。信号线路浪涌保护器的选择应按表 9-13 选择。

表 9-13　信号线路浪涌保护器选择列表

	非屏蔽双绞线	屏蔽双绞线	同 轴 电 缆
标称导通电压/V	$\geqslant 1.2U_n$	$\geqslant 1.2U_n$	$\geqslant 1.2U_n$
标称放电电流/kA	$\geqslant 1$	$\geqslant 0.5$	$\geqslant 1$

注：U_n 为最大工作电压。

3）广电网络及计算机网络系统的防浪涌保护

（1）各级浪涌保护器宜分别安装在直击雷非防护区($LPZ0_A$)或直击雷防护区($LPZ0_B$)与第一防护区(LPZ_1)的交界处，以及第一防护区(LPZ_1)与第二防护区(LPZ_2)的交界处。

（2）采用光缆传输时，所有金属接头、金属挡潮层、金属加强芯等应在进户处接地。

（3）在重要设备，如接收机、调制器、复用器、编码器、路由器、局域网核心交换机等设备的传输线路上安装适配的信号防浪涌保护器。

（4）信号线路的防浪涌保护器应根据被保护设备的工作频率、工作电压、传输速率、带宽、参数介质、插入损耗、特性阻抗、接口形式等参数选择；

（5）机房内信号线路防浪涌保护器的接地端宜用截面积不小于 $1.5mm^2$ 的多股绝缘铜导线，单点连接至机房内的局部等电位接地端子板，接地线应平直。

9.7.2　屏蔽

为使广电网络某些特定的区域满足电磁环境的要求，应采用屏蔽措施，它包括线缆的敷设与屏蔽、机房的屏蔽两个方面。

9-12　屏蔽与接地

1. 线缆的敷设与屏蔽

（1）为避免广电网络其他电缆线和机电设备间的电磁干扰，要求信号线缆的敷设满足：

① 在设计施工时，应尽量避免由线缆自身形成的感应环路。

② 确保信号线缆与机电设备间的距离，具体应满足表 9-14 的要求。

表 9-14 信号线缆与机电设备的最小间距

设 备 名 称	最小间距/m	设 备 名 称	最小间距/m
配电箱	1	变电室	2
电梯机房	2	空调机房	2

③ 确保信号线缆与电力电缆间的距离。具体应满足表 9-15 的要求。

表 9-15 信号线缆与电力电缆的最小间距

类 别	信号电缆与电力电缆的敷设方式	最小净距离/mm
380V 电力电缆（<2kVA）	与信号电缆平行敷设	130
	有一方在接地的金属线槽或钢管中	70
	双方都在接地的金属线槽或钢管中	10
380V 电力电缆（2～5kVA）	与信号电缆平行敷设	300
	有一方在接地的金属线槽或钢管中	150
	双方都在接地的金属线槽或钢管中	80
380V 电力电缆（>5kVA）	与信号电缆平行敷设	600
	有一方在接地的金属线槽或钢管中	300
	双方都在接地的金属线槽或钢管中	150

注：① 当 380V 电力电缆的容量小于 2kVA，双方都在接地的线槽中，即两个不同线槽或在同一线槽中用金属板隔开时，且平行长度不超过 10m 时，最小间距可以是 10mm。② 电话线缆中存在振铃电流时，不宜与计算机网络在同一根双绞线电缆中。

④ 信号线缆最好采用屏蔽电缆，在屏蔽层两端及雷电保护区交界处做等电位连接和接地。

⑤ 若未采用屏蔽线缆，则应穿金属管并地埋敷设；金属管道应电气导通，并在雷电保护区交界处做等电位连接和接地。

⑥ 采用光缆传输信号时，应将光缆的所有金属接头、金属加强芯等在入户处直接接地。

2. 机房的屏蔽

（1）为防止机房的电子设备遭受雷击，应尽量将机房设在建筑物底层的中心部位，并尽可能设在远离外墙和结构柱的雷电防护区的高级别区域内。

（2）进入机房的金属导体、电缆屏蔽层及金属线槽应做等电位连接。

（3）当设备为非金属外壳或机房屏蔽达不到电磁环境要求时，可对个别设备设金属屏蔽网或屏蔽室。金属屏蔽网、屏蔽室应与等电位接地端子板连接。

9.7.3 接地

1. 接地的类型

建筑物内有以下多种接地体。

1）防雷接地

防雷保护接地是将雷电流迅速导入大地而设置的接地体，接地电阻≤10Ω。

2）交流工作接地

交流工作接地是指供电系统的变压器中性（N）线，直接或经特殊设备（如阻抗、电阻等）

与大地作金属连接。它可保证单相电源的使用,N线必须用铜芯或铝芯绝缘线,且不能与其他接地系统如直流、屏蔽和防静电等接地混接,也不能与PE线连接。接地电阻≤4Ω。

3) 直流工作接地

直流工作接地是指为建筑物内的计算机、通信设备、网络设备及其他智能化设备提供稳定的供电电源和基准电位,采用较大截面的绝缘铜芯线作为引线接地体。它不宜与PE线连接,严禁与N线连接。接地电阻≤4Ω。

4) 安全保护接地

安全保护接地就是指将电气设备不带电的金属部分与接地体之间作良好的金属连接。是建筑物内设备及人身安全的保障。接地电阻≤4Ω。

5) 屏蔽接地与防静电接地

屏蔽接地是为有效防止来自内部自身传导或外来的电磁干扰而设置的接地体;防静电接地是将产生的静电导入大地的接地体。屏蔽接地与防静电接地是将所有设备外壳与PE线连接,穿管敷设的导线管路两端与PE线可靠连接,线缆屏蔽层的两端与PE线可靠连接,室内屏蔽也应多点与PE线可靠连接。

在机房内防雷接地应与机房的其他接地分开,并保持一定距离。

建筑物内各子系统的与交流工作接地、直流工作接地、安全保护接地等宜共用一组接地装置,共用接地体为接地电位基准点,并由此分别引出各种功能接地引线。共用接地装置的接地电阻值必须按接入设备中要求的最小值确定。接地装置的接地电阻越小越好,通常要求共用装置的接地电阻≤1Ω。

2. 接地的处理

(1) 接地装置应优先利用建筑物的自然接地体,当自然接地体的接地电阻达不到要求时应增加人工接地体。采用人工接地装置或利用建筑物基础钢筋的接地装置,必须在地面以上按设计测试点。

(2) 接地模块顶面埋深不应小于0.6m,模块间距不应小于模块长度的3~5倍;埋设基坑一般为模块外形尺寸的1.2~1.4倍,且在开挖深度内详细记录地层情况。

(3) 接地模块应垂直或水平就位,不应倾斜设置,保持与原土层接触良好。

(4) 测试接地装置的接地电阻值必须符合设计要求。

(5) 在直击雷非防护区(LPZ0$_A$)或直击雷防护区(LPZ0$_B$)与第一防护区(LPZ1)的交界处应设置总等电位接地端子板,共用接地装置应与总等电位接地端子板连接,通过接地干线引至楼层等电位接地端子板。

(6) 机房应设局部等电位接地端子板,该端子板应与预留的楼层主钢筋接地端子连接;接地干线宜采用截面积不小于16mm^{2}的多股铜导线连接。

(7) 不同楼层的弱电间或不同雷电防护区的配线间应设置局部等电位接地端子板;配线柜的接地线应采用截面积不小于16mm^{2}的绝缘铜导线连接。

(8) 在电气竖井中的接地干线宜采用面积不小于16mm^{2}的铜带明敷,并与楼层主钢筋做等电位连接。

(9) 机房设备的接地宜采用单点接地并宜采取等电位措施。单点接地是指保护、工作、直流等接地在设备侧相互分开,各自成为独立系统,即从机柜引出三个相互绝缘的接地端子,再引到总等电位接地端子排上共同接地,这点必须严格执行。

思考题

1. 简述网络设计的步骤。
2. 简述有线电视系统设计的主要内容。
3. 简述前端设计主要内容。
4. 简述机房的设计主要内容。
5. 简述电源供电方式的分类。
6. 简述不间断电源的分类。
7. 广播信道骨干网设计主要考虑哪些因素？
8. 交互信道骨干网设计主要考虑哪些因素？
9. 简述光分路器分光比的设计要点。
10. 简述电缆无源分配网络的设计要点。
11. 简述 CMTS 技术双向网络设计要点。
12. 简述 EPON 设计要领有哪些？
13. 建筑物的雷电防护按规范规定分为几级？
14. 感应雷引入建筑物的信道有哪些？浪涌保护器的作用是什么？
15. 什么是等电位连接？
16. 简述接地的类型及接地电阻值的要求。

常用术语

本章测试

第**10**章

案例分析与工程创新

学习要求

　　本章主要提供一些工程案例,为实践应用打下一定的基础,本章的学习内容仅作为一般的学习参考,为了解行业、熟悉工程打下一定的基础。掌握斜体部分的术语缩写。

　　为了配合前面讲解的内容,这里给大家提供一些工程设计实例,并进行必要的分析和阐述,后面的工程经验与创新则是作者多年来的工作实践和经验的总结,仅供参考。

10.1　设计案例分析

10.1.1　小区 CMTS＋CM 双向分配网设计

　　某小区内共有 7 栋 7 层建筑,具体布局如图 10-1 所示,共有 422 个有线电视用户。为了保证双向 HFC 网络的反向指标,本小区设计用 1 台光站和 13 台 65/85MHz 分割的双向楼放,平均每个放大器只带 32 个用户,如图 10-2 所示。依据上面所述的原则对用户分配网进行了设计,图 10-3 是其中 7 号楼的用户分配网图。现以 7 号楼 4 门为例对光站以下进行设计计算。

　　1. 网络拓扑设计与参数计算

　　(1) 本网络下行模拟信号频率最低为 Z1(112.25MHz),最高为 DS22(543.25MHz);CMTS 下行 QAM64 数字信号频率为 705.00MHz,CM 的上行频率在 20～65MHz 之间选择,上行带宽 1.6MHz,调制方式为 QPSK,以上参数可以通过 CMTS 的配置文件设定。

　　(2) 采用 PHILIPS 四端口光站,设计其下行输出电平为 $97_{Z1}/103_{DS22}$ dB,回传激光器驱动的最佳功率密度为 -42.4 dBmV/Hz(厂家提供),参数为带宽 860MHz,正向增益为 40dB,反向增益为 24dB。主干电缆用 540,其百米损耗分别为 $0.48dB_{50MHz}$,$2.2dB_{Z1}$,$5.2dB_{DS22}$。楼层间电缆采用 75-7 四屏蔽电缆,用户端用 75-5 四屏蔽电缆,分支分配器采用 5～1000MHZ 压铸全封闭的,用户盒采用数据口衰减 6dB,并带 85～550MHz 陷波器的单一盒。

图 10-1 小区布局图

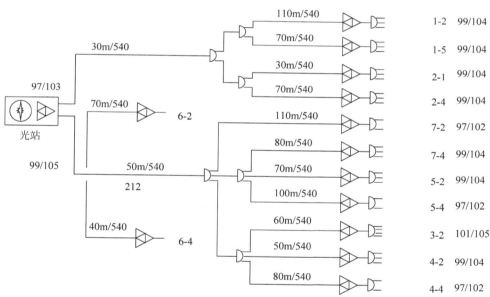

图 10-2 放大分配网络系统图

（3）到 7 号楼 4 门放大器输入端的下行电平为（540 电缆长度为 $50+80=130\text{m}$）

Z1：$S_A=97-2_{212\text{插损}}-(6\times2)_{306\text{分配损耗}}-(0.5\times8)_{F\text{头损耗}}-(2.2\times1.3)_{\text{电缆损耗}}=76.1(\text{dB}\mu\text{V})$

DS22：$S_A=103-2_{212\text{插损}}-(6\times2)_{306\text{分配损耗}}-(0.5\times8)_{F\text{头损耗}}-(5.2\times1.3)_{\text{电缆损耗}}=78.2(\text{dB}\mu\text{V})$

经过楼放 35dB 的放大模块的放大和选用适当均衡器和衰减器，输出电平可以调到 $99_{Z1}/104_{DS22}\text{dB}$。

此段反向损耗，按 50MHZ 计算：

$L_{\text{反向}}=2_{212\text{插损}}+(6\times2)_{306\text{分配损耗}}+(0.5\times8)_{F\text{头损耗}}+(0.48\times1.3)_{\text{电缆损耗}}=18.6(\text{dB})$

基本符合要求。

图 10-3　7 号楼分配网络图

（4）到 4 门各层用户的下行电平和上行损耗经过计算，分别为（均未考虑用户室内电缆、F 头及用户盒分配损耗等 4～8dB）：

一层分支口下行电平：$71.8_{Z1}/73.5_{DS22}$ dBμV　　上行损耗：约 26.5dB

二层分支口下行电平：$71.7_{Z1}/72.6_{DS22}$ dBμV　　上行损耗：约 26.8dB

三层分支口下行电平：$72.7_{Z1}/73.8_{DS22}$ dBμV　　上行损耗：约 25.9dB

四层分支口下行电平：$73.3_{Z1}/74.6_{DS22}$ dBμV　　上行损耗：约 25.4dB

五层分支口下行电平：$73.1_{Z1}/74.2_{DS22}$ dBμV　　上行损耗：约 25.4dB

六层分支口下行电平：$72.5_{Z1}/73.4_{DS22}$ dBμV　　上行损耗：约 25.9dB

七层分支口下行电平：$71.5_{Z1}/72.2_{DS22}$ dBμV　　上行损耗：约 26.8dB

可以看出以上数据与前面设计要求基本吻合。

（5）系统关键位置电平、增益或衰减的计算（网络结构如图 6-3 所示）：

这里采用功率密度作为设计和计算的依据（为便于计算，电平采用的单位为 dBmV）。

① 用户分配部分。用户端 CM 的最佳工作电平通常设在 45dBmV，此处 CM 的功率密度为（1.6MHz 是 CM 的上行频点带宽）：

$$45 - 10\lg(1.6 \times 10^6) = -17(\text{dBmV/Hz})$$

设计整个系统增益或衰减，当分配网的损耗过大时，将导致 CM 即使工作在最大的发射状态也满足不了 CMTS 的接收电平需要。当分配网损耗过小时，将使 CM 发射电平过低而达不到信道所要求的 C/I 值而导致通信不正常。

当上行信号到楼放输入端由于经过了 30dB 的衰减，此处功率密度为

$$-17 + (-30) = -47(\text{dBmV/Hz})$$

② 电缆传输部分。当上行信号到光站下行输出口时,由于电缆传输部分的增益设计值为 0dB,这段输出到光站上行入口(上行出口)信号的功率密度为

$$0 + (-47) = -47(\text{dBmV/Hz})$$

③ 光缆传输部分。光站内上行激光器驱动的最佳功率密度为(厂家提供)-42.4dBmV/Hz。

回传激光器最佳驱动的电平为

$$-42.4 + 10\lg(1.6 \times 10^6) = 19.6(\text{dBmV})$$

因此光站上行入口到激光器的驱动输入端的增益为

$$-42.4 - (-47) = 4.6(\text{dB})$$

取光站上行入口到前端上行光收机输出端口的增益为 20dB(这个值可以通过人工调整取得,增益范围可以在 $10 \sim 25\text{dB}$ 之间,不同设备可以有些差异),则回传激光器驱动输入端到前端上行光收机输出端口的增益为

$$20 - 4.6 = 15.4(\text{dB})$$

④ 前端接入部分。回传光收机的输出信号的功率密度为

$$-42.4 + 15.4 = -27(\text{dBmV/Hz})$$

由于 CMTS 的上行入口电平可在 $-15 \sim +15\text{dBmV}$ 之间根据应用带宽选择,如果应用带宽大些,工作电平可以取高些,否则可以取低一些,通常可以取 0dBmV,此处功率密度为

$$0 - 10\lg(1.6 \times 10^6) = -62(\text{dBmV/Hz})$$

因此,从上行光收机的输出端口到 CMTS 的上行入口的衰减为

$$-27 - (-62) = 35(\text{dB})$$

即在回传光收机输出端口到 CMTS 输入端口间需接上 35dB 的衰减器。

2. 双向 HFC 网络的施工

双向 HFC 施工中接头工艺水平决定了整个工程的质量,一方面,当芯线连接质量不好时,将影响低频上行信号的回传,因为低频信号不易耦合通过;另一方面,当屏蔽层连接质量不好,外面信号容易窜入,又降低低频信号的信噪比。下面两幅图就是作者在工程调试中用某反向路径测试系统测得的某放大器反向信道幅频曲线图,其中图 10-4(a)为 F 接头有问题时测得的曲线,图 10-4(b)为同一接头经重新制作后复测的曲线,从中可以看出接头对反向信道的特性影响有多大。

(a)接头有问题时

(b)接头经过处理后

图 10-4　接头对反向信道的影响

此外,F头在与放大器或分支分配器连接时,应尽量旋紧,以免引起接触不良。这点往往不易引起重视,但却是不少双向网络不稳定的主要根源。

3. 双向 HFC 网络的调试

双向 HFC 网络同时肩负上行和下行信号的传输,而在双向放大器和光站上分别有正向放大模块、反向放大模块、正向光收模块和回传光发模块,因此在调试时可以对这些独立器件分开调试,而对于属于公共部分电缆及无源分配器件,在调试时则必须兼而顾之。

为了便于对下面阐述的理解,大家可以回顾一下图 4-38 和图 4-45 光站和双向放大器设备的电路方框图。

1) 下行网络的调试

测量进入正向光收模块的光功率是否在 0~-3dBm 之间,测量光站输出下行电平的值是否在设计值附近,如果不满足要求,进行适当调整。

测量延放和楼放输入和输出下行电平的值,是否在设计值附近,兼顾调节下行模块前后的衰减和均衡等,使之达到设计要求。

2) 反向网络的调试

反向调试时,应该从分配网向前端逐级向前调试,这个调试过程称为 BALANCE(平衡),因为不同路由到前端的反向链路损耗是不同的,通过这个调平衡的过程可以减小 CMTS 长线 AGC 系统的工作压力。上行频带范围内平坦度应控制在±2dB 之间。

(1) 测量光发模块的光功率是否满足设计指标的要求,如果不满足要求,进行适当调整或更换。

(2) 调整回传光发模块的输入驱动电平,使其工作在一个最佳状态下,以获得最佳的 **NPR**(*Noise Power Ratio*,**噪声功率比**),在光站的下行测试口(-20dB)加入 35dBmV 多载波信号,测量激光器驱动输入测试口(-20dB)的功率,兼顾调节光发模块的衰减和光站回传板上的衰减使驱动输入测试口的功率为 -0.4dBmV,即实际驱动激光器的功率为 19.6dBmV。

(3) 回传光收机光功率的调试。测量上行光收机的光接收功率,是否在 0~-7dBmW,典型值在 -3~-5dBmW 之间,如不满足要求,则需要进行调整。

(4) 回传光收机输出电平的测量。在前面回传光发机调试完毕的基础上,继续在光站的下行测试口(-20dB)加入 35dBmV 的多载波信号,选择一个频率做参考,测量回传光收机输出的电平,并把它调节在 35dBmV,高低频点电平差小于 2dB,这段链路的增益就是设计值 20dB。

(5) CMTS 上行接收端口衰减值的确定。在 CMTS 的 UP 端口前需要接上一个衰减器,其值就是上面回传光收机输出的电平(dBmV)的值,也就是说在 CMTS 前需要串联一个 35dB 的衰减器,如果单位是 dBμV,则其值减去 60 即可。不过根据经验,选择小 1dB 即 34dB 的衰减器更好,这是因为在回传光收机到 CMTS 的链路衰减小了 1dB,CMTS 的长线 AGC 就会提示 CM 降低发射电平 1dB,这样到达光站回传光发射机的功率密度也降低了 1dB,有利于光发机工作在线性区域。

4. 系统指标的测试

在系统调试完毕后,一般对整个系统的指标进行必要的测试,在此采用某网络测试设备对本网络的指标进行了测试。表 10-1 是 7 号楼 2 门一楼分支口的测试报告。

表 10-1　用户端口测试数据

测试条件：端口输入电平 105dBμV，链路衰减 35dB，反向增益参考频率 24MHz
平坦度参考频率 24MHz、64MHz

测试设备：德巨 DSP860		日期：		测试位置：7 号楼 2 门一分支口			
正向指标	模拟信号				数字信号		
	电平/dBμV	斜率/dB	CTB/CSO		误码率（BER）		矢量误差 EVM	电平/dBμV
	(L)73.4/(H)79.1	4.7			纠错前	纠错后		
	Z1	DS8	Z16	Z35	DS22	≤10E-9	≤10E-9	1.4%	70.8
	73.4	74.4	77.2	78.7	79.1				

反向指标	反向增益/dB		4.2			增益平坦度/dB		±2	
	上行频率/MHz	8	16	24	32	40	48	56	64
	反向 CNR/dB	31	30	38	39	39	41	38	41
	CM 工作电平/dBμV	99～101							

在表中需要说明的是：EVM 为星座图的矢量误差，极限值为 3.14%，数值越小越好；测量反向增益和斜率，是在用户端发射几组 105dBμV 的多载波信号，其中以 24MHz 为基准计算反向增益，以 24～64MHz 范围做参考计算反向斜率；反向 CNR（即 C/I）为信噪比，QPSK 方式的极限值为 25dB，大于 25 才能保证可靠运行；CM 的反向工作电平，是指为使发回到 CMTS 的反向电平刚好为 60dBμV（0dBmV）时，CM 在用户端发射的电平值一般在 98～110dBμV 为好。

10.1.2　实验 EPON＋EOC 系统设计与调试

本设计需要搭建一个 EPON＋EOC 的实验系统，该系统包括 EPON 无源光网络分配和 EOC 有源同轴电缆接入两部分，为了体现完整性，系统考虑使用波分复用器、分光器、分配器、分支器等设备。外网将通过 OLT 设备上行端口接入，为了与实际应用相近，OLT 到 ONU 之间的距离考虑采用 20km 的裸光纤连接。同时系统还要考虑传输电视信号，因此要设置一个三波长波分复用器（合波）接入有线电视信号，有线电视传输用 1550nm 波长，网络数据信号传输用 1490/1310nm 波长，ONT（ONU）侧设置一个 1∶12 的分光器以便配合使用 12 个用户终端设备（ONT 和光接收机）。信号到达 ONT 侧，使用解波分复用器（分波）以便光接收机和 ONU 可以分别接收电视信号和数据信号。

在 EOC 系统中，光接收机出来的电视信号和 ONU 出来的网络信号同时接入 EOC 头端，形成调制射频信号，后面接用户分配网络通过分支、分配器到相应层的用户家里的 EOC 终端，EOC 再将同轴电缆的信号中的电视信号通过同轴电缆输到机顶盒再到电视机，而数据信号通过网线输到电脑。为了适应交互业务，机顶盒除了满足同轴电缆接入外还要能够接入网线便于信号回传。另外考虑实际中电视机的多样性，要求每个机顶盒具有 AV、**HDMI**（*High Definition Multimedia Interface*，**高清晰度多媒体接口**）信号输出接口。在实际应用中 EOC 有高频和低频之分，为了进行实验演示和测试，本系统同时采用这两种 EOC。图 10-5 所示为该系统总体架构图。

图 10-5　EPON＋EOC 系统总体架构图

1. 设备选型

1) 设备功能介绍及型号选择

综合考虑市场占有率、设备性能以及售后服务等诸多因素,OLT 采用华为 SmartAX MA5680T,ONT 采用华为 SmartAX MA5620E-8。对于 EOC 设备采用雷科通的 CP-N5011i 低频头端、CP-T5014E 低频终端、CP-N8011i 高频头端、CP-T8014E 高频终端。

2) OLT(MA5680T)设备介绍

MA5680T 配套采用的是 N63-22 机柜,其尺寸为 600mm(宽)×300mm(深)×2200mm(高),可以容纳的最大用户数 4K(纯 EPON,1∶32 分光比,两框满配情况)。图 10-6 为 MA5680T 机柜配置。MA5680T 在功能上有以下特点。

(1) 拥有较强的交换能力,其交换容量达到 400G 每槽位带宽可达 10G,并且支持 20G 的上行带宽。

(2) 通过插入不同的接口板可支持包括 EPON、GPON、百兆/千兆光以太网等所有的光接入方式,各种光接口板可以随意混插,可以提供 EPON 和 GPON 的 FTTX 接入方式,可以提供千兆光以太网接口,作为 DSLAM(Digital Subscriber Line Access Multiplexer,数字用户线路接入复用器)或交换机的光汇聚设备。

Part	Installation Hole
PDU	82 , 79
Service shelf 2	76 , 71 , 64 , 59
Cable manager 4	57, 58
Cable manager 3	55 , 56
Service shelf 1	38 , 33 , 26 , 21
Cable manager 2	19 , 20
Cable manager 1	17 , 18

图 10-6　MA5680T 的正面及板卡布局图

（3）MA5680T 可以提供多样化的远端 ONU,包括家庭型、楼道型、户外型等,为运营商提供完整的 FTTX 解决方案。

3）ONU(MA5620E)设备介绍

SmartAX MA5620 是自然散热式 LAN、POTS 接入 MDU 设备,有 24 口、16 口、8 口 FE＋POTS 三种规格。可为家庭用户或中小企业用户提供宽带上网和语音业务。设备支持远程下发配置,设备上电注册成功之后即可建立管理信道和业务信道,无须人工现场操作,可即插即用,支持良好的管理、维护和监控功能,便于日常运营管理和故障诊断,支持 GPON/EPON/GE 三模自适应。

4）EOC(CP-N5000 系列、CP-N8000 系列)设备介绍

CP-N5000 系列、CP-N8000 系列 EOC 产品适用于有线电视的双向网改造,提供了通过 HFC 网发展最后一公里宽带接入最优的解决方案。

设备实测吞吐量可达 100Mbps,时延指标小于 2ms,完全满足实时业务和非实时业务对系统性能的要求。系统支持 256 个用户同时在线,组网能力强、覆盖成本低。

5）三波长波分复用器

三波长波分复用器用于将数据平台系统与 CATV 系统混合传输的连接,即实现 1550/1490/1310 三波长复用。合波器是两进一出(分波器是一进两出)三个接口,1550nm 是从光发到光收传输电视信号,而 1490/1310 是在 OLT 到 ONU 之间传输数据信号。表 10-2 提供三波长波分复用器特性。从表中可知它具有较小的插入损耗,还具有较好的隔离度使信号相互之间具有较少的干扰,另外还具有较高的回损。

表 10-2　三波长波分复用器特性

参　　数		单　　位	类　　型			
			G type		B type	
			Min	Max	Min	Max
工作波长	1310 Band	nm	1260	1360	1260	1360
	1490 Band	nm	1480	1500	1480	1500
	1550 Band	nm	1550	1560	1530	1560
插入损耗	1→2	dB		0.4		0.4
	1→3	dB		0.6		0.6
隔离度	1→2	dB	20		20	
	1→3	dB	25		25	
偏振相关损耗		dB		0.1		0.1
回损		dB	50		50	
方向性		dB	50		50	
工作温度		℃	−40	85	−40	85
储存温度		℃	−40	85	−40	85
尺寸		mm	$\phi 5.5 \times 35$			
最大承载功率		mW	300			

2. EPON 硬件性能和系统搭建

1) OLT(华为 MA5680T)设备配置

MA5680T 为提供 20 个槽位的插拔单板式结构,设备板面分布如图 10-7 所示。设备包括上行板(GICG)、业务板(EPBA)、主控板(SCUB)和电源板(PWR)。本系统配置的两块 48V 电源板(PWR),分别处于 19 和 20 槽位,两块起到 1+1 保护。板面的 7 和 8 槽位分别用来配置两块主控板(SCUB)。根据设计需求配置 1 块 EPBA 板和 1 块 GICG 板用来接 ONU 设备,其他槽位以后可以扩容。

图 10-7　OLT 设备板面图

2) ONT(华为 MA5620E)功能

在接入网的组网中,ONT(ONU)设备主要是作为业务接入的设备,其提供相应的宽带和载带接口用于用户的业务接入,在不同数据流经物理接口将数据传输到 ONU 设备时,ONU 就会对不同接口用户的不同业务流打上不相同的 VLAN 标签,用于标识不同数据流,并将相对应的数据流经过上行口传输到局端 OLT 端,在 OLT 接收到带有 VLAN 标签的数据业务后,同样将相对应 VLAN 业务流从相应的上行光口传输到上层的设备。在用户端接收相对应业务流量时,OLT 也只将带有用户 VLAN 标签业务流通过设备光口传输到下面 ONU,对应的 ONT 接收到从 OLT 传输的业务流带的 VLAN 标签来判断数据流是属于哪个用户的,并将相对应 VLAN 标签剥离后传输到对应的用户端。在网络中,OLT 和 ONT 主要就是对用户业务数据打上相对应的 VLAN 标签后进行透传和对用户接收的业务数据进行 VLAN 标签剥离后传送给用户。

3) EPON 系统连接

实验用 EPON 数据平台的系统连接框图如图 10-8 所示。

图 10-8 EPON 组网图

(1) 用 RJ-45 跳线将上行业务板与业务平台(如 Internet 交换机)连接。

(2) 用光纤跳线将 4 口 EPBC 业务板卡光口与三波分复用器的 1310/1490 端口连接,1550 端口接 1550nm 波长信号(如果不承载 1550nm 波长 CATV 业务,这步可以不做);将三波分复用器的合波端口与 6km 裸光纤连接;将 20km 裸光纤另一头与 16 路分光器入口端连接,将 12 路分光器出口端与三波分复用器的合波端口连接;1310/1490 出端口与 MA5620E(ONU)光口连接(如果不承载 1550nm 波长 CATV 业务,这步可以不做)。

(3) 用 RJ-45 跳线把 MA5620E(ONU)与计算机连接。

3. EOC 系统搭建

1) 局端设备端口介绍

RF IN:同轴电缆英制 F-Female(F 母头)接口。射频下行信号的输入端口接光站等设备。

RF OUT:同轴电缆英制 F-Female(F 母头)接口。混合射频信号输出端口通过分配网络接 EOC 终端设备、用户电视或用户机顶盒的 RF IN 端口。

UPLINK:10/100Base-T Ethernet 网络上联端口,连接 ONU 的以太网接口。配置网管 IP 和管理 VLAN 后在此端口生效,默认出厂 IP 为 192.168.1.1/24。

DEBUG:调试端口,固定 IP 地址为 192.168.2.1/24 且不会因局端配置网管 IP 而改变,故主机地址需配置在 192.168.2.0 网段。

POWER：220V 交流供电。

2）终端设备端口介绍

RF IN：同轴电缆英制 F-Female 接口。混合信号的输入端口接局端或上一级中继设备。

RF OUT：同轴电缆英制 F-Female 接口。CATV 信号输出端口接用户电视或机顶盒的 RF 端口。

LAN l-4：10/100Base-T Ethernet 网络端口。连接用户 PC 或者机顶盒的以太网接口。

POWER：DC5V 供电。

3）局端设备的连接

DEBUG：调试端口，固定 IP 地址为 192.168.2.1/24 且不会因局端配置网管 IP 而改变，故主机地址需配置在 192.168.2.0 网段。

UPLINK：上联端口，配置网管 IP 和管理 VLAN 后在此端口生效，默认出厂 IP 为 192.168.1.1/24。

RF IN：接光收机输出网络。

RF OUT：接电缆分配网络到用户。

4）终端设备的连接

RF IN：接用户家中的有线电视分线盒。

RF OUT：连接机顶盒的 RF IN 口。

LAN：连接机顶盒的网口或计算机终端。

终端设备连接可以参考图 10-9。

图 10-9　终端设备连接

4. EPON 数据配置

1）登录方式

MA5680T 和 MA5620E-8 设备支持通过命令行和网管两种方式进行配置和管理，本手册仅介绍命令行方式。命令行的下发可以通过登录超级终端实现，也可以通过 Telnet 到设备实现。

（1）使用超级终端登录。如果维护 PC 已经与主控板 SCUL 上的控制接口 CON 用串口线连接好，可以通过超级终端登录 EPON 设备（如果没有串行输出口，可用 USB 转串行线转接）。操作方法如下：

① 在维护 PC 的 Windows 环境下，选择"开始→程序→附件→通信→超级终端"。

② 在打开的"连接描述"对话框中输入一个用于标识此会话连接的名称，并单击"确定"。

③ 选择实际使用的串口（COM1 或 COM2），串口属性的参数取值配置为与系统缺省值相同（每秒位数：9600；数据位：8；奇偶校验：无；停止位：1；数据流控制：无），并单击"确定"。

④ 进入命令行界面后，输入管理该设备的用户名和密码（表 10-3），即可登录进行数据配置。

（2）使用 Telnet 登录。如果设备网管已经配置完成，可以通过 Telnet 方式登录 EPON 设备。操作方法如下：

① 在维护 PC 的 Windows 环境下，选择"开始→运行"。

② 在弹出的对话框中输入"telnet x.x.x.x"并单击"确定"，其中 x.x.x.x 为设备的 IP 地址。

③ 进入命令行界面后,即可登录进行数据配置。默认的用户名和密码见表 10-3。

表 10-3 默认用户名和密码

产品名称	用户名	密码	描述
MA5680T	root	admin	登录后进入系统管理员模式
MA5620E	root	mduadmin	登录后进入系统管理员模式

2) 配置流程

FTTB 网络可以为用户提供宽带上网和窄带语音业务,基本的配置流程如图 10-10 所示。

图 10-10 FTTB 业务配置流程

3) OLT 数据规划

OLT 数据规划见表 10-4,在数据整体规划中首先将 VLAN 分为设备管理 VLAN、宽带 VLAN、语音 VLAN 三大部分。例如管理 VLAN 为 4008,管理 IP 为 10.71.43.26/24,剩余的 VLAN 用于后期网络扩容以及新业务开通时保留使用。根据产品说明,PON 端口 0/1/0 上网业务 SVLAN 为 2000,上行端口使用 ID 端口 0/20/0。

表 10-4　MA5680T 数据规划表

参　　数	参 数 说 明
管理信道参数	管理方式：由网管通过 SNMP 直接管理 管理 IP：10.71.43.26/24 管理 VLAN：4008
业务 VLAN(外层 VLAN)	根据 EPON 端口来划分上网业务 SVLAN： ① PON 端口 0/1/0 上网业务 SVLAN 为 2000 ② PON 端口 0/1/1 上网业务 SVLAN 为 2010 根据 EPON 端口来划分语音业务 SVLAN： ① PON 端口 0/1/0 语音业务 SVLAN 为 4004 ② PON 端口 0/1/1 语音业务 SVLAN 为 4014
上行端口 ID	0/20/0
PON 接入端口 ID	MA5620E：0/1/0
ONU 线路模板名称	MA5620E：ma5620e
DBA 模板	分别为 MA5620E 和 MA5616 配置 DBA 模板： MA5620E： 模板 ID：10(缺省模板有 9 个，索引号为 1～9) 类型：type 3，即"保证带宽＋最大带宽"，且"保证带宽"为 102400kbps，"最大带宽"为 153600kbps(保证 100Mbps，最大 150Mbps，支持每用户大于 4Mbps)

4) ONT(ONU)数据规划

ONT 数据规划参见表 10-5，系统设计安装 12 个 ONT 设备，从网业务要分配 12 个 VLAN，一个用户一个 VLAN，可以为 501～512，上网用户 FE 端口可以为 0/1/1～0/1/12，上行端口用 0/0/1，上下行速率都可以到达 4Mbps。

表 10-5　MA5620E 数据规划表

参　　数		参 数 说 明
管理信道参数		管理方式：由网管通过 SNMP 直接管理 管理 IP：10.71.43.100/14，网关为 10.71.43.1/24 管理 VLAN：4008 认证方式：MAC 认证
业务 VLAN(CVLAN)		上网业务：501～524(一个用户分配一个 VLAN) 语音业务：4004(OLT 上的一个 PON 端口分配一个 VLAN)
ONT ID		0
MAC 地址		0000-0000-3000
上行端口		0/0/1(PON 光口)
上网用户	FE 端口	0/1/1～0/1/24
	下行速率	4Mbps
	上行速率	4Mbps

5. MA5680T＋MA5620E 业务配置

其主要是在 OLT 上添加并注册 ONU 和配置上网业务。

1) 在 OLT 上添加并注册 ONU

(1) 在 OLT 上完成 ONU 注册。

① 使能 EPON 端口 0/1/0 的自动发现 ONU 的功能：

```
MA5680T(config-if-epon-0/1)#port 0 ont-auto-find enable
```

系统将提示"The command is executed successfully"，稍后系统将上报自动发现 ONU 的告警。

```
MA5680T(config-if-epon-0/1)#
! EVENT WARNING 2009-08-22 12:00:03 ALARM NAME : The ONU is in Auto-find
PARAMETERS : FrameID: 0, SlotID: 1, PortID: 0, MAC: 0000-0000-3000(此 MAC 地址,因机而异)
```

② 使用 profile-name 为 MA5620E 的 ONT 线路模板对 MAC 地址为 0000-0000-3000 的 ONU 进行确认，并指定 ONU 的编号为 0。

(2) 配置 ONU 的管理 IP 和管理 VLAN。

设置 ONU 的带内管理 IP 地址为 10.71.43.100/255.255.255.0，网关为 10.71.43.1，管理 VLAN 为 4008(与 OLT 下行的管理 VLAN 对应一致)。

(3) 设置 PON 口为"基于 VLAN"的报文 tag 切换(添加或剥离)方式。

(4) 配置 OLT 针对 ONU 的管理业务流。

在 EPON 端口 0/1/0 和 ID 为 0 的 ONU 之间建立多业务虚信道，并将此业务流绑定下行的管理 VLAN 4008，user-vlan 为 4008(与 ONU 上行的管理 VLAN 对应一致)。OLT 上对带内业务流不限速，因此直接使用索引为 6 的默认流量模板，如果需要使用业务流限速，可以使用 traffic table ip 命令配置流量模板并在此引用。

(5) 验证 ONU 与 OLT 是否互通。

在 OLT 上验证是否能 Ping 通 ONU 的管理 IP，如果成功收到返回消息，则可以在 OLT 上 Telnet 配置 ONU 的其他数据了。在正常收到回复报文后，保存上述所有配置。

2) 配置上网业务

配置上网业务流程如图 10-11 所示。

图 10-11　上网业务配置流程

（1）配置 OLT 针对 ONU 的上网业务数据。

（2）验证 PC 是否可以成功拨号上网(或通过设置静态 IP 地址上网)。

① 正确连接 ONU 的各 FE 口与各 PC 的以太网口。

② 在各 PC 上使用 PPPoE 拨号软件进行拨号。拨号成功后,上网用户能通过 PC 成功访问 Internet。

3）最常用命令

登录用户名 root,密码 admin。

```
MA5680T > enable                                    //打开特权 EXEC
MA5680T # config                                    //进入终端配置模式
MA5680T(config) # sysname SJZ - HW - OLT - 1         //设备命名(一般为开局配置)
MA5680T(config) # switch language - mode             //切换语言,可以在中英文语言中转换
MA5680T (config) # terminal user name               //添加操作用户 huawei
  User Name(length < 6,15 >):huawei                 //设置用户名
  User Password(length < 6,15 >):huawei123          //要求输入密码,输入部分实际为不可见的
  Confirm Password(length < 6,15 >): huawei123      //要求再次确认一遍密码
  User profile name(< = 15 chars)[root]:root         //输入用户管理级别
  User's Level:
    1. Common User 2. Operator 3. Administrator:3    //选择用户权限
  Permitted Reenter Number(0 - 4):1                 //设置此用户名可重复登录次数,一般要求为 1 次
  User's Appended Info(< = 30 chars):HuaweiAdm       //添加描述,可不设置
  Adding user succeeds
Repeat this operation? (y/n)[n]:
MA5680T(config) # display board 0                   //检查设备单板状态,此命令最常用
```

6. EOC 数据配置

1）配置步骤

（1）运行 cmd 控制台程序,远程登录"telnet 出厂 IP 地址"。

（2）设备登录名 root,密码 admin,之后进入配置界面。

（3）更改 IP 地址,输入命令行："set-ip-addr：addr＝ip 地址","mask＝掩码；",注意配置成功提示 Succeed in…。

（4）更改管理 VLAN,输入命令行"set-nms-vlan：enable＝1,vlanid＝管理 vlan；",注意配置成功。

（5）配置业务 VLAN,输入命令行 1"set-pub-portcfg：port＝0,type＝5,val＝1；",表示终端 LAN1 口设置为 access 模式,注意配置成功提示。输入命令行 2"set-pub-portcfg：port＝0,type＝6,val＝999；",表示终端 LAN1 口业务 VLAN 为 999；更改端口号,重复操作以上命令来配置其他端口。

（6）配置完成后,保存配置,输入命令行"save-config；",注意保存成功。完成配置和保存后,需要重启局端使配置生效,输入命令行 reboot,输入命令后需要打字母"y"确认,或者直接断电重启。

（7）确认是否配置成功，重新登录局端，输入命令行"show-system-config;"，查看 IP 地址是否配置正确，输入命令行"show-vlan-config;"，查看管理 VLAN 是否配置正确，输入命令行"show-pub-portcfg;"，确认终端业务 vlan 配置是否正确。

（8）错误配置更正，重新输入不同参数的相同命令行，可以覆盖原命令行，保存重启后生效。此外可以通过输入命令行"reset-config;"恢复出厂设置。

2）终端个性化数据配置

（1）准备阶段。

① 确认终端已上电，使用网线连接计算机和终端任意一个端口。

② 配置计算机 IP 地址，地址为 192.168.1.0/24 这个网段，192.168.1.3 除外。

（2）登录设备。

① 打开任意 Web 浏览器，在地址栏中输入 192.168.1.3，终端默认登录地址。

② 输入默认用户名 root，密码 admin。用户名密码输入成功后，可以看见主页面。

（3）功能介绍。

① 设备概览：终端的一些基本信息。

② 硬件信息：设备 ESN，MAC 地址等。

③ 版本信息：设备软硬件版本。

④ 无线信息：终端工作信道、接受/发送信号强度。

⑤ Image 状态：主、备 Image 版本信息。

⑥ 设备性能：终端运行状态、时间、温度、CPU/内存利用率。

（4）设备管理：终端的运行状态的一些基本信息。

① IP 配置：设置登录终端的 IP 地址，默认为 192.168.1.3。

② FTP 配置：设置 FTP 服务器，主要用于设备升级。

③ 用户口令：登录终端的密码设置，默认为 admin。

④ 配置保存恢复：当终端配置修改过后，需要保存该配置，此外还可以通过此项来重启终端或者恢复终端出厂设置。

⑤ 流量：设备接口流量统计与管理。

⑥ 流量监控：统计终端上联口（无线接口）和业务网口（以太网口）的流量（包括各种包个数和字节数）。

⑦ 流量限制：终端各个端口的带宽限制，以及广播和多播包个数限制，"－1"为不限制。

（5）设备端口管理配置。

① Bridge 配置：环路抑制时间配置、MAC 老化时间配置，各个端口接入 MAC 数限制。

② VLAN 配置：各个端口 VLAN 设置以及端口 VLAN 模式设置。

③ 端口模式设置：端口工作模式设置，默认为自适应模式。

10.1.3　EPON＋EOC改造方案

1. 用户资源评估分析

某区域内双向网改用户的规模大约为 20 000 户,在进行网络设计规划时要进行一系列的用户资源评估分析,如用户的带宽分析、MAC 资源分析、VLAN 资源分析等。

1) 用户的带宽分析

按每用户 2Mbps 的带宽来计算(分配原则：其中互动电视上行回传带宽 20kbps,语音业务带宽 100kbps,视频点播业务带宽 768kbps,宽带上网业务带宽 1512kbps,合计：2400kbps,预计提供 3Mbps),考虑到整体用户接入数为 2 万,网络整体接入能力要达到：3Mbps×20 000＝60Gbps。

2) 用户 MAC 资源分析

用户端对 MAC 地址的需求,主要集中在数字机顶盒、NGN 设备和家庭 PC 设备,需要 3 个,为了提供足够的应用扩展性和灵活性,在扩容的网络方案中拟为每个用户提供 4 个 MAC 地址的分配量。网络需要提供的 MAC 地址接入能力要达到：4×20 000＝80 000 个。

3) 用户 VLAN 资源分析

为了实现用户绑定,对所承载的业务进行更好的隔离,根据用户类型、业务类型和优先级对各业务数据流进行分流和 QoS 保障,扩容后的网络采用 PUPSPV(每个用户一个 PVC/VLAN)的 VLAN 资源划分方式。针对每个用户的每种接入业务,分配不同的 VLAN ID,这样就需要 3 个 VLAN ID,考虑到网络的可扩展性,扩容后的网络为每用户提供 4 个可用的 VLAN ID。网络需要提供的 VLAN ID 管理能力要达到：4×20 000＝80 000 个。

4) 用户 IP 资源分析

用户端对 IP 地址的需求,主要集中在数字机顶盒、NGN 设备和家庭 PC 设备,需要 3 个,为了提供足够的应用扩展性和灵活性,在扩容的网络方案中为每个用户提供 4 个 IP 地址的分配量。网络需要提供的 IP 地址管理能力要达到：4×20 000＝80 000 个。

5) 用户认证方式分析

为了提供多业务接入的需要和相应业务的用户管理能力,扩容后的网络为每个用户的接入业务提供两种业务认证方式,及 **DHCP**(*Dynamic Host Configuration Protocol*,**动态主机配置协议**)和 **PPPoE**(*Point-to-Point Protocol over Ethernet*,**基于以太网的点对点协议**)。其中 IPTV 业务采用 DHCP 认证方式,宽带上网业务采用 PPPoE 认证方式。BAS (Broadband Access Server,宽带接入服务器)设备需要提供的 DHCP 和 PPPoE 认证管理数量相同,都是 1×20 000＝20 000 个。

6) 用户 ARP(Address Resolution Protocol,地址解析协议)资源分析

用户端对 ARP 资源的需求,主要集中在数字机顶盒、**NGN**(*Next Generation Network*,**下一代网络**)设备和家庭 PC 设备,需要 3 个,为了提供足够的应用扩展性和灵活性,在扩容的网络方案中为每个用户提供 4 个分配量。即网络 BAS 设备需要提供的 ARP 资源管理能力要达到 4×20 000＝80 000 个。

2. EOC 设备的规划

在 EPON＋EOC 接入方案中,系统连接如图 10-12 所示,楼道接入层设置 EOC 头端,

每个用户独立使用一个 EOC 终端,采用 HomePlugAV 标准。设计考虑到将来网络发展扩容,需要部分余量做扩展,目前网络规划每个 EOC 头端带 8 个 EOC 终端。

图 10-12 EPON+EOC 系统连接图

1) MAC 地址数量的确定

每个 EOC 头端最多支持 16 个用户的接入,考虑到未来用户发展,需预留部分用户量做扩容需要,目前暂时按每个 EOC 头端设计覆盖 12 个用户,66.7% 的申请开通率,即 8 个用户实际使用计算。网络为每个用户分配 4 个 MAC,所以要求每台 EOC 头端提供的 MAC 地址能力是 $4\times8=32$ 个。

2) VLAN 数量的确定

每个 EOC 头端按带 8 个 EOC 终端接入计算,且在扩容网络中采用 PUPSPV 方式进行 VLAN 资源的划分,为每个用户分配 4 个 VLAN ID,所以要求每台终端提供的 VLAN ID 数量是 $4\times8=32$ 个。

3) 带宽的确定

每个 EOC 头端按带 8 个 EOC 终端接入计算,每位用户提供 3Mbps 的接入带宽,所以每台终端需提供的带宽能力是 $3\text{Mbps}\times8=24\text{Mbps}$。

4) 收敛比的确定

EOC 头端提供百兆上行接入能力,按照目前每个 EOC 头端带 8 个 EOC 终端接入计算,剩余 8 个 EOC 终端做未来扩容预留,那么每个 EOC 设备实际上行带宽要求为 $3M \times 8 = 24M$,小于百兆上行接入能力,无收敛比。

5) 设备数量的确定

每个 EOC 头端设计覆盖 12 位用户,所以网络总共需要的 EOC 终端是 $20\,000/12 \times 8 = 13\,334$ 个,EOC 头端 $20\,000/12 = 1667$ 个,即需要 13 334 个 EOC 终端与 1667 个头端组网。

网络中的所有 EOC 头端都可以通过 EPON 系统专门设置的 VLAN 采用 HGMP 集群网管方式由上层设备进行管理。

在二层接入设备中无须考虑 ARP、IP、DHCP 和 PPPoE 等指标。

根据上面的分析,得到 2 万用户接入规模,每用户分配 2M 带宽情况下,楼道 EOC 终端的规划方案如表 10-6 所示。

表 10-6　楼道 EOC 终端的规划

	用户数	MAC 地址数	VLAN 数量	带宽/Mbps	收敛比	下行配置端口	设备数量
EOC(12 口)	8	32	32	16	无	8	2500

3. ONT(ONU)设备的规划

在 20 000 个覆盖用户规模的接入层组网方案中,ONT 设备采用 MA5620E-8,它提供千兆上行接口模块和 8 个百兆下行端口,可以在下行方向连接 4 台(带的用户过多,OLT 端口下的 VLAN 接入数量会大于 4K)EOC 头端,总共完成覆盖 48 位用户的接入,其中每台 EOC 头端平均有 8 个接入用户,总共接入 32 位用户,剩余能力则作为预留。

1) VLAN 数量的确定

每台 ONT 设备支持 32 位用户的接入,所以要求 ONT 设备支持的 VLAN 数量是:

每台 ONT 支持的用户接入数 × 每用户分配的 VLAN ID 数量 $= 4 \times 32 = 128$ 个

2) 带宽的确定

每台 ONT 设备需要提供的带宽为:

每台 ONT 支持的用户接入数 × 每用户分配的带宽数量 $= 32 \times 3 = 96 \text{Mbps}$

3) 收敛比的确定

由于采用了 1∶20 的分光比,所以每个 ONT 设备分得的带宽为:

OLT(MA5680T)线路带宽 / 分光比 $= 1.25\text{G}/20 = 63\text{M}$

如果每用户带宽分配 3Mbps 带宽,则要求 ONT 设备提供 96Mbps 的带宽能力,收敛比为 1∶1.5。

另外如果考虑每个 ONT 设备(MA5620E-8)能够支持 4K VLAN 的定义和透传,所以综合这些指标可知 ONT 设备可无须收敛。

4) ONT(ONU)设备数量的确定

组网需要的 ONT(MA5620E-8)设备为:

用户接入总量 / 每 ONT 覆盖的用户量 $= 20\,000/(4 \times 12) = 417$ 台

在 ONT 上无须考虑 MAC、IP、ARP、DHCP 和 PPPoE 等指标。

根据上面的分析,得到 2 万用户覆盖规模,每用户分配 3Mbps 带宽情况下,ONT 设备的规划方案如表 10-7 所示。

表 10-7　ONT 设备的规划方案

	用户数	VLAN 数量	带宽/Mbps	收敛比	下行配置端口	设备数量
ONT(MA5620E-8)	32	128	96	1:1.5	4	417

4. OLT 端口的规划

单纯就 OLT 而言,每个 OLT(MA5680T)端口下可挂 32 个 ONT 设备,但考虑将每个 EPON 端口下的 VLAN 接入数量必须控制在 4K 以内以及今后的扩容需求,设计初始让每个 EPON 端口下挂 20 个 ONT 设备。

1) VLAN 数量的确定

每个 ONT 下接入的 VLAN ID 数量为 128 个,采用 1:20 的分光比,则每个 EPON 端口下接入的 VLAN ID 数量为:

$$每\ ONT\ 支持的\ VLAN\ 数量 \times 每\ EPON\ 端口下接的\ ONT\ 数量 = 128 \times 20$$
$$= 2560\ 个$$

在 4K 的允许范围之内,且给以后网络的扩容提供了一定的空间。

2) 用户数量的确定

每台 ONT 下接入的用户数量为 32,且每个 EPON 端口下挂 20 个 ONT 设备,所以每个 EPON 端口需要支持的用户数量为:

$$每\ ONT\ 支持的用户数量 \times 每\ EPON\ 端口下连的\ ONT\ 数量 = 32 \times 20$$
$$= 640\ 个$$

3) 带宽的确定

每台 ONT 设备需提供的带宽为 96Mbps,且每个 EPON 下挂 20 个 ONT 设备,所以每个 EPON 端口需要提供的带宽为:

$$每\ ONT\ 提供的带宽 \times 每\ EPON\ 端口下连的\ ONT\ 数量 = 96 \times 20$$
$$= 1920Mbps$$

4) 收敛比的确定

在每用户分配 3Mbps 带宽的情况下,每个 EPON 端口需提供的带宽为 1920Mbps, EPON 端口提供 1.25Gbps 带宽,收敛比为 1:1.6。

5) 设备数量的确定

由于组网方案中需要 417 台 ONT 设备,且每个 EPON 端口能够提供 20 个 ONT 的接入,所以总共需要的 EPON 端口数量为:

$$组网所需\ ONU\ 设备总量 / 每\ EPON\ 端口下连的\ ONU\ 数量$$
$$= 417/20 = 21\ 个(也是分光器所需要的个数)$$

采用华为 MA5680T-EPBD 的 8 端口业务板,则需要提供 21/8=3 块,或者采用华为 MA5680T-EPBC 的 4 端口业务板 6 块。

在 EPON 端口的数据传输中无须考虑 MAC、IP、ARP、DHCP 和 PPPoE 等指标。

根据上面的分析,得到 2 万用户接入规模,每用户分配 3M 带宽情况下,EPON 端口的规划方案如表 10-8 所示。

表 10-8　EPON 端口的规划方案

	用户数	VLAN 数量	带宽/Mbps	收敛比	下行配置端口	8 端口 EPON 板数量
EPON 端口	640	2560	1920	1：1.6	20	3

5. OLT 设备的规划

OLT 设备采用 MA5680T,它有 16 个扩展槽,为网络提供足够的可扩展性。

1) 用户数量的确定

由于每台 MA5680T 最多可配置 128 个 EPON 端口,而每个 EPON 端口支持 640 个用户,所以每台 MA5680T 能够支持的用户数量为:

$$每 EPON 端口支持用户数 \times 每 OLT 配置 EPON 端口数 = 640 \times 128$$
$$= 81\,920 \text{ 个}$$

2) VLAN 数量的确定

MA5680T 采用灵活 QinQ(也称 Stacked VLAN 或 Double VLAN)技术,进行二层 VLAN 标签的灵活实施。MA5680T 支持 4Kbps 的外层 VLAN 标签能力。2 万用户的接入需要提供的 VLAN ID 数量为 20 000×4＝80 000,而通过灵活 QinQ 技术扩展的 VlAN 资源可以达到 4094×4094＝16 760 836,满足需求。

3) 带宽数量的确定

由于每台 MA5680T 配置使用其中的 21 个端口,而每个 EPON 端口需支持 960Mbps 的带宽,所以要求设备需支持的带宽为:

$$每 EPON 端口支持的带宽 \times 每 OLT 配置 EPON 端口数 = 1920 \times 21$$
$$= 40\,320\text{Mbps}$$

4) 收敛比的确定

在每用户分配 3M 带宽的情况下,每台 OLT 设备需提供的带宽为 40 320Mbps,而 MA5680T 默认提供 20Gbps 上行带宽,收敛比为 1：2。

5) 设备数量的确定

整个网改需要 21 个 EPON 端口,且每台 MA5680T 提供最多 128 个 EPON 端口,所以组网所需的 OLT 设备总量为:

组网所需 EPON 端口总数 / 每 OLT 设备提供的 EPON 端口数 = 21/128 = 1 台

另外,在 OLT 设备上无须考虑 MAC、IP、ARP、DHCP 和 PPPoE 等参数指标。

根据上面的分析,得到 2 万用户接入规模,每用户分配 1M 带宽情况下,OLT 设备的规划方案如表 10-9 所示。

表 10-9　OLT 设备的规划方案

设备	用户数	预计开通户	VLAN 数量	带宽/Mbps	收敛比	下行配置端口	设备数量
MA5680T	20 000	13 334	启动灵活 QinQ	40 000	1：2	24	1

6. 汇聚层网络 BAS 设备的规划

在方案设计中,汇聚层网 BAS 设备采用的是 MA5200G。

MA5200G 作为多业务承载网的业务网关,可以实现多种宽带业务的接入,并提供了灵活的认证方式,如 PPPoE 认证、Web 认证和 IEEE 802.1x 认证等,实现其作为 BAS 的基本功能。同时 MA5200G 也可以作为一台边缘路由器,支持 OSPF、IS-IS(Intermediate System-to-Intermediate System,中间系统到中间系统)、BGP 等动态路由协议,也支持 MPLS L3 VPN 和 MPLS L2 VPN,可以通过对业务分类,按策略把不同的业务分流到不同的 MPLS VPN 平面。MA5200G 还能承担安全控制网关的角色,防止账号、IP 等各类盗用;防止各类攻击,使用户数据通过隧道、加密,实现安全接入;防范网络病毒攻击,提供网络自勉疫能力。

1)BAS 设备性能需求

在该组网方案中,由于每个用户需要提供 4 个 IP 地址、1 个 PPPoE 认证账户和 DHCP 认证账户,所以对于组网中 BAS 设备的基本性能需求为:

(1)IP 地址管理需求。在扩容网络方案中,每个用户需要配置 4 个 IP 地址,所以汇聚层网络的 BAS 设备需要管理的 IP 地址总量为:

$$接入用户总量 \times 每用户分配的 IP 数量 = 20\,000 \times 4 = 80\,000 \text{ 个}$$

(2)ARP 管理需求。BAS 设备需要支持的 ARP 数量等同于 IP 地址数量,即 80 000 个。

(3)PPPoE 和 DHCP 管理需求。在扩容网络方案中,每个用户需要配置 1 个 PPPoE 认证账户和 DHCP 认证账户,所以 BAS 设备需要提供的 PPPoE 和 DHCP 管理能力分别是:

$$接入用户总量 \times 每用户的认证账户数量 = 20\,000 \times 1 = 20\,000 \text{ 个}$$

2)MA5200G 的数量需求

根据上面分析得到的性能需求来确定各项指标所需要的 MA5200G 单板数量和 MA5200G 设备的数量。

(1)满足 ARP 需求计算。

MA5200G 每单板支持的 ARP 数量为 16 000,则所需的单板数量为:

$$ARP 管理需求 / 每单板支持的 ARP 数量 = 80\,000/16\,000 = 5 \text{ 块}$$

而每台 MA5200G 能够支持的最大 ARP 数量为 64 000,则所需的 MA5200G 设备的数量为:

$$ARP 管理需求 / 每台设备的 ARP 管理数量 = 80\,000/64\,000 = 2 \text{ 台}$$

(2)满足 PPPoE 需求计算。MA5200G 每单板支持的 PPPoE 为 8000,则所需的单板数量为:

$$PPPoE 管理需求 / 每单板的 PPPoE 管理数量 = 20\,000/8000 = 3 \text{ 块}$$

每台 MA5200G 能够支持的最大 PPPoE 数量为 32 000,则所需的 MA5200G 设备的数量为:

$$PPPoE 管理需求 / 每台设备的 PPPoE 管理数量 = 20\,000/32\,000 = 1 \text{ 台}$$

(3)满足 DHCP 需求计算。MA5200G 每单板支持的 DHCP 为 16 000,则所需的单板数量为:

$$DHCP 管理需求 / 每单板的 DHCP 管理数量 = 20\,000/16\,000 = 2 \text{ 块}$$

每台 MA5200G 能够支持的最大 DHCP 数量为 64 000,则所需的 MA5200G 设备的数量为:

DHCP 管理需求 / 每台设备的 DHCP 管理数量 ＝ 20 000/64 000 ＝ 1 台

经过以上分析可知,该组网方案中需要的 MA5200G 设备总量为 2 台。

7. EOC 分配网络的设计

参考 9.6.1 节。

10.1.4　市县 DVB 城域网设计简析

随着 1550nm 外调制光发技术成熟,在市县级有线电视广播信道的城域网中也已经大规模使用,目前广泛使用的网络拓扑结构主要有树形和星形。

1. 树形网络

树形网络采用了较多的光分路器,信号从前端逐步分向各光节点,光纤采用共享的方式,有适用于线路紧张情况下的网络改造建设、费用低廉等优点。但也有一些无法回避的缺点,如不利于网络管理和开展交互式业务,故障率高,光纤线路增加了不连续点,易受 RIN(相对强度噪声)和 IIN(干扰强度噪声)影响,差的网络建设噪声甚至劣化 10～20dB 等。图 10-13 为某市县有线电视城域网网络拓扑结构图,该网络从前端到末端分两路,每路各设置两级光纤放大,共设置 9 个光分路器,这里比较比较麻烦的就是这 9 个分路器分光比的计算,计算方法在 9.6.1 节中有详细介绍,也可用 10.3.3 节中介绍的软件来计算。

2. 星形网络

星形网络将具有控制和交换功能的星形耦合器作为中心节点(设在前端),中心节点向四周辐射,与个节点以独立链路相连。信号在节目源前端和各节点之间实现点对点传输。具有只与前端实现信号交换,适合大型网络建设,便于网络管理维护和升级改造,易于开展多功能开发及实现网络的交互式功能,业务适应性强等优点,但也存在光缆芯数使用量太大,使得初期建设费用较大等缺点,案例如图 10-14 所示。

3. 环形网络

环形网络的所有节点都共用同一条公共链路,自成一个封闭回路。每个节点仅与两侧节点相连,每个节点可实现双向或单向传输。各节点组成环形,信号从前端出发,依次从一个节点流向下一个节点,最后传输回前端,这种网络拓扑结构在目前的实际应用中最为广泛和普遍,主要是因为它有较好的网络可靠性。

环形网络便于网络管理维护和多功能业务的开发,尤其是数字信号的传输,同时可使线路设定的自由度和灵活性大为改善,易于节目的加入和接出。环形网络可通过建立多个分前端,使总体造价减少 1/3～2/3,主要光缆不再多重累计到前端,造成光纤重复,使光缆的施工难度也相应减少。但也有网络技术难度大、对设备的可靠性要求严格等缺点。案例如图 10-15～图 10-17 所示。

图 10-13 1550 光传输干线树形网络网图

图 10-14 1550 光传输干线星形网络联网

图 10-15　1550 光传输干线环形网网络联网（一）

图 10-16　1550 光传输干线环形网络联网(二)

图 10-17 1550 光传输干线环形网络联网（三）

10.2 工程经验

10.2.1 机房电源柜和路边光电交接箱

1. 机房电源柜

这是一个中小型有线电视前端机房的电源机柜的实际工程,机房进线采用三相 TN 方式供电,电源侧进线分相安装电压表和电流表,电源由 K1 控制,然后分四路,分别由 K2、K3、K4 和 K5 控制,分别供上级网络设备的 UPS、本机房的前端设备和机房空调使用,剩下一路备用。由于机房用电设备基本都是单向供电,且机房设备总耗电量在 6kW 以内,因此在设计考虑 UPS 时,直接采用三进单出在线式正弦波的 UPS,又因为所有用电设备基本都是容性负载,在选择 UPS 时考虑采用高频的,以期降低成本。UPS 电源设置一路旁路线路,由开关 K6 控制,这样当 UPS 设备损坏时可以将其拆下进行维护。图 10-18 为机房的电源机柜电原理图。

图 10-18 机房电源设计案例图

2. 路边光电交接柜

有线广播网络有线许多 FTTC 的设备是光电混合一体的,如 EPON＋EOC、EPON＋LAN 等,在用户侧的交接柜里既有光设备也有电设备,并且网络到交接箱后需要再分配、跳转的数量也相差很大,所以厂家生产的通用交接箱不一定好用,特别是一些比较核心的光电交接箱多数情况下还是由广电网络部门自行设计。图 10-19 就是在实际工程中为达到自己的使用目的专门设计,再由相关厂家定制生产的。

机箱外部采用不锈钢板制成,光配与19″机架有孔相通,孔径100mm,光配与外界的出口应保证4条96芯光缆以及24条4芯光缆能进出,19″机架内设置电源排插,可以接8～10个负载

机箱外部采用不锈钢板制成,光配与19″机架有孔相通,孔径100mm,光配与外界的出口应保证2条96芯光缆以及24条4芯光缆能进出,19″机架内设置电源排插,可以接8～10个负载

机箱外部采用不锈钢板制成,光配与19″机架有孔相通,孔径100mm,光配与外界的出口应保证2条48芯光缆以及24条4芯光缆能进出,19″机架内设置电源排插,可以接8～10个负载

图 10-19　路边光电交接箱设计案例

3. 光交接箱蚁(虫)患的防治

许多光交接箱会落地安装,往往会成为虫蚁寄居的理想场所,这些虫蚁会把巢穴安在光纤配线盘内,还会在光纤活动接头附近分泌大量酸性分泌物,附着灰尘和其他东西,往往会造成光纤活动接头的损耗变大甚至永久损坏,同时还可能给技术人员的维修带来不少麻烦,

令广电、移动、联通以及电信运营商头痛不已,如图 10-20 所示。许多运营商一方面提高箱体的密封性,一方面用喷施杀虫剂的方式求得暂时平安,但随着时间的推移,效果十分有限。

图 10-20　虫蚁侵袭的光交接箱

经过我们的试验,发现在放置一定数量的卫生球(萘)效果不错,关键是:①一提高箱体密封性,②合理控制卫生球的容器的开孔大小,使卫生球(萘)挥发速度不是太快又能达到不使虫蚁侵入的浓度。经过一年多的实践,再也没有发生虫蚁侵入光交接箱的情况。

10.2.2　等径杆的灵活应用

等径杆是一种上下端直径都相同的水泥杆,相对于普通锥形预应力水泥杆,它的特点是杆头杆尾直径一样,内部采用数目较多的螺纹钢做骨架,承受的机械负荷可以根据设计要求做得比较大一些,部分地方可以用做高桩拉、大角度无拉线转角杆,中小负荷的无拉线终端杆,由于没有了拉线,可以运用到城镇的道路改造等特殊场合中。

1. 利用双等径杆 H 形结构将架空缆线绕过电力变压器

曾经遇到这样的案例,相关部门要求我们广电线路和电力线路在 0.8m 宽的隔离带范围内平行施工,电力部门先进场施工,他们在沿途每 300～500m 处设置了一个 10.5kV、200kVA 电力变压器,而且不允许我们将钢绞吊线固定在它的变压器门字杆上,因此如何在保证我们网络线缆安全的前提下使线缆绕过电力变压器就成了一道绕不过的难题,经过几番周折,终于想到在电力变压器门字杆两侧约 0.5m 处各立一根等径杆,上端由于有高压线路,吊线不直接连接,因此在等径杆中间做一个拉线,如图 10-21(a)所示,其受力分析如图 10-22 所示,这里如果采用普通预应力杆可能会因为受力不支而断杆。后来从厂家的产品技术参数表查得采用 $\phi18\times16$ 配筋规格,该规格等筋杆的标准检验弯矩达到 76.5kN·m,最大承载力检验弯矩达到 109.4kN·m(远高于预应力杆指标),当杆长为 8m,埋深约 1.7m,中间拉线高度距地面约 3m,上端吊线距地面约 6m,得到吊线处的额定负载约为:76.5kN·m/3m＝25.5kN,即大约相当于可以承受 26 000N 的拉力,而最大承载拉力可以达到 37 000N,大于设计负荷要求,实景如图 10-21(b)所示。

2. 等径杆做大跨度 Γ 杆

在城镇道路改造中有时还会涉及十字路口的道路拓宽,如图 10-22 所示,其中左图是原来路口的架空路由,右图是现在要求拓宽的样子,显然架空线路需要移动杆位,曾经考虑过

(a) 设计图　　　　　　　　　　　　(b) 实景图

图 10-21　有线电视线路通过等径杆绕过电力变压器施工图

图 10-22　过电力变压器门字杆等径杆的受力分析

地埋,后因实地无法操作只好作罢,也曾经考虑移动 4～6 根杆位,但这样不但需要移动杆位,还要拉长光缆和电缆,而有些地方的光缆和铝管电缆还无法拉动,此外还可能需要进行光缆熔接,加之是主干光缆线路,光缆芯数多,这种改法工程量比较大,同时线路转弯后还可能需要增设转角杆和拉线,使施工更加困难。

鉴于以上情况,我们考虑采用等径杆+铁横担做大跨度 Γ 杆,如图 10-23 右图所示,从图中可以看出,架空路的路由基本不改变,只是把需要移动电杆改为 φ12×14 的等径杆移到路中绿化隔离带中,然后在杆上增添一副 2～3m 的铁横担,把线路挂在铁横担上,如果这里采用普通预应力锥型杆,架设这样长的铁横担,弯矩指标可能无法支持,考虑到这种情况,我们采用等径杆,这样一来,前面提到的一些困难便迎刃而解了,施工量和施工难度大大降低,图 10-24 是该路口改造后的照片。

3. 等径杆做无拉线转角杆

有些架空线路改造过程中,沿街道有不少地方需要转角杆,但是由于受环境和场地限制,

图 10-23　十字路口改造前后的平面图

无法设置拉线,如图 10-25 所示,从图中可以看出,转角杆两边的吊线的夹角比较大,受力分析如图 10-26 所示,我们假设两条吊线的拉力相等,均为 10kN,两吊线的夹角为 160°,F 是两吊线拉力的合力,F′ 是等径杆产生的用于平衡两吊线合力的反作用力。由图受力分析可以得出:$F=F_1\cos80°+F_2\cos80°=3.47kN$,以 $\phi12\times14$ 配筋规格的等径杆为例,分析等径杆可以产生的不至于使杆损坏的反作用力,根据标准检验弯矩计算得到的 $F_0=37.8kN\cdot m/6m=6.3kN$,由于 $F_0>F$,系统是安全的(从厂家的产品技术参数表查得该规格等径杆的标准检验弯矩为 $37.8kN\cdot m$)。

图 10-24　改造后的照片

图 10-25　改造后的照片

如果反过来计算以上情况下两吊线的最小夹角,如果以 $\phi12\times14$ 配筋的等径杆为例,吊线拉力也以 10kN 计算,可以计算得出 $\cos\beta=0.315,\beta=72°$,两吊线最小安全夹角为 142°;如果以

$\phi 18 \times 16$ 配筋的等径杆为例，$F_0 = 76.5\text{kN} \cdot \text{m}/6\text{m} = 12.7\text{kN}$，吊线拉力也以 10kN 计算，可以计算得出 $\cos\beta = 0.635$，$\beta = 51°$，两吊线最小安全夹角为 $102°$，基本可以满足系统稳定要求。图 10-26 同时也实地展现了多根无拉线等径杆完成线路转弯情况。

图 10-26　转角杆受力分析

10.2.3　钳形表的妙用

在 220V 供电有线电视分配网络出现电源短路时，检查起来往往比较麻烦。因为，第一，短路的形式比较多，除了火线和零线直接短路以外，还有火线与钢绞线或火线与接地线接触引发的短路；第二，短路的支路电源闸刀无法合上，给测量带来一定的难度。由于可能是搭接引起的短路，以及接触电阻的非线性，用弱电流的万用表往往无法测量出短路所在；第三，各个放大器之间的距离相对较远，拆分线路的工作量较大；第四，如果是放大器变压器内侧短路，用万用表测电阻几乎根本无法判断是什么地方短路，基于以上几个原因在检修过程中遇到的麻烦也就相对较多。

下面看看一种利用碘钨灯和数字钳形表快速排除 220V 供电的传输分配网电源短路的方法：根据电源网络负荷及分配网放大器的数量酌情选择 1～2kW 的碘钨灯接在短路熔断保险丝（管）处，合上开关，这时碘钨灯会正常发亮，回路电路取决于碘钨灯的功率大小，如果是 2kW 的碘钨灯，则回路电流约为 8～10A，然后用钳形表逐级测量后面各级电源流过火线保险丝（管）的电流，顺着有大电流的线路一直向下查，直到大电流突然消失为止，就可以查到问题所在。用此法曾查出一处由于电源接头包扎不良加上几天连绵不断的雨水造成火线与钢绞线碰线引起的电源短路故障。还有一次，用此法查出维修人员维修时不小心将放大器里变压器的次级人为弄短路了，这样一来我们自然在线路上无法用万用表量出短路的地方，因为万用表的电阻挡只能测量线路的直流特性，无法测量电路的交流特性，而变压器初级的直流电阻很低，但交流阻抗却很高。

这个方法主要特点是不必频繁拆分电源分支线路，这样一方面可以降低劳动强度，提高工作效率；另一方面可以大幅度减少带电操作次数，特别是阴雨天，可以大大提高外线工人的工作安全系数。

10.2.4　工程中的接地问题

（1）在某乡镇中心机房里，就发生了由于接地处理不好而导致多次损坏 20mW 光发机中 OTEL-1688 激光模块的事情，据了解，第一次是停市电换自发电的时候损坏的，并且是经过多次换电后逐渐损坏的，开始我还怀疑是产品质量不好，让厂家又换了一台，第二次是设备从这个机柜搬到那个机柜时发生的，这些现象比较像是接地系统的问题，询问搬机过程的细节，发现在搬机过程中机壳地线与机柜里的地线是接上的，机柜的工作接地母线也做了接地，但由于机柜里地线部分有油漆，从而造成接地不良，如图 10-27 上电接通信号时，是先上电，后接电口信号，这样看来光发模块的损坏就不显得奇怪了，很可能是本机接地不好，机上带电，系统电荷通过外接同轴接地电缆的地线流向大地，这样可能在系统刚上电的时候对器件产生一定的冲击，造成设备损坏。而对于小型自发电设备而言，往往没有对发电设备的自身供电端进行接地(即电源不分零线和火线),这样整个自发电源始终处于悬浮状态,几次换电以后就有可能造成一些敏感元件的损坏。

图 10-27 某机房自发电系统连接图

（2）三相电源中线接地问题。某一村村通工程,光收机的电源经常在夜间被烧毁。在这个村的有线电视入户工程中,用的是 60V 芯线供电的光收机,每次都是机内开关电源损坏,据施工人员反映当地白天的市电高达 260V,由于当地的农网改造刚刚结束,我们的供电器又恰好被接在附近没有负载的那一相,我们起初猜测可能因为农村电网电压不稳,夜间电压过高而引起光收机开关电源反复损坏,于是决定亲自去处理,必要时安装一个调压器,准备把过高的电压降下来以保证设备的正常稳定工作。到实地一测发现,这个电压在 200～260V 之间波动,而且零线对我们的放大器箱接地外壳也有 40V 的电压,这下终于明白了,所有的根结都在此——农用三相供电系统中性线接地开路或接地不良,此时的电压会随另外两相的负载情况出现波动,范围可在 100～300 多伏之间变化,像这种情况如果不解决其根源,即使安装调压器也是治标不治本的。后应我们的要求供电部门对中性线进行了处理,此后光收机就再也没有损坏。

10.2.5 光缆续接包的妙用

通常光缆续接包是用于进行光缆熔接处的保护,一个偶然的机会,我们发现用它来保护配电房地缆沟里续接的电力电缆效果很好。

平时配电房到办公楼的地缆沟里是没有水的,老鼠在进出配电房地缆沟入口时,将低压电缆的外皮咬破,露出内部铜线的问题也就没有表现出来,那年的台风带来的大量雨水,我们的配电房也积了水,当时为了安全起见只好让低压配电系统暂时断电几天,所有地缆沟中电缆都在大水中浸泡三四天,待水退去后,在作了相应的清洁和除污工作后,便开始通电使用低压配电系统,但在后来几天里,不断出现电源大面积跳闸的事故,经检查终于发现原来一条 $3 \times 25 mm^2 + 16 mm^2$ 电缆在被老鼠咬破的地方已经烧焦短路。这下子问题有些麻烦,如果重新换一条,不仅不经济,而且工程上实现难度巨大(要拆一些盖在上面的建筑物,其实这样做也几乎是不可能的),如果截断续接,电缆还是放在地缆沟里,干燥情况下绝缘倒好处理,再次进水后,绝缘又如何保证,为此我们还专门请教了电力部门的专业人员,他们也没有太好的办法,只说你们把接好的接头拉到地面上固定在地面以上的墙上的箱子里,这对我们来说也是不可能的,因为缆线长度相差太多。

后来笔者想到利用光缆续接包试试,因为它本身是 ABS 工程塑料壳体,既起到绝缘的作用,又可以有效地防水防潮,于是我们将受损电缆截断,用铜接头对接压接好,用绝缘胶布分别缠好,再找来一个三进三出的光缆续接包,其中一个入口和出口的大小和现有的电缆差不多,将包内原来用于续接光缆的其他配件取出不要,将已经接好的电缆的各条线分开一段距离放入光缆续接包里,在电缆出入续接包的位置包上适量的防水密封胶,然后像续接光缆一样将包封装好,整个完工后的照片如图 10-28 所示。

图 10-28　光缆续接包在机房电力电缆续接防水处理中的应用

实践证明这些举措是非常有效的,曾先后两次经受台风带来的大暴雨的考验,这两次强降水使配电房外部高位积水,但由于有光缆续接包的保护使电缆接头在水中浸泡了两三天仍安然无恙,同时由于采取了隔断水流的措施,加上使用抽水机抽水,这次我们的配电房在外部高位积水情况下,内部地缆沟水位很低,从而有效地保证了在外部高位积水情况下配电机房安全度汛。

10.3　技术创新

10.3.1　触点润滑脂在有线网络接头工程中的应用

触点润滑脂以合成脂为基础,有一定的黏稠度,不易挥发和流失;有较高的闪点,不易燃烧;同时可以与触点表面金属材料和外部塑料材料相容;能够在一定的高温环境下可靠工作;本身应该没有对触点有害的物质存在,正被广泛用于工业电器上触点的电气接触性能的改善,有动触点润滑脂和静触点润滑脂之分。

1. 触点润滑脂的作用

(1)触点润滑脂对触点表面磨损的改善。可以有效地降低触点之间的机械摩擦,可以防止触点因摩擦而遭受进一步氧化和腐蚀。

(2)触点润滑脂对触点表面产生弧光放电腐蚀的改善。实验证明,这种润滑脂可以在触点之间形成油桥,可以有效地破坏产生弧光放电的条件。

(3)触点润滑脂对触点表面污染的改善。

(4)润滑脂对触点表面镀层性能的改善。由于润滑脂可以在镀层表面形成一层比较坚韧的薄膜,可以有效地防止潮气通过镀层孔隙腐蚀基体金属。

2. 有线电视系统中影响触点性能的主要因素

(1) 芯线供电,接头触点通过电流大,由接触电阻发热引起的高温氧化,而高温氧化反过来又加剧了接触电阻的增大;许多芯线供电的系统中芯线提供的电流可以达到 6～15A,这样对触点的接触性能也就提出了较高的要求。

(2) 连接头密封不好进水,由电化学反应引起的腐蚀。有时我们的连接头的镀层金属采用的材料是不一样的,这样势必造成触头间的电化学腐蚀,最终造成触头之间的导电电阻加大,经恶性循环后也将造成触头的高温烧蚀氧化。

(3) 长期与空气或有害的挥发气体接触而形成的自然氧化和腐蚀。如受到大气中的氧气、二氧化硫、二氧化氮及二氧化碳等酸性气体的侵蚀。

(4) 由声波振动、风雨扰动、季节变换及电磁力作用引起的微振磨损而引发的电弧烧蚀氧化。这点在有线电视电接触系统中也会加速触头表面镀层的磨损,并引起芯线供电系统的触头轻微的电弧烧蚀氧化。

(5) 带电插拔引起的电弧烧蚀氧化。

3. 触点润滑工艺在有线电视网络中应用的测试实验及数据分析

有线电视网络中所有电缆连接头都属于静触点,根据触点润滑脂特点,考虑在双向有线电视网络中首先试用型号为 SGB 的触点润滑脂。其主要特性如下:密度为 1.113g/mL;滴点为 250℃;温度范围为 -35～130℃。为慎重起见,在试用之前先做一些前期实验测试工作。

1) 测试触点润滑脂对大电流的影响

为了测试触点润滑脂对芯线供电电流的影响,我们做相应的装置进行芯线大电流测试,在整个电路中共使用了 8 个 F 头,4 个 F 座对接头,其中两个 F 头不涂触点润滑脂,其余 6 个 F 头涂上触点润滑脂,接上 12V、20A 的直流电源,串联触点并带上 1.2Ω 的负载,实测通过芯线的电流为 10.3A,连续通电 60 天,没有发现接头有异常的状况,只是在未涂触点润滑脂的 F 头上发现有轻微的氧化痕迹。这证明触点润滑脂对触点的导电性能几乎没有影响。

图 10-29　防酸抗腐蚀测试结果(左涂、右未涂)

2) 测试触点润滑脂在防酸抗腐蚀方面的作用

这个实验里,我们把经过上述分组通电测试的触点,分别放进食醋里浸泡 5s,接着继续通电 15 天,结果见对比照片,如图 10-29 所示,发现涂有触点润滑脂的 F 头的插针保护较好,未涂触点润滑脂 F 头的插针则腐蚀得比较厉害。这个实验证明触点润滑脂在防抗腐蚀方面确实能起到较好的作用。

3) 测试触点润滑脂对信号的幅频特性的影响

这个实验里用了 4 个 F 座双通,用了 8F 头,每个头上都涂上触点润滑脂,然后用频谱仪进行测量,看润滑脂对高频信号是否有影响,图 10-30(a)是经过 8 个涂了润滑脂接头的频谱测试结果,图 10-30(b)是直接测量的结果,从图的对比可以得出以下结论:

(1) 这种润滑脂对高频信号的幅频特性的影响甚微,从图中可以看到频谱图的斜率几乎没有变化,因此有理由认为它对高低频信号幅频特性的影响几乎可以忽略。

（2）经过触点润滑脂处理过的良好接头对信号的损耗也很小，据某些文献记载每个接头对信号的衰减大约为 0.05～0.2dB，这说明这种触点润滑脂确实能起到改善电气接触性能的作用，所以这个实验证明在有线电视网络中使用此类触点润滑脂对高频信号几乎没有衰减，同时还可以改善电气接触性能。

(a) 经过8个涂润滑脂的F头　　　　　　　　　(b) 直接测量

图 10-30　触点润滑脂对信号的幅频特性影响的测试结果

4）测试触点润滑脂在防水防潮方面的作用

将上述接头旋紧放入水中浸泡 48 小时后，打开接头发现 8 个接头除 1 个是因为螺纹不合有一点进水，其余 7 个没有进水，触点润滑脂本身经水泡过没有太大的变化，内部接头也光亮如新，如图 10-31 所示，这证明触点润滑脂在防水方面作用明显。

另外如果采用热缩管加触点润滑脂，具体办法如下，先在需要涂抹润滑脂的地方适当涂上润滑脂，连上接头，再套上热缩管，在热缩管和电缆的缝隙处涂上足够的润滑脂，加热热缩管后，它会收缩，把润滑脂从电缆的缝隙处挤出并把电缆牢牢包紧，经过这样处理后的接头防水性能更好，而且美观牢固，如图 10-32 所示。

图 10-31　触点润滑剂在防水防潮
方面的作用测试结果

图 10-32　配合热缩管使用

4. 应用

经过以上测试可以初步认为，虽然触点润滑剂不是为用在有线电视网络中而专门设计的，但它确实能在有线电视网络中接头保护方面发挥较大的作用，起码可以使网络的稳定性、可靠性及使用年限得到提高。我们在化工企业厂区以及海边网络进行小范围双向改造的，实践应用中发现涂上这种电器润滑接触脂的接头在芯线供电带电连接时，火花比较小或者几乎没有，总体效果明显。

10.3.2 基于 Google Earth 的精确 CAD 地图的勘绘

广电网络的乡村覆盖工作,往往开始设计前要进行大量的人工测绘工作,这个工作不仅耗时费力而且测绘效果也不够好。下面介绍的基于 Google Earth 的精确 CAD 地图的勘绘可以有效地解决这个矛盾。

1. Google Earth 图像获取

为了获取 Google Earth 图像,可直进入网页,点击选卫星图片,在搜索栏里输入"××省××县腾垟玉腾村",将比例放大到最大,接下来用"红蜻蜓抓图精灵"截图软件将卫星影像图片截下来保存到图片文件夹里。要保证目的区域的卫星影像截图不缺失,得到的图片中的图像信息应该是有重复的,之后利用 AutoCAD 将截下来的图形进行拼接。建议采用边截边拼的方式,这样能提高效率,且不容易遗漏。

2. AutoCAD 拼接卫星图像方法

打开 AutoCAD 2010,执行命令"插入\附着",浏览选择"截图 00",路径类型选择"完整路径",缩放比例统一指定一个相同比例 1 ∶ 1。再将"截图 01"也附着到图纸上,找到"截图 00"和"截图 01"的相同部分,如图 10-33 所示。找到相同的地方后,在"截图 00"上选择线条清晰容易标记的物体,用白色多段线条标记,并将此多段线复制到"截图 01"的相同位置上,如图 10-34 所示。

图 10-33　白色方框里为两截图相同的部分

图 10-34　用多段线描绘两截图的参考点

接下来,选择其中的一张栅格图片,执行命令"对象捕捉",将"对象捕捉"打开,对象捕捉的快捷键是F3。然后选择"移动"命令,从"截图01"的白线处移动到"截图00"的白线处,因为打开了"对象捕捉",系统会自动捕捉到转折点,图10-35为拼接效果。再用AutoCAD的放大功能检查拼接质量,如果偏差较大,应重新设置和拼接。

图 10-35　两截图拼接效果

采用同样的方法,将腾垟乡的卫星影像逐个拼接,最后在AutoCAD中得到整个腾垟乡的卫星影像拼接图,如图10-36所示。

图 10-36　拼接完毕后的腾垟乡玉腾村的卫星影像图

3. 图像尺寸矫正

为了计算出插入的栅格图像的正确缩放比例,需要对图像尺寸进行矫正,方法有多种,这里介绍一种: Google Earth 的比例在 Google Earth 的左下角有显示,最大分辨率时标尺线长可达 20m,可以据此来缩放拼接的图形。步骤如下:

(1) 将有比例线段的线条截图。

(2) 在 AutoCAD 中执行命令"插入或附着图片"按比例系数 1 打开上一步骤截下来的图。

（3）在 AutoCAD 中将图形进一步放大,最好保证肉眼分辨率下最大的放大程度,选择绘图工具"直线",在比例线段上画下一条标记线,如图 10-37 所示。

图 10-37　校正标尺

（4）选择"标尺"工具,用 F3 键打开"对象捕捉",如测量出标记线的长度为 20.1062,则得出缩放系数为 200000/201062。

（5）执行下拉菜单"修改\缩放"命令,捕捉到所有图像单击,在命令提示"指定比例因子或[参照（R）]:"后面输入平均缩放系数"200000/201062"回车即可。至此,直接在 AutoCAD 里测量的尺寸的数字大小就与实际的数字大小吻合了,单位根据实际有所改变。

如果觉得 20m 的范围过于短,误差会大,可以利用 Google Earth 的测距功能(网页版打开的方法是:单击右上角的"Google 地图实验室"启用"距离测量工具"),再单击比例尺旁边的"距离测量工具",画一条距离更长的线。接下来采用上述步骤进行操作,同样可以达到精准的缩放效果。

4. AutoCAD 电子地图的绘制

Google Earth 截图插入 AutoCAD 后,虽经拼接和尺寸校正,但还不是矢量图形,因此,需要进行图像的矢量化。

在 AutoCAD 里,将 Google Earth 图像作为底图,用二维多段线命令直接在上面描绘。为了方便管理和易于规划分析,在 AutoCAD 上新建几个图层,分别用作描绘房屋、山林、河道、道路等不同地理环境信息,并根据需要赋予各图层不同的色彩。

1）面状地物的数字化

建筑物的数字化即把建筑物墙基的外轮廓用闭合的二维多段线画出来。根据建筑顶部的外轮廓形状画图,然后将画好的建筑外轮廓线平移到墙基对应的位置上,面状的绿化、铺装及运动场以及湖泊、池塘等的数字化与建筑物类似。绘制时必须注意与其他地物边界的重合。

2）线状地物的数字化

道路的数字化即用二维多段线绘制道路的边线。线状水系(如沟渠、河流等)的数字化与道路数字化的方法类似。

通过以上几步操作,Google Earth 图像在 AutoCAD 里数字化后得到 DWG 格式的数字地图。在数字化好的地图上,可以进行距离测量、面积统计及规划设计等,矢量化好的图纸如图 10-38 所示。

5. 实地考察复核

将已经画好的图纸中的矢量图打印出来,然后到现场进行复核。将图纸上所包括区域的各幢房子的信息都标志在图纸上,例如几层几间,位于哪条街道,门牌号从多少号到多少

图 10-38 腾垟乡玉腾村数字矢量图

号；电线杆的位置也应当在准确的位置上标记出来。由于 Google Earth 上的信息并不是及时更新的，所以在图纸的区域内必然有新的不确定的地理信息，这些应该在打印出的 CAD 图纸上进行补充，做好之后再将这些信息以合适大小的字体在数字电子图上标注出来，前面的矢量图经复核修正的局部放大图如图 10-39 所示。

图 10-39 修正后腾垟乡玉腾村数字矢量图局部放大

10.3.3 自编广播电视工程设计软件

在广播电视工程设计中有许多参数和指标需要估算或计算，有时甚至要对某些参数或指标进行反复核算，人工计算烦琐而且容易出错，这将大大影响设计效率和工程设计周期，为此笔者利用 Visual Basic 和 Microsoft Access 编制了一套广播电视工程设计软件包，它包含四块内容：指标分配估算模块、分配网电平估算模块、光分路器估算模块和卫星与微波发射估算模块，如图 10-40 所示。利用该软件可以计算 HFC 网的 C/N、CSO、CTB 指标；可以计算分配网用户端高低频输出电平、反向损耗。模块内有元件的数据库，设计时可自动调用，有数据录入口，便于用户自行录入。可以快速计算一级、二级甚至三级串联的光分路器的分光比,只要用户设置好光缆长度、光波长、活动接头损耗、单位长度光缆损耗等就可以快速计算出结果;可以计算本地地面站接收相应卫星的仰角和方位角,同时有城市经纬度数据库和卫星经度数据库,并留有数据库录入口,可进行录入和更新;还可以计算 MMDS 的视距范围,发射功率与信噪比的值。这里主要介绍两大模块的功能。

图 10-40　软件模块结构图

1. 分配网电平计算模块

根据常用的分配网模型,把每个分支分配器看成是一个四端口元件,可以把一个分支分配串的模型简化成图 10-41 所示的样子。

图 10-41　分配网模型简化图

根据此路由模型其用户正向电平计算公式如下:

$$S_n = S_F - L_P - L_X - L_n - L_F - L_q - L_r \tag{10-1}$$

反向损耗计算公式如下:

$$L = L_P + L_X + L_n + L_F + L_q + L_r \tag{10-2}$$

式中:S_n 为用户电平;S_F 为放大器输出电平;L_P 为分配损失;L_X 为传输电缆损失;L_n 为分支接入损失;L_F 分支损失;L_q 接头损失;L_r 附加电缆损失(必要时)。

例如,分配网如图 10-42 所示,在具体计算过程中只要计算左半边分支器网络的电平值,从选择栏里选出相应高低频点的频率,输入电平、电缆型号和分支器型号,输入相应的电缆长度,就可计算出各级高低频点输出电平、反向损耗的结果,如图 10-43 所示。在计算右半边那串分支器时,要把左半边第一级的计算结果作为右边计算的初始值。

图 10-42　某实际分配网

图 10-43　左半边分支器网络计算结果

如果计算结果不符合要求,则可修改某些参数,或修改网络拓扑结构重新计算,直到符合设计要求为止。由于在计算时无须人工查询电缆衰减系数、分支分配器的插入损耗等,计算效率大大提高,特别是当一种拓扑结构无法满足要求时,修改拓扑结果再次计算会更有优越性。

"附加电缆"栏的主要作用是:①单独计算某一长度电缆在相应频率下的高低端正向损耗和 50MHz 下的反向损耗;②当用户到分支器口还有一段较长的电缆时,可以先计算该电缆的损耗,然后通过"传输结果到"栏的按钮把结果传输到对应级的分支器口(当然也可通过键盘直接输入),最后再计算最终的结果。

用户可自行修改、添加和删除分支分配器、电缆数据,数据库维护界面如图 10-44 所示。

2. 光分路器的计算模块

在光缆干线分配网络的设计过程中,光功率及光分路器的设计与计算相对复杂,也较容易出错,因此笔者设计了一个实用的计算分光比的模块。以 9.6.1 节的光分路器为例,从相

图 10-44　数据库维护界面

应的 [　▼] 中选择合适的数据,计算得到的结果如图 10-45 所示,与前面介绍的人工计算的结果一致。由于该系统需要一台光功率为 14.330mW 的光发机,而市面上与之接近的是 16mW 的光发机,因此还可以利用逐步修改目标光功率的办法,依次把−1.40、−1.50 等填入"目标光功率"一栏中,最后得到当目标光功率为−1.52dBm 时,光发机功率为 16.005mW,这就是说当光发机的功率为 16mW 时,目的地的接收光功率为−1.52dBm。

图 10-45　光分路器计算结果

计算串级光分路器的设计思路是将后级的分路器及其以下的光缆折算成一定长度的光缆后再进行计算。为了配合这种计算,在本模块里设计了一个等效长度光缆折算工具。

其他模块由于篇幅限制不再赘述。

10.3.4　EOC局端批量配置技巧

在配置 EOC 局端时,往往要根据厂家提供的命令格式,按 ONU 厂家提供的规划表把参数修改后进行配置,如果同时配置几十台 EOC 局端,容易出现差错,导致设备不能正常运行。这里介绍一种用 Excel 快速批量配置 EOC 局端的方法。

(1) 研究 OLT 规划表,如图 10-46 所示,这是 16 口的 OLT 的规划表。

PON口号	光节点编号	小区	PPPOE 外层 VLAN	PPPOE_VLA N (QINQ)	VOD_VL AN	EOC管理 VLAN	EOC管理IP	光机管 理VLAN	光机管理IP	ONU VLAN	ONU IP	EOC_MAC	光机_MAC	ONU_MAC
*/0/1:1					800	3068	10.24.48.2	3078	10.25.48.2	3088	10.26.48.2			
*/0/1:2					800	3068	10.24.48.3	3078	10.25.48.3	3088	10.26.48.3			
*/0/1:3					800	3068	10.24.48.4	3078	10.25.48.4	3088	10.26.48.4			
*/0/1:4					800	3068	10.24.48.5	3078	10.25.48.5	3088	10.26.48.5			
*/0/1:5					800	3068	10.24.48.6	3078	10.25.48.6	3088	10.26.48.6			
*/0/1:6					800	3068	10.24.48.7	3078	10.25.48.7	3088	10.26.48.7			
*/0/1:7					800	3068	10.24.48.8	3078	10.25.48.8	3088	10.26.48.8			
*/0/1:9					800	3068	10.24.48.9	3078	10.25.48.9	3088	10.26.48.9			
*/0/1:10					800	3068	10.24.48.10	3078	10.25.48.10	3088	10.26.48.10			
*/0/1:11					800	3068	10.24.48.11	3078	10.25.48.11	3088	10.26.48.11			
*/0/1:12					800	3068	10.24.48.12	3078	10.25.48.12	3088	10.26.48.12			
*/0/1:13					800	3068	10.24.48.13	3078	10.25.48.13	3088	10.26.48.13			
*/0/1:14					800	3068	10.24.48.14	3078	10.25.48.14	3088	10.26.48.14			
*/0/1:15					800	3068	10.24.48.15	3078	10.25.48.15	3088	10.26.48.15			
*/0/1:16					800	3068	10.24.48.16	3078	10.25.48.16	3088	10.26.48.16			
*/0/1:17					800	3068	10.24.48.17	3078	10.25.48.17	3088	10.26.48.17			

图 10-46　16 口 OLT 规划表

(2) 设计制作 Excel 来自动配置表。

① 利用 Excel 的函数公式制作一张自动配置模板,再导入厂家提供的不同的规划表,形成自动配置表,主要参数由人工填写,其他参数由批处理文件自动生成,保存在指定文件夹中,以便今后更换设备时重新配置,不需要重新用命令配置。

② 在如图 10-47 所示的 EOC 局端配置模板的右上角多了一个"复制数据"按钮,在整个工作簿里多了一张"设置"的工作表,单击"复制数据"按钮导入需要配置的规划表的内容。

图 10-47　EOC 局端配置数据的导入

③ 填写好光点编号、所属小区、PPPoE_VLAN(QINQ)、EOC 及 OUN 的 MAC 地址，双击所在行的任意地方就能生成一个批处理文件，存放在设置好的路径里。

④ 修改计算机的 IP 地址，用网线连接 EOC 局端的 Debug 接口，双击该地址的批处理文件对 EOC 进行配置，配置好的文件就存储在指定的文件夹中，在此文件夹中还有"查看配置.BAT"文件。

⑤ 配置完成之后，可以双击刚才指定文件里的"查看配置.BAT"，查看配置是否成功和正确，如图 10-48 所示。

图 10-48　查看配置是否成功和正确

表 10-10 为本方法的 Excel 程序代码表。

表 10-10　Excel 程序代码表

命 令 合 成	参 数 合 成	参　数　1	参　数　2
set sh = wscript.createobject("wscript.shell")			
wscript.sleep 30			
sh.SendKeys" telnet 192.168.2.1"	192.168.2.1		
sh.SendKeys "{ENTER}"			
WScript.Sleep 30			
sh.SendKeys"root"	root		
sh.SendKeys "{ENTER}"			
sh.SendKeys"admin"	admin		
sh.SendKeys "{ENTER}"			

续表

命 令 合 成	参 数 合 成	参 数 1	参 数 2
sh. SendKeys":set − ip − addr:addr = '10. 21.32.77', mask = '255.255.255.128';"	: set − ip − addr: addr = '10.21.32.77', mask = ' 255. 255. 255.128'	10.21.32.77	255.255.255.128
WScript. Sleep 300		H2	H35
sh. SendKeys "{ENTER}"			
sh. SendKeys ":set − nms − vlan:enable = 1, vlanid = 3164;"	: set − nms − vlan: enable = 1, vlanid = 3164	3164	
WScript. Sleep 50		G2	
sh. SendKeys "{ENTER}"			
sh. SendKeys ":add − route:destip = '0.0. 0.0', gateip = '10.21.32.1', mask = '0.0. 0.0';"	:add − route: destip = '0.0.0.0', gateip = ' 10.21.32.1 ', mask = '0.0.0.0'	10.21.32.1	
WScript. Sleep 50		H36	
sh. SendKeys "{ENTER}"	: set − pub − portcfg: port = 0, type = 5, val = 1		
sh. SendKeys ":set − pub − portcfg:port = 0, type = 5, val = 1;"			
WScript. Sleep 50			
sh. SendKeys "{ENTER}"	: set − pub − portcfg: port = 0, type = 6, val = 802;		
sh. SendKeys ":set − pub − portcfg:port = 0, type = 6, val = 802;"			
WScript. Sleep 50			
sh. SendKeys "{ENTER}"	: set − pub − portcfg: port = 1, type = 5, val = 1;		
sh. SendKeys ":set − pub − portcfg:port = 1, type = 5, val = 1; "			
WScript. Sleep 35			
sh. SendKeys "{ENTER}"			
sh. SendKeys ":set − pub − portcfg:port = 1, type = 6, val = 1020;"	: set − pub − portcfg: port = 1, type = 6, val = 1020;	1020	

续表

命 令 合 成	参 数 合 成	参 数 1	参 数 2
WScript.Sleep 35		E2	
sh.SendKeys "{ENTER}"	:save－config;		
sh.SendKeys "save－config;"			
WScript.Sleep 50			
sh.SendKeys "{ENTER}"			
WScript.Sleep 50	reboot		
sh.SendKeys "reboot "			
sh.SendKeys "{ENTER}"			
WScript.Sleep 10	Y		
sh.SendKeys "Y"			
sh.SendKeys "{ENTER}"			
WScript.Sleep 10	Y		
sh.SendKeys "Y"			
sh.SendKeys "{ENTER}"			
WScript.Sleep 30			
SH.SendKeys "exit"			
sh.SendKeys "{ENTER}"			

参 考 文 献

[1] 刘剑波,等.有线电视网络[M].北京：中国广播电视出版社,2003.
[2] 唐明光.有线电视网络双向改造的技术选择[J].中国有线电视,2007(6).
[3] 车晴,等.数字卫星广播系统[M].北京：北京广播学院出版社,2000.
[4] 黄宪伟.有线电视系统设计维护与故障检修[M].北京：人民邮电出版社,2009.
[5] 胡容.基于 GPON 的 FTTX 接入方案[J].通信世界,2009,6(13).
[6] 王慧玲.有线电视实用技术与新技术[M].北京：人民邮电出版社,2004.
[7] 黄俊,等.现代有线电视网络技术及应用[M].北京：机械工业出版社,2010.
[8] 郭奕,唐继勇,等.NVOD 系统结构分析以及关键技术研究[J].中国有线电视,2006(16).
[9] 赵梓森,等.光通信工程(修订版)[M].北京：人民邮电出版社,1999.
[10] Franz J H,Jain V K,徐宏杰,等.光通信器件与系统[M].北京：电子工业出版社,2002.
[11] 黄章勇.光通信中的新型光无源器件[M].北京：北京邮电大学出版社,2003.
[12] 林如俭.光纤电视传输技术[M].2 版.北京：电子工业出版社,2012.
[13] 张鹏,阎阔.FTTX PON 技术与应用[M].北京：人民邮电出版社,2010.
[14] 中国电信集团公司.EPON/GPON 技术问答[M].北京：人民邮电出版社,2010.
[15] (美)唐纳德·拉斯金.有线电视宽带 HFC 网络回传系统[M].北京：中国广播电视出版社,1999.
[16] 高宗敏.DOCSIS V3.0——第三代电缆数据传输系统[J].有线电视技术,2011,11：134～138.
[17] 曹蓟光,吴英桦.多业务传送平台(MSTP)技术与应用[M].北京：人民邮电出版社,2003.
[18] 方宏一.有线电视宽带多媒体网络——原理、技术、发展战略与实际应用[M].北京：中国广播电视出版社,2000.
[19] 胡先志.构建高速通信光网络关键技术[M].北京：电子工业出版社,2008.
[20] 石晶林,丁炜,等.MPLS 宽带网络互联技术[M].北京：人民邮电出版社,2001.
[21] 徐荣,龚倩.高速宽带光互联网技术[M].北京：人民邮电出版社,2002.
[22] 温怀疆.HFC 网络中数字信号的测量及星座图分析[J].现代电视技术,2005,4：146～150.
[23] 温怀疆.例说双向 HFC 网络的设计与调试[J].电视技术,2004.2：30～34.
[24] 温怀疆.浅谈有线电视系统中常用的光无源器件[J].有线电视技术,2005,6(12)：52～54.
[25] 温怀疆.用 Visual Basic 编制的广播电视工程设计软件[J].有线电视技术,2003,10(20)：31～37.
[26] 温怀疆.接地在广播电视工程中的运用[J].中国有线电视,2006,9(17)：1742～1745.
[27] 温怀疆,等.安防工程施工与监理[M].北京：中国政法大学出版社,2007.
[28] 中华人民共和国统计局　中国统计年鉴 2015[M].北京：中国统计出版社,2016.

图书资源支持

∽∽∽∽∽∽∽∽∽∽∽∽∽∽∽∽∽∽∽∽∽∽∽∽∽∽∽∽∽∽∽∽∽∽∽∽∽∽

感谢您一直以来对清华大学出版社图书的支持和爱护。为了配合本书的使用，本书提供配套的资源，有需求的读者请扫描下方的"书圈"微信公众号二维码，在图书专区下载，也可以拨打电话或发送电子邮件咨询。

如果您在使用本书的过程中遇到了什么问题，或者有相关图书出版计划，也请您发邮件告诉我们，以便我们更好地为您服务。

∽∽∽∽∽∽∽∽∽∽∽∽∽∽∽∽∽∽∽∽∽∽∽∽∽∽∽∽∽∽∽∽∽∽∽∽∽∽

我们的联系方式：

地　　址：北京市海淀区双清路学研大厦 A 座 701

邮　　编：100084

电　　话：010-83470236　　010-83470237

资源下载：http://www.tup.com.cn

客服邮箱：2301891038@qq.com

QQ：2301891038（请写明您的单位和姓名）

用微信扫一扫右边的二维码，即可关注清华大学出版社公众号。

科技传播·新书资讯

电子电气科技荟

资料下载·样书申请

书圈